US NRC와 국제기구 (IAEA, OECD/NEA 등) 원리·원칙에 기반한

원전 해체 공학 원론

공학박사 **김 용 수**

한양대학교 원자력공학과 명예교수
한양대학교 원전해체연구센타 센타장

도서출판
지식나무 K

서 문

2015년 6월, 준비되어 있지 않았던 우리에게 느닷없이 '고리 1호기 해체'란 임무가 떨어졌다. 어찌 보면 원전들은 노후해 가고 있었는데 우리가 너무 안일했었는지도 모른다. 사실 제대로 된 원자력 발전국가라면, 찬핵, 탈핵을 떠나 수명이 다한 원전을 아름답게 퇴역시킬 준비를 하는 것은 당연하다. 다행히 최근 고리 1호기의 최종 해체 계획서 승인을 계기로 성공적인 해체를 위한 다양한 논의가 여러 부문과 분야에서 시작되고 있는 듯하다. 요즈음은 오히려 '미래 세계 원전 해체 시장 진출'을 조망하며 원전 해체가 탈핵을 넘어 우리 원자력 산업 미래의 한 축이 될 수 있다는 주장도 힘을 얻는 분위기이다.

그렇다. 가야만 할 길이라면 이제라도 비전을 품고 방향을 제대로 잡고 앞으로 나아가야 한다. 그러나 '비전'은 누가 만들어 주지 않는다. 우리 스스로 만들어 가는 것이다. 분명한 것은 기회는 준비된 자에게만 찾아온다는 것이다. 그래서 기회의 신 카이로스의 앞머리는 무성하고 뒷머리는 대머리라고 하지 않는가? 그렇다면 미지의 길로 나아가기 위해 우리는 무엇을 어떻게 준비해야 할까?

원전 해체는 건설의 역순이 아니다. 해체의 과정은 일사불란한 공정대로 진행되는 건설과 달리 불확실성이 큰 방사선 안전과의 싸움이다. 그러나, 비록 우리에게는 낯선 프로젝트이지만, 전 세계적으로는 이런 어려움을 뚫고 해체를 성공적으로 완료한 원전이 20기가 넘는다. 그래서 만약 우리가 미래 세계 원전 해체 시장을 바라보며 원전 해체 산업을 육성하겠다면 시간과의 싸움은 불가피하다. 즉 전 세계 원전 해체 산업이 크게 확장될 2030년대 초반까지 고리 1호기를 성공적으로 해체하지 못한다면, 미래 시장은 지금 한창 원전 해체를 진행하고 있는 미국, 독일과 같이 출중한 기술과 풍부한 경험을 보유한 국가들에 의해 장악될 가능성이 높다.

그러므로 우리는 원전 해체를 선제적, 전략적, 창의적으로 준비해야 한다. 다행인 것은 원전 해체에 왕도란 없다. 원전 해체 선진국들은 이미 다양한 해체 경험을 갖고 있고 지금도 수십 기의 해체를 진행하고 있지만, 나라마다 해체 방식이 다르고 같은 나라 안에서도 원전별로 해체 공정이 다르다. 즉 각자 자신들이 처한 환경과 해체 조건에 따라 자신들에게 맞는 가장 적절한 방법으로 해체를 진행하고 있는 것이다. 예를 들면, 경험이 없는 나라들은 방사선이 약한 주변부부터 해체를 진행하고 있으나 미국은 방사선이 가장 높은 원자로 1차 계통부터 해체를 진행하고 있다. 해체한 원자로 압력용기를 절단하지 않고 해체 중 발생하는 방사성폐기물의 대형 처분 용기로 사용하기도 하고, 운전을 많이 하지 않았던 원자로는 내부구조물을 절단하지 않고 원자로 압력용기와 함께 통째로 처분하기도 한다.

그러므로 후발 주자인 우리가 해외의 성공적 원전 해체 경험을 잘 습득해, 우리 원전에 가장 잘 어울리는 해체 방식과 공정을 찾아낸다면, 지난 50년간 축적해 온 원전 설계·건설·운영 경험과 열정을 쏟아 우리 원자력의 미래를 향한 새로운 도전을 시작할 수 있을 것이다.

문제는 창의이다. 단지 열심히 뒤따라간다고 우리에게 기회가 주어지지는 않을 것이다. 그들의 경험과 사고를 넘어서야 한다. 그리고 한국의 모델을 만들어 내야 한다. 그러기 위해서는 해체 과정 전반에 적용되어야 하는 원전 해체의 원리와 원칙을 제대로 이해해야 한다. 지난 몇 년간 국내에서도 다양한 해체 관련 세미나와 교육 훈련 프로그램이 있었지만 아쉽게도 대부분이 원리나 원칙보다는 나열식 경험과 사례 소개 정도이었다. 이것이 부족하지만 원전 해체 길잡이로 이 책을 발간하기로 결심하게 된 동기이다.

지난 30여 년간 IAEA와 OECD/NEA 등 국제기구는, 원전 해체 경험이 없는 후발 주자 국가들을 위해 성공 사례뿐만 아니라 모범적 사례와 실패의 교훈들도 정리하면서 다양한 원전 해체의 원리와 원칙들을 세워 나갔다. 또한 전 세계 원전 해체를 선도하고 있는 미국은 DOE와 NRC가 중심이 되어 안전하고 최적화된 해체를 위해 이러한 원리와 원칙들을 바탕으로 다양한 규제 방법론과 규제 가이드라인을 개발해 오고 있다.

이 책은 그간 대학에서 강의해 온 이들 국제기구의 원전 해체 원리와 원칙 그리고 해체 작업 현장에서 필히 적용되어야 할 미국 규제기관의 안전 규제 지침과 방법론을 정리해 한 권으로 엮은 것이다. 바라건대 이 책이 후학들이 원전 해체 공학을 더 깊고 넓게 펼쳐나갈 수 있는 디딤돌이 되었으면 좋겠다. 그러므로 독자들에게 가장 권하고 싶은 말은, 비록 국제기구의 발간 책자들이 너무 많고 다양하며 미국 NRC 의 지침서들은 매우 방대해 압도당할 수 있지만, 이 책을 징검다리 삼아 이 책에서 인용하고 있는 보고서와 지침서를 직접 읽으라는 것이다. 이 책이 책꽂이에서 잠자지 않고 그렇게 활용되기를 바랄 뿐이다.

2025년 12월 25일

공학박사 김용수
한양대학교 원자력공학과 명예교수
한양대학교 원전해체연구센타 센타장

목   차

Part 1. 원전 해체 일반

1장 원전 해체: 미래를 향한 여정의 시작   12

    1.1 전 세계 해체 원전 통계   13

    1.2 원전 해체 주요 공정 개요   15

    1.3 원전 해체 전략   18

    1.4 원전 해체 안전성   20

    1.5 원전 해체 방사성폐기물 관리   21

    1.6 원전 해체 시장 및 산업 전망   23

    1.7 새로운 여정을 시작하며   25

2장 전 세계 주요 원전 해체 현황 분석   28

    2.1 전 세계 해체 완료 원전 현황   28

    2.2 Connecticut Yankee 원자력발전소   30

    2.3 Maine Yankee 원자력발전소   37

    2.4 Rancho Seco 원자력발전소   44

    2.5 Trojan 원자력발전소   49

3장 원전 해체 비용 평가   55

    3.1 비용 평가 체계 수립의 중요성   55

    3.2 비용 평가 방법론   57

    3.3 WBS 기반 비용 평가 방법론 구조와 요소   61

    3.4 단위 비용 인자 (UCF)와 작업 분류 구조 (WBS)   71

    3.5 WBS와 OECD/NEA ISDC의 연계   77

    3.6 비용 평가 사례 분석   80

4장. 원전 해체 주요 제염 기술   85

    4.1 주요 제염 기술 현황과 전망   85

    4.2 원전 해체 제염 기술 일반   86

    4.3 화학 제염 기술   91

    4.4 전기화학적 제염 기술   97

    4.5 기계적 제염 기술   101

    4.6 열적 제염 기술   104

    4.7 용융 제염 기술   105

    4.8 콘크리트 구조물 및 건물 표면 제염 기술   107

Part 2. 원전 해체 안전성 평가

5장. 원자력 시설 해체 안전 요건   112

    5.1 IAEA 해체 안전 요건   112

    5.2 인간 방호와 환경 방호   114

    5.3 해체 관련 책임   115

    5.4 해체 관리   118

    5.5 해체 전략   119

    5.6 해체 자금 조달   119

    5.7 시설 수명 주기 중 해제 계획   120

    5.8 해체 작업 수행   122

    5.9 해체 완료와 해체 허가 종료   123

6장. 원자력 시설 해체 안전성 평가   125

    6.1 해체 계획 수립과 해체 안전성 평가   125

    6.2 해체 안전성 평가 개요   126

    6.3 해체 안전성 평가 단계   135

    6.4 등급별 접근법   159

    6.5 안전성 평가 신뢰 구축   163

    6.6 원전 해체 안정정 평가 사례 교훈   166

    부록 1. 위험 및 발생 사건 점검표 (예)   168

    부록 2. 계획된 해체 활동 관련 위험 요소 목록 (예)   171

부록 3. 사건과 사고 관련 위험 요소 목록 (예)　172

부록 4. PWR Q 원전 안전성 평가 (예)　173

Part 3. 규제 해제를 위한 해체 원전 방사선 측정 및 부지 조사

7장. 방사선 측정조사와 부지 조사 (RSSI)　188

7.1 MARSSIM 개요　188

7.2 주요 MARSSIM 용어　189

7.3 방사선 측정조사 기반 의사 결정　195

7.4 비모수 통계 (Sign / WRS) 검정시험과 귀무가설　200

7.5 방사선 측정조사와 부지 조사 (RSSI) 절차　206

7.6 오염원 확인과 DCGL 확립 및 적용　212

8장. 최종상태 측정조사와 결과 해석　216

8.1 최종상태 측정조사 개요　216

8.2 최종상태 측정조사 설계　217

8.3 통합적 측정조사 전략 수립　235

8.4 측정조사 결과 해석　238

9장. 해체 현장 방사능 측정 방법과 측정 장치　256

9.1 해체 현장 방사능 측정조사　256

9.2 해체 현장 방사선 측정 기법　256

9.3 해체 현장 방사선 측정 기기　260

9.4 표면 선량 자료 변환　264

9.5 직접 측정 민감도　265

9.6 스캔 측정 민감도　269

9.7 측정조사 불확실성　279

9.8 실험실 측정과 표본 추출　279

Part 4. 원전 해체와 방사성폐기물 관리

10장. 해체 방사성폐기물 발생과 최적 관리	**286**
10.1 해체 방사성폐기물 발생	286
10.2 운영 중 방사성폐기물과 해체 방사성폐기물 차이	294
10.3 해체 방사성폐기물 최적 관리 8단계	298
10.4 해체 방사성폐기물 처리	303
10.5 해체 방사성폐기물 콘디셔닝과 포장	308
10.6 해체 방사성폐기물 처분	309
11장. 해체 방사성폐기물 특성평가와 발생 최소화 원칙	**315**
11.1 원전 해체 방사성폐기물 범주와 특성	315
11.2 원전 해체 방사성폐기물 주요 오염 방사성 핵종	318
11.3 해체 방사성폐기물 특성평가: 핵종 벡터와 척도 인자	323
11.4 해체 발생 방사성폐기물 최소화 원칙	330
11.5 방사성폐기물 발생 최소화 영향 요소	335
12장. 자체 처분 측정조사와 평가 기술	**339**
12.1 MARSAME 방법론	339
12.2 규제 해제 측정조사 단계	340
12.3 규제 해제 계획 수립	344
12.4 MARSAME 측정조사 실행	365
12.5 측정조사 결과 평가	376
12.6 최종 평가와 의사결정	392
부록 Ⅰ Sign 검정시험과 WRS 검정시험 통계표	**395**
부록 Ⅱ 원전 해체 공학 용어집	**401**

Part 1

원전 해체 일반

 **제1장　원전 해체: 미래를 향한 여정의 시작**

　　꼭 10년 전인 지난 2015년, 정부는 국내 최초 원전인 고리 1호기를 설계 수명이 종료되는 2017년 6월 영구 운전 정지시킨 후 해체하기로 전격 결정하였다. 이 결정은 그간 정부와 발전회사가 줄기차게 '계속 운전'을 주장해 왔었기 때문에 다소 의외라 할 수 있었다 그러나 당시 노후 원전을 둘러싸고 벌어지기 시작한 지역 주민과의 갈등 문제를 해결하는 한편 미래 세계 원전 해체 시장에 주목하며 국내 원전 산업의 새로운 활로를 찾기 위한 정부의 결단이었다.

　　원전 해체란 '원자력발전소를 안전 규제로부터 전부 혹은 일부를 해제하기 위해 취해지는 모든 기술적, 관리적 활동'을 말한다. 최근 개정된 우리 원자력 안전법에서도 '해체란 발전용 원자로 운영의 허가를 받은 자가 이 법에 따라 허가 또는 지정을 받은 시설의 운영을 영구적으로 정지한 후, 해당 시설과 부지를 철거하거나 방사성 오염을 제거함으로써 이 법의 적용 대상에서 배제하기 위한 모든 활동'으로 정의하고 있다. 국제적으로도 거의 동일한 개념을 사용하고 있는데 국제원자력기구 (IAEA)는 원자력 시설이 규제 통제의 전부 혹은 일부를 면제받을 수 있도록 취해지는 모든 행정적 기술적 활동이라고 정의하고 있다. 따라서 이러한 포괄적 정의에 따라 최근 IAEA는 '해체와 제염' (D&D, Decommissioning and Decontamination)으로 나누어 표현하던 것을 제염을 하나의 해체 과정에 포함시킨 광의의 해체 (Decommissioning)란 용어로 줄여 사용할 것을 권고하고 있다.

　　사실 후발 국가로서, 여러 어려움을 극복하고 원자력 발전을 국가 에너지 기간산업으로써 육성해 온 우리에게 원전 해체란 다소 낯선 미래임에 틀림없다. 그러나 어찌 보면 국내 원전들이 노화되고 있음에도 불구하고, 역동적인 세계 원자력 산업의 흐름을 제대로 읽어 내지 못한 채 우리가 너무 안일했었는지도 모른다. 분명한 것은 수명이 다한 원전을 안전하고 아름답게 퇴역시키는 것은 친핵, 탈핵을 떠나 원자력 수명 주기상 반드시 필요하다. 그래서 가야만 할 길이라면 이제라도 방향을 제대로 잡고 앞으로 나아가야 한다.

이 장에서는 해외의 원전 해체 현황을 분석하고 이들 해외 사례를 바탕으로 원전 해체가 큰 틀에서 어떻게 이루어지는지 그리고 관련된 주요 이슈들은 무엇인지 개괄적으로 살펴보는 한편 이 책에서 다룰 내용들에 대해 간략히 논의하고자 한다.

1.1　전 세계 해체 원전 통계

IAEA의 PRIS (Power Reactor Information System)에 따르면, 2023년 2월 현재 전 세계적으로 운용 중인 상용 원자력발전소는 총 412기로 총출력은 370,170MWe에 이른다. 한편 이들 중 영구 가동 중단 결정이 이루어진 발전소는 모두 209기로 그 수는 미국, 영국, 독일, 일본, 프랑스 순으로 각각 41기, 36기, 33기, 27기, 14기이다. 그밖에 러시아 10기, 캐나다 6기도 가동 중단 상태에 있다. 이들 원전의 가동 중단 사유는, 물론 기술적으로 수명이 종료되었다고 판단된 경우가 가장 많지만, 경제적 이유, 정치적 이유, 그리고 사고 등 다양하다. 이들 나라들의 원전 해체 및 준비 현황을 정리해 표 1.1에 담았다. 이 표에서 알 수 있듯이, 현재 전 세계적으로 20기의 원전이 해체 완료되었으며 가장 많은 경험을 축적하고 있는 나라는 미국이고 최근 가장 활발히 진행하고 있는 나라는 독일이다.

미국은 세계 최초로 해체한 Shippingport 발전소를 포함해 16기 원전의 해체를 완료하였고 현재 16기를 해체 중에 있으며 독일은 2011년 후쿠시마 원전사고를 계기로 탈원전을 선언하고 해체 완료한 3기 외에 당시 운영 중이던 17기 모두를 현재 해제 진행 중이다.

표 1.1   전 세계 주요국 원자력발전소 해체 및 준비 현황 (2023년 2월 기준)

상태/원자로형/국가		미국	독일	영국	프랑스	일본
영구 운영 정지	PWR	5 (86)	6 (20)	0 (1)	1 (60)	6 (24)
	BWR	4 (45)	4 (11)	0 (0)	0 (0)	9 (35)
	GCR	0 (0)	0 (0)	9 (41)	0 (8)	0 (1)
	기타	0 (6)	0 (5)	0 (3)	0 (2)	0 (2)
해체 진행 중	PWR	9	9	0	2	2
	BWR	5	4	0	0	6
	GCR	0	0	24	8	0
	기타	2	4	3	3	1
해체 완료	PWR	7	0	0	0	0
	BWR	5	1	0	0	1
	GCR	0	0	0	0	0
	기타	4	2	0	0	0

( ): 국가 보유 노형별 원전 수

영국은 27기 원전을 해체 준비 중에 있지만 이들 중 24기가 기술적으로 지연 해체를 할 수밖에 없는 기체냉각흑연감속로 (Gas-Cooled graphite moderated Reactor, GCR)이기 때문에 아직 해체를 완료한 경험이 없다. 또한 흑연 감속로의 주요 해체 공정은 압력용기 방식인 PWR과 차이가 커 우리 고리 1호기의 해체 준비에 직접적인 참고가 되기엔 한계가 있다.

프랑스도 PWR 2기를 포함해 현재 13기를 해체 중에 있으며, 일본은 일찍이 90년대 소형 BWR 원전인 JPDR을 해체 완료한 바 있으나 2011년 후쿠시마 원전 사고 이후 현재 11기 원전의 해체 계획을 수립하였다. 이밖에도 이탈리아와 스웨덴 등 9개국에서 23기의 원전이 해체 중이다.

이처럼 아직 우리에겐 원전 해체가 낯설지만 국제적으로는 이미 상당한 경험을 축적하고 있고 일본 후쿠시마 원전 사고 이후 전 세계는 문제가 있는 노후 원전을 계속 보수 유지하면서 운전하기보다는 즉시 해체하는 흐름으로 가고 있다.

1.2　원전 해체 주요 공정 개요

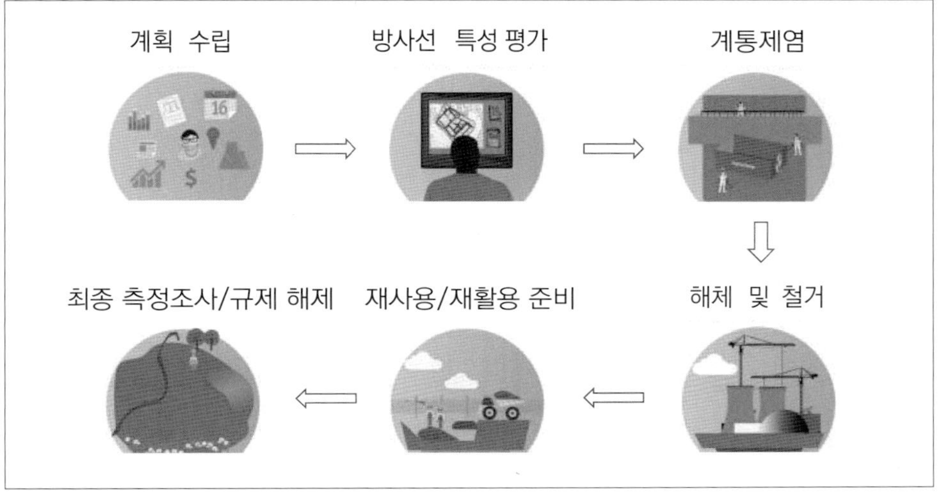

그림 1.1　주요 핵심 요소 공정에 따른 원전 해체 흐름 개요

　위의 그림 1.1은 원전 해체의 기본 요소들을 큰 흐름에 따라 도식화한 것이다. 원전 해체의 상세 공정은 2장 사례 분석에서 자세히 다루므로 이 장에서는 큰 개요 중심으로 설명한다. 이 그림 1.1에서 알 수 있듯이 수립된 계획에 따라 원전을 영구 정지 시킨 후 본격적인 해체를 위해 가장 먼저 진행하는 것은 방사선 특성평가이다. 이 작업은 계획된 해체 활동을 원활히 진행하기 위해 관련 문헌조사와 전·현직 현장 직원 면담 등과 함께 오염 범위 측정조사를 통해 시설 내 어디가 어떤 핵종들에 의해 얼마만큼 오염되어 있는지 평가하는 것이다.

　방사선 특성평가에 이어 진행하는 것이 계통제염이다. 이 제염 방법은 원자로 1차 계통 내부에 축적되어 있는 높은 준위의 방사성 오염 물질을 제거해 계통 전체의 방사선 준위를 낮추는 작업으로 핵연료 없이 냉각수에 산화제와 환원제를 넣은 채 1차 계통을 구동시켜 계통 내부에 침착된 오염을 제거하는 것이다. 이 제염의 목적은 계통 내 존재하는 방사성 핵종들의 근본적 제거가 아니라 작업자들의 접근이 가능하도록 방사선 준위를 낮추는 것이므로 이들 공정의 제염 계수 (DF, Decontamination Factor)는 대개 100을 넘지 않는다.

대표적인 기술로는 독일 Siemens가 개발한 CORD-UV (Chemical Oxidation Reduction Decontamination with Ultra-Violet light) 공정과 미국 EPRI가 개발한 DfDX (Decontamination for Decommissioning with ion-eXchange) 공정을 들 수 있다. 이 기술들은 기본적으로 계통을 구성하는 배관과 기기들의 표면에 생성된 오염 부식층을 화학적으로 제거하는 다단계 화학 공정이다. 전자는 과망간산 ($HMnO_4$)을 이용하는 산화 공정, 옥살산 ($C_2H_2O_4$)을 사용하는 제염 공정, 그리고 과망간산이나 과산화수소 (H_2O_2)를 사용하는 정화 공정으로 구성되는 3단계 공정인 반면, 후자는 붕불산 (HBF_4), 과망간산칼륨 ($KMnO_4$), 그리고 옥살산을 연속적으로 사용하는 순환 공정이다. 계통 제염에 관한 기술적인 내용은 잘 정리된 전문 자료들이 많이 있으므로 이 책에서는 더 이상 논의하지 않는다.

계통 제염이 성공적으로 이루어지면 다음 단계는 원자로 압력용기를 제외한 대형 주기기들을 계통에서 절단 분리해 원자로 밖으로 이송하는 것이다. 이렇게 하는 이유는 원자로 격납건물 내부에는 이러한 대형 기기들을 절단 해체할 공간이 부족한 데다 방사선 준위가 높은 압력용기 내부구조물을 안전하게 수중 절단하기 위해서는 충분한 공간 확보가 필수적이기 때문이다. 밖으로 꺼내어진 주기기들은 대개 방사선 오염 정도가 높지 않아 직접 원전 현장에서 공기 중 절단 해체하거나 저준위 방사성폐기물 처분장이나 처분 시설로 보내 장기 보관된다.

이같이 대형 기기인 원자로 1차 계통 주기기들을 절단 분리해 격납 건물 밖으로 꺼내는 한편 해체 작업자들은 내부에서 압력용기 내부구조물의 절단 해체 작업을 준비하게 된다. 40년 동안 정상적으로 운전된 후 퇴역한 원자로라면, 핵연료와 맞닿았던 부위의 내부 구조물들은 중성자 조사에 의해 중준위 방사성폐기물로 방사화된 상태이다. 사실 이 중준위 방사화 내부구조물이 해체 원전에서 가장 크게 오염된 부품으로 이 복잡한 형태의 내부구조물 절단 해체가 PWR형 원전 해체의 주요 핵심 목표 중 하나이다. 이 작업은 방사선 피폭의 위험성이 워낙 높아 작업자 보호를 위해 원자로 공동 (cavity)에 물을 채운 후 수중에서 카메라로 확인하면서 로봇팔을 이용해 절단해야 하는 지난한 작업으로, 1990년대 말과 2000년대 초만 해도 평균 2년 정도 걸리었으나 최근에는 많이 짧아지고 있다.

내부구조물의 절단 해체가 완료되면 원자로 압력용기는 원자로 공동에서 빼내어져 저장소로 보내기 위해 이송된다. 앞선 해체 경험과 연구 결과에 의하면 설계 수명 40년 운전 후 정상 퇴역한 원자로 압력용기는 자체 방사화가 심하지 않아 저준위 방사성폐기물에 속한다. 따라서 특별한 이유가 없는 한, 압력용기를 절단 해체하지 않고 오히려 저준위 방사성폐기물의 대형 저장 용기로 처분하는 것이 국제적 관행이다. 2장 사례 분석에서 살펴 보겠지만, 더 나아가 미국의 Trojan 원전은 내부구조물을 절단 제거하지 않고 내부에 둔 채 압력용기를 통째로 봉인해 처분하는 one-piece 해체에 성공하였다. 이것이 가능했던 것은 이 원전의 총 운전 기간이 16년에 불과해 내부구조물의 방사화가 많이 진행되지 않아 대형 금속 폐기물의 포장 수송 허가 기준을 만족할 수 있었기 때문이다.

일단 원자로 압력용기 내부구조물의 절단 해체가 완료되고 절단물이 용기에 담겨 원자로 밖 저장시설로 이송되고 나면, 다음 단계는 남아 있는 구조물과 건물들의 제염과 철거이다. 구조물과 건물의 오염은 일부 갈라진 틈을 타고 깊숙이 침투한 경우를 제외하곤 대부분 표면에 국한되어 있다. 일부 깊은 오염을 포함해 제염이 원만하게 이루어져 규제 해제 요건을 만족시키게 되면 이후 철거는 원자력 시설이 아닌 통상적인 철거 방식으로 이루어질 수 있다. 그리고 최종적으로 부지 내 토양에 남아 있는 잔류 방사능을 제거하고 부지를 복원하면 해체가 완료된다. 물론 이 과정은 규제 해제된 부지를 어떻게 활용할 것인가, 즉 무제한적으로 사용할 것인가 혹은 제한적으로 사용할 것인가에 따라 복원 규모와 방식이 달라지게 된다.

한편 이러한 해체 과정을 통해 다양한 핵종에 의해 오염된 여러 형태의 방사성폐기물이 대량으로 발생 방출된다. 특히 원전 해체 과정 중에는 원전 운영 중과는 달리 많은 방사성 핵종에 의해 오염된 다양한 방사성폐기물이 고체·액체·기체의 형태로 단시간에 대량 발생된다. 사실 원전 해체란, 원전 시설 자체가 통째로 폐기되어야 하는 초대형 방사성폐기물이란 관점에서 볼 때, 그 큰 시설을 안전하게 해체하면서 이 과정에 발생되는 방사성폐기물을 안전하게 처리 처분해야 하는 하나의 대형 방사성폐기물 관리 프로젝트인 셈이다. 뒤에서 논의하겠지만 원전 해체 방사성폐기물 관리의 첫 번째 큰 원칙은 발생 최소화와 최적 관리이다,

이러한 원전 해체 방식은 크게 두 가지로 첫째는 방사선 오염이 낮은 지역부터 시작해 마지막에 방사선이 가장 높은 일차 계통을 해체하는 소위 '저오염 지역 우선' (FCTH, From Cold To Hot) 방식이고 다음은 그 공정을 정반대로 수행하는 '고오염 지역 먼저' (FHTC, From Hot To Cold) 방식이다. 원전 해체 경험이 풍부한 미국의 경우는 대부분 후자의 공정을 채택하고 있으며 종래에는 전자의 방식을 택했던 독일도 원전 해체 경험이 축적되면서 최근에는 후자의 공정으로 전환하고 있다. 참고로 국내 고리 1호기의 경우 아직 해체 경험이 없는 국내 현실을 감안해 전자의 방식으로 해체를 수행하기로 결정하였다.

전 세계 원전 해체 사례 분석을 통해 드러난 것은, 원전 해체엔 왕도가 없다는 사실이다. 이후 살펴 볼 2장의 사례 분석을 통해, 전 세계적으로 이미 20기의 원전이 성공적으로 해체되었지만, 나라마다 해체 방식이 다르고 한 나라 안에서도 원전 별로 해체 공정이 다르다는 것을 알 수 있다. 실제 나라마다 규제 체계가 다르고 같은 나라 안에서도 각 발전소의 운영과 운전 이력이 다르기 때문에 해당 원전에 가장 적합한 최적의 해체 공정은 다를 수밖에 없다. 예를 들어 발전사가 해체를 주도하는 독일은 규제기관으로부터 총괄 해체 승인을 받은 후 해체 공정을 크게 4~6단계로 나누어 20년 정도의 기간을 설정하고 차분히 단계별로 진행하는 반면, 민간 회사가 해체를 주도하는 미국의 경우 총괄 승인을 받은 해체 사업자가 자신들이 개발한 고효율 · 저비용 · 최적 안전 공정에 따라 일괄적으로 가능한 빨리 해체를 진행하고 있다. 미국의 경우는 평균 해체 기간이 10년 이하로 줄어들고 있으며 최근 NRC는 방사선학적 해체는 7년 내에 마치도록 강력히 권고하고 있다.

1.3　원전 해체 전략

원전 해체 전략은 기본적으로 즉시 해체 (Immediate Dismantling), 지연 해체 (Deferred Dismantling)와 매몰 (Entombment) 세 가지로 나눌 수 있다.

즉시 해체는 영구 운전 정지 후 가능한 빨리 해체 작업을 수행하여 해체 과정에서 발생하는 모든 방사성폐기물과 부지 내 잔류 방사능을 신속하게 제거 혹은 처리 후 최종 저장 시설로 이송 처분하는 것을 말한다. 그러나 즉시 해체의 경우도 해체 준비 작업을 위해 보통 운전 정지 후 3~5년 정도 준비 기간을 거친 후 본격적인 해체 작업을 진행하게 된다. 준비 작업 중 대표적인 것이 원전 부지 내에 보관하고 있던 사용후핵연료의 부지 밖 이송과 저장이다. 따라서 즉시 해체의 경우 사용후핵연료의 이송과 저장 작업이 해체를 위한 첫 작업이라 할 수 있으며 이 작업이 원활히 선행되지 않으면 본격적인 해체 작업이 이루어지기 어렵다.

지연 해체는 본격적인 해체가 시작되기 전 통상 30~60년 정도 장기간 차폐/밀폐 관리를 통해 방사선 붕괴에 의해 해체 원전의 방사선 총량이 감소되도록 기다린 후 본격적인 해체를 수행하는 것을 일컫는다. 앞에서 설명한 기체냉각흑연감속로 (GCR)의 경우가 대표적인 예로, 중성자 감속재로 사용된 노심 내부의 흑연이 중성자와의 핵반응에 의해 심각하게 방사화 되었기 때문에 영구 정지 직후에는 작업자의 접근이 어려울 정도로 방사선 준위가 높다. 이러한 이유로 본격적인 해체 작업을 수행하기 위해서는 이 준위가 낮아질 때까지 기다릴 수밖에 없어 지연 해체를 진행하게 되는 것이다.

매몰은 심각하게 오염되었거나 방사화된 물질 혹은 시설 자체를 완전 밀폐하여 주변 환경으로부터 격리시키는 조치를 가리킨다. 대표적인 예가 1986년 사고가 발생했던 체르노빌 원전으로, 사고 이후 현재까지 매몰 상태를 유지하고 있다. 2017년에는 매몰 조치를 강화하기 위해 사고가 발생한 원자로 구조물을 통째로 덮는 스테인리스 철골 구조물 지붕을 설치하였다.

그러나 IAEA는 2016년 대폭 개정된 GSR (General Safety Requirements) Part 6, ‘Decommissioning of Facilities’에서 환경 안전을 이유로 매몰은 더 이상 해체 전략이 될 수 없다고 선언하는 한편 회원국들에게 즉시 해체를 우선적으로 고려하도록 요구하고 있다. 한때 해체 기술 부족과 해체 비용 조달 준비 등을 이유로 지연 해체도 좋은 전략일 수 있다던 종래의 방침을 철회하고 가능한 빨리 원전을 해체하는 것이 가장 안전한 해체 방식이라는 것을 밝힌 것이다. 한 걸음 더 나아가 이 문헌에서는 해체 전문가 팀을 구성할 때 해당 발전소에서 퇴직한 요원들을 보너스 프로그램을 적용해서라도 참여시키라고 요구하고 있다. 사실 이러한 전향적인 개정은 그사이 전 세계에서 20기의 원전을 성공적으로 해체한 경험과 기술의 축적에 기반하고 있지만 노후 원전인 일본 후쿠시마 발전소의 사고가 촉발시킨 측면도 부인하기 어렵다. 실제 후쿠시마 사고를 계기로 적지 않은 원자력 선진국들이 자신들이 운영하고 있는 노후 원전의 출구 전략을 즉시 해체로 바꾸었다.

<table>
<tr><td style="background:#888;color:#fff">**1.4**</td><td>**원전 해체 안전성**</td></tr>
</table>

그림 1.2는 원전 해체의 안전성에 대한 간결한 설명과 함께 사용후핵연료의 부지 밖 이송 저장이 해체 작업 전반의 안전성에 미치는 영향을 보여 주고 있다. 이 그림에서 알 수 있듯이 원전을 영구 운전 정지시켰더라도 해체 작업 중 사용후핵연료가 부지 내에 남아 있을 경우 IAEA 사고 등급 분류 상 3등급에 해당되는 사고가 발생할 수 있지만, 부지 밖으로 이송된다면 최하 단계인 1단계로 떨어지게 된다. 이것은 모든 원전 해체 작업 활동이 계통적 안전성을 고려해야 하는 문제가 아니라 좀 더 단순한 방사선 안전 관리의 문제로 낮아진다는 것을 의미한다. 물론 이것은 후쿠시마 원전 같이 심각한 노심 손상 사고가 발생한 원전이 아닌 정상적으로 수명을 다하고 퇴역한 원전에 해당되는 얘기이다.

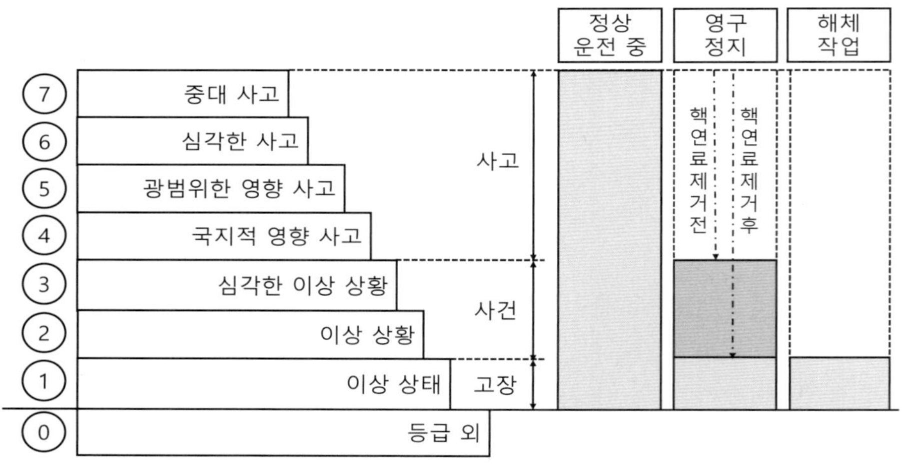

그림 1.2   사용후핵연료의 부지 밖 이송과 해체 안전성

또 하나, 해체 작업의 안전성을 논할 때 IAEA가 강력히 요구하는 것이 등급별 접근법 (Graded Approach)의 적용이다. 다음 그림 1.3에서 알 수 있듯이 해체란 방사능을 제거하는 과정이므로 원전 해체가 진행될수록 남아 있는 방사선의 준위는 낮아지게 된다. 따라서 IAEA는 해체 작업 진행에 따르는 방사선 안전 관리 규제를 시간에 따라 낮아지는 방사선 준위에 맞게, 즉 작업 환경의 방사선 위해도가 높으면 이와 상응하게 규제 요건을 높여야 하지만 위해도가 낮아지면 낮아진 리스

크에 맞게 규제 요건을 낮추라는 것이다. 이러한 등급별 접근법의 대표적인 예가 미국 NRC가 개발한 '방사선 측정조사와 부지 조사' 지침서인 MARSSIM (Multi-Agency Radiation Survey and Site Investigation Manual)이다. 이 MARSSIM 가이드라인은 해당 부지 혹은 영역의 오염 정도가 높았다면 규제 해제 요건 만족 증명을 위해서 많은 위치에서의 측정조사 자료를 요구하지만 오염 정도가 낮았다면 적은 수의 측정조사 분석을 허용하고 있다. 미국이나 많은 해체 선진국들은 이러한 등급별 접근법을 적용하기 위해 오염 등급을 일반적으로 네 등급 (class 1, class 2, class 3, 비오염 지역)으로 분류하고 있다. MARSSIM 방법론에 대해서는 이 책 Part 3에서 상세히 논의 한다.

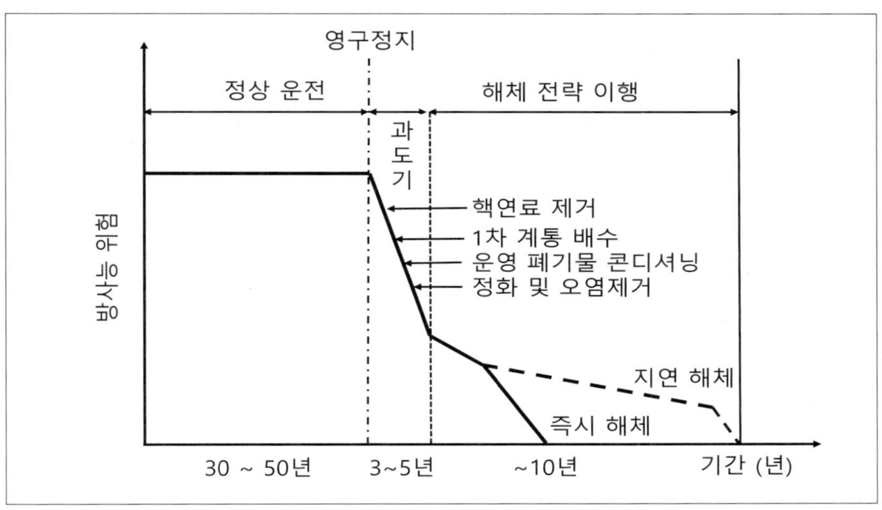

그림 1.3　해체 시간에 따른 위해도의 감소 변화

1.5　원전 해체 방사성폐기물 관리

　원전 해체 진행 과정 중 가장 많이 발생하는 방사성폐기물이 콘크리트 폐기물이고 그 다음이 금속류이다. 통상적으로 1000 MWe 원전을 해체할 경우 토양 폐기물을 포함해 대략 10만 드럼 (부피 200리터) 정도의 방사성폐기물이 발생되는 것으로 알려져 있는데, 국내 연구에서도 고리 1호기 해체 과정에서 약 8만 드럼 정도의 방사성폐기물 (토양 폐기물을 제외)이 발생할 것으로 예측하고 있다. 그러나 정부는 경주 방사성폐기물 처분장의 시설 용량을 고려해 고리 1호기의 최종 처분 해체 폐기물 양을 14,500 드럼 이하로 줄이는 것을 목표로 설정하고 있다. 방사성폐기물 산업이 아직 제 궤도에 오르지 못한 국내 현실을 감안할 때 이는 실로 도전적인 목표이지만 잠재적 기술력이 매우 높은 국내에서 다양한 제염 기술 개발이 이루어진다면 어렵지 않게 달성할 수 있을 것으로 기대된다. 10장에서 상세히 논의하겠지만 전 세계적 해체 경험을 집대성하고 있는 IAEA도 1000 MWe PWR 원전 1기 해체 시 발생하는 해체 폐기물의 최종 처분 예상량을 6,200톤 (14,000 드럼) 정도로 예상하고 있다.

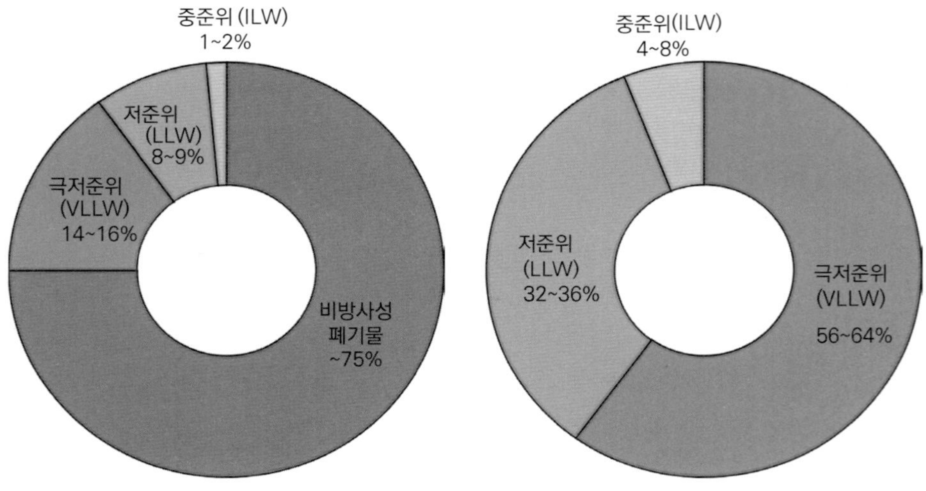

그림 1.4   원전 해체시 방사성폐기물 준위별 발생량

　한편 해체 방사성폐기물들은 그 준위와 형태에 따라 처리와 처분 관리 방안이 크게 차이가 나게 되기 때문에 원전을 해체할 경우 어떤 준위의 방사성폐기물이 얼마나 발생하는지도 원전 해체의 전략 수립에 매우 중요한 요소이다. IAEA의 5단계 방사성폐기물 분류 (고준위, 중준위, 저준위, 극저준위, 규제 면제 준위) 기준을 적용할 경우, 위 그림 1.4에서 알 수 있듯이 원전 해체 발생 방사성폐기물은 대부분 (90% 이상) 저준위 이하의 폐기물이라는 것이 국제적 경험이다. 40년 운전 후 정상적으로 퇴역한 원전의 경우 가장 준위가 높은 것은 중성자 조사에 의해 방사화된 원자로 압력용기 내부구조물로 중준위 폐기물에 해당된다. 사실 이들 내부구조물도 핵연료와 가까운 위치에 접한 부분을 제외하면 적지 않은 부품들이 저준위 방사성폐기물로 분류된다.

그러나 실제 어떤 해체 폐기물이 얼마나 발생하느냐 하는 것은 어떤 조건과 시나리오에 따라 해체 공정을 수행하는가에 따라 좌우된다. 특히 우리나라와 같이 폐기물 처분장의 확장이 용이하지 않은 상황에서는 원전 해체 작업을 통해 예상보다 많은 양의 방사성폐기물이 발생된다면 해체 비용과 해체 기간의 증가뿐만 아니라 이후 진행될 국내 노후 원전들의 해체 계획 수립 전반에 지대한 영향을 미치게 될 것이다. 이것이 제염된 부품이나 재료를 재사용 및 재활용할 수 있도록 (극)저준위 방사성폐기물을 규제 해체 이하 수준으로 낮추는 제염 기술의 개발이 시급한 이유이다. 이러한 상용 기술이 개발된다면 최종 처분되는 해체 방사성폐기물을 획기적으로 줄일 수 있을 뿐만 아니라 관리와 처분에 드는 비용도 대폭 줄일 수 있다. 참고로 사용후핵연료는 고준위폐기물이므로 별도의 저장 시설, 예를 들어 ISFSI (Independent Spent Fuel Storage Installation) 같은 독립 중간 저장 시설에 보관해야 하지만, 이들은 해체 과정에서 직접적으로 발생하는 폐기물은 아니므로 해체 폐기물로 분류하지 않는다.

1.6　원전 해체 시장 및 산업 전망

사실 원전 해체를 바라보는 여러 시각 중에는 통째로 방사성폐기물이 된 원전을 큰 비용을 써가며 치우는 것에 불과한 것이라는 냉소도 존재한다. 이런 주장에 따르면 비록 원전 해체가 원자력 발전의 수명 주기상 반드시 필요하긴 하더라도 구태여 서둘러 원전을 세우고 해체할 이유가 전혀 없다.

그러나 이런 시각은 하나의 생태계인 원자력 산업의 국제적 흐름을 도외시 한 근시안적인 생각에 불과하다. 너무도 늦은 후발 주자이었기에 원전의 설계, 건설, 운영 등 모든 것을 해외에 의존해 배울 수밖에 없었지만, 우리는 이 모든 험난한 과정을 극복하고 독자 설계한 원전의 수출까지 이루어냈다. 이제는 원자력 발전 주기상 마지막 단계인 원전 해체는 우리가 세계를 리드할 차례이다. '비전'은 누가 만들어 주지 않는다. 우리 스스로 만들어 가는 것이다. 분명한 것은 기회는 준비된 자에게만 찾아온다는 것이다.

앞에서 언급한 바와 같이 2015년 고리 1호기의 해체를 선언할 당시 정부는 2030년경부터 새롭게 열릴 세계 원전 해체 시장에 선제적으로 대비하겠다는 뜻을 밝히면서 시장 분석 결과와 함께 향후 전략도 발표하였다. 그 중 일부를 정리하면 아래 표 1.2와 같다. 특히 이 전략에서는 전 세계 원전 해체 시장 규모가 후쿠시마 사고 발생 전 IAEA가 발표한 200조 시장 예측을 훨씬 넘는 총 440조 시장이라 평가하였다. 물론 그사이 늘어 난 해체 대상 원전 수와 물가 상승을 고려한 것이지만, 이러한 시장 규모는 발표 당시인 2016년 우리나라 1년 총 예산보다도 많은 액수이었다. 사실 평균적으로 원전 1기당 1조 원 가량의 비용이 든다는 점과 전 세계 32개국에서 운전 중인 전체 상용 원전 수가 422기에 달한다는 것을 알고 나면 이런 시장 규모는 결코 과장된 것이 아니라는 것을 쉽게 파악할 수 있다. 이제 남은 문제는 이런 큰 규모의 세계 시장에 우리가 어떻게 국제 경쟁력을 갖추어 어떤 방식으로 참여하며 우리 원자력의 미래를 만들어 나갈 것인가이다.

표 1.2a   시대별 전 세계적 해체 예상 원전 수

구분	'15년 이전	'15~'19년	'20년대	'30년대	'40년 이후
원전 수	113	76	183	127	89

표 1.2b   시대별 해체 예상 원전 수에 따른 시장 규모 예측

구분	개화기 ('15~'29)	성장기 ('30~'49)	성숙기 ('50 이후)
해체 비용	72조원	185조원	182조원
해체 원전	259개	190개	26개

원전 해체 기술 분야는 해체 설계, 절단 및 해체/철거, 방사성폐기물 처리, 제염, 부지 복원 등으로 나눌 수 있는데, 전반적인 우리의 기술 역량은 선진국 대비 약 70% ~ 80% 정도로 평가되고 있으며 산업 공급망 체제 또한 아직 부족한 상태이다. 더욱이 이 분야에 대한 산업계의 수요가 아직 없었기 때문에 이제껏 제대로 된 전문 인력이 양성되질 못하였다. 따라서 우리가 국제 경쟁력을 갖추기 위해서는 부족한 기술 개발과 함께 시급히 원전 해체 분야 전문 인력 양성을 시작해야 한다. 그러나 이제라도 비전을 갖고 제대로 방향을 잡아 준비한다면 아무것도 없었던 척박한 환경에서 원전 설계를 국산화하고 더 나아가 차세대 원전을 자체 개발해 수출까

지 해낸 우리의 경험과 잠재력은, 우리도 국제 경쟁력을 갖춘 원전 해체 선도 국가로 우뚝 설 수 있을 것이란 믿음을 주기에 충분하다. 또 하나 고무적인 것은, 전 세계가 지금도 열심히 노후 원전들의 해체를 진행하고 있고 해체 대기 중인 원전의 수도 수십 기에 이르지만 이들 국가들의 해체 과정을 들여다보면 아직까지 대부분 통상적 재래 기술에 일부 4차 산업 기술을 탑재한 수준의 기술을 적용하고 있다는 것이다. 아직 무선통신 기술, 로봇 응용 기술, 인공지능 기술, digital twin 등 소프트웨어 응용 기술 등 본격적인 4차 산업 기술을 적용하지 못하고 있다. 우리나라는 전 세계에서 4차 산업 기반이 가장 잘 갖추어진 나라에 속한다. 따라서 비록 후발주자이지만, 우리가 이러한 4차 산업 기술을 원전 해체에 응용해 새로운 첨단 기술로 무장한다면 원전 해체 분야에서도 한국 공학 기술이 세계 시장을 리드해 나갈 수 있을 것이라 믿어 의심하지 않는다.

1.7　새로운 여정을 시작하며

　원전 해체 경험이 부족했던 2000년대 초까지만 해도 일부 부정적인 환경론자들은 해체 대상 원전의 방사선 준위가 얼마나 높을지 알 수 없으며, 그런 높은 방사선을 제거할 기술은 있는지 의문을 제기하면서 원전 해체에 천문학적인 비용과 기간이 필요할 것이라고 주장하면서 원전을 반대하는 목소리를 높이곤 하였다. 그러나 전 세계가 20기 이상의 원전을 해체 완료한 지금은 이런 논란 자체가 매우 부질없는 일이 되었다. 다소 기술적으로 미흡한 점은 있었지만 현재 인류가 가진 기술들을 활용해 20기의 원전을 성공적으로 해체하였고 이제는 비용이 얼마나 들지 확연히 알고 있으며 해체 기간도 10년 이내로 줄어들고 있기 때문이다. 참고로 해체 비용의 경우, 해체 원전의 종류와 용량, 해체 기간, 해체 대상 물량, 폐기물 발생량과 관리 방안 등에 따라 차이를 보이고 있지만 1000 MWe 가압경수로 기준으로 약 1조 원 정도가 든다는 것이 통설이다. 우리 고리 1호기의 경우 해체 예상 비용이 8,129억 원으로 추산되었지만 해체 경험 부족으로 겪을 시행착오를 고려할 때 아마도 이보다는 더 큰 비용이 들 것으로 예상된다.

이미 논의한 바와 같이, 현재 전 세계적으로 노후 원전의 해체가 활발히 진행되고 있으며 이 미래 시장을 선점하기 위한 국제적 경쟁은 벌써 시작되었다. 후발 주자인 우리의 상황을 종합적으로 고려할 때, 성공적 국내 원전 해체 수행의 가장 중요한 요소는 원전 해체 전반에 4차 산업 기술의 선제적 접목과 함께 방사성폐기물 발생 최소화 달성 전략 수립이 될 것이다. 특히 후자의 문제는 전세계 원전 운영국이 모두 고민하고 있는과제이며 국내의 경우 최종 처분 시설의 한정된 용량과 함께 방사성폐기물 저장 관리 비용의 가파른 상승으로 인해 방사성폐기물의 최소화가 해체 비용 최소화와도 직결되어 있다. 따라서 세계적인 경쟁력을 갖춘 우리 4차 산업의 첨단 기술을 해체 시 발생하는 방사성폐기물의 최적 최소화 처리와 관리에도 집중 시킨다면 경쟁국에 비해 확실한 기술적 우위를 점할 수 있을 것으로 판단된다.

원전 해체에 왕도는 없다. 먼저 경험을 축적한 나라들도 아직까지 시행착오를 반복하며 길을 찾고 있다. 우리에게도 기회는 충분히 남아 있다. 지금 우리에게 필요한 것은 우리보다 조금 앞선 그룹의 경험을 간접 경험으로 체득하면서 우리에게 무엇이 부족한지 깨닫고 그 부족함을 채우기 위한 전략을 짜는 일일 것이다. 그 중심에는 전문 인력의 양성이 자리 잡고 있다. 이어지는 이 책의 내용들이 이런 과정에 도움이 되길 기대한다.

주요 참고 문헌

- IAEA General Safety Requirements Part 6 (GSR Part6) 'Decommissioning of Facilities' (2014)
- IAEA SSG (Specific Safety Guide) No. 47 'Decommissioning of Nuclear Power Plants, Research Reactors and Other Nuclear Fuel Cycle Facilities' (2018)
- IAEA Technical Reports Series No. 462, 'Managing Low Radioactivity Material from the Decommissioning of Nuclear Facilities' (2008)

- IAEA 'Status of the Decommissioning of Nuclear Facilities Around the World', IAEA (2004)
- IAEA http://www.iaea.org/pris/
- 10 CFR Part 71, Packaging and Transportation of Radioactive Material
- 'Connecticut Yankee Decommissioning Experience Report: Detailed Experiences' 1996-2006, EPRI Technical Report 1013511 (Nov. 2006)
- 'CORD Decontamination Technologies for Decommissioning: Continuous Improvement over Thirty Years', C. Stiepani, et al., Aug. 29-Sept. 2, Idaho Falls, ID, USA (2010)
- 'The EPRI DFDX Chemical Decontamination Process', S. Bushart, et al., WM'03 Conference, Feb. 23-27, Tucson, AZ, USA (2003)
- Multi-Agency Radiation Survey and Site Investigation Manual (MARSSIM) (NRC NUREG-1575, Revision 1) (2000)
- 고리 1호기 발전용원자로 및 관계 시설의 해체 계획서 (2020. 6.)
- 김용수, 전 세계 원전 해체 현황 분석 보고서 (1권: 해체 완료 원전), 한양대학교 원전해체연구센터 (2019. 10.)
- 원자력안전법 제 2조 (정의) (2015년 1월20일)
- 원자력안전법 시행령 (2023. 8. 1.)
- 정부, '원전 해체 산업 육성' 본격화 (2015년 10월 5일 정부 보도 자료)
- 한수원(주), 원전 해체 선원항 평가 기술개발, 2016.
- 성낙훈 외, 한국원자력환경공단. 원전 해체 폐기물 처분 방안 분석 용역 최종 보고서 DD-KO-R-100:101-106 (2012)
- 한국원자력산업협회 홈페이지 https://www.kaif.or.kr/ko/

제2장 전 세계 주요 원전 해체 현황 분석

2.1 전 세계 해체 완료 원전 현황

2023년 말 현재 전 세계적으로 20기의 원전이 해체 완료되었으며 가동이 영구 정지되어 해체를 기다리는 원전 수는 200기가 넘는다. 이 장에서는 해체 완료된 원전의 해체 사례를 중심으로 주요 공정 분석과 교훈 등을 다룬다. 다음 표 2.1은 이들 20기 해체 완료 원전에 대한 주요 항목을 요약 정리한 것이다.

이 자료에서 알 수 있는 것처럼 미국은 1980년 이래 16기의 다양한 시험용, 실증용, 발전용 원자로를 성공적으로 해체하여 상당한 원자로 해체 경험을 보유하고 있다. 실제 미국은 1979년 발생한 TMI원전 사고를 계기로 원전 해체 문제가 세계적인 이슈로 떠오르자 선제적으로 세계 최초 상용 가압경수로인 Shippingport 원전의 해체에 착수하였다. 당시에는 세계 어느 나라도 원전 해체 경험을 갖고 있지 않았기 때문에, 반핵 단체들이 안전성 문제를 제기했을 뿐만 아니라 천문학적인 비용과 수십 년의 시간이 필요할 것이라는 그들의 주장이 크게 확산하고 있었다. 이러한 이유로 이 원전의 해체는 연방 정부 DOE가 직접 맡아 수행하였다.

독일은, 비록 아직 미국처럼 다양한 경험을 축적하고 있지는 않지만, 현재 전 세계에서 가장 활발히 대형 상용 원자로의 해체를 진행하고 있는 나라이다. 표 2.1에서 알 수 있듯이 현재까지 해체 완료된 원전은 모두 3기로 주로 실험용 원자로와 기본적으로 출력이 낮은 소형 원전들이지만 현재 17기의 대형 원전의 해체를 진행 중이다. 사실 독일은 고리 1호기와 여러모로 유사한 가압경수로 원전인 Stade 원전의 해체를 2014년 말 마무리하였으나 토양과 지하수 오염 문제로 아직까지 해체 완료를 선언하지 못하고 있다.

일본은 1990년대 초반 미래 원전 해체 시장에 대비하기 위해 선제적으로 실증용 BWR 원전인 JPDR 원전의 해체를 진행하였다. 그러나 2011년 후쿠시마 원전 사고가 발생하면서 이 원전의 사고 수습에 온 힘을 쏟느라 정상 퇴역한 원전의 해체는 미루어지고 있는 실정이다. 이러한 이유로 해체가 완료된 원전은 JPDR 원전 하나뿐이다. 그러나 후쿠시마 원전 사고를 계기로 일본도 노후 원전 정책이 점차 해체로 바뀌고 있어 해체될 원전의 수는 계속 늘어날 전망이다.

표 2.1　전 세계 해체 완료 원전 목록

국가	원전 이름	위치	종류	출력[Mwe]	가동 종료일	가동 중단 이유	해체 완료일	해체 사업자
미국 (16개)	Big Rock Point	Charlevoix, MI	BWR	67	1997	경제성	2006	CPC
	Bonus	Rincon, PUR	BWR	17	1968	경제성, 기술적 이유	1970	DOE
	Connecticut Yankee	Haddam Neck, CT	PWR	560	1996	경제성	2007	CYAPC
	CVTR	Parr, SC	PHWR	17	1967	정치적 이유	2009	CVPA
	Elk River	Elk River, MN	BWR	22	1968	경제성, 기술적 이유	1974	RCPA
	Fort St. Vrain	Platteville, CO	HTGR	330	1989	경제성, 기술적 이유	1996	PSCC
	Hallam	Lincoln, NE	LMGR	75	1964	설계 결함, 경제성	1969	AEC & NPPD
	Maine Yankee	Wiscasset, ME	PWR	860	1997	경제성	2005	MYAPC
	Pathfinder	Sioux Falls, SD	BWR	59	1967	기술적 이유, 경제성	1992	NMC
	Piqua	Piqua, OH	OMR	12	1966	기술적 이유, 경제성	1969	CofPiqua
	Rancho Seco	Sacramento, CA	PWR	873	1989	기술적 이유, 경제성	2009	SMUD
	Saxton	Saxton, PA	PWR	3	1972	경제성	2005	GPUNC
	Shippingport	Shippingport, PA	PWR	60	1982	인허가 조건 변경	1989	DOE DOQU
	Shoreham	Shoreham, NY	BWR	820	1989	정치적 이유	1994	LIPA
	Trojan	Prescott, OR	PWR	1095	1992	경제성	2005	PORTGE
	Yankee Rowe	Rowe, MA	PWR	167	1991	정치적 이유	2005	YAEC
독일 (3개)	KNK II	Eggenstein	FBR	17	1991	기술적 이유, 경제성	2010	WAK
	Niederaichbach	Niederaichbach	HWGCR	100	1974	경제성	1995	KIT
	Vak Kahl	Kahl	BWR	15	1985	경제성	2010	VAK
일본(1개)	JPDR	Tokai Mura	BWR	12	1976	경제성	1995	JAERI

반면, 아직 해체 완료 경험은 없지만, 국가적으로 상용 원전의 해체를 가장 잘 준비하고 있는 나라는 영국이다. 특히 2004년 설립한 원자력해체공사 (NDA, Nuclear Decommissioning Authority)를 중심으로 해체 산업체 공급망 (supply chain)을 잘 구축하고 있다. 그러나 영국의 해체 대상 원전은 모두 기체 냉각 흑연감속로인 GCR로 이 원전은 노형 특성상 '지연 해체' 할 수밖에 없어 아직 본격적인 해체는 진행하지 못하고 있다. 프랑스도 노후된 상용 원전의 해체를 활발히 진행하고 있으나 대부분이 GCR 원전이고 해체 진행 중인 가압경수로 PWR로는 소형 원전인 Chooz-A 원전을 들 수 있다.

다음 절들에서는 이들 해체 완료 원전 중 노형과 발전 용량이 고리 1호기와 유사해 여러 측면에서 우리에게 참조가 될 만한 주요 원전의 해체 사례들을 분석하였다. 이 사례 분석을 통해 원전 해체에는 왕도가 없으며 각국 각 원전 해체 사업자들은 해체 비용과 기간 그리고 작업자 피폭 등을 줄일 수 있는 여러 창의적 아이디어를 바탕으로 원전 해체를 수립하고 있다는 사실을 이해하게 될 것이다.

2.2   Connecticut Yankee 원자력발전소

2.2.1 개요

Connecticut주 Haddam Neck에 위치한 Connecticut Yankee (CY) 원전은 1968년 1월 1일 상업 운전을 시작하여, 28년 가동 기간 동안 110 billion kWh의 전기를 생산하였다. 표 2.2에는 CY 원전의 주요 이력을 정리하였다. 1996년 7월 발전사는 안전성 문제로 정지 중인 이 원전의 경제성 분석을 실시하여 수리 후 계속 운전한다는 것이 더 이상 경제적이지 못하다고 판단하여 1996년 12월 영구 정지 결정을 내렸다.

2.2.2 원전 운영 정지 및 해체 인허가

해체 사업자인 CYAPC는 1997년 8월 NRC에 영구정지후해체활동보고서 (PSDAR, Post Shutdown Decommissioning Activity Report)를 제출한 후 원

전의 해체 업무를 총괄 진행하였다. PSDAR은 일종의 원전 해체 계획서로 제출 후 90일이 지날 때까지 NRC의 수정 명령이 없다면 제출한 계획은 적절한 것으로 간주되어 본격적인 해체 활동을 시작할 수 있다. 참고로 우리는 원전의 영구 정지 후 5년 이내에 최종 해체 계획서를 규제기관에 제출하고 승인 받아야 해체가 가능하다.

표 2.2　Connecticut Yankee 원전 이력

원전 이름	Connecticut Yankee
소재지	Haddam Neck, CT
원자로형	PWR
원전 출력	560 MWe
상업 운전 시기	1968. 01. 01.
가동 중단 시기	1996. 12.
해체 시작 시기	1999. 04. 05.
해체 완료 시기	2007. 11.
최종 부지 상태	녹지
해체 사업자	CYAPC

2.2.3 해체 공정

다음의 그림 2.1 다이어그램은 여러 참고 자료를 바탕으로 CY 원전의 주요 해체 활동을 CPM 형식으로 도식화한 것이다. 전체적인 공정 개요는 1.2절에서 논의한 바 대로 PSDAR 제출 후 계통제염을 실시하였고 이후 대형 기기들을 절단해 원자로 밖으로 빼내는 한편 원자로 압력용기 내부구조물을 수중 절단하였다. 해체 공정에는 왕도가 없으나 이 CY 원전의 해체 공정이 우리가 참조할만한 가장 표준적인 공정이라 할 수 있다.

가. 제염

CY 원전은 독일 Siemens사가 개발한 CORD (Chemical Oxidation Reduction Decontamination) 제염법을 사용해 1998년 6월부터 8월까지 계통제염을 실시하였다. 원래 4회의 순환 계통제염을 계획하였으나, 여러 문제로 인하여 2회 순환만 이루어졌다. 또한 초기 계획한 계통제염에는 원자로 압력용기, 증기발생기, 가압기, 원자로 냉각계통, 잔열 제거 계통이 포함되었지만, 원자로 압력용기 내부구조물의 방사선량이 너무 높아 제염 효과가 없고 증기발생기 배관의 총 표면적이 너무

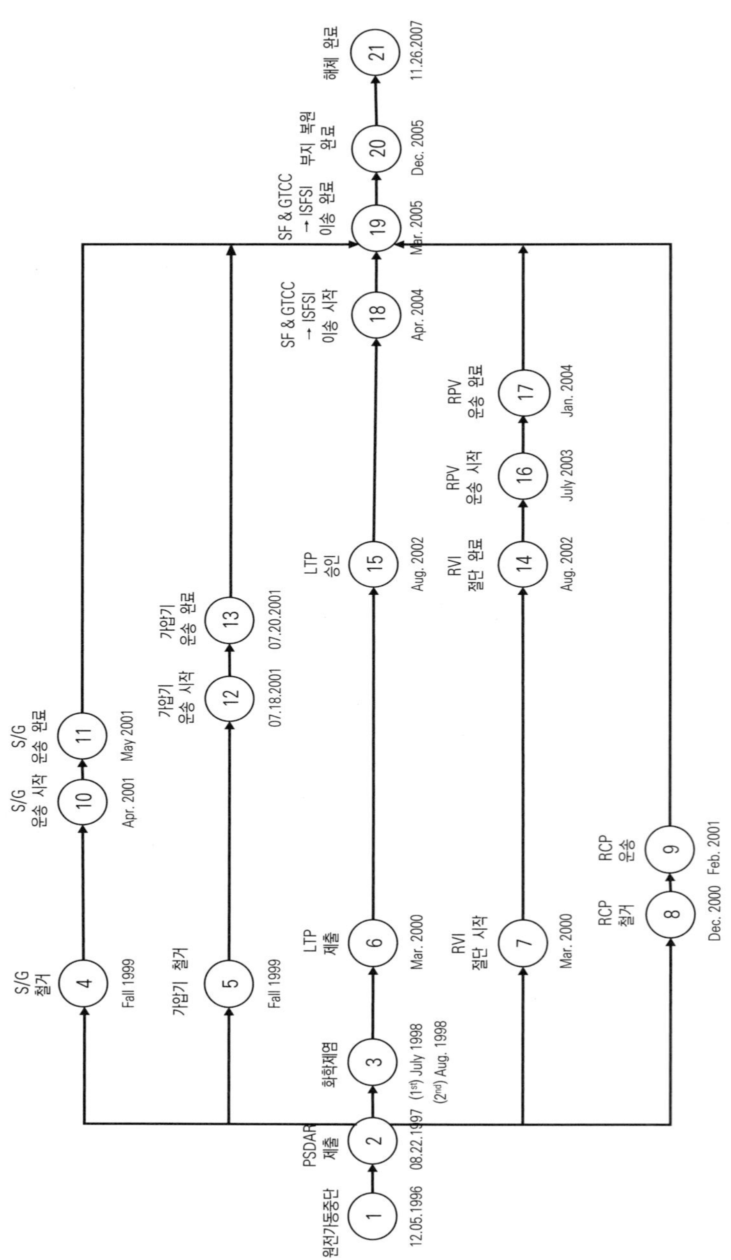

그림 2.1 Connecticut Yankee 원전 해체 프로젝트 CPM

커　2차 폐기물 발생량이 많고 비용도 과다할 것으로 판단하여 원자로 압력용기 일부는 계통제염에서 제외시켰다. 한편 계통제염 효과를 극대화하기 위하여 화학 및 체적 제어 계통, 잔열 제거 계통과 같은 보조계통을 이용하였다. 표 2.3에 계통제염 전후 결과를 비교하였는데 제염 계수가 DF가 20을 넘지 못한 것을 알 수 있다.

표 2.3　Connecticut Yankee 원전 계통제염 전후 비교

항 목	예상 수치	실제 수치
제염 계수 (DF)	15	15.9
^{60}Co 제거	300 curies	129 curies
총 수지 사용량	17 m^3	13.2 m^3

　오염 확산을 막기 위하여 오염 계통과 기기 제염 작업은 신속하게 수행되었으며 작업자의 활동은 과도한 피폭을 피하고 낮은 피폭량을 유지할 수 있는 수준으로 제한되었다. 오염된 콘크리트뿐만 아니라 오염된 계통 기기도 철거된 후 처리 시설 또는 저준위 방사성폐기물 처분 시설로 보내졌다. 콘크리트 방사성폐기물의 경우 폐기물 발생을 최소화하기 위해 다듬고 (scabbling) 고르는 (scarifying) 방식을 사용하였다. 작업 중 비산되는 오염 물질이나 잔해 등은 작업자의 호흡기 보호를 위하여 HEPA 필터를 이용하여 여과하였다.

나. 철거

• 원자로 압력용기 (RPV) 내부구조물 (RVI) 절단 및 철거

　계통제염 실시 후 CY 원전의 본격적인 철거는 1999년부터 시작되었다.평가 결과 원자로 압력용기 내부구조물의 총 방사능이 850,000 Ci로 GTCC (Greater Than Class C, IAEA 기준으로는 중준위에 해당됨)에 해당되어 수송 및 처분 기준을 초과하므로　원자로 압력용기로부터 분리하는 수중 절단 해체 작업을 수행하였다. 가장 높은 방사능을 띄었던 대표적인 내부구조물은 원자로의 허리 부분에 배치되어 핵연료와 맞닿았던 배럴과 배럴 지지 구조물들이었다.

　절단 작업은 작업자 피폭 저감을 위해 수중에서 연마제 함유 고압수 분사 절단 (AWJ, Abrasive Water Jet) 방법을 이용해 이루어졌다. 작업은 원자로 수조 위에 특수 설계된 테이블을 설치한 후 수행되었으며 절단에 따른 추가 오염을 조절하기

위해 기계적 절단 방식도 같이 사용되었다. 오염 제어를 위하여 절단 부유물은 수중 여과 시스템을 통해 여과 수집하였다.

이렇게 절단된 내부구조물들은 방사능 준위에 따라 GTCC 혹은 저준위 방사성 폐기물로 분류되었고 GTCC 절단 구조물들은 64개의 핵연료 집합체 크기 용기에 담겨 사용후핵연료 수조에 임시로 저장되었다가 후에 부지 내 사용후핵연료독립저장시설 (ISFSI)로 운반되었다 (그림 2.2 참조). CY 원전 내부구조물 절단 관련 내용을 요약하면 다음과 같다.
- 총 약 29개월이 소요되었으며, 약 750,000 Ci 방사능이 제거되었음.
- 작업자 피폭을 줄이기 위해 약 600 조각의 큰 조각으로 절단하였음.
  (총 절단 길이는 1,800 ft)
- 약 600 ft³의 수지와 필터가 사용되었으며, 약 650 ft³의 절단 부유물이 발생되었음.

작업자 피폭량을 줄이기 위하여 절단 기기의 고압 세척을 자주 수행하였으며 절단 구역에 대한 차폐와 함께 선량이 낮은 지역을 작업자 대기실로 확보하였다. 그러나 실제 방사선 피폭량은 절단 공정의 복잡성 때문에 예측 선량을 넘어섰다 .

그림 2.2. GTCC 내부구조물 절단 폐기물을 사용후핵연료 집합체 크기의 용기에 담고 이 용기를 다시 사용후핵연료 캐스크에 장입하는 모습

이렇게 내부구조물을 제거한 원자로 압력용기는 절단하지 않고 규정이 허용하는 범위 (50,000 Ci 이하) 내에서 절단 GTCC 내부구조물을 담는 대형 저준위 방사성 폐기물 처분 용기로 활용하였다.

• 대형 기기와 원전 격납건물 철거 및 처분

　원자로 내 대형 구조물들은 격납건물 내 공간이 협소하기 때문에 현장에서 절단 해체하는 것보다 구조물을 분리한 후 별도의 장소에서 절단하거나 일괄 처분하는 것이 시간이나 비용을 크게 줄일 수 있다. CY 원전의 경우도 원자로 압력용기 수중 절단 작업 전 증기발생기와 원자로 냉각재 펌프 등 대형 기기는 계통에서 분리한 후 격납건물 밖으로 운반하여 일괄 처분하였다.

　격납건물 철거에는 레킹 볼 기술과 폭발물 사용 구조물 철거가 고려되었으나, 레킹 볼 철거는 강화 콘크리트의 양이 너무 많고 폭발 방법의 경우 사후 처리 비용이 많이 드는 데다 여러 변수들 때문에 최종적인 격납건물 철거에는 굴삭기가 사용되었다.

다. 해체 비용

　CY 원전의 해체 비용은 총 8억 7천 1백만 달러가 소요되었다. 사용후핵연료 저장 관련 비용이 3억 1천 8백만 달러로 가장 많은 비중을 차지하였고, 다음으로 해체 및 제염 비용 1억 6백만 달러, 부지 복원 비용 1억 달러, 방사성폐기물 처리 비용 6천 5백만 달러, 최종 부지 평가 비용 1천 5백만 달러 순이며, 이외 기타 비용으로 1억 6천 7백만 달러의 비용이 들었다.

라. 기타

　해체 초반 해체 사업자는 규제기관과 이해관계자와 협의를 통해 규제 해제 기준을 연방 기준인 0.25 mSv/y를 설정하고 최종 부지 특성 평가는 MARSSIM 지침을 따랐으나 해체 작업 중반 지하수와 토양이 오염되었다고 판단한 Connecticut 주 정부가 NRC보다 더 엄격한 부지 개방 기준을 요구해 2006년 7월 0.19 mSv/y으로 강화되었다.

2.2.4　방사성폐기물

　해체 폐기물 총 발생량은 해체 진행 중 주 정부에 의해 부지 해제 기준이 0.19 mSv/y로 강화되면서 추가 발생한 양을 포함해 약 12만톤이 발생하였다. 이 중 해체 건물 잔해물이 84 %, 오염된 토양 폐기물이 13 % 가량 차지하였다. 표 2.4에 해체시 발생한 폐기물의 통계를 수록하였다.

현재 이 원전의 사용후핵연료 독립 중간 저장 시설에는 총 43개의 건식저장 캐스크가 보관 중인데 이 중 40개의 캐스크에는 1,019개의 사용후핵연료 집합체가 담겨있으며 나머지 3개의 캐스크에는 GTCC 준위에 해당하는 원자력 압력용기 내부 구조물 절단 폐기물이 보관되고 있다 (그림 2.3).

표 2.4   Connecticut Yankee 원전 해체 폐기물 발생량

방사성폐기물 종류	무게 (톤)	비율 (%)
아스팔트	317,985	0.3
1차 계통 기기와 저준위 방사성폐기물	1,315,100	1.1
건물 철거 후 잔해 및 콘크리트 폐기물	100,538,915	83.5
수로에 매설된 폐석	2,688,648	2.2
혼합폐기물	59,908	0.0
토양	15,467,697	12.9
폐기물 합계	120,388,253	100.0

그림 2.3   Connecticut Yankee 원전 사용후핵연료 독립 저장 시설 (ISFSI)

2.2.5   교훈

Connecticut주 정부의 요구에 따라 부지 개방 기준이 강화됨에 따라 해체 작업

의 연장분만 아니라 방사성폐기물 발생량 증가 등 전체적인 해체 기간과 비용 증가가 불가피하였다.

40년 설계 수명 동안 운전된 퇴역 원전의 경우 원자로 압력용기 자체는 저준위 방사성폐기물로 분류될 수 있으나 원자로 압력용기 내부구조물의 상당 부분은 GTCC로 중준위 방사성폐기물에 해당된다. CY 원전도 이러한 예에 속한다. 따라서 이 원전에서는 원자로 압력용기 내부구조물을 수중 절단해 사용후핵연료 건식저장 캐스크 3개에 담아 처분하는 한편, 원자로 압력용기는 절단하지 않고 규정이 허용하는 범위 (50,000 Ci 이하) 내에서 절단 내부구조물을 담는 대형 저준위 방사성폐기물 처분 용기로 활용하였다. 이렇게 함으로써 대량으로 발생한 중준위 폐기물과 대형 저준위 방사성폐기물인 원자로 압력용기 처분 문제를 동시에 해결하였다.

내부구조물 절단 시 교훈으로는 절단 길이와 횟수를 줄이기 위하여 절단 조각의 크기를 가능한 최대화하였으며, 절단 장비의 신중한 평가를 통해 신뢰성과 유지보수 용이성을 확보하였고, 작업 대기실을 두어 작업을 효율적으로 진행하였다.

이 프로젝트를 통해 연마제를 이용한 고압수 절단 시스템의 경우 작업 시계가 나쁠 뿐만 아니라 여과 장치 성능이 문제가 될 수 있음이 드러났다.

2.3　Maine Yankee 원자력발전소

2.3.1 개요

Maine주에 위치한 Maine Yankee (MT) 원전은 3개의 loop를 가진 출력 860 MWe의 가압경수로이다. 1972년 12월 28일 상업 운전을 시작하였으나, 1990년대 중반 여러 고장으로 규제 대응에 어려움을 겪다가 1997년 8월 이사회가 경제성을 이유로 영구정지와 함께 해체를 결정하였다. 해체 방식은 즉시 해체로, 부지는 녹지 (greenfield)로 복원하는 것으로 결정되었다. 표 2.5에 MY 원전의 개요를 정리하였다.

표 2.5   Maine Yankee 원전 이력

원전 이름	Maine Yankee
소재지	Wiscasset, ME
원자로형	PWR
원전 출력	860 MWe
상업 운전 시기	1972.12.28.
가동 중단 시기	1996.12.06.
해체 시작 시기	1997.08.06.
해체 완료 시기	2005.11.
최종 부지 상태	녹지
해체 사업자	MYAPC

2.3.2 원전 운영 정지 및 해체 인허가

1997년 8월 영구정지후해체활동보고서 (PSDAR)의 제출을 시작으로 본격적인 해체 작업이 이루어졌다. 곧 이어 계통제염 작업을 거쳐 제염된 계통 기기들의 절단과 철거 작업이 진행되었고 부지 바로 옆에 건설된 사용후핵연료 독립 저장 시설 (ISFSI)로 본격적인 사용후핵연료 이송 작업이 시작되었다. 여러 자료들을 바탕으로 그림 2.4에 이 원전의 해체 주요 공정과 일정을 CPM으로 도식화하였다.

MY 원전은 CY 원전이나 Trojan 원전과 달리 사전에 모든 방사선 방호 최적화 (ALARA) 요건 계산을 실시하여 그 내용을 인허가종료계획서 (LTP, License Termination Plan)안에 기술하였다. 해체 사업자인 MYAPC는 이 계산을 통해 NUREG-1727 가이드라인에 맞춘 제염 계수, 부지 복원 비용, 부지 복원 방법의 효율성 등을 상당히 자세하게 다루어 향후 수정 사항과 일정 연기 등의 위험을 줄일 수 있었다.

2.3.3 해체 공정

가. 제염

• 계통제염

원전의 해체를 시작하면서 가장 먼저 원자로 냉각재 계통 (RCS: Reactor Coolant System), 화학 및 체적 제어 계통 (CVCS: Chemical and Volume

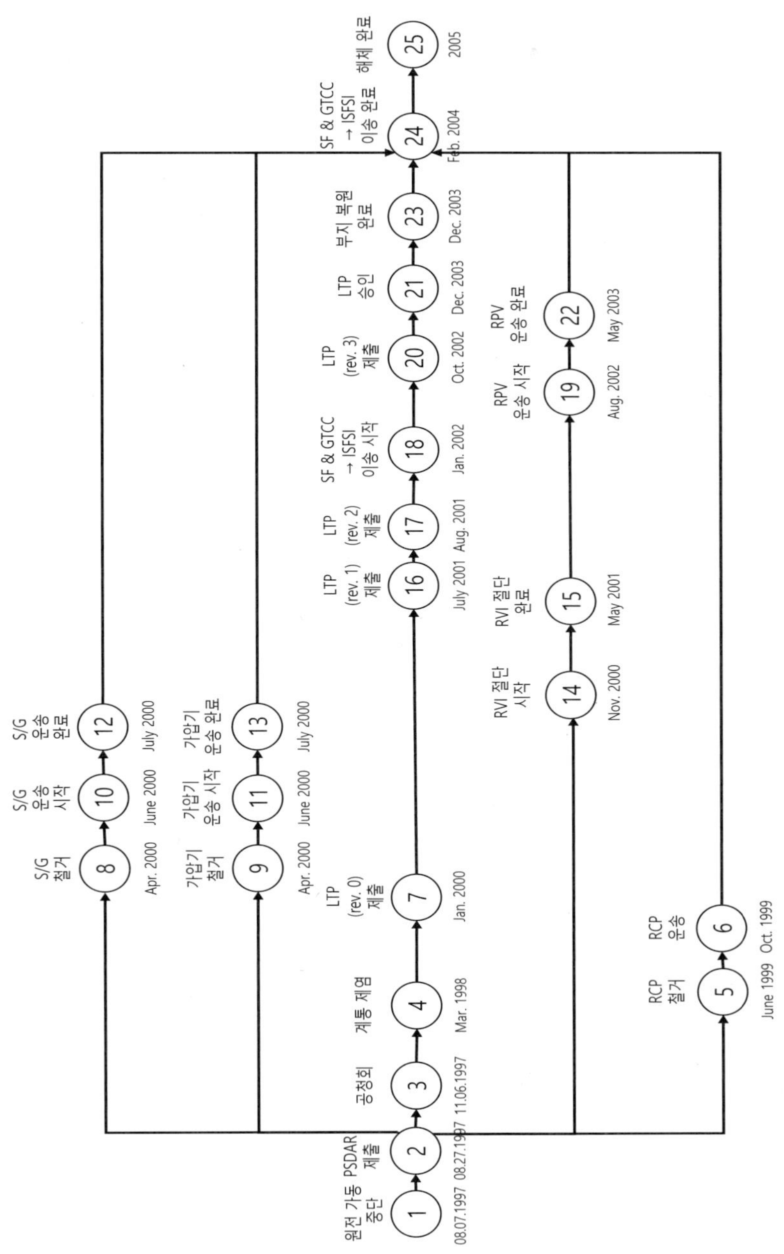

그림 2.4 Maine Yankee 원전 해체 프로젝트 CPM

Control System), 잔열 제거 계통 (RHRS: Residual Heat Removal System)에 대한 계통제염을 실시하였다. 이 제염은 EPRI의 DfD (Decontamination for Decommissioning) 방식을 사용하였으며 1998년 2월 10일부터 3월 7일까지 1단계와 2단계로 나누어 진행하였다. 그러나 제염 과정 중 금속 부식 때문에 방사능양이 증가하는데다 원자로 압력용기 내에서는 제염 용액의 유체 흐름이 급격히 느려지는 문제가 발생하기 때문에 원자로 압력용기 자체의 계통제염은 실시하지 않았다.

표 2.6에는 MY 원전이 계통제염을 통해 달성한 내용을 정리하였다. 이 표에서 알 수 있듯이 계통제염을 통해 달성한 제염계수는 CY원전의 경우보다는 다소 높으나 역시 100을 넘지 못하였다.

표 2.6   Maine Yankee 원전 계통제염 결과

항 목	실제 수치		
제염 계수 (DF: Decontamination Factor)	31		
금속 제거량	철	126 kg	합계
	니켈	119 kg	305 kg
	크롬	60 kg	
^{60}Co 제거	102 Curies		

• 구조물 제염

구조물의 오염 제거 방법으로는 일반적인 와이핑 (wiping), 세정 (washing), 진공 흡입, 스캐블링 (scabbling), 스펄링 (spalling)과 분사 연마 등이 사용되었다. 세척 방식의 경우, 폐액 처리 계통을 이용해 폐수를 수집하였으며 공기 중 오염 물질도 철저하게 제어 감시하였다.

오염 콘크리트는 방사성 물질을 제거하거나 DCGL 이하로 제염한 후 처분 시설로 이송하였다. 한편 제염 작업을 수행하면서 발생하는 파편과 먼지 등은 공학적 제어를 통해 제거하였다. 두꺼운 슬래브로 이루어진 콘크리트 바닥의 경우는 블라스팅이나 스캐블러로 제염하는 데 한계가 있기 때문에 대규모 철거 제염이 필요하였다. 또한 콘크리트 오염의 경우 방사화가 된 것인지 폐액 누출로 인해 오염된 것인

지 여부를 확인한 후 폭파 로봇을 이용하여 콘크리트를 제거하기도 하였다. 콘크리트가 표면 깊숙히 오염되었을 경우 오염 깊이를 알기 위해 측정 절차를 확립해야 하는데, 깊이가 깊은 경우 진공 포집 시스템을 장착한 스캐블러와 블라스팅 장비를 사용하였다. 그러나 1 m 이상 깊이 있게 오염된 콘크리트 구조물은 완전히 제염할 수 없으므로 절단 후 포장해 저준위 방사성폐기물 처분장으로 보냈다.

• 내장형 및 매설 배관 제염

　원자력발전소에 설치되어 있는 배관은 내장형 배관과 매설 배관 두 가지로 나눌 수 있다. 매설 배관은 주로 지하 (흙 또는 도랑 내)에 매설되어 있으나 내장형 배관은 콘크리트 내부에 심어져 있다. 매설 배관이 남아 있는 경우 잔류 방사능을 DCGL과 비교하기 위해 배관 크롤러 (crawlers)를 이용해 방사능 준위를 측정 조사하였으며, 내장형 배관의 경우 배관 크롤러를 이용하여 측정 조사하거나 DCGL 잔여 방사능과 비교하기 위해 다른 적합한 방법을 이용하였다.

나. 철거

　대형 원자로 기기, 예를 들면 3기의 증기발생기와 가압기 등의 해체를 위해 기술적 평가와 계획-작업 순서 수립 등과 함께 운반을 위한 도로가 포장되었고 격납건물 내 · 외부에 공학적 방벽도 준비되었다. 대형 기기 절단 작업은 오염 물질의 외부 누출을 방지하기 위하여 수중에서 실시되었는데 3 loop에 해당하는 6곳의 냉각재 배관 끝에는 특수 제작된 차폐 마개를 설치하였고 원자로 압력용기와 원자로 수조를 이용해 수중 절단이 진행되었다.

• 원자로 압력용기 (RPV) 내부구조물 (RVI) 절단

　원자로 압력용기 내부구조물 절단에는 연마제 고압수 절단과 기계적 절단 방식이 같이 사용되었다. 절단 작업은 오염을 최소화하기 위하여 원자로 수조에서 수중 절단으로 수행되었으며 방사능 수치가 낮은 곳부터 시작하여 점차 높은 곳으로 작업하는 방식으로 진행하였다. 고압수 절단에는 4개의 축을 이용한 원격 로봇 매니퓰레이터가 사용되었다.

절단된 내부구조물의 중량은 약 165톤에 달했다. 이들 절단 내부구조물 중 약 70%는 CY 원전에서와 같이 절단하지 않은 원자로 압력용기에 담아 South Carolina 주 Barnwell 저준위 방사성폐기물 처분장으로 보냈고 나머지는 사용후핵연료 건식 저장 캐스크에 담아 ISFSI로 이송하였다. 이처럼 MY 원전도 원자로 압력용기를 중준위인 원자로 압력용기 내부 구조물의 처분 용기로 활용함으로써 방사선폐기물 발생량을 대폭 줄였을 뿐만 아니라 중준위 방사선폐기물 처분 문제도 동시에 해결하였다.

CAD/CAM에 기반을 둔 절단 프로젝트는 기기들의 세밀한 움직임을 조종할 수 있었기 때문에 이송 용기 속에 촘촘한 절단물 배치가 가능해 운송 용기 부피 최적화가 이루어졌다. 또한 특수 제작 운송 용기를 고안하여 큰 조각으로 절단할 수 있었고 이를 통해 절단 횟수를 줄여 절단 부유물 발생량도 줄일 수 있었다 .

MY 원전의 격납건물은 높이 46 m, 지름 44 m, 벽 두께가 1.37 m 이었으며 내부면은 약 1.3 mm 두께의 스테인레스강으로 라이닝되어 있었다. 격납건물의 철거는 작업자의 안전을 가장 우선적으로 고려하여 폭발물을 사용하였으며, 대략 10,000 ton의 폭발물 잔해가 발생하였다(그림 2.5).

그림 2.5.   Maine Yankee 격납건물 해체 철거 모습

2.3.4 방사성폐기물

Maine Yankee 원전의 방사성폐기물은 콘크리트 64 %, 토양 23 %, 대형 폐기물 3 %의 비율로 발생하였다. 특히 부지가 오염되어 있었기 때문에 콘크리트 폐기물과 토양 폐기물이 예상보다 많이 발생하였다. 일반적으로 해체 폐기물 발생량 중 약 70~80%가 비방사성폐기물로 분류되는데, 미국의 경우는 방사성폐기물의 비율이 다소 높은 편이다. 이러한 이유는 미국은 토양과 콘크리트 폐기물 처분 비용이 제염 및 처리 비용보다 더 저렴하기 때문에 발생 폐기물들을 현장에서 그대로 방사성폐기물로 분류하여 처분하는 경향이 크기 때문이다.

한편, MY 원전 해체 초기에는 폐기물 처리 비용이 CY원전과 Yankee Rowe 원전보다 높았으나 표면 스캐블링 오염 제거 기술을 적용하는 등 해체 폐기물 발생량을 줄이기 위한 노력을 통해 점차 비용을 줄일 수 있었다.

저준위 방사성폐기물은 South Carolina주에 위치한 Barnwell 방사성폐기물 처분장과 Utah주에 위치한 Clive 폐기물 처분장으로 운송되어 처분되었다. 이들 해체 폐기물의 운송 방법으로 특수 운반 차량, 바지선과 철도가 이용되었다. 앞에서 설명한 바와 같이 절단 GTCC 내부구조물로 내부를 채운 원자로 압력용기도 대형 수송 용기에 담겨져 Barnwell 처분장으로 보내졌다.

MY 원전의 운영사인 MYAPC는 사용후핵연료의 안전한 저장을 위하여 해체 프로젝트 기간 중 ISFSI를 건설하였다. 앞에서 언급한 바와 같이 Maine Yankee 원전의 사용후핵연료독립저장시설에는 사용후핵연료뿐만 아니라 원자로 압력용기 내부구조물 절단 및 철거 과정에서 발생한 방사화된 GTCC 방사성폐기물도 저장되어 있다.

2.3.5 교훈

MY 원전 해체에서도, CY 원전과 마찬가지로, 방사화로 방사선 준위가 높은 GTCC 압력용기 내부구조물은 수중 절단된 후 사용후핵연료 건식저장 용기에 담겨 ISFSI로 보내지거나 절단하지 않은 원자로 압력용기에 담아 직접 처분되었다.

해체 작업 준비를 진행하면서 mock-up을 이용한 사전 훈련을 통해 절단 작업을 정교하면서도 효율적으로 진행할 수 있었다. 그러나 계통제염이 완벽하게 수행되지 못해 1차 계통 내부에 남아 있던 방사성 슬러지 일부가 해체 작업 중 누출되는 문제도 발생하였다. 또한 MY원전은 원격 감시기의 설치와 함께 원격 작동 가능한 장비를 작업에 투입함으로써 작업자들의 방사선 피폭을 최소화할 수 있었다.

<table>
<tr><td></td><td>2.4</td><td>Rancho Seco 원자력발전소</td></tr>
</table>

2.4 Rancho Seco 원자력발전소

2.4.1 개요

Rancho Seco-1 원전은 California주 Sacramento시에 소재한 873 MWe 출력의 가압경수로로서 1975년 상업 운전을 시작하였으나 1987년 영구 원정 정지되고 1989년부터 본격적인 해체가 진행되었다. 아래 표 2.7에 이 원전의 주요 이력을 정리하였다.

표 2.7 Rancho Seco-1 원전 이력

원전 이름	Rancho Seco-1
소재지	Sacramento, CA
원자로형	PWR
원전 출력	873 MWe
상업 운전 시기	1975.04.17.
가동 중단 시기	1989.06.07.
해체 시작 시기	1989.12.08.
해체 완료 시기	2009.10.23.
최종 부지 상태	상업용지
해체 사업자	SMUD

2.4.2　원전 운영 정지 및 해체 인허가

1985년 그간의 잦은 운영 정지와 자잘한 사고의 연속으로 정상적인 운영이 어렵게 되어 운전이 정지되었고, 1989년 6월 지역 주민 투표를 통해 최종 영구중단이 결정되었다. 이 원전은 영구 정지 결정 당시 자금 부족으로 인해 지연 해체(SAFSTOR) 전략을 선택하였고, 10년이 지난 1999년 7월 해체 작업을 시작하였다.

2.4.3　해체 공정

가. 제염

원전 가동 중지 직후 해체 사업자인 SMUD는 원전 운영 기간이 14년 밖에 되지 않으므로 비용 대비 방사선 준위 감소의 효과가 크지 않을 것으로 판단하여 계통제염을 수행하지 않기로 결정하였다. 그림 2.6에는 주요 해체 공정과 일정을 CPM 으로 도식화하였다.

• 기기 제염

주로 고밀도 탄소강인 1차 계통 내 여러 오염 기기, 부품, 배관 등을 제염하기 위하여 그릿 블라스팅 (grit blasting) 방식을 채택하였는데 이 제염법은 비용적인 면에서 매우 효율적이었다. 이 방식을 통하여 약 453 톤의 방사성폐기물을 성공적으로 제염하여 재활용하였다. 이 밖에도 상황에 따라 와이핑 (wiping), 세정 (washing), 진공 흡입 (vacuuming), 스캐블링 (scabbling), 스폴링 (spalling) 등 적절한 제염 방법이 사용되었다. 또한 제염 작업을 진행하면서 발생되는 2차 액체 폐기물과 공기 중에 생성되는 부유성 오염 물질에 대한 감시도 이루어졌다.

• 구조물 및 건물 제염

격납건물의 철거에 앞서 현장 감마선 분석장치를 이용해 돔에 대한 방사선량 조사가 수행되었고 DCGL 기준을 충족하기 위해 페인트 제거까지 포함되는 제염과 세척 작업이 수행되었다. 보조 건물의 경우 건물의 오염도를 낮추기 위해 폭넓은 제염 계획이 수립되었는데, 여러 구역에서 오염이 예상되었기 때문에 해당 공간에 대한 100 % 스캐닝을 통해 핫 스팟을 탐지하였고 장애물들을 제거하였다. 터빈 건물은 일부 배수 배관과 배수조를 제외하고는 오염도가 낮았다.

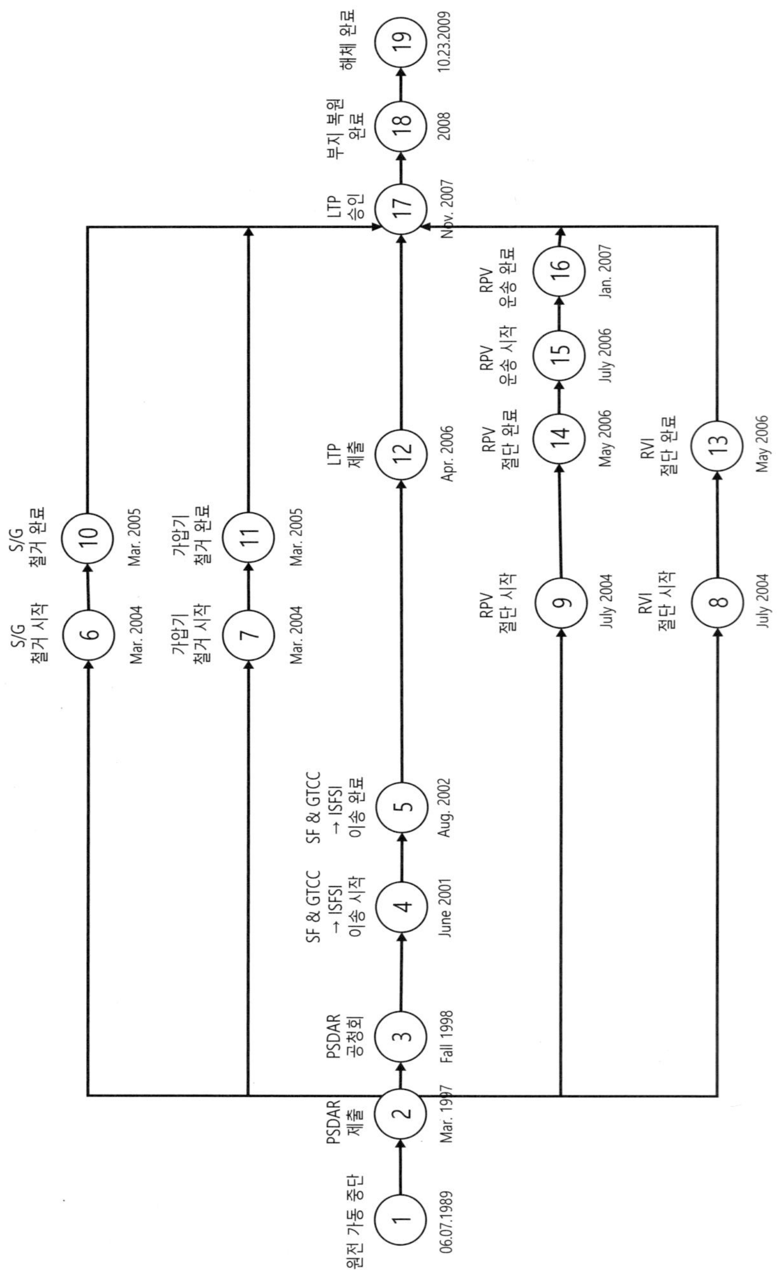

그림 2.6   Rancho Seco 원전 해체 프로젝트 CPM

• 매립형 배관 제염

　원자로와 관련된 모든 건물 내부 배수구는 구조물에 매립 배관으로 연결되어 있었다. 이 배관 세척을 위해 초기에 고압 살수 방법을 이용하였고 배관 내 파편이나 이물질 제거를 위해 그릿 블라스팅 제염을 수행하였다. 제염 이후 배관의 오염이 기준치 이하로 떨어지면 재활용/재사용하였다.

　증기발생기의 경우 다이아몬드 와이어로 절단하여 원자로 건물밖으로 내보냈는데 이 증기발생기는 높이가 24.4m인 one-through type이므로 고압 세척수 제염 후 운반에 용이하도록 중간 부분을 절단하여 2개 부분으로 나누었다. 제거 후 측정조사 결과 가장 방사선 준위가 높은 부분은 튜브 다발 중심이었다 (2.5 rem/h). 원자로 냉각재 펌프와 가압기는 방사선 준위가 상대적으로 낮았기 때문에 순조롭게 제거할 수 있었다.

• 원자로 압력용기 (RPV)와 내부구조물 (RVI) 절단

　원전의 운영 기간이 14년 정도에 불과한 데다 해체 개시 전 10년 동안 지연해체 정책을 썼기 때문에 원자로 압력용기 내부구조물의 방사능 수치가 73,000 Ci 정도로 낮았지만 공기 중 절단을 하기에는 방사능 준위가 여전히 높았기 때문에 원자로 압력용기와 내부구조물 모두를 수중 절단하였다. 특히 이 원전에서는 시간이 오래 걸리는 단점에도 불구하고 대형 상용 원전 해체 역사상 처음으로 내부구조물을 전통적인 기계식 방식으로 절단하였다. 그러나 내부구조물이 다양한 형태와 두께로 되어 있었기 때문에 기계적 절단을 하려면 다양한 장비와 적절한 도구가 필요하였으므로 본격적인 절단 해체를 진행하기 전 여러 기계적 절단 방법을 시험하기 위해 Machine Tool Mock-up 장치를 제작해 사전 모의실험을 수행하였다.

　절단 작업 이후에는 절단 과정에서 발생한 작업 부유물 (총 18.15톤 발생)에 대한 수거 작업이 이루어졌는데 실제 부유물은 크기와 퇴적 효율이 제각각이었기 때문에 수거 작업은 예상되었던 만큼의 효율을 내지 못하였다. 이는 절단 대상 금속의 두께 차이에서 기인했는데, 시험에서 사용되었던 금속의 두께는 3 inch이었으나, 실제 절단 대상 금속의 두께는 9 ~ 11 inch이었다.

이 원전은 다른 미국의 원전과는 달리 기술 외적인 이유로 원자로 압력용기를 절단 해제하였다. 원자로 압력용기의 절단은 정교한 작업을 위하여 로봇 팔을 이용해 공기 중 고압수 절단 방식으로 진행되었으며 총 21개의 큰 조각으로 절단되었다.

2.4.4 방사성폐기물

다음 표 2.8에서 알 수 있듯이 실제 발생한 해체 방사성폐기물량 양은 가정과 계산을 통해 예상한 양보다 많았다. 압력용기 내부구조물 절단 작업을 통해 발생한 GTCC 방사성폐기물은 유타주 Clive 처분장으로 보내져 저장되었다. 사용후핵연료는 장기 저장이 가능하고 안전성이 입증된 건식저장 시설을 건설하고 그곳에 저장하였는데 이 시설은 21개의 캐니스터와 22개의 수평 저장 모듈 및 다중 축 트레일러로 구성되었다.

표 2.8 Rancho Seco-1 원전 해체 폐기물 예상량 및 실제 발생량 비교

비교	발생 예상 부피		실제 발생 부피	
	m^3	ft^3	m^3	ft^3
Class A	17,964	634,392	20,917	738,687
Class B	214	7,564	93	3,300
Class C	17	600	85	3,000
GTCC	133	4,700	21,095	744,987
총 합계	18,328	647,256		

2.4.5 교훈

Rancho Seco-1 원전 해체는 충분하지 않은 자금에도 불구하고, 유연했던 프로젝트 일정과 혁신적인 사고와 새로운 시도 의지로 저비용 고효율의 성공적 프로젝트로 마무리되었다. 또한, 저준위 방사성 폐기물 관리 프로그램은 폐기물 감소뿐만 아니라 전반적인 폐기물 처리 전략 측면에서 모범적이었다.

앞에서 설명한 바와 같이 이 원전은 대형 상용 원전 해체 역사상 최초로 내부구조물을 전통적인 기계식 방식으로 절단하여 2차 방사성폐기물의 발생을 크게 줄일 수

있었으나 절단 작업 속도가 매우 느린 점을 감수해야 했다.

공식적으로 채택한 '핫 스폿 제거 프로그램 (Hot Spot Removal Program)'을 통해 방사능 준위가 낮은 곳부터 해체 작업을 진행하여 해체 초기 작업자의 피폭을 효과적으로 줄일 수 있었다.

2.5　Trojan 원자력발전소

2.5.1 개요

Trojan 원전은 Oregon주에 위치한 4개의 loop를 가진 가압경수로로 1976년 5월 20일 상업 운전을 시작하였다. 이 Trojan 원전은 건설 당시 세계 최대 규모의 가압경수로이었으나 원전 운영 3년 만인 1979년 증기발생기 튜브에 균열이 발생하였고 이후에도 계속 전열관 균열이 발생하면서 수리 비용 문제가 대두되자, 발전 사업자는 수리 후 재가동이 경제적이지 못하다는 결정을 내리고 1992년 11월 가동 중단을 선언하였다. 아래 표 2.9에 이 원전의 주요 이력을 수록하였다.

표 2.9　Trojan 원전 이력

원전 이름	Trojan
소재지	Prescott, Oregon
원자로형	PWR (1095 MWe)
원전 출력	1976.05.20.
상업 운전 시기	1992.11.09.
가동 중단 시기	1993.01.27.
해체 시작 시기	2005
해체 완료 시기	녹지
최종 부지 상태	PORTGE
해체 사업자	SMUD

2.5.2 원전 운영 정지 및 해체 인허가

영구 운전 정지 선언 1년 후인 1993년 10월 사용후핵연료 인출 후 안전성 분석보고서가 제출되었고, 1995년 1월 영구정지후해체활동보고서 (PSDAR)가 제출되었다. 다음 그림 2.7에는 이 원전의 주요 해체 공정과 일정을 CPM 으로 도식화하였다.

2.5.3 해체 공정

가. 제염

출력은 높았지만 운전 이력이 16년에 불과해 1차 계통 내 방사화와 오염 정도가 심하지 않을 것으로 판단해 계통제염은 수행하지 않았다.

Trojan 원전에서 오염된 것으로 예상되던 구조물 중 주요 제염 대상은 매설 배관 (embedded pipe)이었는데 이 배관들은 오염도가 높았지만 다행히 배관 재질이 스테인리스강이었기 때문에 배관 내부의 심한 부식은 없었다. 따라서 앞선 원전에서의 경험을 바탕으로 가장 효율적이라 판단되는 그릿 블라스팅을 이용해 표면 연마 제염 방식을 채택하였다.

나. 철거

• 원자로 압력용기 (RPV)와 내부구조물 (RVI) 해체와 철거

앞에서 설명한 바와 같이 Trojan 원전은 원자로 운전 기간이 16년에 불과해 내부구조물의 방사화가 많이 진행되지 않았기 때문에 내부구조물의 절단 해체 없이 원자로 압력용기와 내부구조물을 함께 통째로 일괄 철거 처분하기로 결정되었다. 따라서 해체 사업자는 원자로 압력용기 내부구조물 방사화 분석 등 매우 상세한 방사선 특성 평가와 함께 운송 안전성 분석 등을 수행하였다. 분석 결과 원자로 압력용기 내부구조물의 총 방사능은 약 7.4×10^{16} Bq이며 영구정지 후 5년이라는 방사선 붕괴 기간을 거쳤기 때문에 이 원자로 압력용기는 Class C 방사성폐기물로 분류가 가능하다는 것이 밝혀졌고 이 결과를 제출해 NRC로부터 일괄 철거작업을 승인 받았다.

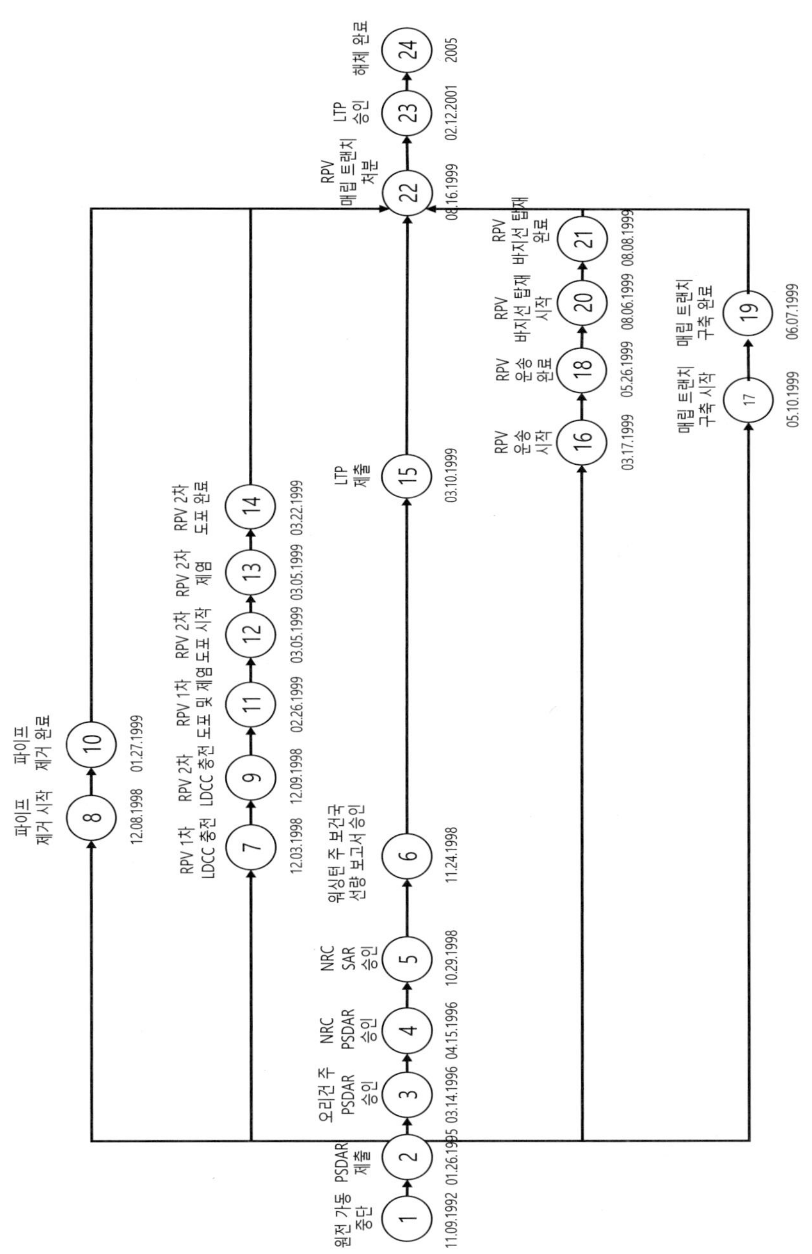

그림 2.7　Trojan 원전 해체 프로젝트 CPM

　　그럼에도 안전한 일괄 처분 수송을 위해 압력용기 내부를 저밀도 콘크리트로 채웠고 압력용기의 외부는 철 차폐체로 둘러 씌워졌다. 그림 2.8은 Washington주 Richland 처분장으로 수송되기 위해 초대형 바지선에 올려져 있는 거대한 Trojan 원전의 원자로 압력용기 모습이다. 최종 이송을 위해 포장된 이 초대형 저준위 방사성폐기물의 총 중량은 950 톤이었다.

　　원자로 압력용기 일괄 철거 해체 작업에 투입된 비용은 총 170만 달러이었으며 방사능 피폭량은 현장 작업 종사자 67 rem, 운송 작업 종사자 0.09 rem, 처분 시설 작업 종사자 0.2 rem, 대중들 0.02 rem 정도로 평가되었다. 결과적으로 이 대형 기기 철거 프로젝트는 기술, 공정, 안전, 비용 측면에서 매우 성공적인 프로젝트였다. 이 Trojan 원전의 해체 경험을 통해 만약 가능하다면 내부구조물을 절단 해체하지 않고 원자로 압력용기와 함께 처분하는 일괄 철거 방식이 기존의 내부구조물 절단 해체 방식보다 비용뿐만 아니라 작업자 피폭 관리 측면에서도 매우 효과적이라는 것이 증명되었다.

그림 2. 8　일괄 철거된 원자로 압력용기가 이송을 위해 바지선 위에 실려있는 모습

• 격납건물 철거

　격납건물 내 방사화된 부분을 제거하기 위하여 콘크리트 절단이 수행되었는데 절단에 사용된 주요 방식은 다이아몬드 와이어 톱 절단이었다. 이 방식은 석공 가공 산업에 사용되었던 방식으로 절단 과정에서 발생하는 부유물의 양을 줄이기 위해 습식 조건에서 절단이 수행되었고 철근 콘크리트들도 성공적으로 절단되었다.

2.5.4 방사성폐기물

　Trojan 원전 해체 기간 동안 발생된 방사성폐기물 총량은 12,520 m^3으로 저준위 방사성폐기물량의 경우 Class A 등급 12,202 m^3, Class B 등급 방폐물량은 35 m^3, 나머지 Class C 등급 283 m^3이었다. 앞에서 설명한 바와 같이 일괄 처분된 원자로 압력용기는 Class C로 분류되었다.

2.5.5 교훈

　Trojan 원전 해체 사업자는 대형 상업로 최초로 원자로 압력용기 내부구조물 절단 철거 방식이 아닌 일괄 철거 방식을 적용한 'Reactor Vessel and Internals Removal Project (이하 RVAIR Project)'를 성공적으로 진행하여 국제적으로 주목을 받았다. 또한 이 일괄 철거 방식을 이용하여 작업자의 피폭량을 대폭 줄였고, 해체 비용도 약 450만 달러 이상 절감할 수 있었다고 보고하고 있다.

　참고적으로 이러한 일괄 철거 방식을 모든 원전에 적용할 수 있는 것은 아니다. Trojan 원전의 경우 원자로 운전 기간이 짧아 방사화된 내부구조물 전체의 총 방사능량이 원자로 압력용기와 같이 Class C로 분류된 대형 저준위 방사성폐기물 용기의 운송 포장 기준을 넘지 않았기 때문에 가능한 것이었다. 일반적으로 설계 수명 40년 동안 운전한 원전의 경우는 이러한 운송 포장 기준을 만족시키기 어렵다.

참고 문헌

- IAEA 'Connecticut Yankee – Reactor Details' (2019)
- 'Decommissioning Reactor Pressure Vessel Internals Segmentation', EPRI (2001)
- 'Connecticut Yankee Decommissioning Experience – Report Detailed Experiences' 1996-2006, EPRI (2006)
- 'Evaluation of the Decontamination of the Reactor Coolant Systems at Maine Yankee and Connecticut Yankee', Final Report, C.J. Wood, EPRI (1999)
- 'Large Component Removal, Disposal - Maine Yankee Atomic Power Company', Dean M. Wheeler, WM02 Conference (2002)
- 'Maine Yankee Decommissioning Experience Report', Final Report, C.J. Wood, EPRI (2005)
- http://www.maineyankee.com/
- 'Rancho Seco - Decommissioning Update', M. W. Snyder, WM'04 Conference (2004)
- 'Rancho Seco Nuclear Generating Station Decommissioning Experience Report – Detailed Experiences 1989-2007,' EPRI (2007)
- https://en.wikipedia.org/wiki/Rancho_Seco_Nuclear_Generating_Station
- 'Preliminary Evaluation of Removing Used Nuclear Fuel from Shutdown Site', PNNL-22676 Rev. 10, DOE (2017)
- 'Trojan PWR Decommissioning Large Component Removal Project', EPRI (1997)
- 'Trojan Nuclear Power Plant Reactor Vessel and Internals Removal', Trojan Nuclear Plant Decommissioning Experience, EPRI (2000)
- 'Remediation of Embedded Piping, Trojan Nuclear Plant Decommissioning Experience', R.C. Thomas, EPRI (2000)
- Trojan Nuclear Plant Decommissioning Plan and License Termination, PGE (2003)
- https://en.wikipedia.org/wiki/Trojan_Nuclear_Power_Plant
- 원자력안전법 시행령 [2016년 1월]
- 이종세, 원전 해체 부지 복원 기준 분석 보고서, 원자력안전위원회 (2016)

제3장　원전 해체 비용 평가

3.1　비용 평가 체계 수립의 중요성

원전 해체는 높은 수준의 규제 요건을 요구하는 초고비용 초대형 프로젝트이다. 특히 해체 과정에는 여러 이해관계자가 참여하고 있고 매우 많은 작업 단위와 공정 등이 집약되어 있으며, 중요 작업 일정 등이 장기적인 계획 아래에 진행된다. 따라서 성공적으로 최종 해체 완료 단계에 도달하기 위해서는 철저한 비용 평가가 필수적이다. 즉 해체 비용에 대한 철저한 계획 수립과 적절한 집행은 투입 자원의 최적화된 분배와 프로젝트 리스크의 최소화는 물론 장기 프로젝트 기간 중 발생하는 예상치 못한 비용 증가와 불필요한 자원 소모를 줄이기 위해 매우 중요하다. 이처럼 정확하며 신뢰성 있는 비용 산출과 관리는 프로젝트의 성공 여부를 좌우하기 때문에 예비 타당성 평가 단계 등 사업 초기 단계부터 비용에 대해 면밀하게 분석한 후 치밀하게 비용 평가 계획을 수립해야 한다.

실제 일부 해외 원전에서 변수 예측 등의 실패로 작업 지연 등의 문제를 겪었고, 그 결과 막대한 재정 손실이 발생한 경험이 있다. 대표적인 사례가 미국 캘리포니아주에 위치한 일명 SONGS (San Onofre Nuclear Generating Station) 발전소라 불리는 산 오노프레 원자력발전소 비용 평가 예이다. 이 발전소의 해체 작업은 2013년 영구 폐쇄 결정 후 2017년부터 본격적으로 시작되었는데, 당초 약 10억 달러로 추산한 초기 해체 비용이 배 이상으로 늘어날 것으로 전망되고 있다.

SONGS 원전 해체 작업에서 비용 평가가 제대로 이루어지지 않았던 주요 요인에 대한 평가는 다음과 같다:

- **초기 비용 추정의 부정확성**

낙관적인 시나리오를 기반으로 해체 작업에 필요한 자원의 종류와 양을 정확히 산정하지 못한 것이 가장 큰 문제였다. 방사성폐기물 처리, 장비 해체, 환경 복원 등 세부 작업에서 예상하지 못한 추가 비용이 발생했다. 특히, 방사성 물질의 양과 복잡성이 과소 평가되어 폐기물 처리 비용이 증가했다.

- **예기치 않은 장비와 기술적 문제**

작업 중 예상치 못한 기술적 문제들이 발생하면서 초기 계획보다 시간이 지연되고 이에 따른 추가 비용이 발생했다. 예를 들어, 원자로의 특정 부품 (예: 원자로 압력용기와 격납건물 돔)의 해체가 예상보다 복잡했으며, 방사성 오염 확산을 방지하기 위한 추가 작업이 필요했다.

- **법적 및 규제 요건 변화**

해체 과정에서 적용된 환경 및 방사성폐기물 관리 관련 규제가 강화되면서 계획했던 비용보다 더 많은 자금을 투입해야 했다. 특히, 지역사회와 환경 단체의 압박으로 인해 안전 기준이 상향 조정됨에 따라 추가 비용이 발생했다.

- **비효율적인 계약 관리**

해체 작업을 수행하는 계약업체들과의 계약 관리 과정에서 효율성이 떨어진 것도 비용 증가의 원인 중 하나였다. 일부 작업이 예상보다 높은 비용으로 외주 처리되었고, 작업 일정 지연으로 인한 간접 비용이 증가했다.

- **예비비 부족**

초기 비용 평가에서 비상 상황이나 예기치 못한 문제를 대비한 예비비를 충분히 반영하지 않아 추가적인 비용 압박이 발생했다.

- **소비자 부담 결정 과정에서의 비판**

비용 증가를 소비자들에게 전가하는 과정에서 추가적인 논란과 법적 소송이 발생했으며, 이로 인해 행정적 비용과 법적 비용도 증가했다.

이 사례는 초기 원전 해체 계획 수립 시 철저한 비용 분석, 현실적 예비비 설정, 유연한 규제 변화 대응 전략, 그리고 용의주도한 계약 관리의 중요성을 보여준다.

<table>
<tr><td>**3.2**</td><td>**비용 평가 방법론**</td></tr>
</table>

3.2.1 비용 평가 방법론 정립 과정

미국 정부는 TMI 원전 사고 직후 제기된 원전 해체 이슈에 대응하기 위해 1979년 후반 Trojan 원전 (3500 MWth)을 참조 원전으로 선정하고 해체 연구를 수행해 가압경수로의 해체 기술과 안전성 그리고 비용에 대한 분석 보고서를 발행하였다. 당시에는 경험은 없었지만 원자로 압력용기, 원자로 냉각 계통, 격납건물, 핵연료 건물, 보조건물, 터빈 건물 등의 시설에 대한 분석을 통하여 해체 물량을 산정하였고 방사화와 표면 오염에 의한 방사선원항 분석도 수행하였다. 당시의 결론 중 하나가, 지금의 평가로는 너무 낮은 비용이지만, 1978년 기준으로 즉시 해체할 경우 해체 비용은 3,100만 달러 정도일 것으로 예상하였고 이 결과를 바탕으로 여러 열출력 PWR에 대한 원전 해체 비용을 추정하였다. 이 보고서에서는 지연 해체와 매몰의 경우도 함께 평가하였다.

이와 함께 1986년 미국 원자력산업포럼 (Atomic Industrial Forum)은 상업용 원자로의 해체 비용 평가 방법론을 발표하였다. 이 방법론에서는 해체 전략별 고려 사항을 도출하고 단위 작업 (work unit)에 대한 정의와 함께 단위 작업별 비용 산정을 위한 지침을 제시하였다. 이 지침에서는 공통 주요 기기와 부품 해체에 필요한 작업 공정과 주요 작업별 소요 시간 등을 논의하고 특히 단위 작업 비용을 작업 소요 인력의 인건비에 따라 산정할 수 있는 방안을 제안하였다. 이때 제시된 단위 비용 인자 (UCF, Unit Cost Factor) 평가 방식이 현재 미국뿐만 아니라 IAEA와 OECD/NEA도 강하게 권고하고 있는 원자력 시설 해체 비용 평가 방법론의 핵심이다.

한편 1980년대 들어 미국 DOE가 세계 최초 상용 PWR인 Shippingport 원전을 직접 해체 하였고 이를 통해 얻은 경험과 교훈을 바탕으로 1988년 최종적인 해체 규정을 제정하는 한편 NRC는 앞선 논의들을 재분석한 보고서를 발행하였다. 이 보고서에서는 비용 평가를 위한 비용 항목과 산정 방법 그리고 폐기물 물량 산정 방법론 등을 상세하게 제시하고 있는데, 2004년 발간한 표준 검토 계획 (SRP,

Standard Review Plan)에서는 규제자가 사업자의 해체 계획 중 비용 평가 부문을 검토할 때 이 보고서를 참조하도록 권고하고 있다. 이 보고서에서 전체 해체 비용 중 예비비를 25% 반영토록 하였고 방사성폐기물 처분시설의 선택에 따른 비용 차이도 평가하였다.

이 지침에서 제시하고 있는 부지 특성별 비용 평가 기본 사항은 다음과 같다.
- 선택한 해체 전략
- 비용 평가에 사용된 방법론
- 기간별 해체 부지 복원 비용 요약과 사용후핵연료 저장/관리 목록
- 비용 산정 결과와 10CFR50.75 해체 비용 재정 보증과의 비교
- 방호용품, 외주 기기, 기기 대여 비용 등을 포함한 서비스, 용품 및 특정 기기 사용에 대한 비용 요약
- 그 외 재산세, 자문 비용, 보험료, 에너지 사용 비용, 인허가 비용, 최종 부지 조사 비용
- 즉시 해체의 경우 다음의 해체 활동별 비용 산정.
    - 주요 방사성 기기 철거 (원자로 압력용기, 증기발생기, 가압기, 대형 기기기류, 배관 계통 등)
    - 방사성 오염 제거 및 철거 (오염된 기기류 제염 및 철거)
    - 지원 및 관리 (직원 및 외주 업체, 에너지 비용, 인허가 비용, 소도구류, 보험료)

　이처럼 80~90년대 들어 미국이 원전 해체를 선도하고 유럽 여러 나라들도 본격적으로 자국의 노후 원전 해체에 나서자 IAEA도 각 국에서 원전 해체를 주도하고 있는 전문가들을 초청해 전문가 그룹을 구성하고 관련 기술 문서를 발행하였고 이후 OECD/NEA와 함께 본격적인 원전 해체 비용 평가 기술 보고서를 발행하였다. 특히 2012년 OECD/NEA와 IAEA 그리고 EC (유럽연합 집행위원회)가 공동으로 발행한 해체 비용 평가 보고서에서는 그간의 축적된 경험을 바탕으로, 후발 국가들이 비용 추정을 직접 산출하거나 참조 혹은 비교가 필요할 때 사용할 수 있도록 표준화된 해체 비용 항목 구조를 개발 제안하였다. 이것이 '원자력시설 해체 비용 평가를 위한 국제 구조' (ISDC, International Structure for Decommissioning

Costing)이다. 실제로 원자력 시설에 대한 해체 비용 추정 방식은 각 국가의 해체 작업 환경과 관행에 따라 상당히 다를 수 있는데 이러한 차이는 비용 추정 검토 과정을 복잡하게 만들어 추정치 자체에 대한 신뢰에 영향을 미친다. 이러한 이유로 OECD/NEA 보고서에서는 이 ISDC 발간의 목적을 각 나라 혹은 해체 사업자가 해체 비용 계획을 수립할 때 프로젝트 계획 범위 내 모든 비용을 중복 혹은 빠짐없이 반영할 수 있도록 가이드를 주기 위한 것이라고 밝히고 있다. 이 ISDC 항목에 관한 개념과 논의는 3.5절에서 상세히 다룬다.

3.2.2 비용 평가 방법론 분류

현재까지 각 국의 상황에 따라 적절하게 적용하는 원전 해체 비용 평가 방법론으로 다음의 다섯 가지를 들 수 있다.

가. 상향 (bottom-up) 평가 기법

이 기법은 해체 프로젝트 전체를 작은 작업 구성 요소나 과업으로 세분화하고, 이를 계층적 작업 분류 구조 (WBS, Work Breakdown Structure)로 구성한 후 각 단위 작업을 수행하기 위해 필요한 노동력, 자재와 소모품의 양, 작업 기간을 평가한 뒤 이를 상향식으로 종합하여 전체 비용을 산출하는 방식이다. 이때 WBS를 구성하는 단위 작업을 정의하고 그 비용을 산출하는데 이를 단위 비용 인자 (UCF, Unit Cost Factors) 방법론이라 부른다. 단위 비용 인자는 생산성 단위 (단위 부피 또는 단위 중량당 비용)를 기준으로 산정되며, 여기에 직접 노동, 장비와 소모품 그리고 간접비가 포함된다. 단위 비용 인자에 관한 상세한 내용은 3.4절에서 다룬다.

나. 유사성 (specific analogy) 평가 기법

앞서 수행된 해체 프로젝트 혹은 잘 알려진 유사 해체 프로젝트에서 도출된 항목과 비용을 기준으로, 진행하려는 해체 프로젝트의 유사 항목 비용을 산출하는 방식이다. 즉 과거의 유사한 프로젝트를 참고하여 현재 프로젝트의 기간이나 비용을 평가하는 기법이다. 따라서 이 유사성 평가 기법은 과거의 유사 프로젝트와 현재 프로젝트 간의 차이에 대한 상세한 평가를 필요로 하다. 이러한 차이의 조정을 비율 조정 (ratio-by-scaling)이라 하며 이 기법의 가장 중요한 요소이다. 여기에는 원자로 노형의 차이, 열출력의 차이, 시설 복잡성의 차이, 노동 비용의 차이, 인플레이션/비용 상승 조정, 그리고 필요할 경우 규제 범위의 차이가 포함된다.

다. 매개변수 (parametric) 평가 기법

이 평가 기법은 유사 시스템 또는 하위 시스템의 데이터베이스를 기반으로 통계 분석을 수행하여 비용 결정 요소와 매개변수 (예: 항목당 재고 단위, 평방미터당, 입방미터당, 킬로그램당 등) 간의 상관관계를 찾아 비용 방정식 또는 비용 평가 관계식을 도출해 평가하는 방법이다. 이렇게 개발된 알고리즘은 과거 프로젝트 정보에 대한 회귀 분석을 통해 개발되는 것이 일반적이다.

이 기법은 해체 프로젝트 초기 단계 비용 혹은 가치 평가에 매우 유용하다. 그러나 이 기법은 알고리즘에 내장된 여러 가정에 의존하며 기법의 유효성은 일반적으로 특정 매개변수 값 범위에 제한된다. 만약 과거 프로젝트와 현재 프로젝트 간의 차이가 매우 클 경우에는 합리성을 잃을 수 있다. 따라서 사용자는 제한 및 제약 조건을 포함해 매개변수 모델의 기반을 철저히 이해하는 것이 필수적이다.

라. 검토와 업데이트 (review and update) 평가 기법

동일하거나 유사한 프로젝트에서 수행된 과거 평가 자료를 검토하여 내부 논리, 범위의 완전성, 가정과 평가 방법론을 점검하고 업데이트함으로써 비용을 평가할 수 있다. 이 방법은 예를 들어, 같은 부지 내에 쌍으로 설계 건설 운영된 원전을 시차를 두고 해체할 경우 나중에 해체하는 원전의 해체 비용 평가에 이상적으로 적용할 수 있을 것이다.

마. 전문가 의견 (Expert Opinion) 자문

다른 기법의 사용이 불가능할 때 이 방법이 사용될 수 있다. 물론 이 경우 여러 분야 전문가와의 반복적인 협의를 통해 합의된 비용 평가를 도출해야 한다. 표 3.1에는 이들 평가 방법론을 비교하였다.

표 3.1　비용 평가 방법론 비교

평가 방법	장점	단점
WBS 상향 평가	WBS와 단위 비용 인자 (UCFs) 적용으로 정확하며, 현장 고유 물리적·방사선학적 재고 반영	단위 비용 인자 (UCFs) 평가를 위해 현장별 인건비, 자재와 장비 비용 등 상세 자료 필요.
유사성 평가	노형과 출력 차이, 지역별 인건비, 자재 차이 등이 적절 조정 가능하면 정확	상세한 문서가 요구되며, 근사치로는 정확성 감소
매개변수 평가	대규모 해체 프로젝트의 대략적 비용 규모 평가에 적합	실제 재고를 추적할 수 없어 근사치를 사용할 경우 추가적인 부정확성 초래
검토와 업데이트 평가	이전 평가의 업데이트 또는 대략적인 규모 평가에 적합. 대규모 현장에도 적용 가능	실제 재고 추적할 방법이 없음. 상세 프로젝트 계획에는 부적합.
전문가 의견 자문	유사 경험 보유 전문가 의견이 제공되는 경우 적합. 소규모 작업 생산성 평가 적용 가능	전문가 의견이 추상적일 수 있음. 방사선학적 제한 존재

3.3　WBS 기반 비용 평가 방법론 구조와 요소

앞에서 설명한 바와 같이 IAEA 등 국제기구의 요구에 따라 가장 널리 채택된 국제적 비용 평가 방법이 단위 비용 인자 (UCF)를 이용한 WBS 기반 상향 평가 기법이다. 이 방법론을 사용하면 해체 프로젝트 전체를 작은 단위의 측정 가능한 작업 활동의 집합으로 다룰 수 있으며 대형 해체 프로젝트를 구성하는 다양한 개별 작업 활동에 대한 상세한 정보를 제공할 수 있다. 특히 이 평가 기법은 유사한 반복적인 해체 활동 적용에 매우 유용하다.

WBS 기반 상향 비용 평가 방법론은 기본적으로 다음의 네 가지로 구성된다:
- **평가 기반** (Basis of Estimate, BoE)
- **평가 구조** (Structure of Estimate)
- **작업 분류 구조와 프로젝트 일정** (Work Breakdown Structure and Schedule)

- 불확실성 분석 (Uncertainty Analysis).

3.3.1 평가 기반 (Basis of Estimate)

잘 정리된 평가 기반은 비용 평가의 개발 토대이다. 실제 일관성 있고 정확한 비용 평가는 계획된 문서와 자료에 의존해야 한다. 따라서 문서화된 평가 기반은 해당 시설의 해체 계획 또는 해체 개념을 충실히 반영해야 한다. 평가의 기반이 되는 일반적인 항목들은 다음과 같다. 참고로 자금 조달 방식과 해체 자금에 대한 기여도 평가 등이 비용 평가의 최종 항목으로 포함될 수 있으나 이러한 사항은 국내에서는 크게 문제되지 않으므로 이 장에서는 다루지 않는다.

가. 가정 및 제외/예외 사항

비용 평가에 사용되는 모든 가정과 제외/예외 사항에 대한 상세한 설명은 평가 범위를 이해하는 데 매우 중요하다. 예를 들어, 가정에는 평가에 포함된 건물과 그 건물들의 철거 범위, 방사성 및 비방사성 재료의 처리 범위, 부지 현장의 복원 정도 등을 기술할 수 있다. 제외 사항에는 해체 범위에 대상이 되지 않는, 예를 들어 스위치야드와 변압기, 송전 설비 등이 포함될 수 있다.

나. 경계 조건 및 제한 사항 – 법적 및 기술적 (예: 규제 체계)

해체 작업에 적용될 것으로 예상되는 법적 기술적 제한 사항과 규정을 설명해야 한다. 정부의 규제 체계에 따른 지침은 필요에 따라 분명하게 기술되어야 한다.

다. 해체 전략과 해체 후 최종상태

선택된 해체 전략을 설명하고 선택에 이르게 한 참고 자료들을 포함해야 한다. 해체 전략에 따른 프로젝트 관리 방식과 해체 프로젝트에 참여하는 계약자들의 참여도 설명해야 한다. 또한 해체를 위한 운전 허가 종료 후 시설과 현장 상태를 명확하게 파악할 수 있도록 계획된 최종 상태를 상세히 설명해야 한다.

라. 이해관계자 의견/우려 사항

모든 이해관계자들의 회의와 합의에서 나온 결과와 약속들을 명확히 기술해야 하며 이 내용은 평가의 일부로 통합되어야 한다. 이해관계자의 의견은 해체 프로젝트의 계획과 실행에 상당한 영향을 미치므로 이해관계자의 이익과 관련된 비용 고려사항을 비용 평가에 포함시키는 것은 매우 중요하다.

마. 시설 설명과 부지 현장 특성평가 (방사능/위험 물질 목록)

해체되는 시설이 어느 정도 해체 및 철거되는지를 파악할 수 있도록 충분한 설명이 이루어져야 한다. 해체되는 장비와 구조물도 목록화되어야 한다. 이러한 설명의 핵심은 시설 및 현장 특성평가 결과에 기반하므로 특성평가 보고서도 참조로 포함되어야 한다. 특성평가는 방사성 및 유해/독성 물질 모두를 다루어야 한다. 특히 방사성 물질 목록에는 오염된 기기나 설비와 구조물뿐만 아니라 중성자에 의해 방사화된, 예를 들어 원자로 압력용기 내부구조물 등도 포함해야 한다.

바. 방사성폐기물과 사용후핵연료 관리

발생한 폐기물의 포장, 저장, 운송과 처분을 포함하여 처리 및 처분 방법을 명확히 기술해야 하며, 포장 유형, 저장 시설, 운송 방법 및 처분 옵션 등을 포함해야 한다. 사용후핵연료 관리 활동은 과도기간 중 사용후핵연료 관리와 독립 저장 시설에서의 사용후핵연료 관리 활동으로 나누어 취급해야 한다.

사. 사용된 자료 출처

비용 평가 개발에 사용된 자료가 실제 현장 자료인지 혹은 평가자 판단에 의한 자료인지 여부를 명시해야 한다. 현장 자료가 사용된 경우 구체적인 참고 자료 혹은 출처를 밝혀야 한다. 마찬가지로 평가자 판단에 의한 자료인 경우 평가자의 경험이 수록된 이력서 사본이나 요약 목록이 제시되어야 한다.

아. 비용 평가 방법론

사용된 비용 평가 방법론, 예를 들어 상향식 평가 기법 혹은 유사성 평가 기법 혹은 다른 기법인지 명확히 밝혀야 한다. 유사성 평가 기법을 사용한 경우, 비례 조정 정보의 출처에 대한 참고 자료를 밝혀야 한다. 비용 항목의 누락을 방지하기 위해 ISDC의 사용 내용도 기술해야 한다.

자. 예비비

예비비의 설정은 정의된 특정 활동 항목의 비용이 증가할 경우를 대비한다는 것을 의미한다. 이러한 비용의 잠재적 증가는 일반적으로 해체 작업 활동 중 전형적인 사건들 (도구 또는 장비 고장, 지연, 나쁜 날씨 등)에 기인하게 된다. 이렇게 반영된 예비비는 프로젝트가 진행되는 동안 전액 소비될 것으로 예상된다. 예비비는 실제 해체 현장 경험을 바탕으로 하기 때문에 비용 평가 시 적절한 예비비 값을 미리 정해야 한다. 예비비 비용은 리스크 분석에도 포함될 수 있다.

차. 사용될 기술에 대한 논의

철거 및 제염에 사용된 기술에 대한 논의가 포함되어야 한다. 특히 작업의 개념과 특수 공구 사용의 불가피성 등을 이해할 수 있을 만큼 세부 정보가 제공되어야 하며, 다른 기술이나 도구의 대체 가능성도 열어 놓아야 한다. 예를 들어, 압력용기 내부 구조물의 절단에는 플라즈마 토치 절단, 기계적 절단, 고압수 연마 절단 등 여러 기술이 적용될 수 있기 때문이다.

카. 사용된 컴퓨터 코드 또는 계산 방법론

평가에 사용된 모든 컴퓨터 코드, 방사화 분석 코드 혹은 기타 계산 방법론에 대해 설명해야 한다. 구조 분석이나 비용 편익 분석과 같은 특별한 계산 방법론이 사용되었다면 이에 대해서도 상세히 기술해야 한다.

타. 일정 분석

일정을 개발하는 데 사용된 방법론과 컴퓨터 코드에 대해 설명해야 한다. 해체의 개시과 완료에 영향을 줄 수 있는 작업 시간 제약과 같은 특별한 고려 사항이 있다면 이 또한 상세히 기술되어야 한다.

파. 불확실성 및 리스크 관리

비용 평가에서 사용되는 '불확실성'이란 개념은 프로젝트의 통제 내외부 원인에 의해 발생하는 비용 변동을 의미하다. 프로젝트 범위 내의 불확실성은 일반적으로 예비비와 여유분으로 처리되는 반면, 규제 변경, 예기치 못한 새로운 기술이나 처분 방식 변경 등을 의미하는 프로젝트 외부의 불확실성은 기본적으로 리스크로 간주된다. 따라서 제시되는 평가 기준에는 리스크 목록, 완화 기법, 정량적 리스크 평가 결과 등 리스크 분석 방법이 포함되어야 한다. 물론 종합적인 리스크 분석에는 긍정적인 효과를 일으킬 수 있는 "기회 발생"도 포함시켜야 한다. 실제 해체 작업상 리스크는 현장에서 발생하므로 현장 리스크 분석팀이 자체 워크숍 등을 실시하는 것은 리스크 평가와 완화에 중요한 역할을 하게 된다.

3.3.2 평가 구조 (Structure of Estimate)

비용 요소를 범주별로 그룹화하는 것은 각 그룹별 작업이 전체 비용에 어떻게 영향을 미치는지 살펴볼 수 있게 할 뿐만 아니라 프로젝트 진행에 따르는 비용 집행의 효율성을 확보하는데에도 결정적 도움이 된다. 이를 위해, 여러 가지의 그룹화가 가능하지만 국제적으로 표준화된 비용 요소는 다음의 다섯 그룹이다:

- **활동 의존 비용** (Activity-dependent Cost)
- **기간 의존 비용** (Period-dependent Cost)
- **부수적 및 특수 항목 비용** (Collateral / Special Item Cost)
- **예비비** (Contingency)
- **자산** (Asset)

가. 활동 의존 비용

활동 의존 비용은 해체 활동 혹은 작업을 직접 수행하는 것과 연관된 비용이다. 이러한 활동에는 제염, 철거, 포장, 운송 및 저장 등이 포함된다. 이러한 활동은 반복되기 때문에 단위 비용 인자 (UCF) 적용에 적합하다. 예를 들어 설비나 구조물의 해체와 철거 작업을 기본 작업 단위에 포함시키면 작업 생산성 인자 (또는 작업 난이도 인자)을 추가 적용하여 해체 비용과 일정을 개발할 수 있다.

나. 기간 의존 비용

기간 의존 비용은 프로젝트 기간과 관련된 활동을 포함하다. 예를 들어 방사선 안전 관리, 경비 및 보안, 프로그램 관리, 엔지니어링, 인허가, 에너지, 품질 보증 업무 등에 소요되는 비용은 직접적인 해체 활동과 무관하지만 안전하고 원활한 프로젝트의 진행을 위해 필요한 프로젝트 지원 업무이다. 이러한 관리와 지원 업무 종사자의 인건비가 기간 의존 비용의 주요 항목이다.

다. 부수적 및 특수 항목 비용

활동 의존과 기간 의존 비용 외에도, 프로젝트 진행에 필요한 해체 장비, 인허가 지원, 보험료, 세금, 보건 물리용품, 액체 방사성 폐기물 처리, 독립적 검증 조사 등과 같은 특수 항목 비용이 있다. 이러한 항목은 다른 그룹에 속하지 않기 때문에 별도로 다루어야 한다.

라. 예비비

원전 해체 프로젝트에는 워낙 불확실한 요소들이 상존하고 있어 기본 비용 평가에 반영되지 않은 사건이 발생할 가능성이 높으므로 예비비가 적용되어야 한다. 예를 들어 프로젝트 지연 혹은 일시 중단, 나쁜 날씨, 도구 또는 장비 고장, 기술자 노동 파업, 폐기물 운송 문제 또는 폐기물 처분 시설의 인수 기준 변경 등이 발생할 수 있다. 특히 예상치 못한 사건의 발생은 비용을 크게 증가시킬 가능성이 높으므로 예비비는 매우 중요하다. 미국의 경우 초기 해체 비용 평가 시 총 비용에 25%의 예비비를 적용하고 있다. 최근에는 해체 경험이 축적되면서 해체 작업 중 예상치 못한 사건이 발생할 가능성이 높은 항목을 별도로 설정하고 항목별로 예비비를 적용하는 경향이 있다.

마. 자산

비용 평가 시에는 오염 또는 유해 물질에 노출되지 않아 재활용에 문제가 없다고 판단된 기기나 재료의 가치를 자산으로 고려해야 한다. 이러한 자산은 그 시점의 시장 가격 데이터를 기반으로 평가해야 한다. 물론 이 자산에는 규제 해제되어 재사용 혹은 재활용이 가능한 폐기물도 포함된다. 규제 해제 폐기물은 규제기관에 의해 오염이 제거되어 안전하다고 인증된 재료로, 예로 구리 와이어, 버스 바, 스테인리스 스틸 강판과 구조물, 탄소강 및 스테인리스 파이프, 탄소강 구조물과 빔 등을 들 수 있다. 분리될 수 있다면 중수도 해체 비용 총액에서 상당한 가치를 가질 수 있는 자산이다. 재활용은 특정 시설에서 현재 형태로 재판매 또는 재사용이 가능한 재료로 정의된다 (예: 펌프, 모터, 탱크, 밸브, 열교환기, 팬, 디젤 엔진 및 발전기 등).

3.3.3 작업 분류 구조 (WBS, Work Breakdown Structure) 및 프로젝트 일정

WBS는 서로 직접적 또는 간접적인 관계가 있는 비용 요소와 작업 활동을 논리적인 그룹으로 분류하는 데 사용된다. 작업 그룹은 기본적으로 예산 작성과 주요 해체 비용 요소 추적에 사용되는 회계 시스템 또는 계정 차트와 연계되어야 하며 이렇게 해서 비로소 작업 분류 구조가 완성될 수 있다.

가. 작업 분류 구조 (WBS)

• WBS 구조

WBS 요소는 일반적으로 계층적 형식으로 배열된다. 따라서 WBS의 최상위 층은 전체 프로젝트일 것이며 두 번째 계층은 프로젝트 비용이 수집되는 주요 비용 그룹이 될 것이다. 다음 계층은 해당 비용 그룹의 각 주요 직접 또는 간접 비용 구성 요소가 될 것이다. 후속 계층들은 각 그룹의 구성 비용 요소 세부 사항을 반영하여 모든 비용 집행의 기준을 명확하게 이해할 수 있게 구성한다. 이들 WBS 구조에 대해서는 다음 절에서 상세히 논의한다.

• WBS 사전 (dictionary)

WBS에는 해체 프로그램에서 수행되거나 발생하는 관련 모든 활동 예를 단위 작업 활동들을 상세히 설명하는 WBS 사전이 함께 구축되어, 필요한 경우 언제든 확인할 수 있어야 한다.

• 계정 차트

해체 프로젝트에서 사용되는 프로젝트 관리 또는 회계 소프트웨어는 여러 비용 계정을 차트 형태로 품고 있어야 한다. 각 계정은 인건비, 장비, 소모품, 자본 지출, 재활용, 서비스, 운송 또는 처분 서비스와 같은 개별 비용 항목별로 개설되어 비용 평가와 평가에 따른 입출금을 엄격한 기준으로 통제하게 된다.

참고로 WBS는 한 특정 해체 프로젝트에서 해체 작업들을 조직화하는 도구인 반면 ISDC는 전형적인 해체 활동에 대한 일반적 작업 목록이다. 뿐만 아니라 ISDC에는 전형적인 해체 활동뿐만 아니라 인건비, 투자, 경비, 예비비 등도 구조 내에서 반영하므로, 해체 프로젝트 비용 평가 시 계정 차트 활용을 위해 ISDC를 사용할 수 있다. 이러한 이유로 동일한 ISDC 해체 활동 항목이 WBS 항목에서 반복될 수 있으며 ISDC에서 다루는 주요 활동이 해체 프로젝트 WBS에서는 더욱 구체화될 수 있다. WBS와 ISDC와의 연계는 3.5절에서 상세히 논의된다.

나. 프로젝트 단계

해체 프로젝트는 일반적으로 여러 단계 또는 기간으로 나누어 수행된다. 예를 들어, 즉시 해체는 보통 세 단계로 나누어진다: 해체 전 계획, 제염 및 해체 활동, 시설 및 현장 복원. 지연 해체를 선택한 경우는 해체 전 계획, 안전 저장을 위한 준비 및 운영, 제염 및 해체 활동, 시설 및 현장 복원의 4단계로 나뉘어진다. 다음은 WBS가 구축된 전형적인 해체 프로젝트 작업 단계들에 대한 설명이다.

• 해체 전 계획

사전 계획 단계는 시설이 영구적으로 폐쇄되기 전에 이미 시작되며, 이 단계에서는 해체 전략에 대한 예비 평가, 비용 개념 평가와 일정 수립, 폐기물 생성 및 처분 평가, 그리고 근로자와 대중에 대한 피폭 평가를 수행한다. 이 단계의 목표는 규제 당국의 승인을 얻을 수 있는 해체 전략과 자금 조달 접근 방식을 선택하는 것이다. 이 단계에서는 해체에 사용될 방법론과 기술에 대해 상세한 엔지니어링 평가도 수행된다. 특히 제안된 시설의 해체 후 최종 상태에 대한 승인을 얻기 위해 규제기관과 이해관계자와의 상호작용이 이루어진다.

본격적인 시설 해체는 시설의 비활성화가 이루어진 후에 진행된다. 비활성화 작업의 예로는 쉽게 제거가 가능한 방사능 (사용후핵연료, 밀봉선원 등)과 대량의 산과 염기와 같은 위험 화학 물질의 제거 등을 들 수 있다. 또 이 기간 내에 측정조사와 평가를 통해 시설 내 잔류 방사성과 유해 물질의 종류와 분포를 파악해야 한다. 이러한 현장 특성평가는 수행될 해체 작업의 범위를 수립하는 데 결정적으로 중요하다. 시설 면허 소지자가 해체 프로젝트 수행을 위해 전문 해체 기관에 하청을 줄 수도 있다.

• 제염 및 해체 활동

이 단계는 해체를 위해 실제 현장에서 제염과 해체 작업을 수행하는 단계이다. 이 단계에는 규제 해제라는 최종 상태 목표를 충족하기 위해 시스템과 구조물의 제염과 철거, 발생 방사성폐기물의 포장, 운송과 처분 또는 저장 등이 이루어진다. 예를 들어, 원자력발전소의 경우 증기발생기, 가압기, 원자로 냉각펌프, 원자로 압력용기와 내부 구조물 등 주요 기기들과 모든 안전 관련 시스템 그리고 구조물, 터빈 발전기, 응축 시스템, 급수 시스템, 냉각 시스템, 화재 보호 시스템과 주요 건물 등의 해체가 포함된다. 해체 작업이 마무리되면 모든 잔류 방사능이 규제 해제 기준을 만족할 정도로 성공적으로 제거되었는지 확인하기 위해 해체 현장에서 최종 상태 측정조사가 수행된다.

• 시설 및 현장 복원

　해체의 마지막 단계로, 이 단계에서는 불필요한 건물과 구조물이 해체 철거되었으므로, 원하는 최종 상태를 만들기 위해 현장이 준비된다. 해체 후 일부 시설의 재사용이 가능한 경우 자원을 보존하고 장비와 구조물을 현장 인프라로 활용할 수 있도록 재사용이 권장된다.

다. 프로젝트 관리 접근 방식

　프로젝트 관리 조직은 프로젝트의 행정적 기술적 감독을 담당하는 면허 소지 기관의 인력으로 구성된다. 이 조직에는 프로젝트 관리자, 보조 관리자, 행정 관리자(보안, 인사/인력 지원, 재무/회계, 홍보, 청소 및 위생, 적절한 기타 관리자), 기술 관리자 (엔지니어링 및 계획, 비용 및 일정 제어, 인허가, 폐기물 관리, 보건 물리 및 방사선 안전 관리, 품질 보증, 운영 및 유지 보수, 기타 적절한 관리자)가 포함된다. 또 현장에서 작업을 수행하는 하청업체 직원들을 감독하는 감독관들이 포함될 수 있다. 면허 소지 기관이 현장 해체 작업의 일부를 하청할 수 있는데 이 부서는 위와 같은 수준의 자체 프로젝트 관리 인력을 제공해야 한다.

3.3.4　불확실성 분석

　원전 해체 프로젝트는 초대형 장기 프로젝트이므로 언제나 프로젝트 범위를 벗어난 예상치 못한 사건 즉 리스크가 발생할 수 있다. 앞서 설명한 대로, 예비비는 악천후로 인한 지연, 장비 및 물품의 늦은 배송으로 인한 작업 중단, 현장 산업 사고로 인한 프로젝트 중단, 도구 또는 장비 고장, 노조 파업, 문서 미비나 차량 도로 안전 문제 같은 폐기물 운송 문제, 예상치 못한 공정 폐쇄 조건 등 프로젝트 범위 내의 문제를 대비하기 위한 것인 반면, 리스크 분석은 프로젝트 범위를 벗어난 문제, 예를 들어 작업자 피폭 한도와 해체 규제 한도 등 규제 환경의 변화와 폐기물 운송 및 폐기물 처분 인수 기준의 변경, 인건비와 장비 및 소모품 비용의 비정상적인 증가, 매우 어려운 제염 상황 발생, 고방사능 기기의 원격 해체 철거 문제 발생, 이해관계자 개입으로 인한 작업 지연 등의 문제를 다룬다.

이러한 리스크는 비용 증가를 유발할 수 있다. 따라서 리스크 분석은 프로젝트 범위를 넘어서서 예상 밖으로 발생하는 사건과 사고를 다루는 수단이지만, 최근에는 리스크로 인해 유발되는 비용 증가 평가가 해체 비용 및 일정 평가의 필수적인 부분이 되었다. 리스크 분석 방법은 크게 다음의 두 분석 방법으로 분류된다.

가. 정성적 리스크 분석

- 질적 분석 방법이라고도 불리우는 정성적 리스크 분석을 위해 먼저 프로젝트에 익숙한 인력들을 모아 잠재적 리스크 (부정적 결과)와 기회 (긍정적 결과)의 정성적 리스크 시나리오를 개발해야 한다.
- 잠재적 리스크와 기회를 기술하고 각 리스크와 기회에 확률을 할당하며 리스크와 기회가 발생했을 때의 심각성을 평가하고 각 리스크와 기회에 점수를 부여한다 (확률 × 심각성).
- 리스크가 발생하는 것을 방지하거나 발생 시 관리하는 방법을 계획한다. 높은 점수를 받은 리스크들은 더 상세히 고려하고 대비해야 한다.

나. 정량적 리스크 분석

정량적 분석은 리스크를 정량화하여 비용 및 일정 목표 달성 확률을 결정하는 방법으로, 예를 들어 다음과 같은 경우 고려가 필요하다:

- 일정 및 예산에 대한 예비비를 필요로 하는 프로젝트 혹은 작업
- "진행 혹은 중단" 결정이 필요한 대규모 복잡한 프로젝트 혹은 작업

정량적 리스크 분석 도구와 기법에는 여러 가지가 있는데 예를 들어, 시나리오 분

석, 의사 결정 나무 분석, 몬테카를로 분석, 민감도 분석, 낙관적 편향 분석 등이다. 최근에는 몬테카를로 분석이 많이 채택되는데, 이 분석 방법은 다양한 리스크의 집합적 영향 범위뿐만 아니라 예상값도 제시할 수 있는 리스크 모델링 기법이기 때문이다. 이 방법은 많은 변수가 작지 않은 불확실성을 가질 때 유용하지만 리스크가 서로 독립적이지 않을 때는 전문가의 조언이 필요하다. 그리고 이러한 분석을 수행하거나 의뢰하기 전에, 데이터가 모델에 어떻게 입력될지, 결과가 어떻게 제시될지, 생성된 정보가 결정에 어떤 영향을 미칠지 사전에 파악하는 것이 유용하다. 또한, 기본 가정의 변화나 발생 확률은 낮지만 영향은 매우 큰 리스크 (예: 조기 사이트 폐쇄, 광범위한 오염) 분석 시 특별한 주의를 요한다. 일반적으로 이러한 유형의 사건은 비상 대비 조치가 아닌 시나리오로 처리해야 하며, 발생 시의 시나리오 모습과 비용 결과를 포함한 다양한 대응 계획이 필요하다.

요약하자면, 리스크 분석은 옳고 그름을 명확히 제시하지 않는다. 이러한 이유 때문에 리스크 분석은 과학이라기보다 예술로 간주되기도 한다. 하지만 선택한 기법에 관계없이, 분석의 목적이나 기대값을 명확히 문서화하고, 선택한 방법이 그 기대값을 어떻게 충족하는지, 또한 추정치, 가정, 리스크 시나리오와의 명확한 관계를 입증하는 것은 필수적이다.

3.4	**단위 비용 인자 (UCF)와 작업 분류 구조 (WBS)**

3.4.1 단위 비용 인자 (UCF, Unit Cost Factor)

단위 비용 인자란, 일정한 단위 작업에 소요되는 인력과 장비 비용 등을 미리 산정하여 이를 해체 물량과 합산하는 방식을 통하여 전체 해체 비용을 산정할 수 있도록 도입된 개념으로 특히 단순하고 반복적인 작업에 대한 비용을 산정할 때 효과적이다. 이때 고려되는 작업의 단위는 예를 들어 대형 파이프나 밸브 혹은 일정한 부피를 가진 콘크리트 구조물의 해체와 철거 등이다.

UCF는 특정 단위 작업 (예: 1톤의 폐기물 처리, $1m^3$의 콘크리트 절단 등)에 소요되는 비용으로 정의되며 작업에 필요한 인건비, 장비 사용, 소모품과 부수 비용 등

으로 이루어진다. 구체적으로 UCF를 구하는 계산식은 다음과 같다:

$$UCF = [인건비 + 장비\ 비용 + 소모품\ 비용 + 기타\ 비용] / 작업량\ (단위)$$

이때 인건비는 작업에 투입되는 인력의 총비용이며 장비 비용은 장비 사용료, 유지보수 비용, 감가상각비 등을 포함하며 재료 및 소모품 비용은 작업에 필요한 자재와 소모품 비용이며 기타 비용은 안전 관리, 규제 준수, 폐기물 처리, 간접비 등 추가적인 비용이다. 작업량은 작업 단위를 나타내며, 해체 작업의 특성에 따라 다양하게 정의되는데, 통상 콘크리트 절단량은 부피 단위로, 구조물과 기기 등은 무게 단위로, 토지나 표면 제염 작업은 표면적 단위로 기술한다. 다음 그림은 단위 비용 인자 개념을 이용한 비용 산출 과정을 나타내는 다이아그램이다.

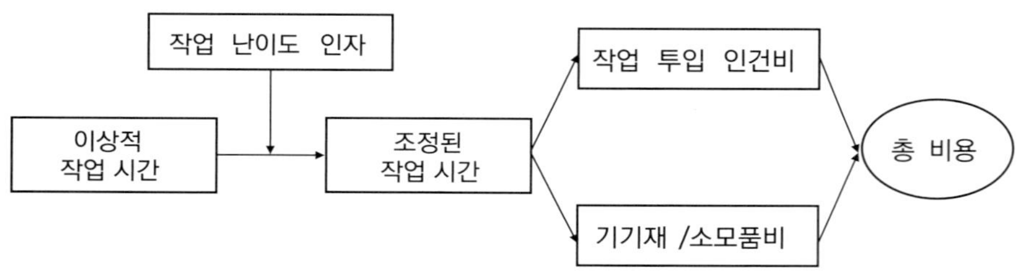

그림 3.1   단위 비용 인자 구성 흐름도

위의 그림 3.1에서 보듯, 단위 작업에 대한 해체 비용을 산정하기 위해서는 가장 먼저 작업 시간을 산정하는 것이 중요하다. 작업 시간의 경우 작업 환경이 양호한 상태에서의 이상적인 작업 시간을 설정하고, 이렇게 주어진 작업 시간에 작업 난이도 인자 (WDF, Work Difficulty Factor)를 적용하여 작업 난이도에 따라 작업 시간을 증가시켜 작업 시간을 보정한다. 대부분의 경우 이러한 작업 난이도 인자는 다음의 5가지를 적용한다.

• 접근성 인자 (Accessibility)
예를 들면 높은 위치에서 비계를 이용해 작업을 함으로써 발생하는 작업 시간의 증가를 의미하며, 이러한 시간 증가에는 작업자가 비계 위로 오르내리는 시간, 장비들을 끌어올리는 시간과 작업 종료후 장비들을 다시 바닥으로 내리는 시간 등이 포함된다. 통상 10% ~ 20% 증가를 반영한다.

• 호흡기 방호 인자 (Repository Protection)

  공기 중 오염에 대비해 방호 호흡구를 착용하고 진행함으로 발생하는 작업 시간의 증가를 의미하며 통상 10% ~ 50% 증가를 반영한다.

• 방사선 방호 인자 (ALARA)

  방사선 방호를 위한 법적 규제 요구사항을 만족시키면서 진행되는 작업 시간의 증가를 의미하며, 방사선 구역에서 작업 허가를 얻기 위한 준비 작업도 포함된다. 특히 증기발생기나 원자로 압력용기와 같은 고방사화 장비의 제거 작업, 혹은 반복된 훈련이 필요한 복잡한 방사선 구역 내 작업 등의 경우 작업 시간이 크게 늘어날 수 있다. 통상 10% ~ 50% 증가를 반영한다.

• 방호복 착용 인자 (Protective Clothing)

  방호복 착용 시간과 출입 검사 등을 위하여 소요되는 시간의 증가를 의미하며 한번에 얼마나 많은 작업자를 처리할 수 있는지에 따라서 차이가 날 수 있다. 통상 15% ~ 30% 증가를 반영한다.

• 휴식 시간 인자 (Work Breaks)

  사전에 협의된 일정 시간 간격마다 휴식 시간을 반영하는 것으로 통상 8% ~ 10% 증가를 반영하는데 대개의 경우 1시간당 5분 휴식을 상정해 8.33%를 많이 적용하고 있다. 이 외에 여름 무더위나 겨울의 강추위 등 작업 환경의 어려울 때는 통상 10% ~ 15%의 작업 환경 인자를 적용하기도 한다.

  일반적인 작업 시간 보정은 작업 난이도 인자의 특성에 따라 적용하게 되는데 통상 이상적인 작업 시간에 처음 3개 인자 (접근성 인자, 호흡기 방호 인자, 방사선 방호 인자)에 의해 증가된 시간의 총합을 구한 후 이 1차 보정 총합 시간에 이후 방호복 작업 인자와 휴식 시간 인자를 각각 곱해 계산하는 방식을 적용하고 있다.

3.4.2 작업 분류 구조 (WBS)

원전 해체 프로젝트는 기술적, 경제적, 환경적 도전 과제가 많은 복잡한 작업이다. WBS는 이러한 복잡성을 체계적으로 관리하는 한편 프로젝트를 성공적으로 수행할 수 있도록 효율적으로 관리할 수 있는 필수적인 도구다. WBS는 프로젝트 전체 작업 범위를 계층적으로 분할하여 각 단계별로 세부적인 작업 요소를 정의하는 구조다. 다음 그림 3.2는 연구로 해체 프로젝트 WBS의 구조 예이다.

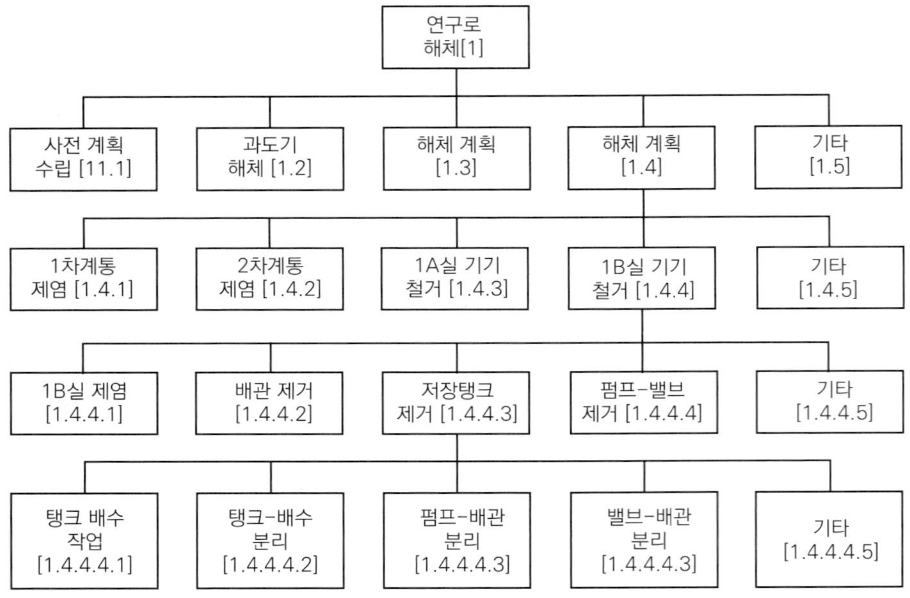

그림 3.2   연구로 해체 프로젝트의 WBS 작성 예

원전 해체라는 복잡한 과정을 효율적으로 계획하고 관리하기 위해 WBS는 다음과 같은 특징과 구성 요소를 포함한다.

가. WBS의 목적

- 작업 분할: 전체 해체 작업을 보다 관리하기 쉬운 작은 작업 단위로 세분화하여 명확히 정의함.
- 비용과 일정 관리: 각 작업 단위에 대해 소요 비용과 일정을 설정하고, 이를 기

반으로 전체 해체 프로젝트의 비용과 일정을 추정함.
- 책임 명확화: 각 작업 단위에 대해 담당 부서나 인력을 지정하여 책임 소재를 명확히 함.
- 위험 관리: 작업 단위별로 잠재적 위험 요소를 파악하고 대응 방안을 수립함.
- 성과 추적: 각 작업 단위의 진행 상황을 모니터링하고, 목표 달성 여부를 평가함.

나. WBS의 구조

위의 그림 3.2에서 보듯 WBS는 일반적으로 계층별 구조로 구축되며, 한 예로 원자력발전소 해체 WBS는 다음과 같은 주요 항목들로 구성될 수 있다.
- 레벨 1: 프로젝트 전체 (원자력발전소 해체라는 최상위 목표를 정의.)
- 레벨 2: 주요 작업 분류
  - 해체 계획 수립
  - 규제 기관과의 협의
  - 환경 영향 평가
  - 방사선 선원 제거
  - 방사성 물질 제거
  - 오염된 구조물과 장비의 제염과 해체
  - 구조물 해체
  - 비방사성 구조물 해체
  - 오염 구조물의 물리적 제거
  - 방사성폐기물 관리
  - 방사성폐기물 분류, 포장, 저장, 운송
  - 일반 폐기물 처리
  - 환경 복원
  - 부지 복원과 재사용 계획
  - 잔류 방사선 평가
  - 최종 보고서 작성
- 레벨 3: 세부 작업

예를 들어, "방사성 물질 제거" 항목은 다음과 같은 세부 작업으로 나눌 수 있다.
  - 사용후핵연료 제거 및 저장

　　　- 방사성 물질 검출과 모니터링
　　　- 고농도 오염 영역 정화
　　　- 오염 장비 세척 및 제염 등
　• 레벨 4: 이하 등등 상세 작업

다. WBS의 장점

• 명확한 범위 정의: 작업 범위를 명확히 하여 누락되는 작업을 최소화할 수 있음.

• 효율적 자원 배분: 인력, 장비, 예산을 각 작업 단위에 효과적으로 배분할 수 있음.

• 협업 강화: 다양한 팀 간 역할과 책임을 명확히 정의하여 협업 효율을 증대시킴.

• 의사소통 향상: 프로젝트를 단순화하여 이해관계자 간의 의사소통을 원활히 함.

라. WBS를 활용한 해체 비용 평가

• 작업 비용 코드화: WBS의 각 작업 항목에 대해 고유한 코드를 부여하여 비용 추적이 가능토록 함.

• 비용 집계: 각 작업 단위별로 소요 비용을 산정하고, 이를 합산하여 전체 프로젝트 비용을 도출할 수 있음. 비용 항목 분류는 단위 비용 인자의 항목과 일치시켜야 함.

마. 원전 해체에 특화된 WBS의 고려사항

• 방사선 안전: 방사성 물질의 관리와 해체 작업의 방사선 노출 최소화 방안 포함.

• 규제 요건 준수: 각 작업 단위가 국가 및 국제 규제 요건을 충족하도록 설계.

• 복잡성 관리: 다양한 이해관계자, 고도의 기술적 요구사항, 장기 프로젝트 기간 등을 WBS에 반영.

그러나 1회 작업으로 종료되는 비반복적 작업, 예를 들어 원자로 압력용기 (RPV) 나 증기발생기 (S/G)와 같은 대형 금속 기기 철거와 같은 작업은 일회성인데다 그 크기, 중량, 그리고 작업의 복잡성 때문에 단위 비용 방식으로 평가하기보다는 전체 작업을 기반으로 한 비용 산출이 필요하다. 특히 이러한 작업은 현장의 조건과 기기의 특성에 따라 작업 방식이 크게 달라지기 때문에 개별적인 평가가 요구된다.

3.5　WBS와 OECD/NEA ISDC의 연계

　앞 절에서 설명한 바와 같이, IAEA와 OECD/NEA 그리고 EC (유럽연합 집행위원회)는 그간의 축적된 경험을 바탕으로, 후발 국가들이 해체 비용을 직접 산출하거나 참조 혹은 비교가 필요할 때 사용할 수 있도록 표준화된 항목 매핑구조인 '원자력 시설 해체 비용 평가를 위한 국제 구조' (ISDC, International Structure for Decommissioning Costing)을 개발하였다. 이 ISDC는 WBS처럼 계층적 구조를 갖고 있지만, 개발 보고서에서 분명히 밝히고 있듯이, 후발주자들이 해체 비용을 평가할 때 모든 비용을 빠뜨림없이 또는 중복없이 반영할 수 있도록 해체 작업을 단계별 업무 작업 활동으로 정리 구축한 것이다.

3.5.1　ISDC 비용 계층 구조

　ISDC는 아래 그림 3.3에서 보듯, 다양한 유형의 원자력 시설 해체 프로젝트의 모든 작업을 표준화된 업무 작업 활동 레벨별 구조로 제시한다. 레벨 1에서는 주요 작업 활동 (principal activity), 레벨 2에서는 작업 활동 그룹 (activity group), 레벨 3에서는 전형적인 업무 활동 (typical activity)로 구성된다.

　최상위 활동인 레벨 1은 아래 11가지 그룹으로 구성된다.
01 : 해체 사전 작업
02 : 시설 정지 작업
03 : 안전한 밀폐 또는 밀봉관리를 위한 추가 활동
04 : 관리 구역 내의 해체 작업
05 : 폐기물 처리, 저장과 처분
06 : 부지 기반 시설 운영
07 : 기존 건물 철거/해체와 부지 복원
08 : 프로젝트 관리와 엔지니어링 지원
09 : 연구 개발
10 : 핵연료 및 핵물질
11 : 기타 비용

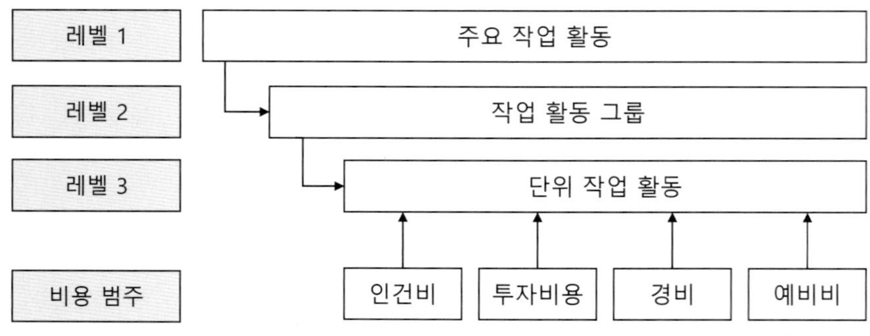

그림 3.3   ISDC 비용 계층 구조

그 다음 하위 활동인 레벨 2단계 작업 활동 그룹과 레벨 3 단계 전형적 작업 활동은 1단계에서 분류된 11가지 주요 활동에 따라 세부 편성된 항목으로 분류된다. 해체 작업의 상세한 전체 목록은 ISDC 보고서의 부록에서 확인할 수 있다.

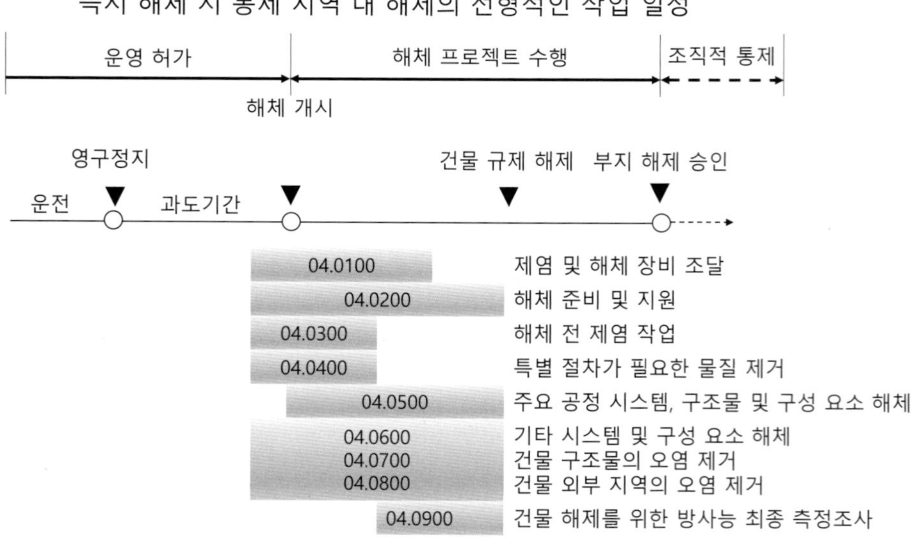

그림 3.4   즉시 해체를 위한 주요 활동의 일반적인 일정

앞에서 설명한 바와 같이 ISDC는 일반적인 해체 작업의 비용을 파악할 수 있는

체계적인 구조를 제공하는 것이 목표이다. 따라서 해체 전략별 일반화된 주요 작업 활동의 작업 분포를 제시하고 있다. 그림 3.4는 그 예시로 즉시 해체의 일반화된 공정을 이 다이아그램을 통해 확인할 수 있다.

3.5.2 비용 요소 구조

ISDC는 위 그림 3.4에서 보듯 6자리의 숫자로 구성된 분류 체계를 갖고 있다. 첫 2자리 숫자는 레벨 1의 주요 활동을 뜻하고, 그다음 2자리 숫자는 레벨 2의 작업, 세 번째 2자리 숫자는 전형적 활동인 레벨 3 작업을 나타낸다. ISDC는 모든 해체 활동을 세분화한 분석용 플랫폼이므로 다양한 해체 프로젝트의 WBS에 적용할 수 있으며 각 레벨에서의 비용은 단위 비용 인자 (UCF)를 적용할 수 있도록 4가지 비용 요소 (인건비, 자본/장비/재료비, 소모품/세금 등 비용, 예비비)를 정의하고 있다.

3.5.3 ISDC 구조와 WBS 구조와의 연계

앞에서 설명한 바와 같이 ISDC를 사용하면 매핑을 통해 해체 프로젝트의 WBS에 중복 없이 빠뜨림 없이 해체 비용을 반영할 수 있다. 아래 그림 3.5는 ISDC 항목과의 매핑을 통해 WBS 항목 비용 요소를 점검하는 방법을 보여 준다.

WBS			WBS-ISDC 연계		ISDC		
레벨	WBS ID	작업명	WBS ID	ISDC 레벨	레벨 1	레벨 2	레벨 3
1		해체 작업 그룹 A			01		
2	1	해체 작업 그룹 B				01.0100	
3	1.1						01.0101
4	1.1.1						01.0102
5	1.1.1.1						01.0103
		문서화 작업					
6	1.1.1.1.1		1.1.1.1.1	01.0103		01.0200	
6	1.1.1.1.2	문건 A	1.1.1.1.2	01.0103			
6	1.1.1.1.3	문건 B	1.1.1.1.3	01.0103			
	기타						
2	7	원자로 철거			04		
3	7.1					04.0100	
4	7.1.1					04.0200	
5	7.1.1.1						
6	7.1.1.1.1					04.0500	
7	7.1.1.1.1.1	기기 A 철거	7.1.1.1.1.1	04.0501			04.0501
7	7.1.1.1.1.2	기기 B 철거	7.1.1.1.1.2	04.0501			04.0502
7	7.1.1.1.1.3	기기 C 철거	7.1.1.1.1.3	04.0501			
	기타						

그림 3.5   WBS와 ISDC의 매핑 구조 사용 예시

3.6   비용 평가 사례 분석

이 장에서는 다양한 원자력 시설 해체 비용 평가 방법론과 그 원리들 그리고 최근 국제적으로 표준화되고 있는 UCF 이용 WBS 기반 상향식 비용 평가 방법론을 살펴보았다. 사실 WBS는 조선, 건설 등 많은 산업 분야에서 이미 널리 사용되고 있는 방식으로, 1990년대 들어 미국을 중심으로 원자력 해체 산업에도 도입하게 된 것이다. 물론 UCF는 전체적인 WBS의 구축이 필요 없는 부분 해체 작업의 비용 평가에도 적용할 수 있다.

3.6.1   전 세계 원전 해체 비용 비교

비록 같은 방법론을 적용하더라도 전 세계 원자력발전소 해체 비용은 원전의 종류, 열출력 규모, 국가 혹은 지역 등에 따라 크게 차이가 나지만, 일반적으로 600 MWe 급 이상 대형 원전 1기당 해체 비용은 약 1조 원 정도로 추산되고 있다. 다음 표 3.2는 현재까지 알려진 주요 해외 대형 원전의 해체 비용들을 정리한 것이다. 참고로 여기에 기재된 총 해체 비용은 해체 완료 당시 발표된 금액이므로 그 이후 물가 인상 등을 고려해 현재로 환산하면 2배 이상의 비용이 들었을 것으로 추측되지만, 상당한 해체 경험이 축적된 지금은 오히려 경험 부족 등에서 기인하는 불필요한 시행착오 비용은 최소화할 수 있을 것이라 판단된다. 참고로 국내 고리 1호기 해체 비용 추산액은 2020년 현재 약 8,129억 원이다.

표 3.2   주요 해외 대형 원전 해체 비용

국가	원전	출력	운전 기간	해체 완료	비용	비고
미국	Rancho Seco	913 MW	1975 - 1989	2009	518 m$	PWR
	Yankee Rowe	180 MW	1961 - 1991	2005	636 m$	PWR
	Conn. Yankee	560 MW	1968 - 1996	2007	871 m$	PWR
	Maine Yankee	860 MW	1972 - 1996	2005	858 m$	PWR
	Trojan	1095 MW	1976 - 1992	2005	409 m$	PWR
독일	Stade	672 MW	1972 - 2003	진행 중	1000 m€	PWR
일본	JPDR	12.5 MW	1965 - 1976	1995	218억 ¥	BWR

3.6.2　해체 비용 영향 인자

　이러한 경험 자료에 더해 원전 해체 비용에 영향을 미치는 주요 요인들을 좀더 상세히 살펴 볼 필요가 있다.

가. 원전 유형, 규모와 가동 기간:

　원자로의 종류 (예: 경수로, 중수로)와 발전 용량에 따라 해체 작업의 복잡성과 범위가 달라진다. 또한 운전 기간도 해체 방식을 좌우할 수 있다. 위의 표 3.2의 Trojan 원전의 경우, 가동 기간이 16년에 불과해 원자로 압력용기 내부구조물의 방사화가 많이 진행되지 않아 내부구조물을 원자로 압력용기에 그대로 둔 채 one-piece로 제거가 가능하였다. 이런 이유로 Trojan 원전은 해체 기간과, 비용 그리고 작업자 피폭량도 대폭 줄일 수 있었다.

나. 방사성 오염 수준:

　당연하게도 시설 내 방사성 물질의 오염 정도에 따라 제염 작업의 난이도와 비용이 좌우된다. 물론 큰 사고 없이 정상 퇴역한 원전이 아니므로 직접적인 비교는 어렵지만, 대표적인 예가 일본 후쿠시마 원전이다. 이 원전에서는 노심 용융 사고가 일어나 확산된 고준위 방사성 물질들로 인해 아직도 작업자의 접근조차 어려운 곳이 상당수 존재해, 예상 해체 비용이 총 234조 원에 이르고 있다. 이 예를 통해 큰 사고는 아니더라도 가동 중 기체 혹은 액체상 방사성폐기물에 의한 큰 오염 확산 사고를 경험한 퇴역 원전의 경우, 오염 핵종 규명과 오염 확산 범위와 정도가 규명되기 전까지는 해체 작업이 지연될 수 밖에 없어 작업 기간과 비용에 커다란 영향을 받을 것으로 예상된다.

다. 해체 전략:

　즉시 해체할지, 일정 기간 후에 지연 해체할지에 따라 비용 구조가 달라진다. 일반적으로 즉시 해체의 경우 사용후핵연료 관리 비용이 증가하며, 지연 해체의 경우 운영 허가 종료 비용이 증가하는 경향이 있다. 그러나 앞 장에서 이미 설명한 바와 같이, 일본 후쿠시마 사고 이후 전 세계는 해체 전략을 즉시 해체로 전환했으며 IAEA와 OECD/NEA 등도 해체 안전성 확보를 위해 지연 해체를 해야 할 특별한 이유가 없는 한, 즉시 해체할 것을 요구하고 있어, 비용을 고려한 전략 선택의 폭은 크게 줄어들었다고 할 수 있다. 표 3.2에 등장하는 일본 JPDR 원전의 경우 상용로가 아닌 소형 실증로인데 예상 외로 해체 비용이 크게 든 이유는, 당시 일본 원자력연구소가 해체 작업을 주관해 진행하면서 해체 작업의 목표를 해체 철거뿐만 아니라 해체 기술과 공정에 대한 연구 개발 수행으로 설정해 서두르지 않고 많은 시간과 경비와 노력을 기울였기 때문이다. JPDR 원전 해체 비용과 대비되는 예는 세계 최초의 상업용 PWR 원전이자 세계 최초로 해체된 미국 펜실바니아주 Shippingport 원전 (60 MW PWR, 1958년부터 24년 가동, 1989년 해체 완료)이다. 이 원전은 미국 에너지성 (DOE)가 직접 해체를 주관하였으나 해체 비용은 98 millon $로 보고되었다.

라. 지역 노동 비용:

  해체 작업이 수행되는 지역의 인건비 수준은 전체 해체 비용에 직접적인 영향을 미치게 된다. 특히 해체 비용의 요소 중 가장 큰 비용 항목이 인건비이기 때문에 더욱 그러하다.

마. 폐기물 처리 및 처분 비용:

  해체 과정에서 발생하는 대량의 방사성폐기물의 처리·처분 비용은 전체 해체 비용의 상당 부분을 차지한다. 특히 국내의 경우, 경주 처분장의 방사성폐기물 드럼당 처분 비용이 전 세계에서 가장 높아 현재 예상되는 전체 해체 비용의 30%에 육박하고 있는 것이 사실이다. 또한 안전한 처분 인수기준을 충족시킬 수 있는 중저준위 방사성폐기물의 처리 경험이 부족한 것도 국내 해체 비용 증가에 한 요인으로 작용할 가능성이 높다. 참고로 방사성폐기물 처리·처분 전문업체인 EnergySolutions사가 큰 경쟁력으로 미국의 원전 해체 시장을 주도하게 된 이유도 자체 처분장을 보유하고 있어 폐기물 처분 비용을 대폭 줄일 수 있었기 때문이다.

바. 규제 요건 및 안전 기준:

  각 국가의 규제 환경과 안전 기준에 따라 추가적인 절차나 설비가 필요할 수 있으며, 이는 비용에 큰 영향을 줄 수 있다. 이러한 규제 환경의 변화가 해체 비용에 큰 영향을 준 사례로 미국 Connecticut Yankee 발전소를 들 수 있다. 이 발전소는 해체 작업 초기 미국 연방 규제 해제 기준 0.25mSv/yr에 맞추어 작업을 진행하던 중 주 정부가 이 기준을 0.19 mSv/yr로 낮출 것을 요구함으로써 추가적인 제염 작업이 불가피하였고, 이에 따라 1만 드럼이 넘는 방사성폐기물이 추가 발생하는 등 해체 기간의 연장과 함께 해체 비용도 크게 늘어났다.

3.6.3　해체 비용 요소

앞에서 살펴본 바와 같이 원전 해체 비용의 요소는 실로 다양하기 때문에 분류 방법 또한 다양하다. 이러한 이유로 사업자 혹은 연구자들에 따라 그 비용 요소들이 다르게 보고되곤 한다. 그림 3.6은 표준적인 예는 아니지만, 미국 아르곤국립연구소 (ANL, Argonne National Laboratory)의 해체 비용 교육 자료에 실린 1100 MW PWR 원전의 해체 비용 사례로 주요 작업별로 상당히 상세히 분류하고 있어 참고가 될 수 있을 것이다.

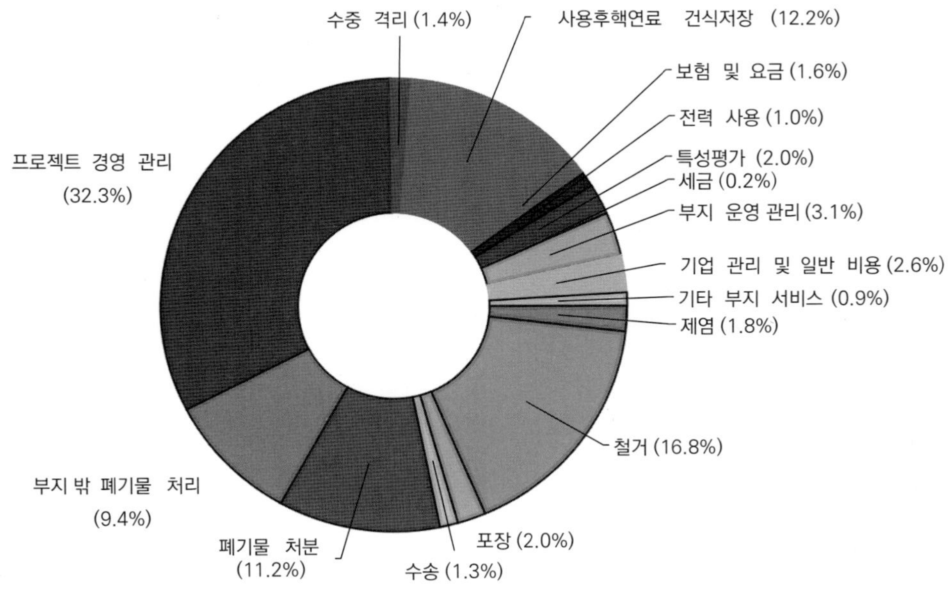

그림 3.6　1100 MWe PWR 원전 해체 비용 요소별 통계

주요 참고 문헌

- NUREG/CR-0130, Technology, Safety, and Costs of Decommissioning A Reference Pressurized Water Reactor Power Station (1979)
- AIF/NESP-0367, La Guardia, T S (TLG Engineering, Inc.) Guidelines for Producing Commercial Nuclear Power Plant Decommissioning Cost Estimates, Proc. Am. Power Conf., vol. 48, Chicago, IL, USA, 14 Apr 1986
- NUREG/CR-5884, Revised Analyses of Decommissioning for the Reference Pressurized Water Reactor Power Station (1995)
- NUREG-1713, Standard Review Plan for Decommissioning Cost Estimates for Nuclear Power Reactors (2004)
- Regulatory Guide 1.202, Standard Format and Content of Decommissioning Cost Estimates for Nuclear Power Reactors (2005)
- IAEA-TECDOC-1476, Financial Aspects of Decommissioning (2005)
- OECD/NEA, International Structure for Decommissioning Costing (ISDC) of Nuclear Installations (2012)
- OECD/NEA, The Practice of Cost Estimation for Decommissioning of Nuclear Facilities (2015)
- OECD/NEA, Costs of Decommissioning Nuclear Power Plants (2016)

제4장   원전 해체 주요 제염 기술

원자력 시설의 해체 제염과 절단·철거 기술은 성공적 해체 완료 뿐만 아니라 방사성폐기물 발생량에 결정적으로 영향을 미치는 중요한 요소이므로 해체 계획 수립 시 방사성폐기물의 발생이 최소화될 수 있도록 매우 신중하게 선정되어야 한다. 아래 그림 4.1은 현재 개발되어 해체 현장에서 활용되고 있는 해체 제염 기술을 큰 범주로 분류해 도식화한 것이다. 이들 제염 기술들은 곧 이어지는 절들에서 상세히 논의된다.

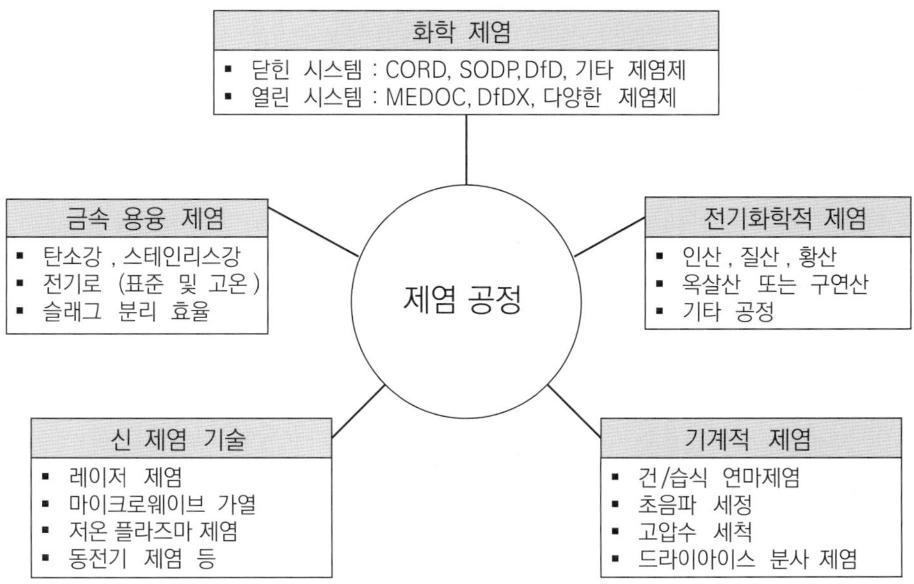

그림 4.1   원전 해체 제염 기술 분류

비록 이처럼 다양한 제염 기술과 기법들이 꾸준히 개발되고 있지만 어느 해체 현장에도 보편적으로 적용할 수 있는 만능의 제염 기법은 존재하지 않는다. 이것은 대상 시설물 혹은 부지의 특성과 현장 요건에 따라 적절한 제염 기법이 선택되어야 한다는 것을 의미한다. 또한 단일 제염 기술보다는 전처리와 후처리 등을 연계한 복합 제염 기술이 훨씬 더 효율적이라는 것도 국제적 결론 중 하나이다.

원전 해체 시 제염 기술 적용의 목적은 크게 두 가지로 나눌 수 있다. 첫째는 해체 작업 중 작업자들이 로봇이나 조작기에 의존하지 않고 직접 제염과 절단·철거 등 해체 작업을 수행할 수 있도록 작업자들이 받는 피폭 선량을 낮추는 것이다. 계통 제염이 대표적으로 이 범주에 속하는 제염 기술이다. 둘째는 기기 또는 구조물의 오염 수준을 처리와 처분이 용이한 더 낮은 준위로 낮추거나 아예 자체처분이 가능한 수준으로 낮추어 재사용 혹은 재활용할 수 있도록 하는 것이다. 후자의 목적을 가진 제염 기술을 통상 기기 제염 기술이라고 부른다.

이 장에서는 국제적 원전 해체 경험을 바탕으로 성능과 효율이 입증된 주요 제염 기술의 원리와 특성에 대해 논의한다. 한편 본격적인 원전 해체 전 수행하는 계통 제염은 관련 전문 참고 자료도 여럿 있는데다 제염의 목표와 접근 방식이 통상적인 원전 해체 기기 제염 기술과는 많이 달라 이 장에서는 논의하지 않는다.

<table>
<tr><td>4.2</td><td>원전 해체 제염 기술 일반</td></tr>
</table>

4.2.1 정의 및 일반 고려 사항

제염은 앞 장의 그림 4.1에서 보듯 화학적, 전기화학적, 기계적, 열적, 혹은 신 제염 기술 등을 이용해 시설물이나 기기 혹은 장비의 표면으로부터 오염원을 제거하는 것으로 정의된다. 해체 프로젝트에서는 제염 후 남게 되는 최종 생성물의 재질 혹은 형태와 관계없이 기본적으로 모든 영역에서 제염이 요구된다. 특히 작업 구역 내의 모든 바닥, 벽과 외부 구조물 표면은 방사성 오염원에 노출되어 있었기 때문에 반드시 제염되어야 한다. 해체 프로그램에서 제염의 목적을 좀더 구체적으로 살펴보면 다음과 같다.

- 작업자의 방사선 피폭량 저감
- 제염 후 장비 및 재료의 회수 (재사용 혹은 재활용)
- 폐기물 처분 시설로 보내질 오염물 (장비 혹은 재료 등)의 부피 저감
- 시설물 또는 시설물 일부를 무제한적 혹은 제한적 사용이 가능 상태로의 복원
- 장기 저장 시 잔류 방사선원 준위 저감 또는 저장 기간 축소

특별한 경우 간단한 물 헹굼 만으로도 제염이 가능할 수 있지만, 많은 경우 특히 금속 재질의 배관 계통, 수조, 탱크와 기기 등 제염의 경우는 표면에 생성 고착된 산화막으로 인해 간단한 세정만으로는 제염의 목표를 이룰 수 없다. 또한 제염 작업이 잘못 계획되거나 비정상적으로 수행될 경우, 방사성 액체 누출 혹은 방사성 물질 흡입 등으로 인해 제염하지 않고 그대로 포장 처리할 때보다 더 높은 작업자 피폭이 초래될 수 있다는 점을 명심해야 한다. 따라서 해체 기획팀은 제염 방법과 공정을 설계할 때 이러한 문제점을 충분히 고려하여야 한다.

국제적 해체 제염 경험에 따르면, 일부 기술의 경우 방사능 오염 제거에는 일정 부분 성과를 이루었지만 배관이나 기기 내부에 분산 고착되거나 틈새에 잔존 오염이 남아 있는 사례가 다수 발견되었다. 이처럼 기기 제염 작업은 대부분의 경우 기기나 재료에 대한 추가 처리 작업 없이 무제한적으로 방출시킬 만큼 충분히 효과적이라 단정할 수 없기 때문에, 제염 작업 이후 충분한 측정조사가 이루어져야 하며 피제염물에 대한 적절한 혹은 특정 포장 작업을 수행하는 것이 국제 관례이다. 궁극적으로 자체 처분 대상이 아닌 모든 방사성폐기물은 인가된 시설에서 안전하게 처분될 수 있도록 고정화 (immobilization) 혹은 고형화(solidification) 된 후 포장되어야 한다. 또한 제염 작업에는 화학 용액, 에어로졸, 작업 파편 등 제염으로 인한 2차 폐기물 발생이 불가피하므로 이러한 2차 폐기물을 처리할 수 있는 시설도 필요하다.

4.2.2　해체 제염 기술의 적용 요건과 선정 기준

운영 중 원전의 유지 보수를 위해 제염 작업을 수행할 때에는 피제염 기기와 계통이 손상되어서는 아니 되므로 제염 기법의 선정에 주의를 기울여야 한다. 그러나 해체를 위한 제염 작업은, 다소 공격적인 기법을 사용하더라도 오랜 기간 산화막과 함께 기

기나 재료 표면 위에 고착된 오염을 제거해 규제 해제 수준 이하로 낮출 수 있다면 그 기술의 적용이 허용될 수 있다. 참고로 금속 기기들의 표면에 고착된 오염 방사성 핵종들은 기지 재료 내부로 침투한 다른 불순물과 함께 입계 영역 (grain boundary)에 집중되는 경향이 있다. 이것이 발전소 운전 기간 동안 사용하였던 제염 방법보다 제염 계수가 훨씬 높은 더 적극적인 제염 기법이 해체 제염에 요구되는 이유이기도 하다.

가. 제염 기법 선정 기본 원칙

제염 후 목표 잔류 오염 수준은 제염 기법 선정에 영향을 미치는 가장 중요 요소이다. 현재 전 세계 원자력 산업계는 원전 유지 보수 제염 경험을 바탕으로 적절한 해체 제염 기술을 개발하는 과도기에 있다. 이제까지의 국제적 경험을 바탕으로 정리된 원전 해체 제염 기법 선정 시 고려해야 할 기본 원칙은 다음과 같다.

• 안전성

작업자의 외부 피폭뿐만 아니라 방사성 분진이나 에어로졸의 흡입으로 인체 내부 피폭 위험이 증가되어서는 아니 되며, 기타 화학적 및 전기적 위험이 추가되어서도 아니 된다.

• 효율성

로봇을 사용하지 않고 작업자가 현장에서 직접 작업을 수행할 수 있는 수준 혹은 재활용/재사용이 가능한 수준 혹은 최소한 방사선 준위를 한 단계 이상 더 낮은 준위로 내릴 수 있는 수준까지 방사능을 제거하여야 한다. 또한 이러한 제염 효과를 정량적으로 정확히 평가할 수 있어야 한다. 예를 들어 복잡한 형상 (굽은 배관과 작은 직경의 긴 배관 등)에 대한 제염 기법이 존재하더라도 해당 오염 영역으로 접근이 어렵다면 방사선 측정조사만으로 제염 작업의 효과를 제대로 파악하기 어렵다. 이럴 경우 그 제염 기법을 바로 적용하는 것은 전혀 바람직하지 못하다.

• 비용 효과

장비는 계속 사용이 가능해야 하며 제염 작업에 따른 비용이 폐기물 처리 및 처분 비용을 초과해서는 아니 된다.

• 폐기물 최소화

다량의 2차 폐기물을 발생시키지 않아야 하며, 발생한 2차 폐기물의 처리와 처분으로 인해 작업자들이 추가로 피폭되거나 비용이 과도하게 발생해서도 아니 된다.

• 작업의 수월성과 산업화 타당성

제염 기법이 노동 집약적이거나, 다루기 어렵거나, 자동화가 어려우면 아니 되며 해체 작업 시 발생하는 다량의 오염 물질을 적절히 수월하게 처리할 수 있어 상용화가 가능해야 한다.

나. 제염 기법 선정 요소

해체를 위한 제염 기법 선정 초기 단계에서, 제염을 수행할 가치가 있는지 또는 저비용으로 제염을 수행하는 것보다 고비용을 들여 공격적인 제염을 수행하는 것이 더 유리한 지 등의 여부를 결정하기 위해 비용-편익 분석을 수행하는 것이 필요하다. 이러한 비용 편익 분석을 바탕으로 높은 제염 계수 달성을 위해 아래와 같은 현장별 적용 요소들을 반영해 제염 공정이 설계되어야 한다. 제염 계수에 영향을 미치는 요소들은 다음과 같다.

- 원전 유형: 가압경수로, 중수로, 흑연 감속로 등
- 원전 운전 기간 및 출력 이력
- 기기 유형: 대형 기기, 배관, 탱크, 수조 등
- 기지 재료 종류: 스테인레스강, 탄소강, 지르코늄 합금, 콘크리트 등
- 표면 유형: 거친 표면, 다공성 표면, 코팅 표면 등
- 오염 물질 형태: 산화물, 크러드, 슬러지 등
- 오염 물질의 조성: 방사화 생성물, 핵분열 생성물, 초우라늄 원소 등
- 제염되어야 할 위치: 외부, 내부 표면, 숨겨진 혹은 덮여진 내부 표면
- 요구되는 제염 계수와 제염 소요 시간
- 제염 기기나 재료의 최종 목적지: 최종 처분 혹은 재사용/재활용

비록 제염 계수에 영향을 미치지는 않지만 다음의 요소들도 고려해야 한다.
- 제염 장비의 가용성, 비용과 복잡성
- 생성된 2차 폐기물 관리
- 제염으로 인한 작업자와 대중의 피폭선량
- 기타 안전성 및 환경적·사회적 문제
- 숙련된 직원의 가용성
- 허용 가능한 해체 조건을 달성하기 위한 제염 범위
- 제염 후 처분할 재료의 잔존 가치

• 제염 작업을 위해 필요한 현장 조치: 시스템 격리, 공간 밀폐, 공간 환기 등

이들 요소들과 함께 다음의 핵심 요소들을 고려해 여러 제염 기술을 조합한 최종 제염 기술을 선정해야 한다.

• 제염 기술의 특성과 제염 대상 계통과 기기의 복잡성
• 해체 작업 현장의 환경 및 여건
• 작업의 수월성을 바탕으로 한 산업화 가능성
• 제염 작업의 모든 측면을 고려한 비용-편익 분석

4.2.3   해체 제염 기술 분류

제염 기술은 일반적으로 그림 4.1과 같이 제염 공정에 따라 분류하지만 원자력 시설 해체를 위한 제염 기법은 제염 목적과 피제염 대상물과 현장 여건에 따라 표 4.1과 같은 범주로 나누기도 한다. 이렇게 분류하는 이유는 같은 공정의 제염 기법이라도 절단 철거 전과 후에 따라 제염 적용 방법이 다를 수 있고 같은 오염이라도 제염 후 재료의 목표 상태, 즉 재사용 혹은 재활용할 것인가 아니면 처분할 것인가에 따라 제염 공정을 달리할 수 있기 때문이다. 이하 절들에서는 이러한 차이에 주안점을 두면서 주요 제염 기술에 대해 상세히 논의한다.

표 4.1 원전 해체 제염 기술 분류

제염 목적	대상물 형태	작용 제염 기술
절단·철거 작업 전 제염 작업자 피폭 저감	배관, 수조, 탱크 등	• 화학적 제염 • 기계적 제염 • 고압 물 분사 제염 • 연마재 블라스팅 제염 • 코팅 제거 제염
절단·철거 작업 후 제염 • 제염 금속 재사용/재활용 • 방사성폐기물 저감	배관, 부품, 기기 (대형 기기 포함) 등	• 화학적 제염 • 전기화학적 제염 • 연마재 블라스팅 제염 • 초음파 제염 • 겔 제염 등
구조물 / 건물 표면 제염 • 건물의 (무)제한적 이용 • 콘크리트 폐기물 저감	콘크리트 구조물 및 건물 표면	• 기계적 제염 표면파쇄/면도/스폴링/ 연마재 블라스팅 • 열적 제염 마이크로웨이브/불꽃스카핑

4.3　화학 제염 기술

　절단·철거 후 진행하는 주요 기기 제염 방법 중 가장 많이 쓰이는 화학적 제염은 기본적으로 제염 대상 기기를 적절한 크기로 절단한 후 절단 부위 혹은 부품을 적절히 순환시키는 시약 탱크 내에 침수시킨 후 일정 시간 동안 휘저으며 제염 반응을 촉진시키는 화학 공정이다. 화학적 제염에서는 다양한 요소, 예를 들어 제염 대상체의 모양과 크기, 재료의 종류와 오염 정도, 공정 장비의 가용성 등에 따라 적절한 시약을 선택하게 된다. 앞에서 설명한 바와 같이 유지 보수 제염 작업에서와 달리 해체 제염 작업에서는 해당 재료를 규제 해제 수준으로 방출한다는 목적을 달성하기 위해 다소 공격적인 기법을 사용하는 것이 허용된다.

　그럼에도 작업에 투입되는 작업자는 공정에 대한 공학적 기본 지식과 방사선 안전 등에 관한 최소한 훈련 프로그램을 이수하여야 하며, 안경, 전신 보호 덮개, 불침투성 장갑과 발 덮개 등 개인 보호 장비를 착용해야 한다. 또한 오염물 및 제염 대상 기기의 독성에 따라 안전 장비가 추가적으로 선정되어야 한다. 해체 제염의 경우 일반적으로 재료의 부식 문제는 중요하지 않기 때문에 다양한 선택이 가능하나 독성 또는 폭발성 가스 발생 또는 과도한 부식 등은 반드시 고려되어야 하며, 선택된 공정에는 적절한 비상 절차 (예: 비상 배수, 가스 감지와 비상 환기)가 마련되어야 한다. 제염 공정이 연속적으로 진행되면 용액 내 오염 물질의 농도가 증가함에 따라, 이미 제염된 기기나 부품이 다시 오염될 수 있으므로 오염이 적은 품목을 먼저 제염하고 용액의 오염 농도가 특정 수준을 초과하면 용액을 정화하거나 교체함으로써 이러한 재오염을 최소화하여야 한다.

4.3.1　화학 제염 기술의 원리

　화학적 제염 공정은 크게 2가지 그룹으로 분류되는데, 첫 번째는 농축 산 또는 알칼리 혹은 기타 부식성 시약 등 강성 화학 물질을 사용하는 강성 화학 제염 그룹이고 둘째는 세제, 착화제와 같은 비부식성 희석 산 또는 알칼리 등을 사용하는 연성 화학 제염 그룹이다. 일반적으로 이 두 그룹 사이 경계 시약의 농도는 약 1～10 % 정도이다.

가. 강성 화학 제염 기술

강성 화학 제염 기법은 대개 중간 헹굼을 포함해, 하나 또는 그 이상의 서로 다른 화학 용액을 사용하는 복합 제염 기법이다. 공정상의 장점으로는 제염 소요 시간이 짧으며 제염 계수가 높다는 점을 들 수 있다 (보통 100 이상). 반면 공정 제한 사항으로는 고농도 화학 물질의 취급과 배출물 처리 계통의 문제점 등을 들 수 있다. 다단계 공정의 예로, 스테인레스강 제염을 위해서는 아래에 기술한 산화와 환원 공정을 교대로 적용해야 한다. 조금 자세히 설명한다면, 스테인레스강은 철과 니켈과 크롬의 합금으로 표면의 산화막은 $M(Cr_xFe_{1-x})_2O_4$로 구성되어 있는데 크롬 산화물의 경우 산화될 때, 즉 +3가에서 +4가로 바뀔 때 용해되는 반면 철 산화물은 +3가에서 +2가로 환원될 때 용해되므로 스테인레스강 표면을 제염하기 위해서는 먼저 산화 공정을 통해 크롬을 용해시키고 다시 환원 공정을 통해 철과 니켈을 용해시킨 후 분해 처리 공정을 통해서 용해된 이온들을 제거하게 된다.

화학 제염 공정 반응 원리

- 산화 용해 반응

  Chromium oxide
  $$Cr_2O_3 + 3O_x \rightarrow 2Cr_6^+ + 3e^-$$
  Iron chromite
  $$FeOCr_2O_3 + 6O_x \rightarrow FeO + 2Cr_6^+ + 6e^-$$
  $$FeOFeCrO_3 + 3O_x \rightarrow FeOFeO + Cr_6^+ + 3e^-$$
  Nickel chromite
  $$NiOCr_2O_3 + 6O_x \rightarrow NiO + 2Cr_6^+ + 6e^-$$

- 환원 용해 반응

  Magnetite
  $$Fe_3O_4 + 8H^+ + 2e^- \rightarrow 3Fe_2^+ + 4H_2O$$
  Nickel ferrite
  $$NiOFe_2O_3 + 8H^\pm + 2e^- \rightarrow 2Fe_2^+ + Ni_2^+ + 4H_2O$$

　첫 번째 단계에서 사용되는 가장 일반적인 시약이 알칼리 과망간산염이다. 두 번째 단계에서는 스테인리스강, 탄소강, 인코넬, 지르칼로이 합금 등 대상 재료에 따라 구연산 암모늄 또는 EDTA (에틸렌디아민테트라 초산) 그리고 옥살산, 구연산/옥살산 혼합물, 황산 등이 사용된다. 이때 사용되는 황산, 인산, 염산, 불화수소산 등의 농도는 일반적으로 2~15%이다. 물론 요구되는 제염 수준에 따라 여러 번의 공정이 반복될 수 있으며, 용해 공정의 경우 표면 부식이 발생할 수 있으므로 주의를 기울여야 한다. 화학적 제염 기술은 복잡한 형상의 피제염물 뿐만 아니라 장비의 내부와 외부 표면을 균일하게 제염 처리할 수 있으며, 기본적으로 화학 시약이 피제염물의 표면과 직접 접촉할 수 있다면 어떤 경우에도 쉽게 적용이 가능하다.

　한편 단일 단계 화학 제염 기술들도 다양하게 개발되고 있다. 대표적인 기법이 아래와 같이 4가의 Ce 이온을 이용하는 공정과 불산을 이용하는 공정이다:

$$nCe^{4+} + M \rightarrow nCe^{3+} + M^{n+}$$

　벨기에 SCK·CEN가 개발한 MEDOC (Metal Deportation with Cerium) 공정은 위 식에서처럼 Ce^{4+}와 Ce^{3+}의 산화 환원을 이용하는 단일 공정으로 제염 기술은 벨기에 BR3 원자로 해체에서 본격적으로 사용되어 25톤의 금속성 방사성폐기물을 성공적으로 처리하였는데 이들 중 25%는 용융 후 재활용을 위해 규제 해제 방출되었다.

　많이 알려진 스웨덴 Studsvik사의 SODP (Strong Ozone Decontamination Process) 공정은 실온과 낮은 산도 (pH=2.0)에서 수행되는 단일 단계 공정으로 스웨덴의 Ringhals-2 가압경수로에서 성공적으로 사용되었는데 질산 용액과 함께 오존과 세륨 화학 물질을 사용하였다.

　환원-산화 반응 (REDOX)과 황산-세륨 (Sulful Acid-Cerium, SC) 공정은 일본 원자력연구원 (JAEA)이 개발한 화학적 제염 기술로 기본 공정은 SODP 공정과 동일하지만 고온에서 공정을 진행한다. REDOX와 SC는 각각 질산 용액과 황산 용액을 사용한다.

최근에는 위와 같은 습식 제염 방법이 아닌, 반도체 웨이퍼 식각 원리와 같은 저온 플라즈마 기체 반응을 이용한 건식 제염 기술이 개발되어 본격 상용화를 앞두고 있다. 이 기술은 금속 폐기물 표면에 고착된 다양한 오염 핵종을 산화막과 함께 불화 기화시켜 제거하는 방식으로 금속 모재와 방사성 핵종 종류에 상관없이 매우 높은 표면 식각율을 갖고 있는 것이 특징이자 장점이다. 그림 4.2에서 보듯 이 건식 제염 기술은 불소 원자를 함유하고 있는 NF_3 혹은 CF_4/O_2 기체를 저온 플라즈마 상태로 여기시키면 이 때 발생하는 불소 이온과 라디칼들이 표면에 고착되어있는 다양한 방사성 핵종들과 선택적으로 반응해 휘발하는 원리를 이용한 신기술이다. 참고로 미국의 경우 사용후핵연료 재처리 시설 내 기기 제염에 적용하고 있다.

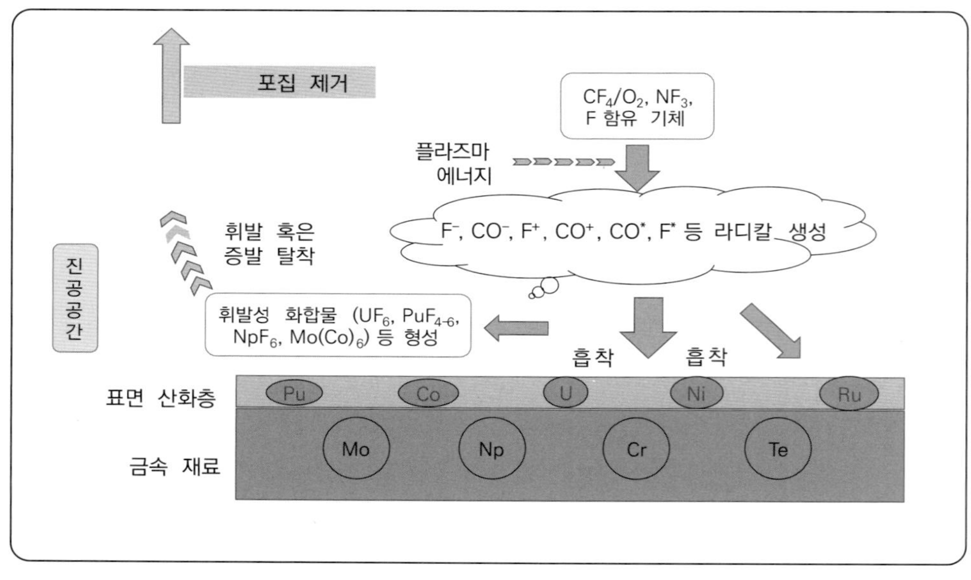

그림 4.2   저온 플라즈마 제염 공정도

나. 연성 화학 제염 기술

강성 화학 제염과는 달리 연성 화학 제염은 피제염 대상물의 재료나 형상에 큰 변화나 충격을 가하지 않고 제염하는 기술로 화학 물질 농도가 낮아 제염 후 폐용액을 2차 폐기물로 처리하는 것이 용이하다. 비록, 일부의 경우 제염 계수가 낮고 반응 시간이 길다는 문제가 있지만, 비부식성 산화제/환원제, 착화제 및 킬레이트제를 사용하는 공정과 결합할 경우 더 효과적인 제염이 가능하다는 것이 잘 알려져 있다. 물론 이때에는 표면 부식 생성물의 조성에 따라 산화제, 환원제 및 킬레이트제의 선택이 결정된다. 물론 처리 온도를 90℃까지 높임으로써 효과가 향상될 수 있다.

　연성 화학 제염 기법의 한 갈래로 거품 (foam) 제염과 겔 (gel) 제염 기법도 많이 사용되고 있다. 거품 제염은 산 또는 산 혼합물을 함유하고 있는 습식 거품을 사용하는데 거품에는 거품 안정제와 계면 활성제와 같은 다양한 화학 첨가제가 첨가되어 있다. 거품을 이용한 제염은 복잡한 대형 기기나 부품 등을 효과적으로 제염할 수 있으며 첨가된 계면 활성제는 표면의 접촉면과 접촉 시간을 증가시켜 제염 효율을 향상시킨다. 이 기법은 작업자가 산에 노출되는 기회를 크게 줄일 수 있다는 장점이 있는 반면 대개 일회성 적용에 그치므로 높은 제염 계수를 얻기 어렵다는 단점이 있다.

　화학 겔 제염은 화학 제염제 (인산, 황산, 질산 등과 같은 산성 화학 물질)의 운반체 역할을 하는 겔을 대상 기기에 분사시켜 도포한 다음 일정 시간 경과 후 건조된 오염 겔을 진공 흡입으로 제거하거나 문질러 닦은 후 세척하는 기법이다. 이 겔 제염의 장점은 해체 현장에서 대형 부품의 오염을 용이하게 제거할 수 있다는 점과 2차 폐기물을 소량 발생시킨다는 장점이 있다. 최근 높은 제염 계수 (~100)를 달성했다는 기술 개발 결과도 발표된 바 있다.

4.3.2　화학 제염 기법 선택 기준

　화학 제염의 경우 일반적으로 용액 탱크가 개방되어 있기 때문에 적절한 환기 시스템이 필요하며, 작업자가 부식성이 강한 시약과 접촉하지 않도록 특별한 주의를 기울여야 한다. 또한 지나치게 높은 온도에서의 화학 반응은 독성 가스 또는 폭발성 가스 생성과 같은 바람직하지 않은 영향을 초래할 수 있다. 한편 처리하기 어려운 다량의 혼합 폐기물과 2차 폐기물이 발생될 수 있으므로 화학 제염 시에는 반응성이 좋은 화학 물질을 효율적으로 재활용해야 하며 잘못 적용될 때에는 부식과 안전성 문제가 초래될 수 있다는 점에 주의하여야 한다. 또 다른 문제점은, 경우에 따라 피제염 대상에 따라 다른 시약을 사용해야 하고 대규모 작업의 경우 배수 제어와 함께 화학 물질의 저장 및 수집 장비가 필요하며, 다공성 표면의 경우 효과가 매우 제한적이라는 사실이다.

따라서 화학 제염을 적용하기 위한 특성 상세 분석에는 다음의 기준들이 고려되어야 한다.

- 오염 지역/부위의 위치 (폐쇄된 유체 계통의 내부 대비 외부 표면)
- 작업 현장의 여건 (환기 시스템 가동 여부 등)
- 피제염 계통 혹은 기기의 물리적 건전성
- 재료의 종류 (탄소강, 스테인레스강, 지르코늄 합금, 콘크리트 등)
- 운전 이력 (오염층 분석 자료 결정용)
- 오염 특성 (산화물, 부스러기, 미립자, 슬러지 등)
- 오염의 분포 (표면, 갈라진 틈, 대량의 재료 내 균질 분포)
- 안전성, 환경 및 사회적 쟁점
- 피폭 수준 저감 요건
- 제염 시 발생하는 2차 폐기물의 형태 및 수량
- 제염된 기기와 재료의 최종 처분 장소
- 시간과 비용

4.3.3   폐 제염 용액의 처리

시약의 선택은 공정으로부터 발생하는 2차 폐기물의 특성과 양에 직접적인 영향을 미친다. 용액을 지속적으로 갱신하면 제염 효과는 높아지지만, 처리 처분해야 하는 용액의 양도 크게 증가하게 된다. 최근에는 시약 등 화학 물질의 재생이 모든 화학적 제염 공정의 기본 요건이 되고 있어 사용된 폐 제염 용액을 증발/증류, 전기 투석 (electro-dialysis), 이온 교환 등의 조합으로 재생하는 기술들이 개발되고 있다. 이러한 이유로 실제 해체 작업 현장에서는 2차 폐기물의 발생을 제어/제한하기 위해 별도의 공정이 필요할 수 있다.

4.3.4   화학 제염 기법의 장점 및 단점

가. 장점

- 다양한 원자력발전소와 원자력 시설에서 널리 쓰이고 있는 제염 기법으로 이미 다양한 시약과 공정이 개발되어 있다.
- 상대적으로 간단하고 기존 산업 시설에서 사용되는 '전통적인' 제염 방식과 유사하여 추가 장비가 필요하지 않은 경우 비교적 저렴하다.
- 적절한 화학제 선택 시, 오염된 표면에서 거의 모든 방사성 핵종 제거가 가능하며, 표면을 물로 연속적으로 헹굴 경우, 재오염 문제를 줄일 수 있다.
- 강력한 무기산 사용 시, 100 이상의 제염 계수 달성이 가능해, 많은 경우 규제 해제 방출 가능한 수준까지 제염이 가능하다.
- 공기 오염 문제는 상대적으로 적으며, 폐쇄된 방식에 적합하다.

나. 단점

- 전기화학적 제염과 같은 유사 습식 공정에 비해 상대적으로 다량의 액체상 2차 폐기물이 생성된다. 또한, 일부의 경우 내부 혹은 드러나지 않은 표면에서의 제염 효과가 상대적으로 낮다. 이 경우 효율이 떨어질 수 있으며 방출 단계에서 측정 검증이 문제될 수 있다.
- 제염 공정 상의 동력학을 촉진하기 위해서는 용액을 70 ℃ ~ 90 ℃까지 가열할 필요가 있다.
- 높은 제염 계수를 얻기 위해 부식성 및 독성 시약을 다뤄야 하는 경우가 많으므로 주의를 요한다.
- 일반적으로 다공성 표면에는 효과적이지 않다.

4.4   전기화학적 제염 기술

4.4.1   전기화학적 제염의 원리

전기화학적 제염 (일명 전해 연마 제염)은 전기장의 도움을 받아 전기화학적으로 표면에 고착되어 있는 오염 핵종을 제거하는 기법으로서, 비 원자력 산업에서 널리 사용되고 있는 전기 도금 기법을 정반대로 적용하는 기법이다. 즉 전기 분해를 통해 제염 대상 금속 표면을 박막 금속층으로 도금하는 것이 아니라 금속 표면의 방사성 핵종 원소들을 전기화학적으로 떼어내는 제염 기법이다. 이 기법은 그림 4.3에서 보듯 전해질 욕조에 제염 대상 재료를 담그고 직류 양극을 걸어 주어 산화막 층 내 원소들을 전기화학적으로 용해시키는 방식으로 전기 전도성을 가진 금속 재료를 제염하는 데 유용하다. 그러나 이 제염은 장·단점 분석에서 드러나듯 여러 제약으로 현장 적용성이 다소 떨어진다는 단점이 있다.

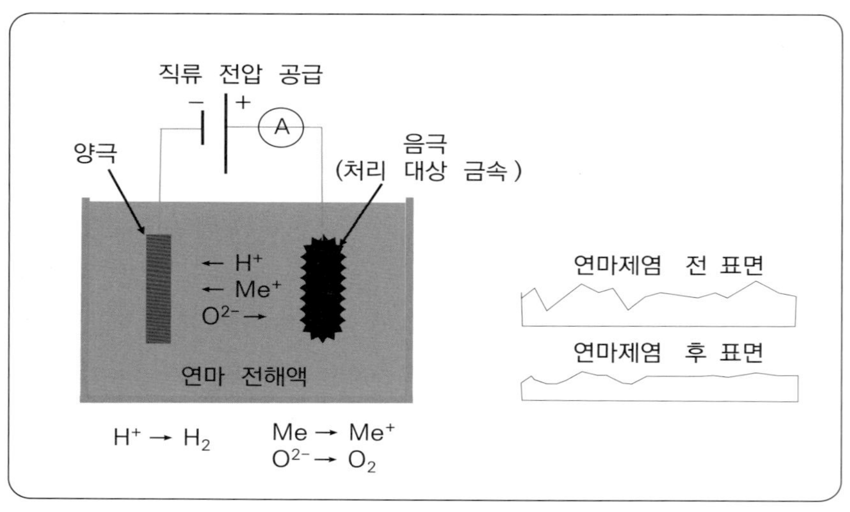

그림 4.3   전기화학적 (전해 연마) 제염 장치 개념도

탱크 내 전해 연마 제염의 경우, 스테인리스강으로 제작된 최소 2개의 탱크가 필요하다. 하나의 탱크에는 전해질, 전극과 제염 대상 부품이 담기게 되며, 다른 탱크에는 제염 후 부품을 헹굼질할 물이 준비되어야 한다. 통상 처리되는 표면에 따라 최대 2,700 A의 저전압 전원 공급 장치가 필요하며, 전해 연마 공정 동안 전해질로부터 방출되는 증기를 제어하기 위해, 추출 후드가 전해 연마 탱크와 나란히 위치하게 된다. 전기화학적 제염 공정은 기본적으로 전류가 통할 수 있는 모든 금속 폐기물의 제염에 적용될 수 있는데 제염 과정 중 표면의 전도성이 유지된다면 높은 제염 계수를 갖는 매우 효과적인 제염 기법이다. 이 제염의 주요 작동 매개 변수는 전해질 농도, 작동 온도, 전극 전위, 전류 밀도 등이다. 전해 연마 제염 방법에는 적용 방법에 따라 침지형, 회전형, 음극이동형이 있다.

제염의 효과는, 앞에서 설명한 것처럼, 제염 대상 기기의 표면이 전기 전도를 방해하는 산화막 등에 의해 덮여 있을 경우 반응이 크게 제한될 수 있으므로 오일, 그리스, 산화물, 페인트 또는 기타 코팅과 같은 표면 흡착 물질은 제염 작업 이전에 제거되어야 한다. 또한 제염 효율은 수조의 크기에 의해 제한되며, 패드를 사용하는 경우 표면의 형상과 처리되어야 할 부품 주변의 공차에 의해서도 제한될 수 있다. 이러한 이유로 제염 대상 기기나 부품이 복잡한 형상을 가졌거나 표면의 일부가 전기 전도성을 잃을 경우 이 전기화학적 기법을 사용하는 것은 실용적이지 못하다.

4.4.2　화학 시약

다음 표 4.2에서 보듯 전해액으로는 인산 50% 이상, 황산 15% 이하, 또는 중성염인 황산나트륨 10% 이상을 가진 수용액이 주로 많이 사용되고 있은데 기본적으로 반응 온도가 높을수록 제염 효과는 좋아지지만 황산이나 중성염 황산나트륨 수용액의 경우 온도 상승과 함께 전해액 증기 발생량이 많아지는 단점이 있다. 반면 고농도 인산 수용액의 경우 높은 점성으로 증기 발생량이 적어 공기 중 오염이 최소화될 뿐만 아니라, 인산과 금속 이온의 우수한 착화성으로 전해질의 재오염을 줄일 수 있어 많이 사용되고 있다. 그러나 인산과 황산이 기존 처리 시설과 호환되지 않는다는 점과 다량의 2차 액체 폐기물을 발생시킬 수 있다는 이유로 질산과 황산나트륨 전해질이 인산과 황산 수용액의 대안으로 연구되고 있다.

고농도 인산을 전해질로 사용하는 전해 연마 제염의 경우 제염 작업이 진행되면서 인산에 용해되는 철이 방사능 농도를 꾸준히 증가시키게 된다. 또한 철 함량이 100 g/dm³을 초과할 경우, 인산-철 침전이 발생해 제염 공정의 효율이 떨어진다. 그러므로 인산은 주기적으로 교환 또는 재생해 주어야 하며, 또한 그렇게 함으로써 폐수의 양도 최소화할 수 있다. 그러나 이럴 경우 전해조 내 부품이나 패드를 다루는 작업자에게 추가 방사능 피폭이 발생할 수 있어 주의가 필요하다.

표 4.2   시약의 종류와 특징

시약	농 도	금속 이온 농도	전해액 방출량	전류 밀도
고농도 인산	70~80 wt%	금속 이온 농도 50~70 g/L	점성 크고 방출량 많음	0.2 A/cm²
희석 황산	10 wt%	금속 이온 농도 20~30 g/L	인산에 비해 방출량 적음	0.2~0.4 A/cm²
중성염	20 wt%	용액 성분이 소비되지 않음	작지만 금속 수산화물 방출됨	0.4 A/cm²

참고로 제염 대상물이 스테인레스강인 경우 전해액이나 전해연마 방법에 따른 제염 효과는 큰 차이가 없는 것으로 알려져 있는 반면 탄소강의 경우 재료 표면의 부식층이 불균일해 10% 황산 수용액을 이용한 전해 연마 제염이나 교대 전해법이 가장 효율적인 것이라 보고되고 있다.

4.4.3 전기화학적 제염 기법 선택 기준

적절한 제염 공정 선택 시, 제염 대상 금속 기기의 형태와 오염 특성 등에 따라 여러 기준들이 고려되어야 하지만 기본적으로 화학 제염에서 적용된 고려 사항, 예를 들어 특성 상세 분석 기준들과 주의해야 할 점에는 큰 차이가 없다. 물론 제염 대상 금속 기기나 부품이 반드시 전도성 표면을 가져야 한다는 것이 전제되어야 한다.

4.4.4 전기화학적 (전해 연마) 제염 기법의 장점 및 단점

가. 장점

- 이 제염 기술은 이미 상업화된 기술로 주요 장비는 비교적 저렴하고 공정 절차 또한 매우 간단하며 100 이상의 제염 계수 달성이 가능하다.
- 전해 연마는 평판, 오목한 형상, 탱크 등을 제염할 수 있으며, 제염이 적절히 이루어진다면 무제한적 이용이 가능한 수준으로까지 제염이 가능하다. 대개 재오염되기 어려운 매끄러운 광택 표면을 생성하며, 제거된 금속의 두께는 일반적으로 25 μm 미만이다.
- 화학 제염과 비교할 때 필요한 전해질의 양은 상대적으로 적다.

나. 단점

- 기본적으로 제염 대상 기기나 부품을 전해질 탱크에 담가야 하므로 피제염 대상물에 대한 작업자의 접근이 요구되며, 수조의 크기 및 패드 사용 시 표면 주위의 기하학적 구조와 가용 간극에 의해 효율이 제한된다. 이로 인해 복잡한 형상을 가진 기기나 부품의 제염에는 적합하지 않다.
- 전해 연마는 금속 표면에 축적된 절연 물질, 핵연료 미립자 또는 슬러지를 제거하지 못하거나 제거하는 데 어려움이 있다.
- 튜브 내부와 같은 오염 표면이 숨겨진 경우 제염 효과가 제한적이다.
- 기기 취급 시 작업자가 추가로 피폭될 수 있다.

4.5　기계적 제염 기술

　기계적 제염 방법은 표면 식각 (예: 그릿 블라스팅, 긁음, 드릴링과 파쇄) 방법과 표면 세정 (쓸기, 닦기, 문지르기 등) 방법으로 분류할 수 있으며, 화학적 제염 방법과 교대로 또는 순차적으로 사용이 가능하며 이렇게 복합적으로 적용할 때 더 좋은 제염 효과를 얻을 수 있다. 이 제염 방법은 기본적으로 모든 표면에 적용이 가능하며, 특히 다공성 표면의 경우에는 매우 우수한 제염 효과를 얻을 수 있다. 물론 화학적 제염 방법과 마찬가지로 표면 재료와 오염 물질, 현장 적용성과 제염 비용 등 다양한 변수에 따라 효과적인 제염 방법이 선정되어야 하며 구체적인 적용은 현장의 작업 환경 조건에 따라 조정될 수 있다. 이 제염 방법은 매우 다양하며 실제 해체 작업 현장에서 가장 많이 적용되는 제염 방법이므로 현장에 기계적 제염 방법들과 다른 화학적 제염 방법들을 함께 운용할 수 있는 제염 복합 시설을 설치하는 것이 바람직하다.

　참고로 초음파 제염과 같은 표면 세정 제염 방법은, 표면을 깎아 내는 식각 제염 방법과 달리 표면에 묻어 있거나 표면에 얇게 형성된 비고착성 막을 물 분자의 요동을 이용해 물로 씻어 제거하는 제염 방법이다. 따라서 이 방법은 기기나 시설에 대한 1차 제염이 끝난 후 2차 제염 방법으로 수행되는 것이 일반적이다. 표면 세정 기술의 경우 2차 액체 폐기물을 다량 발생시킨다는 점을 유의해야 한다.

4.5.1   표면 식각 제염 (연마재 블래스팅) 기술의 원리

습식 연마재 블라스팅 시스템은 물과 연마제를 노즐을 통해 피제염물 표면에 분사해 표면을 식각하는 제염 기술로 물과 연마제가 압축된 공기 폐루프 (closed-loop)를 따라 순환되도록 설계되어 있다. 필터가 장착된 공기 정화 환기 시스템을 이용해 챔버 내부의 부압이 유지되기 때문에, 공기 중 오염 확산의 위험이 없다. 이때 사용되는 물은 여과되거나 혹은 재활용될 수 있으며 유해 화학 물질은 발생하지 않는다. 그러나 이 시스템은 간혹 처리하기 어려울 수 있는 먼지와 물방울의 혼합물을 생성할 수 있다는 점에 주의해야 한다. 현재 습식 연마 제염은 다양한 원자력 기기와 시설물, 예를 들어 강철 구조물, 비계, 기기, 수공구, 기계 부품 등과 같은 금속 표면의 고착성 오염을 제거하는데 사용되고 있으며 터빈 블레이드 또는 밸브와 같은 정밀 부품의 제염에도 적용되고 있다.

실제 이 제염 기술은 매우 효과적인 방법으로 높은 제염 인자를 달성할 수 있으며 블래스팅 작업은 오래 진행할수록 효과는 더욱 커지게 된다. 따라서 원리적으로 제거된 오염원이 순환하는 연마제에 휩쓸려 다시 유입되지 않는다면 자체 처분 (규제 해제) 준위 이하까지도 제염이 충분히 가능하다.

한편 모래 블라스팅이라 불리는 건식 연마재 블라스팅 제염 방법은 압축 공기 또는 블래스팅 회전자를 이용해 노즐을 통해 연마재를 처리 대상 표면에 분사시켜 오염된 표면을 균일하게 식각 제거하는 제염 방법이다. 이 제염 방법은 유리 또는 플렉시 유리와 같이 연마재에 의해 부서질 수 있는 재료를 제외한 대부분의 단단한 표면 재료에 적용이 가능하다. 물론 평평한 표면에서 사용하는 것이 가장 효과적이며, 로봇 등을 이용해 원격 작업이 가능하다 (그림 4.4).

연마재의 경우 응용 분야에 따라 다음과 같은 다양한 재료가 연마재로 사용된다. 참고로 한때 실리카가 연마제로 많이 사용되었지만, 독성이 있고 폐 섬유증 등 폐질환의 주요 원인인 고자극성 먼지를 발생하기 때문에 지금은 사용이 금지되었다.
- 광물질 (예 : 자철광, 모래)
- 강철 펠릿, 산화 알루미늄

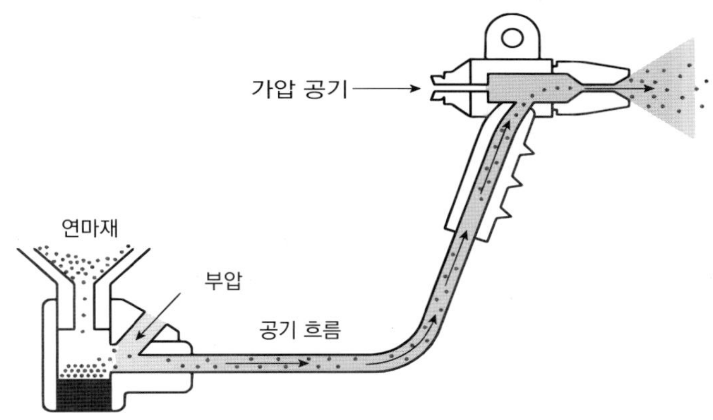

그림.4.4　건식 연마재-블라스팅 원리

- 탄화 규소와 같은 세라믹
- 작은 유리 구슬
- 플라스틱 펠릿

4.5.2　2차 폐기물의 발생

습식 연마재 블라스팅 제염 방법 사용 시, 폐수와 함께 제거된 파편 등 다량의 2차 폐기물이 발생되는데, 이들 폐기물은 적절히 처리 또는 폐기되어야 한다. 건식 연마재 블라스팅의 경우, 사용되는 연마재를 재순환시킨다면 2차 폐기물 발생을 최소화할 수 있다.

4.5.3　연마재-블라스팅 제염 기법 선정 기준

연마 제염 공정 선택 시, 공정의 특성과 함께 현장 조건을 반영해 상세 선정 기준을 마련해야 한다. 건식 제염 조건에서는 먼지 또는 공기 오염을 제어하기 위해 여러 제어 조치가 요구되나 이러한 문제는 작업 구역 내 설치된 여과 진공 시스템을 이용해 해결이 가능하다. 또한, 블라스팅 과정에서 정전기가 발생할 수 있으므로 제염 대상물 자체가 접지되어야 한다. 특정 연마제의 경우 일부 재료 (예: 알루미늄이나 마그네슘)가 폭발하거나 분진 폭발을 일으킬 수 있으므로 가연성 오염 물질을 안정화, 중화 또는 제거하기 위한 예방 조치가 취해져야 한다.

4.5.4 연마재-블라스팅 제염 기술의 장점과 단점

가. 장점

- 여러 가지 다양한 제염 장비가 이미 개발되어 있으며 로봇을 이용한 원격 작업도 가능하며 제염 소요 시간이 짧다.
- 산화막 층과 같이 강하게 고착된 재료 표면을 제거할 수 있는 여러 가지 방법이 개발되어 있으며, 탱크와 배관 내부를 정화하기 위한 특수 도구도 사용이 가능하다.

나. 단점

- 장비가 피제염물에 쉽게 접근할 수 있어야 하며 제염 대상물의 표면에 틈새와 모서리가 없어야 한다.
- 필요한 예방 조치가 취해지지 않으면 작업자가 오염 핵종이 섞인 먼지를 흡입해 내부 피폭될 가능성이 커지며 해체 작업장도 오염될 수 있다. 그러므로 작업자의 안전을 유지하고 오염의 확산을 방지하기 위해 작업자 보호와 작업장 격리-통제 방안이 반드시 마련되어야 한다.
- 연마재와 물의 재순환 또는 재활용이 불가능한 경우, 대량의 폐기물이 생성되며, 제거된 금속 표면 파편의 양을 제어하기가 어렵다.
- 건식 연마 시스템에서는 먼지 또는 공기 오염의 확산을 방지하기 위한 제어 조치가 요구되며, 습식 연마 시스템은 처리하기 어려운 먼지와 물방울의 혼합물이 발생할 수 있다.

4.6   열적 제염 기술

최근에는 오염된 부위에 집중적으로 열을 가해 표면의 오염 핵종을 열적으로 휘발 분해 제염하는 기술이 속속 개발되고 있다. 이들 중 대표적인 기술이 고출력 레이저를 이용하거나 (그림 4.5) 마이크로웨이브를 이용한 표면 제염 기술이다. 참고로 레이저 제염의 경우 공기 중에서 작업이 가능하며 마이크로웨이브 플라즈마 제염의 경우 반응성이 높은 산소 라디칼 등을 수중에서 생성시켜 제염하는 수중 제염 기법이다. 비록 아직 원전 해체 기기 제염에 적용된 사례는 많지 않지만 여러 장점이 많으므로 현장 적용성이 보완된다면 기술적 미래는 밝다고 할 수 있다.

그림 4.5　열적 제염 기술 (레이저 제염)

4.7　용융 제염 기술

4.7.1　용융 제염 기법의 원리

원전 해체 중에는 다양한 방사성 핵종에 의해 오염된 금속 폐기물이 대량으로 발생한다. 특히 이들 중에는 중소형 금속 기기나 부품뿐만 아니라 부피가 큰 대형 기기들 (증기발생기, 열교환기, 습분 분리기 등)도 상당 양 존재한다. 이러한 대형 금속 폐기물은 스테인리스강, 인코넬, 압력용기강 등과 같은 고가 금속으로 만들어져 제염을 통해 방사성 준위를 낮출 수 있다면 재활용을 포함한 다양한 후속 처리 대안이 가능해진다.

금속 기기를 완전히 용해시키는 용융 제염 기법은 금속 내에 함유된 오염 핵종을 슬래그로 이동해 분리 농축되거나 내부에 갇혀 있던 휘발성 오염 핵종을 휘발시켜 용융 금속 내 방사능이 낮아질 수 있다면 효과적인 제염 방법이 될 수 있다. 이러한 이유로 용융 제염 효율은 기지 금속의 종류와 존재하는 방사성 핵종에 따라 크게 달라진다.

용융 제염 기법의 대표적인 사례는 반감기 30년인 휘발성 원소 ^{137}Cs의 제염 효과를 활용한 것이다. 즉 용융 제염 시 높은 금속 용융 온도 때문에 금속 기지 내부에 갇혀 있던 ^{137}C가 빠져 나와 휘발하게 되어 금속 자체의 방사능 준위는 급격히 낮아지게 된다. 이 경우 ^{137}C은 환기 여과기에 포집되어 처리가 용이해지는 반면 잉곳에는 반감기가 5.3년에 불과한 ^{60}Co가 주요 핵종으로 남게 된다. 따라서 이때 발생하는 2차 폐기물은 금속 용해 시 발생하는 슬래그와 환기 필터에 포집된 휘발성 핵종(^{137}Cs 등)이 함유된 먼지뿐이다. 일반적으로 용융 제염시 발생되는 2차 폐기물은 용해된 금속 폐기물의 1~4 wt%라고 알려져 있다.

그러므로 복잡한 기하학적 구조를 가지고 있어 내부 오염 위치와 방사능 수준을 결정하기가 어려운 고가 재료 기기나 부품들은 용융 제염이 방사성폐기물 최소화와 자원 재활용과 재사용 활성화 측면에서 매우 실용적인 전략이 될 수 있다. 특히 용융 후 만들어진 잉곳은 시료 채취를 통해 방사능 준위가 정밀하게 결정된다면 제한적이거나 무제한적인 재사용을 위해 방출하거나 방사능 붕괴를 이용해 시간을 두고 자체 처분하는 전략을 수립할 수 있다. 예를 들어 자체 처분 준위보다 높은 방사능 준위를 가진 일부 잉곳은 차폐 블록을 만들기 위해 재용융 되거나, 또는 냉간-압연 되어 방사성폐기물 이송 용기로 재활용될 수 있을 것이다.

4.7.2 용융 제염 기법의 장·단점

용융 제염 기법은 용융 과정에서 금속 폐기물 내에 함유되어 있던 다양한 방사성 핵종을 잉곳과 슬래그와 여과기 분진 사이에 재분배함으로써 1차 재료를 제염하는 장점이 있다. 또한 용융을 통해 접근이 불가능해 방사능 측정 평가가 어려운 표면 오염의 문제점을 해결할 수 있다. 규제 측면에서 볼 때도 잉곳의 총 질량 대비 잔류 방사능이 낮아지며 균질화되므로 복잡한 형상을 가진 기기나 부품의 방사능 감시를 단순화할 수 있는 좋은 방안이다. 물론 이 용융은 제염된 금속을 재활용 혹은 재사용을 위해 방출하고자할 때 필수적으로 요구되는 과정이다. 그럼에도 결정적인 단점은 ^{137}CS의 휘발 효과를 제외하면 제염 계수가 높지 않으며 일부 금속의 경우 제염 효과가 거의 없다는 점이다.

4.7.3 용융 제염 기술 적용 사례

비록 방출 제한 기준이 국가마다 다르고 아직 제염된 원전 해체 금속 폐기물의 재활용과 재사용이 본격적으로 이루어지지 않고 있지만, 최근 국제적인 폐기물 발생량 최소화 요구와 함께 주요 금속 용융 재활용이 주목받고 있다. 아래의 발전소 사레들이 좋은 예인데 Studsvik 용융 시설의 경우, 1차 용융된 금속 재료들이 규제 해제 수준으로 방출될 수 있도록 시간을 두고 저장하거나 재활용을 위해 비방사능 재료와 혼합 재용용하고 있다.

- 독일 Siempelkamp의 Carla 발전소
- 스웨덴 Studsvik사 발전소
- 프랑스 Marcoule의 Infante 발전소

4.8　콘크리트 구조물 및 건물 표면 제염 기술

　콘크리트 구조물이나 건물 표면 제염 기술은 기계적 제염 방법의 하나이지만 사용하는 도구나 방식이 많이 다르므로 이 절에서 별도로 다룬다. 특히 이 기술은 제염 작업을 수행하기 전에 사전 준비와 안전 예방 조치가 필요하다. 예를 들어 처리 대상 구조물의 표면에는 장애물 (배관 또는 지지물 제거)이 없어야 하며 모든 제염 작업은 무분진 환경에서 수행할 수 있도록 먼지와 이물질을 포획할 수 있는 진공 흡입기 부착이 강력히 요구된다. 또한 가연성 물질이 포함된 구역을 처리할 때에는 폭발이 발생하지 않도록 예방 조치가 필요하며 모든 가연성 물질은 중화, 안정화 또는 제거되어야 한다.

4.8.1　노면 고르기 (scarifying) 기술

　노면 고르기 기술을 이용해 코팅 혹은 비코팅된 콘크리트 표면을 물리적으로 고르게 긁어냄으로써 오염 표면의 최상층을 제거할 수 있다. 구형 장비는 표면 오염을 제거할 때 표면을 균질하게 깎아내지 못했기 때문에 이 기법은 적용에 한계가 있었으나 최근 개발된 노면 파쇄기는 시설물 표면을 무제한적 이용이 가능한 수준으로 균질하게 깎아 낼 수 있다고 알려져 있다.

4.8.2　표면 다듬기 (scabbling) 기술

　표면 다듬기 기술은 콘크리트 표면 제염 시 사용되는 또 다른 파쇄 기법으로 콘크리트 표면을 타격하기 위해 전기식 혹은 공압식으로 작동되는 피스톤 헤드를 사용한다. 스케블러는 1~3 개의 헤드를 가진 휴대용 버전으로부터 원격으로 작동되는 대형 장비에 이르기까지 다양하다. 가장 일반적인 장비는 휠 섀시에 3~7 개의 스케블링 피스톤을 결합 장착한 형태이다.

스케블링은 건식 제염기법으로서, 물, 화학 물질 또는 연마제가 필요하지 않으며, 생성된 폐기물은 제염이 완료된 표면 파쇄 잔해물이다. 스캐블러를 사용한 표면은 사용된 비트에 따라 거칠게 마무리되었지만, 일반적으로 편평해 이 기법은 넓은 개방 영역과 좁은 영역을 모두 처리하는 데 적합하다. 특히 이 스캐블러 장비는 오염된 얇은 층 (최대 25 ㎜ 두께)의 콘크리트 또는 석고 벽돌을 제거하는 데 가장 적합한 제염 기법으로서, 다음과 같은 경우에 사용이 권고된다.
- 공기 중 오염이 발생하지 않는다.
- 제염 후 콘크리트 표면을 재사용해야 한다.
- 폐기물 최소화가 필요한 경우

4.8.3 쉐이빙 (shaving) 기술

제염 후 표면이 거칠게 마무리되는 바닥 스케블링 기술의 대안으로 콘크리트 표면 쉐이빙 (shaving) 기술이 개발되었다. 이 기법은 기본적으로 바닥 스케블링 장치와 유사하나 표면이 매끄럽게 마감되도록 다이아몬드 팁 회전식 커팅 헤드를 갖추고 있어 방사능 측정과 도장 등 후속 조치가 상대적으로 더 용이하다. 스케블링 기법 대비 향상된 실제적인 절삭 성능은 다음과 같다.
- 스캐블링과 비교 시 바닥 제염을 위한 평균 작업 속도 3배 정도 증가
- 기존의 제염 효율에 비해 폐기물 발생량 30~45% 감소
- 기계 진동이 없기 때문에 작업자에게 가해지는 물리적 하중이 훨씬 적음

최근에는 더 넓고 큰 용량의 콘크리트 표면 제염을 위해 원격 제어 다이아몬드 벽면 쉐이빙 시스템이 개발되었다.

 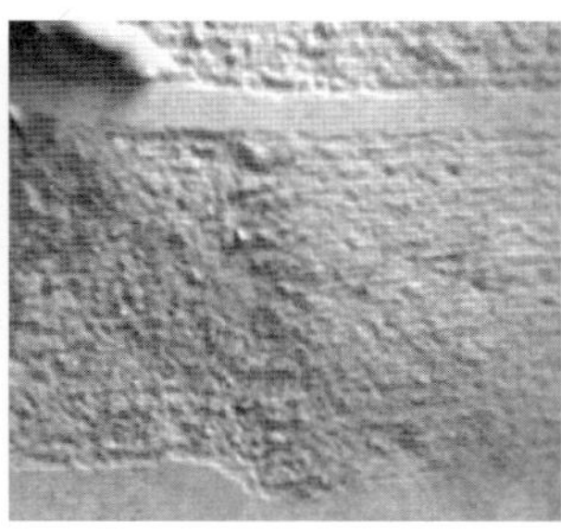 

그림 4.6　왼쪽부터 노면 고르기, 스캐블링, 쉐이빙 제염 기법 적용 후 표면 거칠기

쉐이빙 장비는 기본적으로 진동 없이 피제염 표면을 한번 지나갈 때 1~15 ㎜의 깊이로 콘크리트 층 제거가 가능하며 폐기물 발생을 최소화하기 위해 1 ㎜ 씩 증가시키며 깊이를 조정할 수 있다. 통상 가로 300 ㎜, 세로 150 ㎜의 쉐이빙 헤드로 넓은 면과 제염하기 어려운 구석진 부분 모두에 적용이 가능하다. 제염 속도는 콘크리트의 구조와 경도, 깊이 설정, 절삭 속도 및 사용된 다이아몬드의 종류에 따라 달라진다. 그림 4.6은 각 콘크리트 표면 제염 기법에 따른 표면 거칠기 차이를 보여주고 있다.

4.8.4　기타 타격식 콘크리트 표면 제염 기술

가. 니들 스케일러

공기압을 이용해 균일한 2, 3 또는 4 ㎜ 바늘 묶음을 왕복 운동시키면서 표면을 타격해 오염을 제거하는 기술로 제염 작업 시 발생하는 먼지와 이물질을 수집하기 위한 특수 덮개와 진공 흡입 장치가 함께 장착되어 있다. 니들 스케일러는 벽과 천장 표면뿐만 아니라 접근하기 어려운 좁은 공간에서의 제염 시 매우 유용한 장비이다. 이 기법은 건식 제염 공정으로서 물, 화학 물질 또는 연마제가 폐기물에 유입되지 않으며, 제거된 부스러기만 처리와 처분을 위해 수집된다. 제염 속도는 원하는 표면의 특성에 따라 달라진다. 소형 니들 스케일러 장비는 콘크리트 공극 내에 깊이 침투한 오염 물질을 제거하는 등 현장에서 작업자의 작업 부하를 크게 감소시킬 수 있다. 이 장비는 콘크리트 표면 제염뿐만 아니라 금속 표면의 국소 영역 제염에도 많이 활용되고 있다.

나. 유압식 및 공압식 해머링

유압식 또는 공압식 해머를 이용해 콘크리트 구조물의 절삭과 표면 제염을 수행할 수 있다. 이 기법은 현장 활용도가 높아 작업자에 의한 수작업뿐만 아니라 유압식 전기 구동 로봇을 이용한 장비도 개발되어 있다. 이 로봇은 유압 해머, 굴착기 브래킷 또는 기타 공구를 장착할 수 있으며, 벽 및 바닥의 제염 작업에 적합하다. 이 장비 역시 콘크리트 미세 균열 등 틈새에 깊이 침투한 오염 물질을 제거하는데 매우 효과적이다.

주요 참고 문헌

- IAEA Technical Report Series No. 401, 'Methods for the Minimization of Radioactive Waste from Decontamination and Decommissioning of Nuclear Facilities' (2001)
- IAEA Technical Report Series No. 395, 'State of the Art Technology for Decontamination and Dismantling of Nuclear Facilities' (1999)
- OECD/NEA Task Group Report, 'Decontamination Techniques Used in Decommissioning Activities' (1998)
- IAEA INIS Decontamination of Metal Surface by Reactive Cold Plasma

Part 2

원전 해체 안전성 평가

원자력 시설 해체 안전 요건

제5장

국제원자력기구 IAEA는 '해체'를 하나의 원자력 시설 (방사성폐기물 처분 시설의 일부는 제외. 이 경우에는 '해체' 대신 '폐쇄'라는 용어가 사용됨)이 규제 통제의 일부 혹은 전체를 면제받을 수 있도록 허용해주기 위해 취해지는 행정적 및 기술적 조치로 정의한다. 또한 원자력 시설의 수명 주기를 구성하는 5개 단계 '부지 계획', '설계', '시공', '운전', 그리고 '운영' 모두에 이러한 해체 안전 측면이 고려되어야 한다고 강조한다.

여기서 '원자력 시설'은 과거 방사성 물질이 생성, 가공, 사용, 취급 또는 저장되었거나 현재 이러한 활동이 이루어지고 있어 방사선 방호와 안전성 고려가 요구되는 위험성 과 위험 요소가 남아 있는 건물과 관련 토지 및 장비를 의미한다. '토지'에는 잠재적으로 방사성 물질의 영향을 받을 수 있는 표층토, 하층토, 지표수나 지하수 또는 대수층이 모두 포함된다.

'해체'는 승인된 최종 해체 계획에 있는 절차와 과정 그리고 작업 활동 (예를 들어 오염 제거 및/또는 구조물과 계통 및 부품의 제거)을 의미한다. 해체 작업을 통해 시설이 승인된 최종 상태에 도달한 경우 해체가 모두 완료된 것으로 간주된다. 최종 상태는 각 국가에서 정한 법령과 규제 해제 요건에 부합되어야 하며 부합된다면 환경 복원 과정을 통해 실질적 시설의 규제 해제로 이어진다.

해체는 일반적으로 해체 계획, 해체 이행, 해체 허가 종료 단계로 나눌 수 있다.

물론 원자력 시설의 영구 정지와 해체 개시를 위한 허가 취득 과정 사이에 해체 준비를 위해 과도 기간이 필요할 수 있다. 해체 활동은 방사능 위험성을 적극적 체계적으로 낮추기 위해 등급별 접근법을 적용해야 한다. 또한 해체는 안전성뿐만 아니라 작업자와 일반인과 환경 방호를 보장할 수 있도록 계획되고 평가되어야 한다.

해체 계획은 설계 단계에서부터 시작되어야 하며, 시설 수명 전반에 걸쳐 이루어져야 한다. 해체 계획에는 초기 해체 계획 수립, 향후 해체 이행을 위한 관련 정보 와 자료의 수집, 해체 전략의 선정, 시설의 방사능 특성 평가, 최종 해체 계획의 수립, 비용 산정, 해체 사업을 위한 재원 확인, 검토와 승인을 위한 규제기관 계획서 제출, 국가 규정에 따른 공공 협의 활동 등이 포함된다.

해체 이행에는 사업 관리, 승인된 최종 해체 계획 실시, 방사성폐기물과 비방사성 폐기물 관리, 해체 계획에 제시된 최종 상태 기준에 부합함을 증명하는 과정이 포함된다. 해체 이행은 규제기관의 감독 하에 해체 사업자가 수행하거나 해체 사업자의 책임 하에 수행된다. 해체 허가 종료 시점에는 시설 해체 허가 조건 준수 입증(특히, 최종 상태 기준 충족), 시설 관련 허가 취소, 사용 제한 여부와 상관없이 이루어지는 시설 규제 해제가 이루어진다.

해체 전략으로는 즉시 해체와 지연 해체가 있다. 원칙적으로 이들 두 종류의 해체 전략을 모든 시설에 적용할 수 있다.

- 즉시 해체: 영구 정지가 이루어진 직후부터 바로 해체 작업이 개시된다. 방사성 물질이 포함되어 있는 시설의 장비와 구조물, 계통, 부품들이 제거되고 해당 시설을 무제한 혹은 제한적으로 사용할 수 있도록 허가하는 수준까지 오염 물질이 제거된다.
- 지연 해체: 시설에서 핵연료만 제거되고 추후 본격적인 오염 제거 및/또는 분해 작업이 이루어질 때까지 일정 기간 동안 오염 시설 전체 또는 일부가 가공 처리되거나 안전한 저장 조건 아래 유지된다. 지연 해체에서도 시설의 안전한 저장을 위한 준비 단계로 시설 일부를 대상으로 조기 분해, 혹은 일부 방사성 물질의 조기 가공 및 시설 내 제거 작업이 이루어질 수 있다.

안전 요건 또는 환경 요건, 기술적 고려 사항과 현지 여건, 또는 재정적 고려에 따라 이들 두 전략을 결합하는 것이 실용적인 전략이 될 수 있다. 그러나 시설 전체 또는 일부를 내구성이 큰 물질로 둘러싸는 구조적 매몰 전략은 더이상 해체 전략으로 고려되지 않을 뿐 아니라 영구 정지를 위한 전략으로도 고려되지 않는다. 매몰은 예외적 환경 (예: 심각한 사고 발생 이후)에서만 하나의 해결책으로 고려될 수 있다.

산업 위험성 또는 화학 폐기물로 인한 위험성과 같은 비방사능 위험성도 해체 작업 중 중요하게 고려되어야 한다. 이 장에서는 IAEA가 원자력 시설 해체에 적용할 것을 요구하는 15개 요건 (requirement)에 대해 논의한다.

5.2　인간 방호와 환경 방호

요건 1. 방사선 방호와 안전성 최적화

해체 작업 중 피폭은 모두 예측 가능한 계획된 피폭이어야 하며, 국가 규정의 요건들을 준수해야 한다. 이들 피폭에는 작업자 피폭과 일반 구성원 피폭 선량 한도가 적용되어야 하며, 개인의 방사선 방호는 적절한 선량 제약 조건에 따라 최적화되어야 한다.

이와 더불어 해체 작업 중 돌발 사고 피폭에 대비한 보호 및 피폭 저감 대비책이 마련되어야 한다. 그러나 사건 또는 특수 상황이 복구될 수 있거나 비상 사태 조건 하에서도 방사성 물질 배출이 제한적일 경우 관련 안전 기준을 적용한다.

요건 2. 등급별 접근법 적용

시설 해체의 위험성과 위험 요소에 적합한 방식으로 해체 이행 및 규제 감시가 적용되어야 하지만 해체 작업의 상세 범위 및 수준을 결정함에 있어 해체로 인해 감소되는 방사성 위험의 정도에 맞게 해체의 모든 측면에 등급별 접근법이 적용되어야 한다.

안전성 평가를 포함하여 해체 계획과 지원 문서 내 모든 정보 수준은 운영 시설의 유형, 규모, 복잡성, 단계와 시설 해체에 따라 발생하는 위험성 정도에 적합해야 한다.

요건 3. 해체 안전성 평가

해체가 계획되어 있거나 현재 해체가 진행되고 있는 모든 시설을 대상으로 안전성 평가가 이루어져야 한다.

최종 해체 계획에는 계획된 해체와 더불어 해체 중 일어날 수 있는 사고나 상황들을 포함한 사건들을 다루는 안전성 평가가 포함되어야 한다.

5.3　해체 관련 책임

요건 4. 정부 책임

정부는 해체의 결과로 발생되는 방사성폐기물 관리를 포함하여 해체의 모든 형태가 안전하게 계획되고 실행될 수 있도록 법률 및 규제 체계를 확립하고 유지해야 한다. 이러한 체계에는 명확한 책임 분담, 독립적 규제 기능, 해체 관련 재정 보증에 관한 요건 등 아래의 사항이 포함되어야 한다.

1. 해체 중 발생되는 방사성폐기물의 관리에 관한 국가 정책 수립
2. 해체 작업 이행 허가 부여 권한 및 발생 방사성폐기물 관리 책임을 포함하여 해체 작업에 수반되는 조직에 대한 법률, 기술, 재정 책임 확립과 유지
3. 모든 과학 및 기술 전문 지식이 규제 검토와 기타 독립적인 국가 지원 검토에 이용될 수 있도록 보장
4. 필요시 안전한 해체와 발생 방사성폐기물 관리에 적합한 재원 이용 보장

요건 5. 규제기관 책임

규제기관은 시설 부지 선정과 설계가 진행되는 동안 초기 해체 계획에서부터 해체 완료와 해체 허가 종료에 이르기까지 시설 수명 주기 전 단계에 걸쳐 해체의 모든 측면을 규제해야 한다. 규제기관은 발생되는 방사성폐기물 관리 요건을 포함하여 해체 관련 안전 요건을 수립하고, 관련 규정 및 지침을 개발해야 한다. 규제기관은 이와 더불어 규제 요건이 충족된다는 점을 보장하기 위해 관련 조치를 취해야 한다.

 규제기관의 책임에는 아래 사항들이 포함되어야 한다.
1. 해체 관련 기준과 해체 허가 절차 기간 확립
2. 시설 내 오염 수준 결정을 위한 방사선 측정조사 실시 요건 확립
3. 국가 정책에 따라 오염 물질의 규제 해제 기준을 포함하여 시설 해체 중 안전성, 작업자와 일반인 방호, 그리고 환경 방호 기준에 관한 요건 확립
4. 시설 및/또는 부지의 제한적 이용을 포함한 해체 허가 종료 요건과 기준 확립
5. 해체 사업자의 재정 보증 요건 및 안전한 해체를 위해 적합한 재원의 사용 보장
6. 아래 사항을 포함한 해체 계획 요건 확립
    • 해체 계획 검토 또는 승인을 위한 지원 문서의 일반적 내용 설명
    • 해체 계획 지원 문서의 검토 절차와 검토 진행 기간 확립
    • 초기 해체 계획 업데이트 검토, 최종 해체 계획과 지원 문서의 검토 및 승인
    • 최종 해체 계획 승인 후 업데이트 검토 및 승인
7. 관계자들에게 국가 규정을 바탕으로 한 승인 전 최종 해체 계획 및 지원 문서 검토 기회 제공
8. 해체 검사와 심사, 국가 법령 및 규제 체계, 허가 또는 인허가 조건과 안전 요건을 준수하지 않을 경우 강제 이행 조치
9. 안전성 지향 질문과 학습 태도 및 무사안일주의 방지를 위한 안전 문화 장려
10. 해체 관련 기록물과 보고서의 수집 및 현장에서 수행된 활동에 대한 보유 요건과 정보 보존 요건 확립
11. 해체 시설 최종 상태 평가 및 해체 허가 종료 허용 조건 개발

12. 해체 사업자가 승인된 최종 상태가 충족되었다는 것을 증명한 경우 해체 허가 종료

요건 6. 해제 사업자 책임

해체 사업자는 해체를 계획하고, 해체 허가 조건과 국가 법률 및 규제 절차를 준수하며 해체를 이행해야 한다. 해체 사업자는 해체 중 안전성, 방사선 방호, 그리고 환경 방호의 모든 측면에 대해 책임을 져야 한다.

해체 사업자 책임에는 아래 사항들이 포함되어야 한다.
1. 시설 수명 주기에 걸쳐 해체 계획, 즉 초기 해체 계획과 최종 해체 계획을 수립하고 유지할 수 있는 해체 전략 선정
2. 초기 해체 계획 및 규제기관 검토를 위한 업데이트 내용 수립과 제출
3. 통합 관리 시스템 확립과 실행. 시설 수명 주기 중 해체 사업자가 변경되는 경우 새로운 해체 사업자로 해체 책임 양도를 보장하기 위한 관련 절차 수립 및 시행.
4. 안전성을 지향하는 질문과 학습 태도를 장려하고, 무사안일주의를 막기 위한 안전 문화 조성
5. 해체 비용 산출과 발생 방사성폐기물 관리를 포함한 안전 해체 비용을 감당하기 위한 재정 보증과 재원 마련
6. 시설 영구 정지 전 규제기관 (필요시 정부)과 협의 및 통보
7. 해체 실시 허가 취득을 위해 규제기관에 최종 해체 계획 및 지원 문서 제출
8. 해체 사업 관리 및 해체 이행 또는 계약자에 의해 실시되는 조치 감시 보장
9. 시설 운영 중 발생되는 폐기물과 해체 중 발생되는 모든 폐기물의 관리
10. 영구 정지 이후 다음 단계로 넘어가는 과도 기간 중, 즉 최종 해체 계획 승인이 이루어지는 시점까지 시설이 안전한 환경에서 유지되도록 보장
11. 안전한 해체를 보장하는 안전성 평가와 환경 영향 평가 수행
12. 비상 계획을 포함한 적합한 안전 절차 수립 및 실행
13. 적절한 훈련과 적정한 자격을 갖춘 우수한 인력 확보 보장

5.4   해체 관리

요건 7. 해체 통합 관리 시스템

해체 사업자는 통합 관리 시스템을 구축하고 이를 통해 해체의 모든 면을 관리할 수 있도록 보장해야 한다.

통합 관리 시스템은 모든 해체 운영 조직이 설정한 목표를 이루는 데 필요한 준비 작업과 절차를 위한 단일 체계를 제공해야 한다. 이러한 목표에는 안전성, 보건, 안보, 환경, 품질, 경제 요소 등이 포함되어야 한다. 이 관리 시스템은 안전한 해체 이행 보장을 최우선 목표로 하여 해체 계획과 실행이 이루어지도록 마련되어야 한다.

안전 관련 주요 책임은 해체 사업자가 져야 한다. 해체 사업자는 계약자에게 명시된 업무 수행을 위임할 수 있으나 통합 관리 시스템은 계약자 업무가 적합하게 명시, 통제되고, 안전하게 이행되는지 여부를 보장하기 위한 관련 조항을 마련해야 한다.

해체를 수행하는 개인들은 해체를 안전하게 수행하기 위해 필요한 기술과 전문 지식을 갖추고 있어야 하며, 관련된 교육 훈련을 이수해야 한다. 또한 이들에게 체계적 지식 획득 및 접근이 가능해야 하고, 시설 내 핵심 직원 유지를 보장하기 위해 관련 조항이 마련되어야 한다.

해체를 수행하는 모든 조직원들은 경영진에게 안전 관련 우려 사항을 알릴 책임이 있다. 경영진은 개인들에게 안전상의 이유로 해체 작업 중지 결정을 내릴 수 있는 권한을 부여할 수 있는 절차를 마련해야 한다.

해체 작업은 문서로 작성된 절차서를 통해 수행되어야 한다. 이와 같은 절차서는 안전 보장 책임이 있는 해체 사업 부서의 검토와 승인을 받아야 한다. 작업 개시, 변경, 종료에 관한 방법론이 확립되어야 한다. 시설 운영 중 해체 사업자가 변경되는 경우 새로운 해체 사업자에게 해체 책임의 적절한 양도 여부를 보장하기 위한 관련 절차가 수립되어야 한다.

<table>
<tr><td>5.5</td><td>해체 전략</td></tr>
</table>

요건 8. 해체 전략 선정

해체 사업자는 해체 계획의 토대를 이룰 해체 전략을 선정해야 한다. 해체 전략은 방사성폐기물 관리에 관한 국가 정책과 일치해야 한다.

해체 전략으로는 즉시해체 전략이 우선시되어야 한다. 그러나 모든 관련 요인들을 고려할 때 즉시해체 전략이 실용적이지 않은 상황일 수도 있다. 해체 전략 선정은 해체 사업자에 의해 이루어져야 한다. 해체 사업자는 선택된 전략 하에서 해당 시설이 항시 안전한 환경에서 유지되고, 향후 적합한 방식으로 해체가 이루어지며, 미래 세대에 과도한 부담을 주지 않는다는 점을 증명해야 한다.

시설의 영구 정지가 갑자기 이루어지는 경우 전략 개정 필요 여부를 판단하기 위해 갑작스러운 영구 정지 상황을 바탕으로 해체 전략이 검토되어야 한다. 사고로 인해 영구 정지가 이루어진 경우 해당 시설은 승인된 최종 해체 계획이 실행되기 전 안전한 환경에서 유지되어야 한다.

<table>
<tr><td>5.6</td><td>해체 자금 조달</td></tr>
</table>

요건 9. 해체 자금 조달

해체 자금 조달에 관한 책임은 국가의 법률에 명시되어야 한다. 이들 조항에는 적절한 재원을 확보하고 해체의 안전 보장을 위해 필요시 이를 사용할 수 있다는 것을 보장해야 한다.

이들 자금에는 해체 중 발생 방사성폐기물 관리를 포함한 안전 해체 관련 비용이 포함되어야 한다. 해체 비용 산정은 초기 해체 계획 수립 시 평가된 비용을 주기적으로 업데이트하고 최종 해체 계획에는 최신화된 비용이 제시되어야 한다. 해체 자금 조달 계획도 이에 따라 필요시 적절하게 변경이 이루어져야 한다.

5.7 시설 수명 주기 중 해체 계획

요건 10. 해체 계획

해체 사업자는 시설 운영 중에도 시설의 해체 계획을 마련하고, 실제 해체가 안전하게 수행될 수 있도록 규제기관 요건에 따라 시설 운영 중 해체 계획을 유지해야 한다.

규제기관은 해체 사업자가 해체 이행과, 시설 기록 유지뿐만아니라, 오염 및/또는 방사화를 제한하기 위한 물리적 절차와 방법을 고려한 시설 부지 선정, 설계, 시공, 시운전, 운전 과정에 해체 계획을 수립하도록 요구해야 한다. 부지 선정 단계에서 현장 자연방사능 준위 측정조사가 수행되어야 하며, 이들 자료는 해체가 진행되기 전 최신화가 되어야 한다. 과거 이와 같은 자연방사능 조사가 실시되지 않았던 시설들의 경우, 유사한 특성을 지닌 지역 시설로부터 얻은 자료를 이용해야 한다. 새로운 시설의 경우 설계 단계에서부터 해체 계획이 수립되어야 하며, 해체 허가 종료 시까지 계속 업데이트되어야 한다.

해체 사업자는 시설 운전 허가 신청서와 함께 초기 해체 계획을 마련하여 이를 규제기관에 제출해야 한다. 해체 전략 확인, 해체 타당성 증명, 충분한 해체 재원의 확보, 해체 중 발생되는 폐기물의 양 예측 등을 위해 초기 해체 계획 작성이 요구된다. 해체 계획은 해체 사업자에 의해 최신화되고, 주기적으로 (일반적으로 5년마다 또는 규제기관 규정에 따라) 개정되며 규제기관에 의해 검토가 이루어져야 한다. 해체 계획은 필요시 축적된 관련 운전 경험, 유사 시설 해체를 통해 학습된 가용 교훈, 새로운 안전 요건이나 개정된 안전 요건, 또는 선정된 해체 전략과 관련한 기술 발전 등을 고려하여 최신화가 이루어져야 한다. 사고가 발생하거나 해체 진행에 영향을 미치는 상황이 발생하는 경우 가능한 한 빠른 시일 내에 해체 계획이 업데이트되어야 하며, 규제기관에 의해 검토가 이루어져야 한다.

해체 사업자는 시설 수명 주기 전반에 걸쳐 해체와 관련이 있는 적합한 기록과 보고 (예: 사건 기록물 및 보고서)를 유지하여야 한다. 시설 설계, 시설 변경, 시설 운전 이력에 대한 확인이 이루어져야 하며, 이러한 상황이 해체 계획 마련 시 고려되어야 한다. 최종 해체 계획이 마련되기 전 영구 정지가 이루어지는 경우 가능한 한 빠른 시일 내에 이와 같은 계획이 마련되어야 하며, 최종 해체 계획을 승인받을 때까지 시설의 안전성을 보장하기 위한 적절한 준비가 이루어져야 한다.

시설의 영구 운전 정지와 최종 해체 계획 승인 사이에 과도기가 존재할 수 있다. 과도기 중 규제기관이 허가 변경을 승인하지 않는 경우 시설 운전 허가는 계속 시행되어야 한다. 과도기 중에도 시설 운전 허가 또는 변경된 허가에 따라 해체와 관련한 일부 사전 조치를 수행할 수 있다.

요건 11. 최종 해체 계획

해체 사업자는 해체 작업 수행에 앞서 최종 해체 계획을 마련하고 준비된 최종 해체 계획서를 승인받기 위해 규제기관에 제출해야 한다.

해체 사업자는 시설 영구 정지에 앞서 규제기관 (또는 필요시 정부)에 이를 알려야 한다. 시설이 영구 정지되거나 더 이상 의도된 목적으로 사용되지 않는 경우 규제기관과 합의된 기간 (일반적으로 영구 정지 후 2~5년) 내에 승인을 위해 규제기관에 최종 해체 계획서를 제출해야 한다.

최종 해체 계획과 지원 문서에는 선정된 해체 전략, 해체 일정, 유형, 순서, 규제 해제, 해체 목표 최종 상태, 해체 사업자가 최종 상태에 도달했는지 여부를 증명하는 방법을 포함한 폐기물 관리 전략, 해체로 인해 발생되는 폐기물의 저장 및 처분, 해체 기간, 해체 완료를 위한 자금 조달 등의 사항이 포함되어야 한다. 최종 해체 계획에 해체와 관련한 새로운 기술이나 개념이 포함되는 경우 해체 사업자는 사용에 앞서 이와 같은 방법들이 충분히 안전하며 원하는 결과를 효과적으로 얻을 수 있다는 것을 증명해야 한다.

최종 해체 계획 수립과 업데이트 과정이 진행되는 동안 상세 방사선 특성 평가와 운전 기간 중 수집된 기록을 바탕으로 시설 내 방사성 물질의 규모와 유형 (예: 방사화 및 오염된 구조물과 부품)이 결정되어야 한다. 시설 (및/또는 하층토과 지하수)에 오염 또는 운전 중 발생된 방사성폐기물이 남아 있는 경우 이들에 대한 방사선 특성 평가도 수행되어야 한다. 잠재적인 방사성 핵종의 이동을 평가하거나 혹은 차단할 목적의 추가 현장 특성 평가 작업도 고려되어야 한다.

최종 해체 계획은 해체 중 얻어지는 경험, 새로 마련되었거나 개정된 안전 요건 또는 국가 규정을 고려해 필요시 최신화되어야 한다. 해체 사업자에 의해 이루어진 최신화된 최종 해체 계획은 규제기관으로부터 검토 및 승인을 받아야 한다. 관계자들에게는 최종 해체 계획과 더불어 국가 규정의 적용을 받는 지원 문서를 사전 조사하고 승인 전 논평할 수 있는 기회가 주어져야 한다.

5.8   해체 작업 수행

요건 12. 해체 작업 수행

해체 사업자는 국가 규정을 준수하여 방사성폐기물 관리를 포함한 최종 해체 계획을 실행해야 한다.

해체 사업자는 규제기관으로부터 승인을 취득한 이후 최종 해체 계획을 실행한다. 해체 중 해체 사업자는 안전성에 중요한 구조물과 계통 및 부품 목록을 최신으로 유지해야 한다.

해체 기술은 최종 해체 계획에 따라 방사선 방호와 안전성 최적화, 환경 방호 보장, 폐기물 발생 최소화, 폐기물 저장과 처분의 부정적 영향 최소화 등을 고려해 선정되어야 한다 (예: 폐기물 내 방사성 핵종의 이동성을 증가시키는 오염 제거 기술 사용 회피 등). 오염 제거, 대형 부품의 절단과 취급과 같은 작업의 경우 해체가 진행됨에 따라 새로운 위험이 발생될 수 있다. 따라서 새로운 위험으로 인해 야기될 수 있는 결과를 예방, 측정, 완화시키기 위해 이들 작업이 안전성에 미치는 영향에 대한 평가와 관리가 이루어져야 한다.

규제기관은 최종 해체 계획과 규제 요건에 따라 해체가 제대로 실행되고 있다는 점을 보장할 수 있도록 해체 검사와 심사 방안을 마련하여야 한다. 만약 안전 요건이나 해체 이행 허가 조건이 충족되지 않는 경우 규제기관은 합당한 규제 조치를 취해야 한다.

요건 13. 해체 관련 비상 대응 준비

위험에 대응하는 해체 관련 비상 대응 준비가 확립·유지되어야 하며, 안전에 중요
한 사건이 발생한 경우 빠른 시간 내에 규제기관에 보고되어야 한다.

대응 준비 요건과 원자력 혹은 방사선학적 대응 요건은 이미 개발되어 있는 요건
에 따라야 한다.

요건 14. 해체 중 방사성폐기물 관리

해체 중 발생하는 모든 방사성폐기물은 흐름에 따라 관리가 이루어져야 한다.

시설에 잔존하는 운전 중 방사성폐기물과 해체 중 발생되는 모든 방사성폐기물은
적절한 방법으로 처리되어야 한다. 해체 사업자는 해체 작업 착수 전 적절한 방사성
폐기물 처리, 저장 및 수송 방안을 수립해야 한다. 또한 해체 사업자는 해체 중 발생
되는 모든 폐기물을 추적 관리해야 한다. 해체 사업자는 발생된 폐기물, 시설 내에
저장되어 있는 폐기물, 또는 다른 인가 시설로 운반된 폐기물의 양, 특성, 취급 방
법, 목적지 정보가 포함되어 있는 최신 기록을 유지해야 한다.

운전 중 발생된 방사성폐기물 또는 핵연료가 영구 정지 이후에도 시설에 계속 남
아 있는 경우 해체에 앞서 인가된 시설로의 운반을 통해 현장에서 제거하여야 한다.
영구 정지 후 해체 허가 취득까지 준비 기간 동안 이와 같은 제거가 불가능한 경우
승인된 최종 해체 계획에 이들에 대한 제거 활동을 해체의 한 부분으로 (즉시 해체
의 초기 단계) 포함시켜야 한다. 요건 및 해체 이행 허가 조건이 충족되지 않는 경우
규제기관은 적합한 규제 조치를 취해야 한다.

5.9　해체 완료와 해체 허가 종료

요건 15. 해체 완료 및 해체 허가 종료

해체 사업자는 해체 종료 시점에 해체 후 최종 상태가 최종 해체 계획과 규제 요건

에 명시되어 있는 기준을 충족하는지 증명해야 한다. 규제기관은 최종 상태 기준 준수 여부를 입증되면, 해체 허가 종료를 결정해야 한다.

해체 사업자는 해체 완료 후 최종 상태가 승인된 최종 해체 계획에 명시되어 있는 요건을 만족시킬 수 있음을 증명하는 최종 해체 보고서를 작성해 규제기관에 제출해야 한다. 규제기관은 최종 해체 계획을 검토하고, 최종 해체 계획과 해체 허가에 명시되어 있는 모든 규제 요건과 최종 상태 기준이 충족되었는지 평가해야 한다. 이러한 검토와 평가를 바탕으로 규제기관은 해체 허가 종료와 시설 및/또는 현장의 규제 해제를 결정해야 한다. 부지 일부가 규제 통제에서 해제되는 경우 규제기관으로부터 규제 통제 하에 남게 되는 부지에 대해 개정 혹은 별도의 허가를 받아야 한다. 해체 사업자와 규제기관은 해체 허가 종료 전 지역 주민 등 일반인들의 의견을 경청해야 한다.

승인된 최종 상태가 제한적 이용을 전제로 한 제한적 해제일 경우 방호 최적화 및 안전성 평가와 더불어 환경 방호 감시와 감독 통제 프로그램을 마련하여야 하며 이 통제 프로그램은 규제기관의 승인을 받아야 한다. 이들 통제 프로그램의 실행 및 유지 책임 소재는 명확하게 결정되어야 하며 규제기관은 향후 시설 및/또는 부지 사용 제한 조건 준수를 보장할 수 있는 방안을 마련하여야 한다.

해체 완료 후 현장에 방사성폐기물이 저장되는 경우 규제기관으로부터 방사성폐기물 저장 시설과 관련한 혹은 별도의 허가를 받아야 한다. 이 허가에는 저장 시설 해체에 관한 사항도 포함되어야 한다.

참고 자료

- Decommissioning of Facilities', GSR (General Safety Requirements) Part 6, IAEA (International Atomic Energy Agency) (2014)

제6장　원자력 시설 해체 안전성 평가

　해체 계획 수립과 해체 안전성 평가

앞에서 설명한 바와 같이 '원자력 시설 해체'는 장기간 운전에 이어지는 시설 생애 주기의 마지막 단계로 규제 대상인 원자력 시설이 규제 관리의 일부 또는 전부를 해제 받을 수 있도록 진행하는 행정적 기술적 조치 일체를 말한다. 실제 해체는 상세한 오염 특성평가, 장비와 시설의 제염 및 해체, 건물과 구조물의 철거, 그리고 방사성폐기물과 기타 유해 폐기물의 관리를 수반하는 복잡한 과정으로, 해체 과정 중에는 작업자와 대중의 안전 그리고 환경 보호를 최우선적으로 고려해야 한다.

해체 계획은 시설의 초기 설계에서부터 고려되어야 하며 규제기관의 최종 해제 승인으로 종료된다. 그러므로 해체와 관련된 모든 활동에는 건물과 부지 해제와 관련된 규제 관리 안전 요건과 기술 기준 준수 여부를 입증할 수 있는 체계적인 접근이 필요하다. 따라서 해체 과정이 안전하고 효율적인 방식으로 수행되도록 많은 문서들이 준비되어야 하는데 이들 중 가장 중요한 문서가 해체 계획서이며 이 해체 계획의 핵심은 해체 활동 안전성 평가이다. 만약 해체 프로젝트가 크고 복잡할 경우 해체 안전성 평가는 별도로 이루어져야 한다.

이처럼 해체는 시설의 설계 단계부터 운전 수명 전반에 걸쳐 고려되어야 하지만, 본격적인 안전성 평가는 해체를 시작하기 전에 수행하게 된다. 만약 이미 존재한다면 기존 안전성 평가를 업데이트 할 수 있지만, 처음이라면 새롭게 수행해야 한다. 해체 안전성 평가는 모든 잠재적 위험성을 확인하고 이에 대응할 수 있는 실행 가능하고 적절한 완화 조치를 찾아냄으로써 해체 작업의 안전성 확보에 직접 기여하게 된다. 또한 해체 안전성 평가는 해체 작업 기간 동안 시설에 확립된 안전 원칙, 표준 및 면허 조건을 준수하거나 지속적으로 준수할 것임을 보여주기 위해 사용된다.

안전에 중요한 역할을 하는 기존의 공학적 방벽이나 기기 또는 시스템이 해체 작업으로 인해 제거될 수 있으므로 해체 작업 안전 절차는 정상 운전 중 사용된 안전 절차와 크게 다를 수 있다. 해체 중 이루어지는 제염, 기기 해체, 대형 장비의 절단 및 취급과 같은 작업들은 위험을 발생시킬 가능성이 있으므로, 안전성 평가는 특정 해체 전략의 선택을 정당화하고 해체 작업의 안전성을 보장하는 데 중요한 역할을 수행한다.

이 장에서는 정상적인 해체 활동뿐만 아니라 계획되지 않은 사건과 사고로부터 발생할 수 있는 작업자와 대중 그리고 환경에 대한 방사선 영향 평가 방법론을 다룬다. 이 방법론는 모든 유형의 민간 원자력 시설 (예: 원자력발전소, 연구용 원자로, 핵연료주기시설, 연구 실험실, 원자력 산업 공장, 우라늄 처리 시설, 의료 방사선 시설 등)에 적용될 수 있으며, 해체 관련 방사성폐기물 처리와 보관 등 현장 관리에도 적용할 수 있다. 해체 계획에 해체 예비 활동 (예: 사용후핵연료 제거, 운전 영구 정지 후 정화 활동 또는 사고 후 정상적인 해체가 이루어질 수 있도록 하기 위한 초기 정화)이 포함되는 경우에도 이 방법론이 적용될 수 있다.

6.2   해체 안전성 평가 개요

안전성 평가는 명확한 시작점과 종료점 제시와 함께 체계적이고 논리적이며 투명한 방법으로 수행된 후 문서화되어야 한다. 해체는 영구 운전 정지 후 시작되는 해체 준비 천이 단계부터 진행된다. 해체와 시설 운영은 다음 표 6.1에서 살펴본 것과 같이 여러 가지 공통적 특성과 유사점이 있지만, 대중과 작업자에 대한 위험 유형과 특성에서는 차이가 있다. 특히, 해체 작업의 복잡성과 다양성 때문에 시설 해체 안전성 평가에는 등급별 접근법이 적용되어야 한다.

이러한 이유로 운전 단계에서 해체 단계로 전환되는 천이 단계에서는 현장 운전자의 지식과 자원이 세심하게 관리될 필요가 있다. 특히, 운전 단계 업무 내용의 상당 부분이 폐기될 수 있으므로 해체 안전성 평가를 개발하기 전 운전 단계에서 적용된 설비 지침과 시설 감시 프로그램을 검토하는 것이 바람직하다. 그리고, 이러한 안전성 사례 문서 검토는 적절한 승인 경로에 따라 통제된 방식으로 수행하는 것이 중요하다.

표 6.1 운영 단계와 해체 단계 시 주요 시설 안전성 특성 비교

	시설 운영	시설 해체
위험 개요	• 위험 요소 잘 규명되어 있음 • 방사선 위험이 지배적임 • 소외 부지에 대한 잠재적 영향 가능성 • 잘 알려진 작업 환경	• 위험 요소가 변칙적이며, 뚜렷한 특징이 없음 • 방사선 위험이 해체 진행에 따라 감소 • 산업 안전 문제 증가 • 해체 작업으로 소외 부지 영향 증가 • 자주 바뀌는 작업 환경
작업 통제와 계획	• 정기적 업무 수행 • 운영 및 유지 보수에 초점 • 비교적 단기적 과제	• 새롭거나 처음해 보는 작업 • 단기 직무 또는 업무 중심 • 현장 안전을 위한 작업 계획 중요
위험 요소 분석	• 대개 안정적 운영 중심	• 동적 • 작업 중심 • 변칙적임
작업자 경험	• 승인된 설계에 따라 시설 운영 및 일상 업무가 숙지되어 있음	• 새로운 임무와 제한된 경험 • 하청업체는 설비 운영 공정에 대한 지식이 전혀 없을 수 있음 • 관련 지식과 정보 장기간 유지 필요
계약 관리	• 인허가 관리 및 운영	• 종종 단기 계약자 참여 • 계약자 성과에 대한 높은 의존성 • 철저한 프로젝트 관리 필요
작업 요원	• 장기 또는 작업 중심	• 해체 작업과 단계에 따라 변경됨
구조물 의존도	• 정기적인 유지 보수로 일정 견고성 유지	• 중간 시설 설치 필요 • 기존 구조물 열화
규제 감독	• 정기 검사 • 필요시 인허가 후 수정	• 집중 검사 • 종종 신속한 승인 필요함
이해 관계자	• 이해 관계자와의 정기적인 소통	• 동적이고 변화하는 이해 관계자 집단 (예: 계약자, 대중)

6.2.1 안전성 평가의 목적

안전성 평가는 다음과 같은 목적을 가진다.
- 해체 전략 선택의 정당성을 뒷받침한다.
- 계획된 해체 작업과 잠재적 사고 시나리오에 대한 체계적 안전성 평가 결과를 제공한다.
- 제안된 해체 활동이 안전하게 수행될 수 있으며 작업자와 대중의 보호를 위한 규제 요건을 충족할 수 있다는 문서화된 증거를 제공한다.
- 해체 프로젝트 팀, 독립적인 규제기관 또는 기타 조직이 해체 활동의 안전성을 독립적으로 평가할 수 있는 근거를 제공한다.
- 공식 승인에 필요한 문서화된 해체 안전성 평가 결과를 제공한다.
- 필수 안전 기준이 충족되고 유지될 수 있도록 해체 활동에 적용되는 안전 작업의 한계, 제어 및 조건을 확인한다.

실제 이러한 절차적 안전성 관리 방법은 안전성 평가의 주요 결과물 중 하나이다. 또한 안전성 유지를 위해 필요한 계통 및 기기의 유지 보수, 검사 및 시험 등은 안전성 평가 시설 감시 프로그램에 반드시 포함되어야 한다. 이 절차적 안전성 관리 방법은 해체 작업을 위한 작업 절차서와 관련 문서에 포함되어야 한다.

6.2.2 해체 계획의 일부로서의 안전성 평가

해체 프로젝트란 해체 작업의 정의, 작업 범위, 관리 프로그램, 안전성 평가, 방사성폐기물 관리, 환경 영향 평가, 규제 승인 등을 포함하는 일련의 연속 작업이다. 해체 프로젝트의 일반적인 특징은 앞에서 설명한 바와 같이 작업이 진행됨에 따라 시설의 상태가 점진적으로 변화한다는 것이다 .

이러한 이유로, 해체 프로젝트 수행 시 시작점과 종료점을 먼저 명확하게 정의하는 것이 중요하다. 또한 해체 계획을 수립할 때에는 해체 전략 (즉시 해체 또는 지연 해체), 현장의 다른 시설과의 상호 작용, 해체 작업 순서, 각 해체 단계에서의 작업 범위와 같은 주제와 현안에 대해 명확히 정의해야 한다.

해체 계획의 필수적인 부분인 안전성 평가는 해체 프로젝트의 진행에 따라 점진적으로 변화하는 작업 활동을 용이하게 하며, 해체 작업이 진행됨에 따라 감소하는 위험을 명확히 설명해 준다. 그러므로 안전성 평가 결과는 해체 계획 수립 (예: 안전 대책, 훈련 프로그램, 감시 및 유지 보수 프로그램, 규정 준수 및 환경 감시 프로그램, 보건 및 안전 프로그램, 비상 계획 수립 등)에 절대적으로 필요하다. 실제로 해체 계획과 안전성 평가는 매우 상호의존적이어서 각각을 따로 떼어놓고서는 제대로 완료될 수 없기 때문에 함께 준비되어야 한다.

해체 프로젝트 팀은 안전성 평가 인력을 포함한 기술 지원 인력으로 구성되어야 한다. 안전성 평가자는 계획된 작업에 대한 명확한 정의와 규격을 제공해야 하고 안전성 평가 결과는 수립된 계획이 해체의 전략과 목적에 부합할 뿐만아니라 해체 작업이 효율적으로 진행될 수 있다는 신뢰를 주어야 한다.

6.2.3   등급별 안전성 평가

원자력 시설 해체 과정에는 해체 활동에 따른 위험과 사건 및 사고 가능성이 늘 존재한다. 따라서 안전성 평가에서는 잠재적으로 큰 위험이 수반되는 활동과 사건에 적절한 가중치를 부여하는 한편, 심각한 결과를 유발하지 않는 소소한 사건들을 식별해 제거함으로써 불필요한 안전성 분석 노력을 줄일 수 있도록 해야 한다. 원자력 시설 해체 중 대중에 대한 방사선 피폭의 주요 원인은 정상적인 해체 과정 중 발생할 수 있는 기체 혹은 액체상 방사성 핵종의 누출이거나, 화재나 격납계통 기능 상실과 같은 사고들이다. 그러나 해체 단계에서는 환경으로의 방사성 물질 누출이나 직접적 방사선 피폭 유발 원인이 적기 때문에 운전 단계에 비해 대중에 대한 위험이 적다고 평가되고 있다. 실제로 해체가 진행됨에 따라 사용후핵연료 등을 포함한 방사성 물질이 안전한 형태로 제거, 변환 또는 이송 저장된다면 시설의 소외 위험 가능성은 크게 감소한다. 이후 남게 되는 방사성 물질이 방사화된 물질이거나 잔류 오염 상태뿐일 경우 위험 완화를 위한 조치들은 주로 작업자를 보호하기 위한 것이다.

이러한 계획된 해체 활동과 사고 상황에 대한 안전성 평가에는 해체 작업이 진행됨에 따라 감소하는 위험성을 차등 적용하는 등급별 접근 방식을 적용해야 한다. 등급별 안전성 평가 개념을 사용하면 안전성 분석과 평가에 드는 노력을 크게 줄일 수 있을 뿐만 아니라 안전성 평가의 범위와 깊이를 최적화할 수 있으며, 안전성 평가의 개발과 검토에 소요되는 비용과 노력의 균형을 맞출 수 있다. 또한, 등급별 접근 방식을 통해 좀 더 중요한 안전성 문제와 시나리오에 중점을 둘 수 있다.

등급별 접근이 적용되는 안전성 평가의 예들은 다음과 같다.

- 평가의 세부 수준

  상세한 사고 결과 해석과 방사선 피폭량에 대한 예비 연구가 선행되어야 한다. 이때 관련 기준 (예: 작업자와 일반 대중에 대한 선량 제약)을 만족시킬 수 있다는 것이 쉽게 입증될 경우 상세한 안전성 평가는 필요 없다. 그러나 입증이 쉽지 않을 경우 상세한 안전성 평가가 필요하다.

- 시설의 방사선학적 특성평가

  시설 내 방사성 물질에 대한 특성평가의 범위와 세부 사항은 예상되는 위험 수준에 따라 크게 영향을 받게 된다. 예를 들어 선량률 측정, 오염 수준 결정, 원자로 시설 내 방사화 정도, 주요 오염 방사성 핵종과 검출이 어려운 방사성 핵종 간 척도 인자 사용, 표본 추출 밀도 및 기타 측면 등에 의해 영향을 받게 된다.

- 사용되는 안전성 평가 방법

  위험이 낮은 경우 간단한 검사 방법을 사용할 수 있지만, 잠재적 위험이 클 경우 (예: 원자력발전소, 대형 핵연료주기시설) 확률론적 방법을 사용하는 상세한 안전성 평가가 더 적절할 수 있다.

- 검토 및 승인 요건의 정도

  해체 운영 조직 혹은 규제기관의 검토와 승인의 성격과 범위는 평가된 방사선학적 결과 또는 리스크 수준에 비례해야 한다.

6.2.4　방사선, 화학 및 산업재해의 통합 평가

해체 프로젝트 진행 중 발생할 수 있는 작업자와 대중의 방사선 피폭은 외부피폭과 내부피폭으로 나눌 수 있다. 주요 피폭경로는 방사선 발생원에 의한 직접적 외부피폭과 격납 건물 기능 상실과 기체 또는 액체의 방출로 인한 방사성 물질의 흡입과 섭취를 통한 내부피폭이다. 공기 중으로 방사능 확산을 유발시키는 화재는 외부피폭의 또 다른 원인이 될 수 있다. 절단 작업 중 발생하는 상처를 통한 방사능 오염 침투는 작업자 내부피폭의 또 다른 원인이 될 수 있다. 핵임계 사고는 작업자와 인근 대중들에게 큰 위험을 줄 수 있으나 정상 퇴역한 원전 해체에서는 발생 가능성이 매우 희박하다.

안전성 평가는 주로 대중 또는 현장 작업자에게 상당한 소외 방사선 피폭을 유발할 수 있는 경로와 사건 순서를 분석하는 것이 목표이다. 그리고 이러한 사건 순서에 대한 평가와 그 영향을 완화하기 위해 취해지는 공학적 및 절차적 관리는 안전성 평가 과정에서 문서화되어야 한다.

일부 해체 현장의 경우 오염된 토지의 관리가 고려되어야 하며, 이때에는 토지 오염으로 인한 방사선 피폭 가능성도 평가해야 한다. 방사능 오염 물질이 지하수로 누출될 가능성이 클 경우, 오염된 식수로 인한 피폭 위험성과 오염된 관개수를 사용한 지역에서 생산된 식품의 방사능 오염 가능성도 평가되어야 한다. 해체 중 독성 및 기타 위험한 화학 물질이 문제를 일으킬 수 있는 경우 안전성 평가에서 이를 반드시 고려하여야 한다.

해체 현장의 작업자에게 실질적으로 등장하는 가장 큰 위험은 시설과 건물의 철거 작업이 진행되고 있는 현장에 존재하는 산업적 재해이며 이러한 위험은 안전성 평가에서도 고려되어야 한다. 해체 시설에서의 안전 관리 프로그램은 이러한 물리적 재해 가능성을 통제해 방사능 재해 뿐만 아니라 화학 및 산업 재해의 영향을 완화시킬 수 있어야 한다.

안전 조치 또는 안전 관리 프로그램의 핵심 요건은 계획된 일상적 혹은 단발성 해체 작업의 리스크를 분석하고 절차와 지침 개발 과정에 적용할 통제 방안을 마련하는 것이다. 이 요건은 계획된 해체 업무의 내용과 범위에 대해 설명하고 이 설명을 바탕으로 잠재적 위험을 확인하는 위험성 평가를 수행함으로 달성될 수 있다. 이렇게 되면 확인된 위험을 허용가능한 수준으로 줄이는 데 필요한 조치를 결정할 수 있다.

시설의 안전성 평가를 통해 마련되는 안전 통제 조치와 해체 작업 수행 중 발생할 수 있는 산업 재해 안전 통제 조치들은 상호 보완적이라는 것을 인식하는 것이 중요하다. 안전성 평가에서 도출된 작업 통제는 개별 작업 패키지를 안전하게 수행할 수 있도록 설계하는 데 유용하다. 이때 도입되는 안전 통제 장치들로는 호흡기 보호 장치 장착, 안전 도구 사용, 개인 보호 장비 착용 등과 같은 것들이 있다. 실제 운영자 안전 관리 프로그램에는 무거운 장비의 승강 작업, 유해 화학 물질 작업, 고공에서의 작업 등이 포함되어야 한다.

6.2.5 안전성 평가 기술팀

해체 안전성 평가는 경험이 풍부한 전문팀이 수행해야 한다. 팀 구성은 해체 프로젝트의 규모와 안전성 평가의 유형과 성격에 따라 달라진다. 소규모 시설, 특히 위험성이 낮은 활동 (예: 소규모 연구 시설의 해체)의 경우, 소규모 안전 분석가 (또는 경우에 따라서는 안전 분석가 1인)로 구성된 팀으로 충분할 수 있다. 그러나 원자력발전소와 같이 규모가 크고 복잡하며 안전성이 중요한 시설의 경우에는 전문가로 구성된 팀이 필요하다. 이 팀은 일반적으로 다음과 같은 주요 영역에 대한 지식을 갖춘 구성원을 필요로 한다. 규제기관과 이해 관계자 등은 가능하면 분석 초기 단계부터 참여해야 한다.

- 공학적 시설 설계, 계통과 주요 기기 전문가
- 방사선 방호 전문가
- 시설과 시설 운전을 잘 아는 전문가
- 산업 안전 전문가
- 안전성 평가 전문가
- 적절하고 필요한 주제 관련 전문가 (예: 수문 지질학, 인적 요인, 컴퓨터 모델링 등)
- 방사성폐기물 관리 전문가

6.2.6 안전성 평가의 문서화

문서화된 안전성 평가가 갖추어야 할 9가지 특성은 다음과 같이 요약할 수 있다.

(a) 완벽성: 모든 위험성과 그에 상응하는 보호 조치를 확인해야 한다.

(b) 명확성: 장점과 단점 등 주요점을 모두 기술해야 한다. 모든 가정, 결론 및 권고 사항의 근거를 제시해야 하며, 미해결 문제도 빠뜨림 없이 정당하게 설명해야 한다.

(c) 합리성: 결론을 뒷받침하기 위해 설득력 있는 일관된 논리적 주장을 제시해야 한다.

(d) 정확성: 시설, 장비, 공정 및 절차의 현재 상태를 정확하게 반영해야 한다.

(e) 객관성: 모든 주장은 사실에 입각한 증거로 뒷받침해야 한다. 추측 혹은 외삽한 정보의 사용은 입증되어야 하며, 가정의 성격과 불확실성은 명확히 기술되어야 한다. 운전 절차, 관리 통제, 자원의 적정성 등은 적절한 수준의 업무 분석을 통해 입증해야 한다.

(f) 적절성: 안전성 입증을 위해 컴퓨터 코드 이용 평가와 같은 전산 분석 방법을 사용하는 경우 적절한 검증 및 유효성 검사와 함께 그 사용이 목적에 적합하다는 것을 입증해야 한다.

(g) 통합성: 안전성 분석, 공학적 검증, 운전 요건, 외부 시설/서비스에 대한 의존성 등은 통합 분석해야 하며 관련 가정은 구체적이어야 한다.

(h) 시의성: 시설물이 상당히 변경되는 경우 또는 안전에 중대한 영향을 미치는 일련의 작은 변경들이 발생한 경우 모든 기록을 최신 상태를 유지할 수 있도록 검토, 수정, 업데이트해야 한다.

(i) 전망성: 시설은 정해진 수명 동안 안전하게 유지됨을 입증해야 한다.

안전성 평가 문서에는 일반적으로 다음과 같은 내용이 수록된다.

(a) 서론: 작업의 범위를 설명하고, 해체 계획을 반영하여 안전성 평가에서 다루는 중간 및 종료 상태를 명확하게 설명한다.

(b) 안전성 평가 요약: 문서 내용의 지침 역할을 하도록 간결한 실행 요약이 포함되어야 한다.

(c) 평가 체계: 해체 목표에 법적 근거, 안전 요건 및 기준, 평가방법론, 프로젝트 종료 시점 상태 등에 대해 기술한다.

(d) 시설 설명과 해체 활동: 안전성 평가 및 공학적 평가를 수행할 수 있도록 시설과 해체 활동에 대한 기술적 설명을 충분히 자세하게 제공한다. 여기에는 위험 물질의 재고량과 안전 관련 구조물, 계통 및 기기의 세부 사항 등이 포함된다. 시설 설명은 해체 프로젝트를 위해 작성된 다른 문서에 이미 존재할 수 있는데, 해당되는 경우 활용할 수 있다.

(e) 위험 분석: 폐기물 취급과 위험을 유발할 수 있는 사건 등 개별 해체 활동과 관련된 위험 (방사선 및 비방사선)의 확인과 분석을 제공한다. 위험 분석은 계획된 해체 작업과 비정상적 상황과 사고 모두를 다룬다. 해체 활동 중 등장할 수 있

는 모든 위험과 고장/사고 조건도 포함되어야 한다. 물론 이러한 상황은 분석이 필요한 상황의 수를 줄이기 위해 적절히 분류될 수 있다 (방사성 및 비방사성 위험에 대한 별도의 일람표를 작성할 수 있다). 사건 발생 시나리오 방지 혹은 완화를 위해 사건의 발생 빈도와 각 사건으로 발생하는 결과를 안전 시스템과 함께 확인되어야 한다.

(f) 잠재적 결과의 평가: 정상 작업뿐만 아니라 선택된 사고 시나리오에 따른 작업자, 대중, 환경에 대한 방사선 피폭, 물리적 부상 등에 대한 잠재적 평가 결과를 포함해야 한다.

(g) 결과의 평가와 통제 방안 확인: 안전성 평가 결과를 관련 안전 기준과 비교하며, 필요한 경우 해체의 안전 수행에 필요한 한계, 통제 및 조건을 확인한다. 한계, 제어 및 조건을 확립할 때 관련 위험이 ALARA임을 입증해야 한다.

(h) 예방 및 완화 조치: 안전을 확보하기 위한 관리 조치와 안전 관리 프로그램을 명시해야 한다. 여기에는 수동형과 능동형 구조물과 계통 및 기기와 현장 운전자가 필요해 설치할 수 있는 구조물과 계통 및 기기가 모두 포함된다. 사건의 빈도 혹은 사건/사고 결과에 대한 예방과 완화 조치의 영향을 기술해야 한다. 이러한 조치들은 안전한 작업을 위한 주요 안전 관리 조치로서 프로젝트 문서에 포함되어야 한다.

(i) 결론: 안전성 관점에서 해체 계획의 수용 가능성에 대한 서술을 포함하는 안전성 평가 결과의 요약본으로 구성된다.

6.2.7   독립 안전성 검토와 이해 관계자 참여

최종 안전성 평가 결과 검토는 개발에 참여하지 않은 제 3의 전문가가 수행하는 것이 바람직하다. 이러한 독립 검토는 일반적으로 운영자에 의해 위임받은 기관 혹은 대리인이 수행한다. 물론, 규제기관 또는 그 대리인이 검토를 수행할 수도 있다. 만약 평가 과정 중에 안전성 평가에 중대한 변화가 발생했을 때에는 변경된 안전성 평가의 적절성을 확인하기 위해 독립 검토를 수행해야 한다. 독립 검토에는 체계적인 검토 절차와 함께 국제적 관행 혹은 사례를 포함시킬 수 있다.

해체 활동은 원래 계획된 해체 전략과 작업 범위에서 벗어나 변경될 수 있다. 이러한 변경 사항이 안전과 관련이 있고 안전 타당성에 영향을 미치는 경우 변경 사항의 적절성과 정당성이 증명된 후 수정되어야 한다. 물론 변경 사항이 문서화되고 관리되도록 하기 위해서는 안전 관리 프로그램 내에 공식적인 통제 절차가 마련되어야 한다. 시설이나 절차에 대해 변경이 제안된 경우 안전 중요도에 따라 독립적인 평가와 승인 과정을 거쳐야 한다.

해체 시설 현장 주변 거주 대중과 같은 다양한 이해 관계자는 안전성 평가 결과에 관심을 가질 수 있다. 우리나라를 포함해 많은 국가에서는 해체 허가를 부여하기 전 해체 프로젝트 시행자가 이 프로젝트에 의해 영향 받을 수 있는 대중들에게 자문하거나 해체 개시를 통지해야 하는 법적 요건을 제도화하고 있다. 지역마다 잠재적 이해 관계자들은 다를 수 있으나 해체 계획 수립에 대한 지원을 얻기 위해, 그리고 누락으로 인해 발생할 수 있는 프로젝트 지연을 방지하기 위해 해체 계획 단계에서부터 중요한 이해 당사자를 참여시키는 것이 현명하다.

6.3　해체 안전성 평가 단계

해체 안전성 평가에서는 여러 이해 관계자의 신뢰를 얻기 위해서는 해체 중 안전성을 논리적이고 투명한 방법으로 평가하는 것이 중요하다. 잠재적 위험을 식별하고 그 결과를 평가하기 위한 체계적인 접근 방식이 아래 그림 6.1에 제시되었다. 이 단계들은 기본적으로 반복적이며 상호 의존적이다. 예를 들면 나중에 얻은 정보가 앞 단계 평가에서 다시 사용될 수 있으며 아예 평가 결과가 변경될 수도 있다. 이렇게 서로 정보가 교환되는 단계가 반복되면서 평가는 구체화되게 된다.

6.3.1　안전성 평가 체계

안전성 평가를 실시하기 전 평가 체계를 명시하는 것이 중요하다. 여기에는 평가의 목표, 평가 내용과 범위, 해체 기간, 최종 해체 단계 상태, 관련 요건과 기준, 평가 접근 방식, 평가 결과, 안전성 관리 조치 등이 포함된다. 일반적으로 안전성 평가 개발에 대한 지침은 정부 기관, 운영자 또는 규제기관에 의해 발행된다.

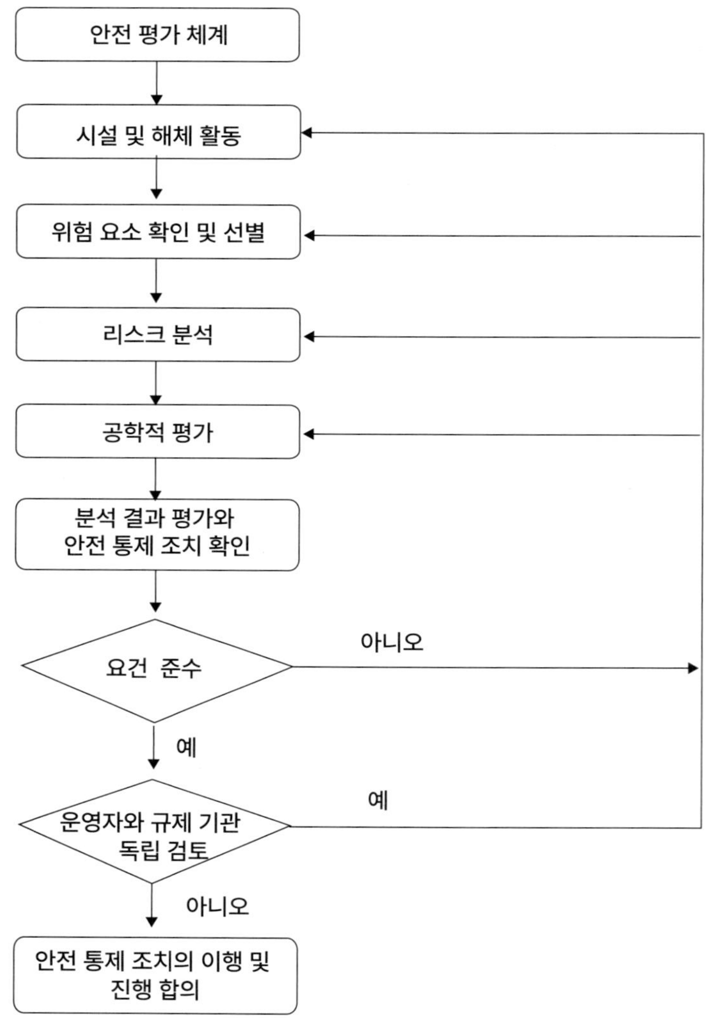

그림 6.1   안전성 평가 절차 주요 단계

가. 안전성 평가 내용

안전성 평가는 해체 계획에 기반해 수행되므로 안전성 평가의 범위는 전체적으로 해체 프로젝트 계획의 범위와 부합되어야 한다. 통상적으로 해체는 시설의 마지막 운전 단계 직후부터 시작되므로 안전성 평가의 시작점이 명확하게 정의될 수 있다.

나. 해체 기간과 종료 시점

해체 프로젝트의 최종 종료 상태와 종료 시점은 해체 프로젝트 안전성 평가 계획의 중요한 요소다. 그러므로 안전성 평가에는 최종 상태 방사능 준위 목표에 대한 자세한 정보가 필요하다. 해체의 시작점이 명확하더라도 해체 기간은 종료 시점에 따라 달라진다. 특히 해체 종료 시점을 정의할 때 시간 지연의 가능성을 고려하는 것이 중요하다. 해체 종료 시점은, 예를 들어 부지의 제한적 또는 무제한 사용과 같이 최종 해체 종료 상태의 선택에 따라 달라진다. 최종 상태가 제한적 사용인 경우, 계획된 제한 사항의 명확한 정의가 중요하다.

다. 평가 결과

안전성 평가 결과는 그 목적과 일치해야 한다. 선량 및 위험 예측, 안전 통제 조치 등은 안전성 평가를 해체 계획과 연결짓는 중요한 연결 고리이다. 안전성 평가 결과에는 해체 중 적용해야 하는 안전 통제 조치도 마련되어야 한다. 경우에 따라 운전 단계에서 사용된 조치 중 일부가 포함될 수 있지만, 대부분의 경우 더 이상 적절하지 않을 것이다. 안전 통제 조치에는 공학적 통제가 포함되지만, 해체가 진행되고 물리적 방벽과 발전소의 구조물과 계통과 기기가 제거됨에 따라 이러한 조치도 변경될 것이다. 공학적 시스템과 방벽 자체도 안전성 평가의 결과로 인해 변경될 수 있다.

라. 평가 접근 방식

안전성 평가 결과 조치들은 명확하게 정의되어야 하고, 안전성 평가에 사용되는 전체적인 접근 방식 또한 명시되어야 한다. 해체 안전성 평가 방식 중 의도되지 않은 방사능 누출 또는 피폭에 대한 방어책을 마련하기 위해 가장 일반적으로 사용되는 방식은 결정론적 방식이다. 이러한 결정론적 접근 방식은 상정된 방어책이 견실하고 완벽하다는 전제 아래 안전성 평가의 오류 허용 오차를 명확하게 제공할 수 있다.

확률론적 접근 방식은 결정론적 평가 방식을 보완할 수 있지만, 추가적인 통제 방법이 요구되지 않는 낮은 발생 빈도/결과의 사고에 적용하는 경우를 제외하고는 결정론적 방식을 대체해서는 안 된다. 확률론적 접근 방식은 전체 위험이 허용 가능할 정도로 낮아 더 이상의 안전성 평가가 필요하지 않은 사고 시나리오를 선별 또는 제거하기 위한 도구로 사용할 수 있다.

마. 기존 안전성 평가의 활용

운전 단계에서 이미 안전성 평가가 수행된 시설의 경우, 해당 안전성 평가의 일부가 해체 안전성 평가에 활용될 수 있다. 그러나, 해체 활동은 시설을 운전하는 활동과 근본적으로 다르다는 것을 인식하는 것이 중요하다. 예를 들어 시설 운전 단계 안전성 평가에서 인정되는 공학적 설계 방벽은 본격적으로 해체 작업이 시작되면 더 이상 안전성 확보에 도움이 되지 않는다. 또한 사용되는 해체 기술에 따라 시설에 새로운 위험 물질 (예: 용제 및 가연성 물질)이 유입될 수 있고, 운전 중에는 이동이 없었던 방사성 오염 물질이나 기타 위험 물질이 해체 과정 중 확산 가능한 형태로 바뀔 수도 있다. 안전성 평가를 준비하는 동안 이러한 위험을 인식하고 평가에 반영하는 것이 중요하다. 또한, 해체 작업을 위해 운전 단계에서 등장하지 않던 새로운 지원 시설과 장비가 필요할 수 있고, 개발되어야 할 수도 있다는 점을 명심해야 한다.

바. 안전 관리 조치

현장 운전자의 안전 관리 시스템은 현장 작업이 법적 요건에 따라 안전하게 수행되도록 하기 위해 사용된다. 여기에는 작업별 절차, 변경 통제 절차, 작업 통제 절차, 훈련 및 시험 프로그램, 방사선 방호 프로그램, 작업 안전 프로그램, 핵임계 관리 프로그램, 비상 대비 프로그램 등과 같은 요소가 포함된다. 안전성 평가는 현장의 안전 관리 프로그램이 모든 해체 작업에 적용될 것이라고 가정하여 수행된다. 안전 관리 시스템은 안전성 평가 결과를 해체 계획에 다시 반영시키는 중요한 연결 고리가 된다. 즉 안전성 평가 결과는 절차와 과정의 관리를 수정하고 개선하는 데 사용될 수 있다.

6.3.2   시설 및 해체 활동에 대한 설명

해체될 시설과 관련 토지, 구조물, 건물, 안전 관련 장비 등에 대한 설명은 안전성 평가 대상 시설에 대한 이해를 제공하는 데 필수적이다. 일반적으로 운전 종료 후 시설에 대한 초기 상세 설명이 시설 해체 계획에 포함된다. 해체 계획에는 내부 및 외부피폭 선원에 의한 작업자와 대중의 피폭 계산이 가능할 수 있도록 해체 작업별 혹은 작업 그룹별 방사선원의 기하학적 구조, 방사능 농도, 추정 작업 시간 등에 대한 상세 정보를 제공해야 한다.

가. 현장 설명 및 현지 인프라

시설 설명에서는 시설이 위치한 지리적 환경뿐만 아니라 사회적 환경도 다루어야 한다. 또한, 잠재적 위험을 정의하고 안전성 평가에 사용되는 모델에 필요한 매개변수와 특징을 파악할 수 있도록 해체를 진행할 시설과 해체 활동에 대한 충분한 설명이 필요하다. 시설 설명에 대한 상세 수준은 정확한 안전성 평가가 수행될 수 있을 정도로 충분해야 하고 시설의 위험 수준과 복잡성에 비례해야 한다. 시설 설명에는 작업의 범위를 정의하고 해체에서 제외되어야 할 시설 또는 건물을 포함해 해체될 시설의 모든 부분에 대한 정보를 기술하는 것이 중요하다.

잠재적으로 영향을 받을 수 있는 현장 인근 대중의 위치도 정의되어야 한다. 여기에는 대기 확산과 관련된 기상학적 정보와 잠재적 피폭 가능 인구 집단의 위치와 방향에 대한 정보가 포함된다. 장비와 방사성 물질의 운송 경로도 설명되어야 한다. 해체 활동이 방사성 물질 또는 위험 물질을 지표수나 지하수 경로에 방출할 가능성이 있는 경우 현장 주위의 지질학적, 수문학적 특성도 평가되어야 한다. 또한 해체 활동 중 발생하는 사건에 의해 영향받을 수 있는 인근 시설, 구조물 (지반 위와 아래)과 사람 혹은 장비가 있는 주변 건물에 대한 설명도 포함되어야 한다.

일반적으로 시설에 대한 정보는 운전 기록, 운전 종료 후 상세 방사선 측정과 지속적인 해체 활동 등을 통해 도출된다. 그러나 획득한 정보가 안전성 평가에 부적절하거나 불충분한 경우 (예 : 설계 도면의 부족) 특정한 매개변수를 가정하거나 또는 일반적인 값에 의존해야 한다. 이러한 경우, 가정에 의해 도입된 불확실성에 대한 분석이 필수적으로 이루어져야 한다. 또한 운전 정지 후 천이 과정과 본격적인 해체 활동의 성격에 따라 시설에 대한 상세한 방사선학적 측정조사와 공학적 상태 검사가 필요할 수 있다.

나. 안전성 관련 구조물과 계통 및 기기

해체되어야 할 안전성 관련 구조물과 계통 및 기기에 대한 설명서 (현장 매립 구조물 설명 포함)가 작성되어야 한다. 물론 안전성 평가를 지원하기 위해 구조물과 계통 및 기기의 운전 정지 후 상태에 대한 상세한 내용도 포함된다. 열화 정도와 설계 변경 그리고 발전소 등 시설에서 이루어진 수정 사항 등도 확인해야 한다.

또한, 구조물과 계통 및 기기 간의 상호 의존성에 대한 설명과 함께 해체 중 방사성 물질 또는 위험 물질의 확산 방지 혹은 억제를 위해 필요한 기존 혹은 새로운 구조물과 계통 및 기기에 대한 설명이 필요하다. 해체 마지막 단계까지 남겨질 장비와 공용 장비는 장비의 건전성 보장 수단과 함께 상세히 설명되어야 한다.

다. 방사성 물질

시설에 존재하는 확인 혹은 예측된 방사성 물질과 기타 위험 물질의 위치, 수량 및 특성에 대한 자세한 설명이 제공되어야 한다. 여기에는 개별 구조물과 장비 내에 존재하는 오염 자재의 분포도 포함된다. 물론 이 정보는 운전 기록과 현장 조사 결과를 기반으로 정리되어야 한다. 또한, 공정 변경뿐만 아니라 제염이 완료된 지역을 재오염시킨 사건이 있다면 이 사건도 포함시키는 것이 중요하다.

이 설명에는 토양, 지하수 표면, 지표면 아래 오염 특성, 현장 방사성 물질 또는 위험 물질이 포함되어야 한다. 해체 전 방사성폐기물 또는 사용후핵연료가 현장에서 제거되지 않은 경우, 이들이 안전성 평가 범위에 속하는지 여부를 명확하게 제시해야 한다.

해체를 시작할 당시 방사능 재고량을 상세히 기술하는 것이 항상 가능한 것은 아니지만, 초기 방사능 재고 목록은 향후 활동에 적합한 방사선 방호 조치를 설계하는 데 매우 중요하다. 만약 측정 자료 없이 추정치 사용만 가능하다면 안전성 평가에 사용된 모델과 계산 관련 불확실성 정도에 대해 설명해야 한다. 이럴 경우 불확실성의 크기와 성격에 대한 정보를 제공해야 하고 뒤따르는 통제 절차와 수정 등의 관리 방법에 대해서도 설명해야 한다.

해체 활동 수행 중 방사성 물질에 관한 새로운 자료가 수집될 때마다 정보의 업데이트가 이루어져야 한다. 이때에는 측정 방법과 사용된 측정기기 및 표본 추출 기법 등이 설명되어야 한다. 만약 해체 활동 중 예상되는 새로운 방사성 물질이 예비 추정치와 크게 다른 경우, 안전성 평가의 개정이 이루어져야 한다.

라. 운전 이력

시설의 운전 이력 관련 정보에는 구조물과 계통 및 기기의 상태와 해체 안전성에 잠재적인 영향을 미치는 설계 변경 관련 정보와 사고 또는 사건의 기록 등이 포함되어야 한다. 이러한 정보의 주요 내용은 다음과 같다.

- 운전 기록 등 관련 문서 수집과 검토를 통한 기존 시설 상태의 평가
- 운전 기간 동안 진행된 시설의 변경 기록 및 해체 활동 안전에 중요한 장비 개조 여부
- 사고 또는 사건 기록과 관련 시정 조치와 그에 대한 평가
- 운전 후 방사능 측정 자료
- 프로젝트 관리자, 기술 담당자, 보건 및 안전 요원과 작업자로 구성된 다분야 전문가팀에 의한 시설 상태 및 고유 위험 요소 현장 실사 평가 (방사능 특성 평가 측정조사)
- 계획된 해체 활동과 관련된 시설 내 위험 관련 운전 문서
- 시설 운전 중 발생한 사건 보고서와 유사 시설에서 획득한 교훈
- 과거 시설 운전 정보 보완을 위한 사고와 사건에 대한 과거 및 현재 직원과의 인터뷰

정상 운전 중 혹은 사고나 사건으로 인해 발생한 방사능 오염 위치에 대한 정보는 매우 중요하다. 수집된 정보 사이에 존재하는 빈틈이나 불확실성도 명확하게 확인해야 한다.

마. 해체 활동 및 기술

해체 활동으로 인해 작업자가 방사선에 피폭될 잠재적 가능성이 상존하므로 해체 활동 중 등장할 수 있는 모든 중요한 위험을 확인하고 안전성 평가에서 상세히 다룰 수 있도록 사전에 충분히 설명되는 것이 중요하다. 이 설명에는 해체의 주요 단계, 예를 들어 사용후핵연료의 제거나 대형 금속 폐기물의 절단 해체와 같이 주요 위험 작업 등이 포함되어야 한다. 이러한 설명에는 표면 혹은 장비에 고착된 오염의 제거, 계통 및 장비의 해체, 구조물의 철거, 현장에서의 잔류 오염 복원도 포함된다. 해체 시 사용되는 장비에 대한 전원 공급, 냉각수와 기타 외부 지원 필요 여부도 문서화되어야 한다.

해체 기술에 대한 상세한 수준의 설명에는 다음과 같은 항목도 포함되어야 한다.
- 사용할 제염 및 정화 방법
- 절단 방법 등 사용할 해체 기술
- 자재 처리, 포장, 보관 및 현장 처리 활동
- 지원 체계 유지 보수
- 시설물 구성의 변화를 수용하기 위한 구조물과 계통 변경 사항

바. 지원 시설

방사성폐기물 저장 시설, 실험실, 부피 감용 시설 등과 같이 안전한 해체에 필요한 새로운 지원 시설을 안전성 평가에 포함시켜야 한다. 물론 이러한 시설의 건설과 운전에 관한 자체 안전성 평가가 필요하다. 마찬가지로, 기존의 구조물과 계통 및 기기가 해체에 사용될 경우 이들 시설에 대한 설명이 포함되어야 한다. 해체를 위해 기존 구조물이나 계통을 변경해야 하는 경우, 변경된 시설도 안전성 평가에 포함시켜야 한다.

사. 최종 상태

해체 완료 후 현장의 최종 상태는 안전성 평가와 해체 계획에서 명확히 설명되어야 한다. 최종 상태로는 규제 해제를 통한 현장의 무제한 개방 혹은 제한적 개방이 모두 가능하지만 후자의 경우에는 일정 형태의 규제 통제가 유지된다. 예를 들어, 해체 후 최종 현장에 임시 폐기물 보관 시설이 남아 있는 경우에는 사용이 제한될 수 있다.

해체 계획에 명시된 작업과 활동이 완료되면, 시설이나 현장에서 잔류 방사성 핵종이 충분히 제거되어 해체 계획에 명시된 최종 상태 조건이 충족되었음을 입증하기 위해 적절한 최종상태 측정조사가 필요하다. 상당한 양의 방사성 물질이 현장에 남아 있을 경우 해체 후 상태에 대한 안전성 평가가 필요하다.

6.3.3   리스크 분석: 확인 및 선별

가. 리스크 확인

해체 안전성 평가 개발을 위한 첫 번째 단계 중 가장 중요한 것은 계획된 활동 및

사고 조건 하에서 해체 작업자, 일반 대중 및 환경에 영향을 미칠 수 있는 기존 혹은 잠재적 (방사성 및 비방사성) 위험원 모두를 찾아내는 것이다. 따라서 합리적으로 예측 가능한 모든 발단 사건과 사고 시나리오를 확인해야 한다. 작업자, 대중 및 환경에 대한 방사성 및 비방사성 위험 요소 리스트 예는 이 장의 부록 1에 정리하였다.

개별 해체 활동과 관련된 이러한 위험 요소들은 적절한 접근 방법을 사용해 찾아낼 수 있는데, 이들 접근 방식에는 다음과 같은 방법들이 포함된다.

(ⅰ) 기존 안전성 평가에 기초한 확인: 시설 운전에 대한 안전성 평가가 존재하는 경우, 비록 더 이상 적절하지 않을 경우가 많겠지만 이 평가를 시작점으로 활용할 수 있다.

(ⅱ) 과거의 운전 경험을 바탕으로 한 확인: 시설 운전 중 발생한 사건이나 사고에 대한 지식은 해체 작업 중 발견할 수 있는 방사선원과 같은 특정 위험원을 확인하는 데 유용하다.

(ⅲ) 점검 목록 사용: 점검 목록의 사용은 경험이 많거나 경험이 적은 사람 모두를 위해 유용한 접근 방식이 될 수 있다. 부록 1에 수록된 점검 목록은 위험 확인을 위한 출발점으로 사용할 수 있지만 특정 작업을 수행할 경우 추가 위험을 확인할 수 있도록 주의를 기울여야 한다. 해체 단계마다 위험 요소가 다를 수 있기 때문에, 각 단계마다 점검 목록을 검토하는 것이 필요하다.

(ⅳ) 위험원 분석 (HAZOP): 이 분석 방법은 위험 확인을 위한 방법으로 많이 사용된다. 보통 4–6명으로 구성된 팀이 수행하는데, 여기에는 숙련된 리더 (안전 및 신뢰성 경험이 있는)와 해체 절차의 설계와 해체 활동에 관여하는 사람이 포함된다. 이때 해체 활동이란 제염, 절단, 철거, 정화, 운송 등을 의미한다.

(ⅴ) 브레인스토밍 (Brainstorming): 이 법은 'What if?' 접근 방식이라고도 하는데 해체할 장비와 시설에 익숙한 전문가 그룹이 수행하는 것이 좋다. 이 기법을 점검 목록 분석과 결합하면 위험 확인의 효율성을 높일 수 있다. 'What if...?'라는 질문이 외부 요인의 영향, 현장 운전자 오류 및 기타 인적 요인, 장비 및 기기의 고장 등의 범주 내에서 제기될 수 있지만, 엄격한 기준을 고수할 필요는 없다.

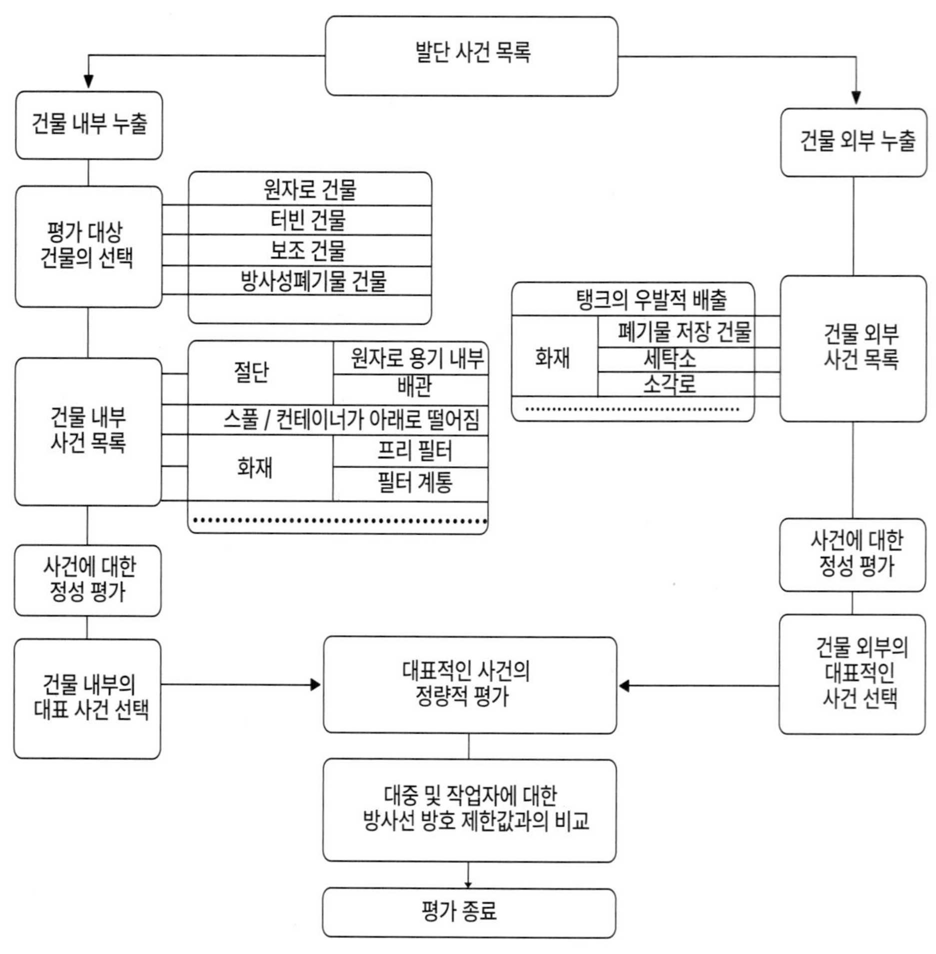

그림6.2   리스크 확인 접근 방식의 예

그림 6.2에는 위험 확인 세부 단계들로 구성된 위험 확인 접근 방식의 사례가 제시되어 있다. 위험 요소 확인 과정 중에는 다음과 같이 새로 유발되거나 악화될 수 있는 위험을 확인하는 데 특히 중점을 두는 것이 중요하다.

- 한 해체 단계에서 다른 단계로의 전이, 설비 간 공통 시스템의 사용, 방호 방벽의 상실, 동시 다발 수행 작업 간의 상호 작용 가능성 등
- 구조물과 계통 및 기기의 열화, 장비의 부식 또는 형태의 변화를 일으키는 공정

　라인 혹은 저장 탱크 내 잔류 화학 물질
- 공학적 시스템 (방화벽 또는 격납벽)과 같은 안전 기능의 조기 제거
- 외부 사건 (홍수, 폭풍 등)

　운전에서 해체로의 천이 단계에서 위험 물질 (석면, 폴리염화비페닐, 오일 등)을 제거하여 위험을 줄인다면 해체에 대한 안전성 평가를 단순화할 수 있다. 만약 방사성 물질, 유해 화학 물질 또는 석면과 같은 현장 위험 물질에 대한 정보나 지식이 부족한 경우 잠재적 위험을 확인하기 위해 추가적인 특성 평가 활동이 필요하다.

　때로는 위험 물질의 양이나 형태에 대한 보수적인 가정을 하거나 일부 안전 장치가 작동하지 않는다고 가정하는 것이 특성 평가를 수행하지 않고 안전성 평가를 진행하는 효과적인 전략이 될 수 있다. 그러나, 이러한 가정이 계속 유효하다는 것을 보장하기 위해서는 해체 작업이 진행됨에 따라 추가 조사가 필요할 수 있다.

　시스템이나 물리적 현상에 관련된 위험뿐만 아니라 전혀 다른 종류의 간접적인 문제가 해체 프로젝트의 안전성에 영향을 미칠 수 있다. 예를 들어 직원의 태도와 안전 관리를 포함하는 조직의 안전 문화는 사고 위험에 영향을 미치는데, 한 예로 인적 오류는 오해 또는 집중력 부족으로 발생할 수 있다.

　확인된 모든 위험원은 위험을 방지하거나 완화하기 위해 사용되는 통제 수단과 함께 체계적인 방식으로 기록되어야 한다.

나. 예비 위험성 평가와 선별

　위험에 대한 예비 안전성 평가는 잠재적인 결과를 예측하고 상세한 분석 필요 여부를 판단하는 데 유용하다. 이 장의 부록 2와 부록 3은 계획된 해체 활동과 사건/사고에 따른 전형적 위험과 위험 요소의 예를 보여준다. 일반적으로 위험성이 낮은 사고 시나리오는 추가적인 안전성 평가가 필요하지 않으며, 위험 수준이 낮을수록 안전 관리 프로그램의 일부로 도입된 안전 관리 조치가 위험성을 최소화하기에 충분하다.

표 6.2   리스크 분류 시스템

위험 등급	리스크 분류
I	본질적으로 소외 (해체 현장 밖)에 중요한 결과를 초래할 수 있는 사건. 대중들은 구조물과 계통 및 기기 등에 의한 공학적 안전 조치와 행정적 안전 조치로 보호되어야 함. 소외 방사선 영향 평가 결과가 높은 사건은 발생 빈도와 상관없이 안전성 평가를 수행해야 함.
II	등급 I보다 소외 사고의 영향은 낮지만 소내 영향은 중대한 사건. 그러나 대중들은 등급 I과 같이 높은 수준의 공학적 안전 조치와 행정적 안전 조치로 보호되어야 함. 통제 조치는 ALARA에 근거하더라도 심층 방호 개념에 따라 사고 안전 기준의 요건 이상으로 설정되어야 함.
III	국부적으로 시설 내부에만 영향을 초래하는 사건. 운영자의 안전 관리 프로그램으로 적절히 보호될 수 있으나 심층 안전 조치를 고려해야 함. 규제기관의 요구가 없다면 공식적인 안전성 평가는 필요하지 않음.
IV	기본적으로 작업 현장에만 영향을 미치므로 사고의 영향이 낮고 추가 안전 조치가 필요하지 않음. 운영자의 안전 관리 프로그램에 의해 적절히 보호되는 것으로 간주되므로 문서화된 안전성 평가는 필요하지 않음.

위의 표 6.2와 같은 위험 분류 시스템을 사용하면 안전성 평가의 대상과 필요한 상황, 필요한 관리 조치 수준과 안전성 평가의 규제 승인 수준 등을 결정할 수 있다. 예를 들어, 이 표의 위험 등급 I과 같이 상당한 외부 위험을 초래할 가능성이 있는 시설은 최고 수준의 정밀 조사가 필요하며, 규제기관과의 합의가 요구될 수 있다.

시설의 안전성은 완화되기 전 상태에서 수행된 사고 안전성 평가의 최고 위험 등급에 근거하여 분류해야 한다. 이러한 분류에 따라 독립 검토와 규제기관의 안전성 평가의 수준이 정해진다. 예를 들어 위험 등급 I 시설의 안전성 평가는 규제 검토뿐만 아니라 완전한 내부 독립 검토의 대상이 될 수 있다. 그러나, 위험 등급 II 시설은 규제기관이 특별히 검토를 수행하기로 하지 않는 한 내부 검토로 대체할 수 있다.

예비 안전성 평가에서는 위험이 완화되기 전 상태의 소내와 소외의 방사선 피폭 영향 평가와 보수적으로 결정된 발생 빈도를 평가하게 된다. 예비 안전성 평가가 완료되면 아래 표 6.3 위험 분류 체계에 따라 설정된 각각의 시나리오마다 적절한 위험 등급을 결정할 수 있다.

표 6.3   사고 영향과 발생 빈도 – 위험 분류 체계

사고 영향 수준	극히 희박	매우 희박	희박	가능
발생 빈도	($\ll 10^{-6}$/년)	(10^{-4}~10^{-6}/년)	(10^{-2}~10^{-4}/년)	(10^{-1}~10^{-2}/년)
〈 영향 큼 〉 소외 부지 대중 피폭 ($>$100-1000 mSv) 소내 부지 피폭 ($>$1000 mSv)	III 등급	II 등급 SAR 작성 / 안전 통제 중요	I 등급 SAR 작성 / 대중 안전 등급 통제, 작업자 안전 중요	
〈 영향 보통 〉 소외 부지 대중 피폭 (10-100 mSv) 소내 부지 피폭 (100-1000 mSv)		III 등급	II 등급 SAR 작성 안전 통제 중요	
〈 영향 작음 〉 소외 부지 대중 피폭 ($\ll$1-10 mSv) 소내 부지 피폭 ($\ll$10-100 mSv)	IV 등급		III 등급	

사실 결정론적 평가 방법이 우선이기 때문에 해체 안전성 평가에 등장하는 경우는 거의 없지만, 사고 시나리오가 복잡해지는 경우, 사건 수목도 (event tree)나 고장 수목도 (fault tree)를 사용하여 발생 빈도를 적절하게 추적하고 기술하여 리스크가 큰 시나리오를 설정해야 할 경우가 있다. 그러나 고장 수목도 상 단일 요소 사건의 발생 빈도만을 고려해서는 아니 된다. 예를 들어 단순 차량 사고뿐만 아니라, 자재를 실은 용기가 충돌되어 파손되고, 연료 탱크의 치명적인 파열에 의해 발화되는 등의 사고의 빈도도 평가되어야 한다.

이처럼 보다 복잡한 시설의 경우 잠재적인 사고 시나리오의 수는 많을 수 있지만 항상 모든 것을 평가할 필요는 없다. 유사 사고를 그룹화하고 각 그룹의 대표적 최대 사고 시나리오만을 분석함으로써 평가와 분석의 양을 최적화할 수 있다. 이러한 이유로 잠재적 결과가 낮거나 발생 빈도가 낮은 시나리오는 선별하여 배제할 수 있다. 핵분열성 물질이 시설에 남아있는 경우, 그 양이 핵임계 발생에 필요한 이론적 최소 질량 값을 초과할 수 있는 경우 핵임계 위험을 고려해야 한다. 화학 물질이 다

량으로 사용되어 위험 상황이 발생할 가능성이 높은 경우에는 발단 사고와 사고 진행에 대한 상세 안전성 평가가 필요하다.

화학 물질과 기타 위험 물질을 다룰 때, 안전 통제는 그러한 물질의 사용과 저장에 적용되는 법규상 요건에 맞게 이루어져야 한다. 운영자의 안전 관리 프로그램에는 화학 물질과 유해 물질 사용에 대한 법적 요건을 준수하도록 보장하기 위한 절차가 포함되어야 한다.

6.3.4 리스크 분석 및 평가

안전성 평가를 진행하면서 잠재적 위험과 발단 사건들이 확인되고, 사고의 발생 빈도와 사고 결과에 대한 예비 평가가 수행되었을 경우, 리스크가 낮은 사고 시나리오는 추가 평가가 필요하지 않지만 높은 위험 범주에 속하는 시나리오는 추가 평가가 필요하다. 또한 사고 시나리오는 모든 발단 사건에 대해 개발되어야 하지만, 앞에서 설명한 바와 같이 상세 분석을 필요로 하는 시나리오의 수를 최소화하기 위해 합리적인 범위 내에서 그룹화하는 것이 바람직하다. 대중 피폭의 경우 '결정집단' 개념을 이용하여 현지 지역 인구 중 가장 높은 피폭 집단의 방사능 피폭을 평가해야 한다. 결정집단 주민들 혹은 직업상 피폭이 발생할 수 있는 대표적인 예는 크게 거주 농민 시나리오와 잔류 건물 사용 피폭 시나리오로 분류할 수 있다. 이들 피폭 시나리오에 대해서는 이후 상세히 다룬다.

가. 정상 활동 분석

계획된 해체 활동의 경우에는, 합의되고 문서화된 활동에 기초하여 평가가 이루어져야 한다. 해체 작업 중 계획된 정상 활동이란 '작업 관리 절차를 통해 계획되고 예정된 모든 해체 활동' (즉, 비상 조치 또는 사고 조건에 대한 대응이 아닌)으로 정의할 수 있다. 계획된 해체 활동과 업무 안전성은 확립된 안전 기준과 현장 안전 관리 프로그램 (방사선 방호, 운전, 교육과 자격 획득, 품질 보증 등)을 준수하게 되면 대부분 보장된다.

계획된 정상 해체 작업 중 작업자의 방사선 방호도 직업 방사선 방호 절차를 수행함으로써 달성될 수 있다. 특히 작업 통제 절차는 각 작업이 작업자 피폭선량 규제 제한치 이하로 유지되도록 요구하는 모든 관련 요건과 지시에 따라 안전하게 수행되어야 한다. 방사성 물질 또는 유해 물질의 계획된 방출도 ALARA 원칙을 준수하면서 일반 대중의 피폭선량을 제한치 이하로 유지토록 규제 관리 절차를 따라야 한다. 지역 인구 중 가장 많이 피폭되는 집단 (결정집단)에 대한 피폭선량의 평가는 컴퓨터 코드 또는 기타 방법 등 시설 운전 단계에서 적용한 것과 동일한 방법을 사용하여 수행한다.

나. 사고 시나리오 분석

다음 단계는 방사선 피폭을 야기할 수 있는, 합리적으로 예측 가능한 모든 사건과 사고를 포함하는, 일련의 사고 시나리오를 개발하고 분석하는 것이다. 그리고 유사한 사고 유형을 그룹화하여 분석할 사고 시나리오의 수를 줄일 수 있다. 첫 번째 단계로서 발단 사건은 다음과 같은 몇 가지 범주로 분류된다.

(a) 시설 내 작업 중 사고 (발전소 고장, 화재, 운전 오류 등에 의해 시작됨)
(b) 사람의 의한 외적 요인 사건 (시설 외부의 작업에 의해 시작됨)
(c) 자연 현상에 의해 시작된 사건

이러한 범주의 사건들은 더욱 세분화될 수 있다. 예를 들어, 작업 중 사고는 화재, 액체 흘림, 폭발 등으로 더 세분화될 수 있으며, 격납 건물 내부 사고와 격납 없는 시설 내 사고로 세분화될 수 있다. 이러한 각 범주 내 사고 시나리오들은 이들 시나리오들을 포함할 수 있는 하나의 사고 시나리오로 대표화될 수 있다.

이렇게 대표 사고 시나리오가 선택되면, 사고 결과를 평가하기 위해 특성 평가 분석을 수행한다. 이러한 특성 평가에는 방사성 재료의 양, 물리적 형태와 조성, 이들 재료의 거동과 방출 특성에 영향을 미치는 물리적 환경, 그리고 모델링을 수행하는 데 사용되는 초기 가정들이 포함된다. 사고 시나리오에 대한 설명에는 다음 정보가 포함되어야 한다.

- 사고 유형
- 사고 지속 기간

- 사고 원인과 활동
- 예방 통제 조치
- 사고의 종료
- 사고 완화를 위한 통제 조치
- 빈도
- 사고 결과
- 사고 결과 계산을 위한 가정

사고 분석은 유사한 사고의 위험 평가가 가능할 만큼 포괄적이어야 하며 현실적이고 타당한 방법으로 제시되어야 한다. 사고 시나리오의 선정 과정과 사고에 대한 설명은 문서화되어야 하며 이 설명에는 초기 발단 사건의 범위와 폭이 포함되어야 한다. 이는 이후 계획 변경이나 해체 작업 중 누락 또는 예상치 못한 변경에 따른 후속 평가의 기초가 된다.

다. 모델링 및 결과 계산

위험 분석에서의 모델링이란, 방사성 물질 내 존재하는 방사성 선원에 의한 인간의 방사선 피폭량 계산 과정을 확립하는 것이다. 따라서 모델링이 이루어진 다음 모델링 결과를 선량 제한치와 비교할 수 있다. 물론 이러한 모델의 복잡성 수준은 해체 프로젝트의 유형, 규제기관의 요건과 기타 문제 등에 따라 달라진다. 모델링과 계산에는 두 가지 목적이 있는 데 이 두 목적의 차이를 분명히 이해할 필요가 있다.

- 해체 활동에 따른 위험
- 최종 상태와 관련된 위험

최종 상태 관련 안전성 평가는 해체가 완료된 후 건물과 토양에 잔류하는 방사성 물질의 잠재적 영향을 평가하기 위한 것이다. 시설이나 부지의 규제 해제를 정당화하기 위해서는 정확한 평가와 계산이 필요하다. 이러한 최종 상태 평가를 위해서는 방사성 핵종의 장기 이동 체제를 분석해야 하며, 인근에 거주하는 사람들의 향후 행동에 관한 가정이 이루어져야 한다.

계획된 활동과 잠재적인 사고로 인한 방사선 피폭을 정확히 평가하기 위해서는 다음 주요 요소들을 포함하는 계산 모델을 개발해야 한다.
- 표본 인구의 활동 (예: 습관)
- 시설의 방사능량 (위치, 크기, 공간 분포, 성분, 수량)
- 대기, 물 순환, 토양에서의 방사성 핵종 이등 과정
- 피폭 경로 (외부 피폭, 기체 흡입, 오염 핵종 퇴적물에 의한 외부 피폭, 오염된 식품과 물의 섭취)

단순히 최대 범위 만족 여부 (bounding approach)평가로 충분할 경우 복잡한 컴퓨터 코드를 사용할 필요는 없다. 그러나 환경 방출에 따른 방사선 피폭선량을 평가하기 위한 모델은 방사선원, 환경 내 방사성 핵종의 분포, 사람으로의 이동, 최종 방사선 피폭량 평가 등을 고려해야 한다. 이러한 계산을 위해서는 여러 가지 컴퓨터 코드와 방법을 이용할 수 있다. 일반적으로, 이러한 계산 절차와 컴퓨터 코드의 복잡성은 평가할 시설의 복잡성에 따라 달라진다.

외부 선원에 의한 작업자 방사선 피폭을 심층 분석하기 위해서는 해당 영역에서의 작업 소요 시간이 정해져야 한다. 내부 피폭의 경우에는 특정 지역에서 거주자가 소비하는 시간을 추정하고 공기 중에 부유하는 방사성 핵종의 농도와 성분을 계산해야 한다. 물론 이러한 정보들은 제공된 시설 정보에서 확인할 수 있어야 한다. 다행히 IAEA의 모델링을 포함하여, 이미 공기, 물, 육상 및 수생 식품을 통한 환경 방

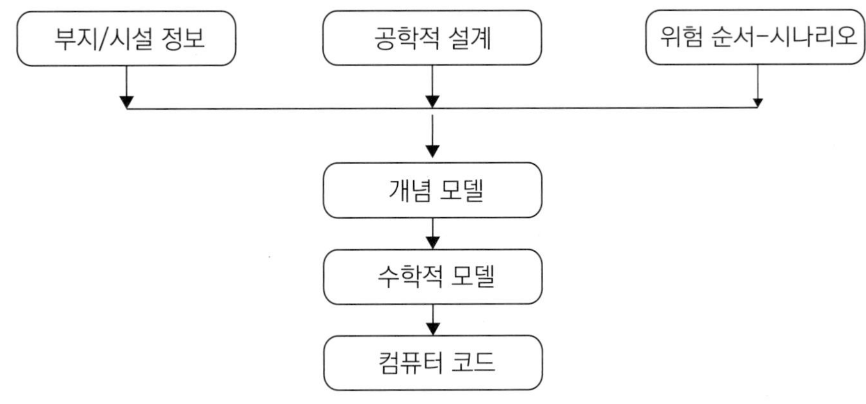

그림 6.3　모델 개발 과정

사성 핵종 방출 영향을 평가하기 위한 다양한 모델들이 개발되어 있다.

매우 복잡한 대형 프로젝트의 경우, 개념 모델과 피폭 시나리오를 적절히 표현한 수학적 모델을 사용하여 해체 활동에서 발생하는 방사성 물질 누출량을 계산할 수 있다 (그림 6.3). 이때 사용되는 매개변수 값은 시설과 현장의 정보와 컴퓨터 코드 해석에 사용되는 정당하고 적절한 가정값들이다. 한편 개별 모델, 컴퓨터 코드, 작업 조건 등의 불확실성도 확인 평가해야 한다. 필요한 경우, 매개변수 가변성 시뮬레이션을 이용한 확률적 모델을 사용할 수 있다.

해체 안전성 평가에 컴퓨터 코드 평가가 필요한 분야들은 다음과 같다.
- 중성자 조사에 의한 원자로 노심과 기기 및 주변 구조물과 대상 시설과 설비들의 방사화 평가
- 해체 프로젝트 전체에 걸친 작업자와 일반 대중의 방사선 피폭선량 평가를 통한 계획된 해체 활동의 안전성 입증
- 철거 작업 방사선량률의 상세 평가를 포함한 해체 작업 계획의 상세 최적화
- 환경 방사선 영향 평가
- 특정 문제, 예를 들면, 방사선학적 영향과 화학적 측면을 모두 고려한 화재, 폭발, 화학적 현상 등 부수적 영향 평가

시나리오 분석과 모델링 평가 결과가 도출되면 개별 해체 활동과 함께 전체적인 리스크 정도가 드러나게 된다. 즉 사건과 사고의 발생 빈도가 평가되고 그 사건과 사고의 영향 정도가 작업자와 대중에 대한 피폭선량 값으로 드러나게 된다. 이러한 발생 빈도와 사건/사고의 영향 평가 결과를 바탕으로 표 6.3의 위험 분류 체계에 따라 공학적 평가를 포함한 안전성 평가와 그 결과에 따른 안전 통제 조치를 마련할 수 있다. 이 표는 지난 30여 년간의 경험을 바탕으로 IAEA가 제시하고 있는 위험 분류 체계로 이 체계에 따르면 설계 수명동안 운전된 후 정상 퇴역한 원전의 경우 모두 3 등급 혹은 4 등급만의 위험 요인을 갖고 있어 안전성 분석 보고서 (SAR, Safety Anaylsi Report)는 작성할 필요가 없다.

6.3.5 공학적 평가

안전성 평가자는 각 공학적 안전 관리 조치 (구조물과 계통 및 기기)에 필요한 안

전 관련 기능과 성능 요건을 명시해야 한다. 복잡한 평가를 위해서는 이러한 요건을 공학 전문가가 적용할 수 있도록 규격에 맞추어 단일 보고서로 문서화하는 것이 바람직하다. 이에 따라, 공학적 평가를 수행하여 안전성 평가자가 명시한 안전 및 성능 요건이 공학적 안전 관리 조치를 만족시킬 수 있음을 입증해야 한다.

구조물과 계통 및 기기는 이들이 제공하는 안전 기능의 중요성에 따라 분류되는 것이 일반적인 관행이다. 여기에 공학적 전문 지식을 구조물과 계통 및 기기의 안전성에 비례해 적용할 수 있도록 등급별 접근 방식을 적용하여야 한다. 아직 이 분야에는 보편적인 국제 표준이 없기 때문에 해체 운영자가 자체적인 공학적 평가 절차를 고안할 수 있지만, 아래에 제시된 정보 및 고려 사항을 참조하도록 권고한다.

(a) 구조물과 계통 및 기기 범주 I

대중과 작업자의 심각한 피폭을 예방하고 완화할 수 있는 주요 수단이 될 수 있는 구조물과 계통 및 기기. 전형적인 위험 등급 I 사고 시나리오에 적용된다. 그러나 이 범주의 구조물과 계통 및 기기는 사고없이 정상적으로 퇴역한 원전의 해체 안전성 평가에는 등장하지 않는다.

(b) 구조물과 계통 및 기기 범주 II

해체 작업자와 해체 현장 다른 작업자들의 피폭 예방과 완화에 기여하는 구조물과 계통 및 기기. 대중에 대한 위험은 낮아 위험 등급 II 사고 시나리오에 해당된다. 이 범주에 속하는 구조물과 계통 및 기기도 일부 해체 안전성 평가에서 요구될 수 있지만, 일반적으로 사고없이 퇴역한 원전의 해체 안전성 평가에는 등장하지 않는다.

(c) 구조물과 계통 및 기기 범주 III

작업자 피폭 예방과 완화에 어느 정도 기여를 하는 구조물과 계통 및 기기. 일반적으로 위험 등급 III 사고 시나리오에 적용된다. 해체 안전성 평가의 주요 대상이 되는 구조물과 계통 및 기기 범주이다. 이 경우 기록과 현장 실사를 통해 시설이 양호한 상태이며 공학 도면과 부합함이 입증되었다는 것을 전제로 적절한 기능과 성능이 유지됨을 보여 주어야 한다.

(d) 구조물과 계통 및 기기 범주 IV

작업자 피폭 예방과 완화에 단지 미미한 기여를 하는 구조물과 계통 및 기기. 위험 등급 IV 사고 시나리오에 적용할 수 있다. 유일한 요건은 이들 구조물과 계통 및 기기를 시설 감시 프로그램에 등록하는 것이며, 이들이 작동하지 않을 때를 대비해 조치를 강구하는 것이다.

해체 작업을 위해 새로운 구조물과 계통 및 기기가 설치되는 경우, 현장 운전자에 의한 안전성 평가는 필요하지 않지만 설계 문서에는 적절한 해당 국가 기술 기준 또는 표준 만족 여부와 함께 이 구조물과 계통 및 기기가 안전성과 성능 요건을 충족하고 있다는 것은 입증해야 한다. 이들을 입증하는 공학적 평가의 세부 사항은 위의 구조물과 계통 및 기기 범주 요건에 따라야 한다.

공학적 평가가 완료되면 구조물과 계통 및 기기가 성능과 기능 요건을 충족한다는 입증 근거를 문서화하고 안전성 평가에 포함시켜야 한다. 또한 정기적인 검사 또는 시험과 같은 모든 감시 프로그램 요건에도 명시하고 감시 프로그램에도 포함시켜야 한다.

6.3.6 안전성 평가 결과와 안전성 통제 조치

안전성 평가 결과는 규제 요건 준수를 입증하는데 사용하는 것이 첫째 목표이지만 리스크가 ALARA 원칙에 맞게 감소될 수 있도록 필요한 통제 조치를 찾아내는 데도 도움이 된다. 또는 안전성 평가자가 ALARA 원칙에 따른 통제 조치를 개발 적용할 수 있도록 지원할 수 있다.

가. 안전성 평가의 가정과 불확실성의 유형 및 처리

안전성 평가에는 해체 대상 원전의 출력 이력, 연식 및 상태, 각종 사건과 사고 결과와 수집 자료의 타당성 문제와 같은 상당한 수의 가정이 포함된다. 이들 가정들은 과도해서는 아니 되지만 해체 프로젝트 수행에 편의를 주기 위해 지나치게 단순화해서도 아니된다. 이상적으로 요구되는 가정이나 불확실성에 대한 세부 사항은 현실적으로 존재하지 않으므로 최대 허용 조건 또는 안전성 평가 전략 등을 고려하여 필요한 가정들을 수립할 수 있다. 실제로 안전성 평가를 원활히 수행할 수 있는 일력의 보수적 가정들을 세우는 것은 가능하다. 실제 해체 활동에서 등장하는 몇 가지 중요한 불확실성의 사례는 다음과 같다.

- 건물 구조물과 계통의 열화 상태 (다행히 일부 현장에서는 노후된 발전소와 구조물의 추가 위험을 관리하기 위해 '열화 관리 프로그램'을 채택하고 있음.)
- 부적절한 설계 기록으로 인한 해당 설비 상세 정보 부족
- 핵물질 재고량과 저장 위치의 불확실성
- 예측이 어려운 다양한 폐기물 발생량과 흐름
- 접근할 수 없는 영역/부분 내 존재하는 방사능
- 분석 모델 및 코드의 불확실성
- 계획된 해체 작업에서의 인적 오류 민감성

안전성 평가에서 이루어진 모든 가정은 검토자가 철저히 평가한 후 평가 결과 수용 여부에 대한 결론을 내릴 수 있도록 문서화되고 정당화되어야 한다. 만약 안전성 평가 결과가 사용된 가정과 자료에 의해 크게 영향 받을 수 있는 경우, 그 영향을 확인할 수 있도록 신뢰 구간 범위 내에서 추가 '민감도 분석'을 수행하는 것이 필요하다. 다행히 극단적인 가정에도 불구하고 안전 기준 준수가 입증될 수 있다면 안전성 평가가 제대로 이루어졌다고 할 수 있지만 만약 그렇지 않다면 재평가되어야 하며, 안전 기준을 만족시키기 위한 다른 방법을 찾아야 할 것이다.

핵물질 재고량의 불확실성이나 다른 위험 물질의 존재는 해체 작업에서 흔히 발생하는 일이므로 이들이 계획된 해체 작업과 안전성 평가에 미치는 영향에 대한 평가가 이루어져야 한다. 만약 불확실성이 너무 크고 중요해 적절하게 안전성 평가를 수행할 수 없는 경우, 필요한 추가 정보를 확보할 때까지 '보류'를 설정하는 것이 타당할 것이다. 이때 필요한 추가 정보를 얻기 위해 재료 거동 연구나 재료 시험과 같은 형태의 추가적인 작업이나 연구가 필요할 수 있다.

나. 안전성 평가 결과에 따른 안전 통제 조치

안전성 평가의 주요 목적은 해체에서 발생하는 잠재적 위험을 확인하고, 리스크를 평가하며, 해체 활동의 안전을 보장하기 위해 적절한 통제 조치를 마련하는 것이다. 여기에는 (i) 잠재 위험원을 제거하는 등 적절하고 실행 가능한 위험 관리 전략이 선택되었음과 (ii) 선택된 해체 전략을 지원하기 위해 적절한 안전 통제 조치가

이루어졌음을 입증하는 것이 포함된다. 이를 통해 관련 안전 원칙과 기준이 충족되었다는 점을 입증해야 한다.

　안전 통제 조치가 충분한 지에 대한 논의는 결정론적 방법으로 이루어져야 한다. 한편 해체 작업으로 발생할 수 있는 위험을 제거하는 것이 가능하지 않거나 합리적인 실행이 불가능한 경우, 해체 활동에서 발생하는 방사선 피폭이 ALARA원칙을 따르고 있음을 입증해야 한다. 안전 기준은 현장 및 외부의 사람들에 대한 다음의 피폭 영향 평가를 요구한다.
- 작업자에 대한 선량 제한치
- 액체 또는 공기 중 방출에 대한 방사능 제한치
- 결정집단에 대한 선량 제한치
- 화학 독성 물질 농도 제한치

　따라서 안전성 평가에서 가장 중요한 것은 안전 통제 조치가 견고하다는 것을 입증해야 한다. 안전 통제 조치에는 크게 두 가지가 있다. 하나가 '공학적 통제 조치'이고, 또 다른 하나가 '절차적 통제 조치'이다. 운전 단계 이후 진행되는 해체 활동은 추가적인 통제의 대상이 되며 통제의 목적은 안전하게 해당 시설의 해체 작업이 수행되도록 보장하는 것이다. 공학적 통제 장치는, 예를 들어 여과 장치를 거치지 않고 방사성 입자들이 빠져나가지 않도록 작업장에 음압을 작동시킬 수 있는 능동 환기 시스템을 요건화 하는 조치이다. 이와 함께 공학적 통제 조치가 제대로 적동하고 있다는 것을 입증해야 한다. 물론 이러한 감시 프로그램은 현장에서의 안전 관리 프로그램의 기본 요건이다. 일반적으로 공학적 통제 수단의 수립과 평가는 전문가의 영역이므로, 공학 전문가와 현장 운전자가 함께 이러한 통제 조치의 효용성을 평가하여야 한다.

　다른 유형의 통제에는 '절차적 통제 조치'가 있다. 위에서 설명한 능동 환기 시스템 조치 예와 관련된 절차적 통제 조치의 예는 정기적인 유지 보수, 검사 및 시험 프로그램 등을 통해 지정된 수의 환풍기가 작동하고 있고 작업을 시작하기 전 필요한 압력 저하가 적절히 이루어졌는지 확인하는 감시 프로그램이 될 수 있다. 어떤 경우에는 절차적 통제만이 가능하겠지만, 일반적으로 이 절차적 조치는 인적 오류로 인해 더 쉽게 무력화되기 때문에 절차적 통제 조치들을 공학적 통제 조치의 대체 방안으로 사용해서는 안 된다.

　일반적으로 개인 보호 장비는 사고 완화를 위한 방어책이 될 수 없다. 개인 보호 장비는 작업 안전성 평가 결과 필요하다고 판단될 경우 사용하는 방식일 뿐이다. ALARA 원칙을 따라 수행한 안전성 평가 결과가 안전성을 개선하지 못할 경우, 전체 안전성 평가는 단지 선택 사항으로 간주될 것이다. 적절하게 선택된 안전 통제 조치를 통해 위험을 줄이는 방법의 개략적인 사례가 그림 6.4에 나타나 있다. 이 그림은 일련의 공학적 안전 조치들을 통해 완화되기 전 위험 1등급의 상황이 최종 4등급의 상황으로 낮아질 수 있음을 보여주고 있다.

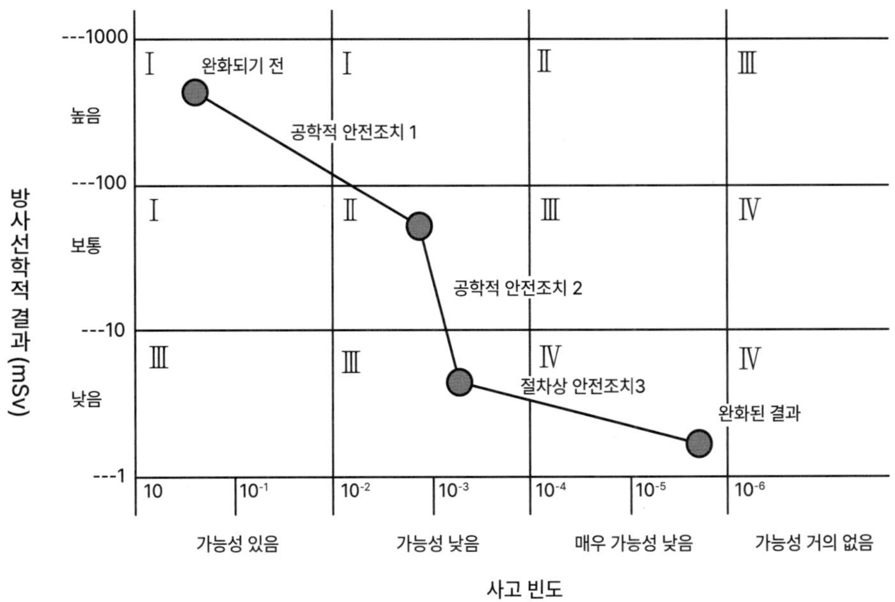

그림 6.4　피폭 및/또는 위험을 줄이기 위한 통제 조치 및 조합 (예)

　종종 오래전 설계 건설되어 현재 요구되는 안전성이나 설계 기준을 충족시키지 못하는 시설에 대한 해체 작업이 일회성 또는 제한된 기간 동안 수행되는 경우가 있다. 이럴 경우, 일시적으로 리스크가 증가하더라도 엄격한 통제 절차를 적용해 작업을 진행할 수 있다. 대표적인 예로, 일시적 피폭선량이 증가하더라도 전체적인 피폭

선량을 줄일 수 있다는 정확한 근거가 있다면 원격 처리보다 철저한 관리 감독 아래 수작업으로 해체를 진행하는 것이 바람직할 수 있다.

위에서 언급한 바와 같이 공학적 방어가 절차적 통제보다 우선한다. 그러나 프로젝트가 잘 진행되고 해체 작업의 사고 가능성이 줄어들면 점차 공학적 시스템과 설비 설계 기능에 대한 의존도가 감소하고, 관리에 더 의존하게 될 수 있다. 예를 들어, 위험 물질이 제거되면 이 위험 물질이 무의식적으로 방출되지 않도록 하기 위해 처리 용기에 적용되었던 작동 한계 및 수위 경보 장치는 더 이상 유효하지 않을 것이다. 그러나 예상치 못한 상황이 발생할 경우 통제의 적절성을 검토하고 이전에 폐기된 통제 조치를 다시 도입하는 것을 고려할 수 있을 것이다. 예를 들어, 이전에 확인되지 않은 확산성 방사성 물질이 발견된 경우, 피폭과 섭취와 흡입 방지를 위한 통제가 다시 필요할 것이다.

많은 해체 프로젝트의 경우, 위험 가능성이 충분히 감소하여 안전성 평가를 통해 마련된 통제 조치가 필요하지 않은 지점에 도달하면 현장 운전자가 마련한 단순 안전 관리 프로그램과 작업별 안전성 평가만이 유일한 안전 통제 수단이 된다.

아래 표 6.4는 절차적 통제 역할을 요약한 것이다. 안전성 평가의 가장 중요한 결과는 필요한 공학적 조치 뿐만 아니라 대중과 작업자의 안전을 보장하기 위해 행정적인 안전 통제 조치를 마련하는 것이다.

표 6.4   절차적 안전 통제 유형

	행정 통제의 구체성 정도		
	일반적	좀 더 구체적	매우 구체적
행정 통제 성격	현장 안전 관리 프로그램 준수	평가로 도출된 안전 운전의 한계 및 조건	안전성 평가 따라 상세 작업별 안전 통제
행정 통제 적용 시기	위험 종류에 관계없이 모든 작업에 적용	안전 작업을 위해 '작업의 한계 및 조건' 설정을 필요로 하는 기간 동안 적용	위험 종류에 관계 없이 모든 상세 작업에 적용
행정 통제 중요도	작업자의 안전 보장을 위한 법률 및 규정 준수 중요	안전성 평가에서 확인된 원자력 및 방사능 위험 통제 중요	개별 작업에서 작업자 안전 보장을 위한 법률 및 규정 준수 중요

6.4	등급별 접근법

이미 앞에서 설명한 바와 같이, '등급별 접근법'이라는 용어는 계획된 해체 활동과 예상되는 사고 시나리오의 위험 수준에 상응하는 수준으로 안전성 평가를 수행하는 접근 방법을 의미한다. 물론 규제기관과 합의가 필요하겠지만, 등급별 접근법 적용 목적은 안전성 평가의 수준을 예비 안전성 평가에서 결정된 위험의 수준에 비례해 설정하도록 하는 것이다. 그러므로 위험 분류뿐만 아니라 리스크 분석도 목적과 기준을 준수하는 범위 내에서 가능한 한 단순하게 유지하는 것이 좋다. 단순한 접근 방식을 사용하여 얻은 결과가 관련 기준 (예: 선량 제한/제약, 위험 수준, 발생 빈도)을 충족하지 못하는 경우에만 좀 더 복잡한 접근 방식을 선택해야 한다.

6.4.1 안전성 평가 상세 수준과 문서화

안전성 분석 노력의 수준은 다음 표 6.5에서 보듯 사고 영향과 가능성에 기초해야 한다. 물론 위험 분류는 사고 시 발생하는 피폭선량 평가 결과에 기초하여 결정된다. 안전성 평가는 어떤 공학적 안전 조치나 절차적 조치가 이러한 사고 피폭을 얼마나 줄일 수 있는 가를 평가하는 것이다. 해체 활동의 안전 범주를 설정하기 위해서는 확인된 최고 위험 등급을 기준으로 등급별 접근법을 채택하는 것이 바람직하다.

표 6.5 안전성 평가 세부 수준 지침

방사선학적 영향	발생 가능성			
	극히 희박함	희박함	가능성 낮음	가능성 높음
소외 부지				
소내 부지				
시설 내 부지				
부지 내 작업 구역				

낮은 영향/낮은 발생 가능성 — 예비 안전성 평가만 필요

보통 영향/보통 발생 가능성 — 안전성 평가 필요

높은 영향/높은 발생 가능성 — 상세 안전성 평가 필요

해체 과정 중 발생할 수 있는 사고의 영향을 분석하려면 사고의 발생 가능성에 대한 이해와 함께 작업자와 대중에 대한 사고 영향 평가가 필요하다. 그 가능성은 표 6.5와 같이 '가능성 높음', '가능성 낮음', '희박함', '극히 희박함'으로 분류할 수 있다. 가장 높은 안전 등급은 상당한 방사선 피폭을 야기할 가능성이 있는 사고이다. 이 분류 체계의 정량적 기준은 다음 표 6.6과 같다.

이러한 등급 분류의 목적은 해체 활동의 안전성을 등급화하여 안전성에 비례하는 조치를 마련하고 구현될 수 있도록 하는 것이다. 표 6.6은 안전성 평가 결과 드러난 사고 영향과 발생 가능성 리스크 분류 시스템의 예로 안전성 평가의 세부 사항 수준을 결정하기 위해 필요한 정의와 절차의 가이드라인으로 사용될 수 있다.

표 6.6 설비 및 해체 분류 (예)

위험 등급	기본 정의	설명
I	상당한 소외 피폭 가능성	≥ 5 mSv 소외 공공 부지
II	상당한 소내 피폭 가능성	≥ 5 mSv 소내 부지 또는 ≥ 20 mSv 건물 내
III	시설 내 피폭 가능성	≥ 0.02 mSv 소외 공공 부지 또는 ≥ 0.5 mSv 소내 부지 또는 ≥ 5 mSv 건물 내
IV	작업 지역 내 피폭 가능성	< 0.02 mSv 소외 공공 부지 또는 < 0.5 mSv 소내 부지 또는 < 5 mSv 건물 내

6.4.2 방사선 특성 평가 및 자료 수집의 등급별 접근법

방사선 특성 평가는 해체 프로그램 계획에 필요한 방사선 오염 관련 자료를 얻기 위해 수행되는 해체 절차 초기 단계 활동 중 하나이다. 이때 모든 해체 계획과 구현 단계에서 불필요한 작업을 배제하고 적절한 시설의 특성 평가를 수행할 수 있도록 등급별 접근 방식을 사용할 수 있다.

등급별 접근 방식은 다음의 특성 평가 단계들에 적용할 수 있다.

(a) 운전 이력 문서 및 기록 검토

　방사선학적 영향이 있는 사고를 중심으로 시설 설계, 건설, 운전, 유지 보수 및 비정상적 정지에 대한 정보를 수집한다. 이때 검토 노력을 최적화하기 위해 등급별 접근 방식을 적용할 수 있다. 시설 이력 검토에서 오염 물질 목록이 확보되므로 특성 평가 노력을 최적화할 수 있고, 방사선 측정 프로그램의 범위를 제한함으로써 불필요한 특성 평가에 소요되는 시간과 비용을 절약할 수 있다.

(b) 방사화 계산

　방사화 평가가 중요한 경우 평가를 위한 계산이 필요하다. 중성자 조사에 의한 원자로 노심과 주변 기기 및 구조물의 방사화 정도를 평가하기 위해서는 전용 컴퓨터 코드의 사용이 필요하다. 대형 원자로의 경우 전체 범위에 걸친 계산이 필요할 수 있지만, 소형 원자로의 경우 샘플링이나 혹은 부분 측정으로 확인된 결과를 활용할 수 있으며 유사한 원자로와 비교하는 단순 모델을 사용할 수도 있다.

(c) 표본 수집과 측정/분석 계획 준비

　특성 평가 비용을 줄이기 위해 제한된 수의 표본 조사를 수행하거나 미확보된 지역이나 기기의 정보를 활용하는 다양한 통계 기법을 사용할 수 있다. 이때 필요에 따라 측정 자료 수집을 최소화하기 위해 등급별 접근 방식을 적용할 수 있다. 예를 들어, 목적에 부합할 경우 단순 통계적 시험이나 단일 측정단으로 충분할 수 있다.

(d) 직접 측정, 표본 추출 측정 및 실험실 분석 수행

　알파 방출체와 같이 측정하기 어려운 방사성 핵종이나 고도로 방사화된 기기의 경우 측정 비용이 많이 들고 기술적으로 어려울 수 있다. 이때 등급별 접근 방식은 표본 조사의 비용뿐만 아니라 직원의 피폭을 줄이는 데도 도움이 될 수 있다. 일반적으로 방사선 측정과 표본 추출 측정 조사는 해당 지역 전체를 대상으로 일정 간격의 격자점을 구성하고 체계적으로 진행된다. 이러한 격자 간격은 측정조사의 필요성과 최적화의 결과에 따라 달라질 수 있다. 예를 들어 오염 가능성이 낮은 부지의 경우 격자 간격을 늘려 측정조사의 수를 줄일 수 있다.

(e) 분석 범위 결정

분석 대상 핵종도 투입되는 노력과 비용을 줄이기 위해 방사선학적으로 중요한 핵종으로 제한되어야 한다. 방사성 핵종 분석은 비용이 많이 들기 때문에 검출하기 어려운 방사성 핵종의 분석 횟수를 줄이기 위해 특별한 노력을 기울여야 한다. 일반적으로 척도인자와 같은 상관 계수에 기초한 적절한 방법이 이 목적을 위해 사용된다.

6.4.3　안전성 평가 등급별 접근법 적용

기본적으로 방사선 특성 평가 결과를 얻은 후 안전성 평가 계획을 수립할 수 있다. 앞 절에서 설명한 바와 같이, 먼저 위험원을 확인한 후 선별 평가를 수행하여 관련 시나리오를 확인하고 영향이 낮은 시나리오는 배제하는 것이 바람직하다. 이때 운전 단계에서 수행했던 기존 분석이 도움이 될 수 있다.

안전성 평가에 반영되는 시나리오의 선택은 시설의 리스크와 작업 계획에 따라 달라진다. 소규모 시설의 경우 한 가지 또는 몇 가지 시나리오만 분석하면 되지만, 원자력발전소나 대형 핵연료 주기 시설에 대해서는 더 많은 수의 시나리오가 필요할 것이다. 이때에는 계산을 줄이기 위해 시나리오 간의 유사성에 따라 시나리오의 수를 줄일 수 있도록 그룹화하거나 집중 시나리오로 대체할 수 있다.

안전성 평가 계산 접근 방식의 복잡성은 다음에 따라 달라진다.
- 정상 작동 중 혹은 사고 발생 시 방사성 핵종의 누출로 이어지는 사고 시나리오
- 이렇게 누출된 방사선원 항
- 물과 공기를 통한 환경으로의 확산
- 환경으로의 확산에 따른 섭취, 흡입과 외부 피폭
- 시설 자체로부터의 외부 피폭

표 6.5의 안전성 평가 세부 수준 지침을 참조하여 다음과 같은 평가 수준을 설정할 수 있다.
- 사고 시나리오 개발과 분석의 세부 수준은 각각 시설이나 계획된 작업의 위험 가능성에 따라 달라진다. 등급 I과 II에 속하는 시설/작업의 경우 여러 가지 사

고 시나리오를 분석해야 하지만 등급 III과 IV의 경우 일반적으로 예비 안전성 평가만으로도 충분하다. 등급 I의 경우, 적절한 순위를 정하기 위해 사고 시나리오에 대해 부분적으로 확률론적 분석이 필요할 수도 있다.

- 정상 운전 또는 사고 결과로 인해 해체 현장에서 방출되는 방사성 핵종의 선원항을 결정할 때 등급 I에 속하는 시설/작업의 경우에는 더 많은 노력이 필요하다. 등급 III와 IV의 경우 예비 평가에서 상정한 보수적인 가정으로 충분하다.
- 등급 I 과 등급 II와 같이 잠재적 피폭 가능성이 높을 때에는 정확성을 높이기 위해서 방사성 핵종 분산 및 피폭선량 계산 상세 모델이 필요할 수 있다. 일반적으로 등급 III과 등급 IV에서는 최대 허용값 접근 방법이나 간단한 모델을 사용하는 것도 가능하다.
- 모델 예측을 보완하고 검증하기 위한 현장 고유 정보와 자료의 사용은 해체 작업의 잠재적 위험에 따라 달라진다. 일반적으로 등급 IV에서 등급 I로 올라갈수록 현장 고유 정보 사용과 컴퓨터 모델 적용 필요성은 증가한다.

6.5　안전성 평가 신뢰 구축

안전성 평가가 마무리된 후에는 개발된 평가의 품질뿐만 아니라 평가를 준비, 검토, 승인한 사람에 대한 신뢰를 획득하는 것이 중요하다. 안전성 평가에 대한 신뢰를 얻어야 하는 이해 관계자는 다음과 같다.

- 규제기관

  기본적으로 안전성 평가의 전체 또는 일부에 대한 규제기관의 공식적인 검토와 승인이 필요하다. 따라서 규제기관에 안전성 평가의 완전성과 견고성에 대한 확신을 주어야 한다. 물론 규제기관은 자체적으로 내부 검토 절차를 가질 수 있다.
- 국가 정부 기관, 시설 소유 정부 기관, 지방 자치단체, 환경 규제기관과 지역 정치 대표자들
- 안전성 평가의 주요 고객인 해체 운영자 조직 내부 안전위원회와 해체 프로젝트 관리자 등

6.5.1 안전성 평가 관리 시스템

안전성 평가의 완결성과 품질에 대한 확신을 주기 위해서는 적절한 관리 시스템이 구축되어야 한다. 이 관리 시스템에는 다음의 사항들이 포함되어야 한다.

- 명확한 조직 구조와 책임
- 자격과 교육 요건
- 조직의 업무를 포괄하는 승인된 표준 절차 지침과 그 요건
- 특정 작업과 활동을 다루는 지침
- 절차의 적정성을 입증하기 위한 품질 보증 감사 요건과 준수 여부

이러한 관리 시스템의 인증 요건은 국제표준화기구 ISO 9001과 같은 표준에 명시되어 있다. 신뢰를 얻을 수 있는 안전성 평가의 주요 조직 관리 시스템 요건은 다음과 같다.

- 시설 운영자는 계약에 근거한 안전성 평가를 수행함에 있어, '기본적 이해를 갖춘 고객'으로서의 역할을 할 수 있는 능력뿐만 아니라, 안전성 평가 작성 인력 역량 배양에 대한 조직적 책임을 명시한 문서화된 관리 시스템을 보유해야 한다.
- 계약 기관은 해체 방법론과 관련한 적절한 정책, 표준과 절차, 권장 계산 및 분석 방법, 관련 코드와 안전성 평가 실행에 필요한 자료를 이상적으로 보유하여야 한다. 또한, 이러한 영역에 대한 내부 역량을 갖고 있거나 이러한 서비스를 조달할 수 있는 능력이 있어야 한다.
- 계약 기관은 안전성 평가와 보조 문서의 생산, 독립 검토와 승인을 위한 절차를 갖추어야 한다.
- 규모가 크고 복잡한 프로젝트의 안전성 평가도 경험과 전문 분야에 맞는 팀원들로 구성된 하나의 프로젝트로 취급되어야 한다. 따라서 관리 시스템은 프로젝트 계획, 프로젝트 규격과 팀원의 정식 임명과 같은 하나의 프로젝트 수립 요건을 명시해야 한다.
- 내부 독립 검토 요건을 명시한 절차가 수립되어야 한다. 독립 검토에 대한 공식적인 의무와 국가 규제기관과의 연계도 관리 시스템에 포함되어야 한다. 독립 검토란 해당 해체 프로젝트와 무관한 안전 전문가가 상세한 공학 평가 검토를 수행하는 것을 의미한다.

- 해당 작업 능력과 자격을 입증할 수 있도록 안전성 평가의 생산과 검토에 관련된 직원과 기술 지원 계약자에 관한 기록을 유지해야 한다. 또한 이들이 앞서 수행한 프로젝트 안전성 평가 작업의 성과에 대한 기록도 보유해야 한다.
- 조직 관리 시스템의 가장 중요한 요건은, 관리 시스템이 견고하여야 한다는 것이다. 만약 평가 후 시스템 요건과의 비적합성이 발견되는 경우 필요한 시정 조치가 가능해야 한다. 선임 관리 감사관은 기본적으로 국가적 인증을 요구할 것이며, 만약 계약 기관이 관리 시스템에 대한 공인을 원할 경우, 외부 감사를 받아야 할 것이다.

6.5.2　해체 과정 중 안전성 평가 검토와 업데이트

해체가 진행되는 기간 중 안전성 평가 검토와 업데이트가 필요한 상황이 발생할 수 있다. 예를 들어 안전성 평가 과정에서 설정한 중요한 가정과 자료가 해체 작업 중 유효하지 않은 것으로 확인될 경우 혹은 방사능 수준이 예상보다 높아 작업 방법의 변경과 안전성 평가의 수정이 불가피한 경우 등이 이러한 상황에 해당된다. 물론 빈번하지는 않지만 규제기관은 작성된 안전성 평가와 현장 안전성에 대한 정기적인 비교 검토를 요구할 수도 있다.

규제기관은 면허 소지자가 전체 보고서를 수정하여 재발행할 필요 없이, 해당 수정 부분에 대한 사소한 변경 사항을 문서화하고 승인할 수 있는 유연한 '내부 변경 통제 시스템'을 허용해야 한다. 또한 해체 사업 운영자는 안전에 영향을 미칠 수 있는 해체 작업, 새로운 자료의 수집, 경험 등을 반영할 수 있는 효율적인 방안을 마련해야 한다. 이러한 변경 통제 절차에는, 안전성 평가 검토 및 승인 요건과 매우 유사하겠지만, 문서 변경의 독립 검토 및 승인 요건을 명시해야 한다. 이때 변경 사항의 안전 중요도에 따라 검토 및 승인 요건을 명시한 위험 분류 체계도를 사용할 수 있으며, 만약 더 높은 위험 범주로 변경이 필요한 때에는 규제기관의 승인 요청 요건이 추가될 수 있다.

해체 작업 수행 중, 이전에는 분명하지 않았던 위험 물질이 확인되거나 시설의 위험한 물리적 상태가 발견될 수 있다. 이럴 경우 추가적인 안전성 평가가 필요할 수 있다. 이 경우에는 안전에 영향을 미칠 수 있는 모든 제안된 활동과 변경 사항 그리고 새로운 발견을 평가하기 위한 변경 통제 절차가 작동되어야 한다.

위에서 언급한 바와 같이, 변경 통제 절차에는 기본적으로 변경 내용과 변경 내용 평가 방법, 추가 평가와 안전 통제의 필요성, 변경에 의해 영향을 받거나 변경이 요구되는 문서의 작성, 변경 이행을 위한 승인 및 훈련 요건 등이 포함되어야 한다. 이 통제 절차에는 변경 내용 분류를 위해 다음과 같은 일련의 질문이 포함될 수 있다.

- 분석되지 않은 위험이 존재하는가? 분석 결과 리스크의 변화 혹은 불확실성이 증가하였는가? 해체 활동의 결과로 위험 물질의 유형이나 형태, 수량의 변화가 유발되었는가? 작업 현장 또는 주변 작업자의 건강과 안전에 영향을 미칠 수 있는 새로운 발견이 있는가?
- 작업자를 보호하기 위해 선정된 기본 리스크 평가 문서의 안전 통제 조치가 적절한가? 안전 통제는 검토되고 승인되었는가?

계획된 해체 작업에 대한 이러한 변경이 해체 활동의 안전성에 영향을 미치지 않는 한, 운영자는 규제기관의 승인 없이 변경 절차를 승인하거나 적용할 수 있다.

6.6　원전 해체 안전성 평가 사례 교훈

국제적 경험에서 볼 때 안전성 평가 체계와 방법론의 근거는 명확하고 안전성 평가 절차 또한 분명하다. 원자력 시설 해체는 방사능 위험뿐만 아니라 산업 및 화학적 위험에도 노출되는 까다로운 작업 과정이며, 실제로 작업자에게는 비방사성 위험이 더 큰 위험으로 등장할 수 있다. 앞에서 이미 설명한 바와 같이 20기의 원전 해체를 성공적으로 수행한 경험을 바탕으로 IAEA 등 국제기구 회의와 실무 그룹에서 논의된 안전성 평가의 모범 사례와 중요 교훈을 정리하면 아래와 같다.

- 표준화된 작업 체계와 단계적 방법론을 사용하면 안전성 평가의 일관성과 품

질을 개선할 수 있다. 시설 분류, 사고 순서, 작업 순서와 공학적 시스템의 안전 분류 등 등급별 접근 방식 적용이 가능한 안전성 평가의 다양한 분야가 확인되었다.

- 안전성 평가 문서는 모든 사용자 (이해 관계자)가 명확하게 이해할 수 있어야 하며, 평가 범위는 해체 작업의 안전성에 비례해야 한다. 결정론적 안전성 평가 접근과 그에 따른 안전 통제 조치의 도출은 해체 활동 중 작업자와 대중을 보호하는 데 효과적이다.

- 해체 과정 중 안전성을 담보하는 공학적 구조물과 계통 및 기기의 역할은 시설 운전 단계에서의 역할과 크게 다르다. 일부는 제거되는 반면 새로운 것이 추가될 수 있으며, 다른 기능으로 전환될 수 있다. 일단, 사용후핵연료가 제거되면 안전 중요도와 리스크는 기본적으로 감소한다. 따라서 구조물과 계통 및 기기의 안전 요건은 안전 중요도에 따라 확인 분류하는 반면 공학적 평가는 분류된 안전 중요도에 상응하도록 하는 것이 중요하다.

- 해체 과정 중에는 공학적 안전 장벽의 제거를 포함한 시설 상태가 계속 변경되므로 해체의 진행에 맞는 안전 통제 조치의 검토와 개정이 꾸준히 이루어질 수 있도록 효과적인 절차를 갖추는 것이 중요하다.

부록 1. 위험 및 발생 사건 점검표 (예)

내부 발생 사건

방사선 발생 사건

임계

- 장비 및 공정 라인 내 핵분열성 물질 잔류물
- 탱크 내 핵분열 방사성 액체 잔류물
- 핵분열성 물질 주변에 감속재 (예: 물, 폴리염화비닐) 존재

오염 확산

- 격납 용기 건전성 상실과 장벽 손실
- 격납건물 또는 장벽 해체
- 방사성 물질 및 방사성폐기물 배출
- 건물 정화 (예: 방사화 또는 오염)

외부 피폭

- 방사화된 소재 및 장비
- 직접 방사선 선원

내부 피폭

- 방사성 물질의 물리적 및 화학적 상태

오염, 부식 등

- 방사선 방출체 (예: 알파 방출체 존재)
- 기체 및 액체 유출물

비방사선 발생 사건

화재

- 열 절삭 기법 (예: zircaloy 사용)
- 오염 제거 공정 (예: 금속, 콘크리트 또는 기타 표면의 오염을 제거하는 화학적, 기계적 또는 전기적 방법 또는 혼합 방법)
- 가연성 물질과 방사성폐기물 축적
- 가연성 가스와 액체

폭발

- 오염 제거 공정
- 먼지 (예: 흑연, zircaloy)
- 방사성 분해 (예: 방사성폐기물의 보관 또는 운반 시)
- 압축 가스
- 폭발성 물질

누출 및 범람

- 액체 저장소 누출
- 파이프 누출
- 파이프 파손
- 독성 및 유해 물질
- 석면, 단열재 시스템 유리솜
- 페인트, 차폐 납
- 베릴륨 및 기타 위험 금속
- 폴리염소화비페닐
- 오일
- 사용 중인 살충제
- 생물학적 위험
- 전기적 위험
- 전원 공급 상실
- 높은 전압
- 비전리 방사선 (예: 레이저)

물리적 위험

- 중량물 추락
- 안전에 중요한 구조물, 계통 및 부품에 중량물 낙하
- 방사성 물질에 중량물 낙하
- 노후화 등으로 인한 구조물 붕괴
- 철거 활동
- 높은 위치 작업
- 높은 소음 수준

- 운전자 오류, 위반
- 방사선 영역으로 의도하지 않은 진입
- 조치의 오인
- 열악한 인체 공학적 조건

외부 발생 사건

- 지진
- 외부 범람: 강/바다/지하수 침투
- 외부 화재 (예: 오일 보관)
- 극한 기후 조건 (예: 온도, 바람, 눈)
- 산업 재해 (예: 폭발)

기타 발생 사건

- 고온 및 압력
- 부식된 장벽
- 알 수 없거나 표시되지 않은 재료

부록 2. 계획된 해체 활동 관련 위험 요소 목록 (예)

위험 요소	위험 확산 경로	조치 사항
제염, 습식/건식		
방사성 제염제 및 용액 사용	작업자 외부 방사선 피폭; 기체 방출 및 액체 누출; 작업자 내부 피폭	체계적인 작업; 차폐체 사용; 배기 및 폐수 모니터링; 적절한 마스크 및 보호복 착용
먼지 여과장치 필터에 쌓인 오염 먼지 입자	작업자 외부 방사선 피폭; 흡입 인한 작업자 내부 피폭	체계적인 작업; 차폐체 사용; 적절한 마스크 및 보호복 착용
작업장의 액체, 거품, 먼지 공기 중 에어로졸	흡입 인한 작업자 내부 피폭; 대기 오염	보호 마스크 사용; 배기 모니터링
제염 용액, 거품	작업자의 폐와 피부에 대한 화학적 독성 피해	호흡 (마스크) 및 피부 보호 (보호 장갑, 옷 등)
대형 부품/장비의 철거, 절단 및 취급		
해체된 장비의 방사성 부품	작업자 외부 방사선 피폭	체계적인 작업; 차폐체 사용
내부에 잔류 오일이 남아 있는 부품 분해	화재	배기 장치; 소화기의 적절한 배치 및 사용
작업장에서 배출되는 공기 중 에어로졸 기체	흡입 인한 작업자 내부 피폭; 대기 오염	마스크 등 호흡기 보호 장구 사용; 배기 모니터링
여과 장치 필터에 쌓인 방사화/오염 먼지 입자	작업자 외부 방사선 피폭; 작업자 내부 피폭	체계적인 작업; 차폐체 사용; 적절한 마스크 및 보호복 착용
제염 및 분해된 오염 자재	작업자 외부/내부 방사선 피폭; 잘못된 방출에 의한 대중 피폭	체계적인 작업; 차폐체 사용; 규제 해제 방출 관리
작업자 부상	사다리나 비계로부터 추락; 낙하 물체에 의한 부상; 작업 중 머리 부상; 손 부상; 바닥 물체에 걸려 넘어짐	인증된 장비의 사용; 직업 건강 규정 준수; 헬멧 및 안전화 사용; 장갑 사용; 복장 단정
전기 감전	전기가 흐르는 케이블의 절단 또는 손상	분해할 장비에 대한 사전 전력 공급 차단
방사성폐기물 취급		
액체, 먼지 및 고체 방사성폐기물 처리	복잡한 경로를 통한 작업자 피폭과 환경 오염	체계적인 작업; 차폐체 사용; 적절한 마스크 및 보호복 착용; 배기 및 폐수 모니터링
고형화된 방사성 폐기물 운반 및 조작	작업자 외부 방사선 피폭	체계적인 작업; 차폐체 사용

부록 3. 사건과 사고 관련 위험 요소 목록 (예)

위험 요소	위험 확산 경로	조치 사항
제염, 습식/건식		
제염 용액 흘림	제염 수행 작업자 외부 및 내부 피폭	체계적인 작업 구성; 차폐체 사용; 화학적 위험으로부터 작업자 보호용 의복 및 마스크 착용
화재, 방사성 물질, 용액 및 화학 물질에서 야기되는 증기 및 에어로졸의 확산	방사성 및 화학 물질 우발적 공기 중 방출; 작업자 방사성 및 독성 물질 흡입; 작업자 외부 방사선 피폭	능동 환기 시스템 작동; 방사선 및 화학적 위험으로부터 작업자 보호 마스크 착용
환기 시스템 고장	작업자 방사성 물질 흡입	환기 성능 모니터링; 적절한 마스크 착용
방사성 용액 넘침	지표수 및 지하수로 방사성 액체 누출; 누출 처리 작업 수행 작업자 외부 및 내부 피폭	쏟은 용액 관리 조치; 지하수 오염 측정; 방사선 모니터링
방사성 오염 부품 혹은 장비의 낙하	작업자 외부 방사선 피폭	방사선 모니터링; 차폐재 사용; 적절한 방호 의복 착용
액체 방사성폐기물 저장고 누수	지하수 및 환경으로의 방출; 작업자 외부 및 내부 피폭	(주기적) 정상 작동 여부 및 물질 관리; 지하수 방사능 오염 측정; 차폐재 및 적절한 방호 의복과 마스크 착용

주요 참고 문헌

- 'Safety Assessment for Decommissioning of Facilities Using Radioactive Material', Safety Guide No. WS-G-5.2, IAEA (2008)
- 'Safety Assessment for Decommissioning', Safety Report Series No. 77, IAEA (International Atomic Energy Agency) (2013)
- 원전 최종 해체 계획서 (노형: PWR, 출력: 600 MWe)

부록 4. PWR Q 원전 안전성 평가 (예)

안전성 평가의 목적은 Q 원전의 사용후핵연료 이송 이후부터 부지 규제 해제 이전까지의 모든 해체 활동에서 발생 가능한 모든 방사선학적 및 비방사선학적 위험으로부터 종사자, 주민 및 환경을 적절하게 보호하기 위함이다. 이를 위해 리스크 평가를 수행해 해체 과정에서 발생 가능한 위해 요소를 선별 확인하고, 그로 인한 영향이 관련 법규의 안전 기준 및 원칙에 부합함은 물론, 달성 가능한 한 범위 내에서 합리적으로 낮게 유지되고 있음을 평가하였다.

1. 안전성 평가 방법론

안전성 평가 방법론은 IAEA WS-G-5.2 "Safety Assessment for the Decommissioning of Facilities Using Radioactive Material"과 IAEA WS-G-5.1 "Release of Sites from Regulatory Control on Termination of Practices" 지침을 적용하였다. 이 지침에 따라 Q 원전 해체 시 안전성 평가는 결정론적 방법을 적용하여 위험 식별과 선별 분석을 수행하였으며 허용 기준 준수 여부를 확인하고 준수하지 못한 경우 공학적 또는 행정적 안전 조치를 마련하였다.

1.1 안전성 평가 체계

가. 평가의 범위

해체 시 예상되는 정상적인 해체 활동과 우발적 사건 및 해체 활동 중에 발생할 수 있는 사건과 사고로부터 종사자, 주민 및 환경에 대한 안전성을 확보하기 위한 평가를 수행하였다. 평가 범위는 사용후핵연료 이송 이후 단계부터 최종 부지 복원 단계까지이며, 방사성폐기물의 처리, 저장 및 현장 처리를 포함하며 현장 방사성폐기물 관리도 포함하여 고려하였다.

나. 평가의 목적

안전성 평가의 목적은 다음과 같다.
- 계획된 해체 활동 중 종사자와 주민의 안전, 규제 요구 사항 및 기준의 준수 입증
- 기존 안전성을 확인하거나 새로운 안전 관련 시스템 및 조치 사항 제시

다. 해체 기간

 Q 원전 해체 기간은 20△△년 △월부터 20△△년 △월까지 약 △년간으로 설정한다.

라. 해체 종료 단계 및 종료 시점

 해체 완료 후 최종상태 측정조사 보고서 (Final Status Survey Report: FSSR)가 규제기관으로부터 승인되는 시점이 해체가 종료되는 시점이다.

1.2 위험 식별과 선별

 시설 및 해체 활동에 대한 정보를 기반으로 해체 시 발생할 수 있는 모든 위험을 확인하였고 사고 예상 질문, 체크 리스트 결합 기법, 전문 분야 구성원 토의 등을 통해 가능한 모든 위험들을 식별하였다.

 해체 작업 중 발생 가능성이 있는 위험은 사고 예상 질문 (what if)과 체크 리스트 결합 기법을 사용하였다. 이 결합 기법은 각 기법의 개별 사용 시 발생할 수 있는 단점을 보완하기 위해 사용되었다. 사고 예상 질문은 각 전문 분야의 구성원으로 이루어진 팀이 조직적인 토론을 통해 위험 및 운영상의 문제점을 규명하였고, 체크 리스트는 공정 및 설비의 오류, 결함 상태, 위험 상황 등을 목록화한 형태로 작성하여 경험적으로 비교함으로써 위험을 파악하였다. 따라서 두 기법을 결합하고 활용하여, 창의적으로 논의된 위험들과 경험적으로 식별된 위험들을 확인하여 식별하였다. 이런 과정을 통해 선정된 주요 위험은 9개로 표 1에 목록을 수록하였다.

 이러한 위험 요소에 따른 리스크 평가 시나리오의 선택은 시설의 위험 가능성과 계획된 작업에 근거해 이루어졌다. 한편, 비정상 사건으로 인해 발생할 수 있는 모든 사고 시나리오에 대한 영향 평가는 시간적, 인적 자원을 과도하게 요구하므로 사고 영향이 낮은 시나리오는 선별 과정을 통해 분석 대상에서 제외하는 위험 선별 방법을 적용하였다. 비정상 사건 시나리오는 4장에서 기술된다.

표 1. 최종 선정된 위험 목록

번호	위험
1	차폐체의 부적절한 제거
2	기체, 액체, 고체 형태의 방사성 물질의 누출/발생
3	폭발/화재
4	과열
5	정전, 전기회로상 문제 발생
6	운동 에너지로 인한 사고
7	차량 운행 중 사고
8	낙하를 포함한 운반/취급 사고
9	부적절한 환기

2. 주요 관심 잔류 방사성 핵종 선정과 부지 재이용 시나리오

　해체의 최종 목표는 해체 과정에서 발생된 방사성폐기물을 안전하게 처리·처분하고 해당 부지를 재이용 목적에 맞는 잔류 방사능 수준의 상태로 만드는데 있다. 이를 위해 해체 계획 단계에서 부지 개방 기준에 근거한 잔류 방사능 평가를 위한 계획을 수립하고, 부지 특성 평가 결과 개방 기준을 초과하는 경우 정화·지원 조치가 이루어지게 된다. 이후 최종상태 측정조사를 통해 잔류 방사능 수준이 부지 개방 기준을 만족함을 입증함으로써 최종적으로 부지를 개방할 수 있게 된다.

2.1 주요 관심 방사성 핵종 선정

　Q 원전 해체 완료 후 부지에 존재할 것으로 예상되는 잔류 방사능 목표를 선정하기 위해 먼저 관심 방사성 핵종을 결정하였다. 결정 절차는 다음과 같다.
　　(1) 잠재적 방사성 핵종 목록화
　　(2) 단 반감기 핵종 제외
　　(3) 불활성 기체 제외

(4) 중요도가 낮은 방사성 핵종 제외

(5) 부지 이력 평가 결과 반영

(6) 저준위 방사성폐기물의 처분 제한치 기준 핵종 반영

(7) 분석 불가 핵종 제외

(8) 관련 국내 고시와 지침

이러한 과정을 걸쳐 IAEA의 권고에 따라 해체 완료 후 부지 내 존재할 것으로 예상되어 유도 농도 평가 대상이 될 주요 잔류 방사성 핵종을 선정하였다. 선정된 20개의 핵종을 다음 표 2에 수록하였다.

표 2 선정된 주요 관심 방사성 핵종

핵종	반감기 (년)	붕괴 모드	핵종	반감기 (년)	붕괴 모드
^{3}H	1.23×10^1	$\beta-$	^{14}C	5.73×10^3	$\beta-$
^{134}Cs	2.06×10^0	$\beta-, \gamma$	^{137}Cs	3.02×10^1	$\beta-, \gamma$
^{99}Tc	2.13×10^5	$\beta-, \gamma$	^{55}Fe	2.70×10^0	$\beta-, \gamma$
^{94}Nb	2.03×10^4	$\beta-, \gamma$	^{59}Ni	7.50×10^4	$\beta+, \gamma$
^{239}Pu	2.41×10^4	α, γ	^{240}Pu	6.60×10^3	α, γ
^{241}Am	4.32×10^2	α, γ	^{244}Cm	1.81×10^1	α, γ
^{90}Sr	2.86×10^1	$\beta-, \gamma$	^{129}I	1.57×10^7	$\beta-, \gamma$
^{154}Eu	8.59×10^0	$\beta-, \gamma$	^{63}Ni	1.00×10^2	$\beta-$
^{60}Co	5.27×10^0	$\beta+, \gamma$	^{241}Pu	1.44×10^1	$\beta-$
^{152}Eu	1.36×10^1	$\beta+, \gamma$	^{238}Pu	8.78×10^1	α, γ

2.2 부지 재이용 시나리오

원자력발전소를 해체할 경우 그 부지를 활용하기 위해서는 부지 내 잔류 방사능에 의한 환경 영향 평가를 수행해야 한다. 현재 Q 원전 부지에 대한 재이용 방안이 구체화되지 않았으므로 본 분석에서는 무제한적 재이용을 포함하여 평가하였다. Q 원전의 부지 재이용 피폭 시나리오는 크게 거주 농민 시나리오와 산업 근로자 시나리오 두 가지 경우로 나눌 수 있다.

가. 거주 농민 시나리오

거주농민 시나리오는 임계 집단 평균 구성원이 오염된 토양에 24시간 거주하며 작물을 재배하고 가축을 키워 그로 인해 생산되는 농축산물을 소비한다고 가정한 시나리오로써 가장 많은 피폭을 받는 보수적인 시나리오이다. 피폭 경로는 오염된 토양에 의한 직접적인 외부피폭, 흡입 (먼지 호흡) 및 섭취 (오염된 토양에서 재배된 식물, 육류, 우유, 오염된 호수에서 잡은 어류, 오염된 지하수나 호수의 물, 오염된 토양)의 내부피폭이 고려된다.

나. 산업 근로자 시나리오

이 시나리오에서는 직업상 이유로 인하여 접근이 허락된 직원 또는 계약자가 규제 해제된 부지에서 연간 2,600시간을 보내는 것을 가정하였으며 지역 내에서 재배된 식물, 육류, 우유, 수산물을 통한 피폭경로는 섭취할 가능성이 적어 고려하지 않는다.

Q 원전의 무제한적/제한적 부지 재이용을 위한 부지 개방 기준은 0.1 mSv/yr로 규정되었으나 이 기준으로 제시된 총 유효 등가선량 (TEDE)값은 측정이 불가하므로, 실제 측정이 가능한 부지 개방 기준에 해당하는 핵종별 농도를 유도하여 적용할 필요가 있다. 이러한 잔류 방사능 유도농도지침준위 (Derived Concentration Guideline Level: DCGL)는 RESRAD-Onsite 코드를 이용하여 유도하였다.

RESRAD-Onsite 코드를 활용하면 부지 내 피폭선량 또는 리스크 기준에 해당하는 토양 내 방사성 물질의 농도, 해당 방사성 물질에 의한 근로자 및 거주자의 피폭선량 계산이 가능하다. 피폭경로는 크게 외부피폭과 내부피폭으로 구분되며, 내부피폭은 다시 호흡에 의한 피폭과 섭취에 의한 피폭으로 구분된다. 외부피폭에는 오염된 토양에의 노출에 의한 피폭이 있으며, 호흡에 의한 내부피폭에는 오염된 먼지 등 공기 중 핵종의 호흡에 의한 피폭이 있다. 마지막으로 섭취에 의한 내부피폭에는 오염된 토양과 관개수로 성장한 식물, 오염된 사료와 물로 사육한 가축에서 생산된 고기와 우유의 섭취, 오염된 우물 및 호수의 물, 포획된 물고기의 섭취 그리고 오염된 토양의 섭취 등이 있다.

3. 정상 해체 활동에 따른 위험 분석

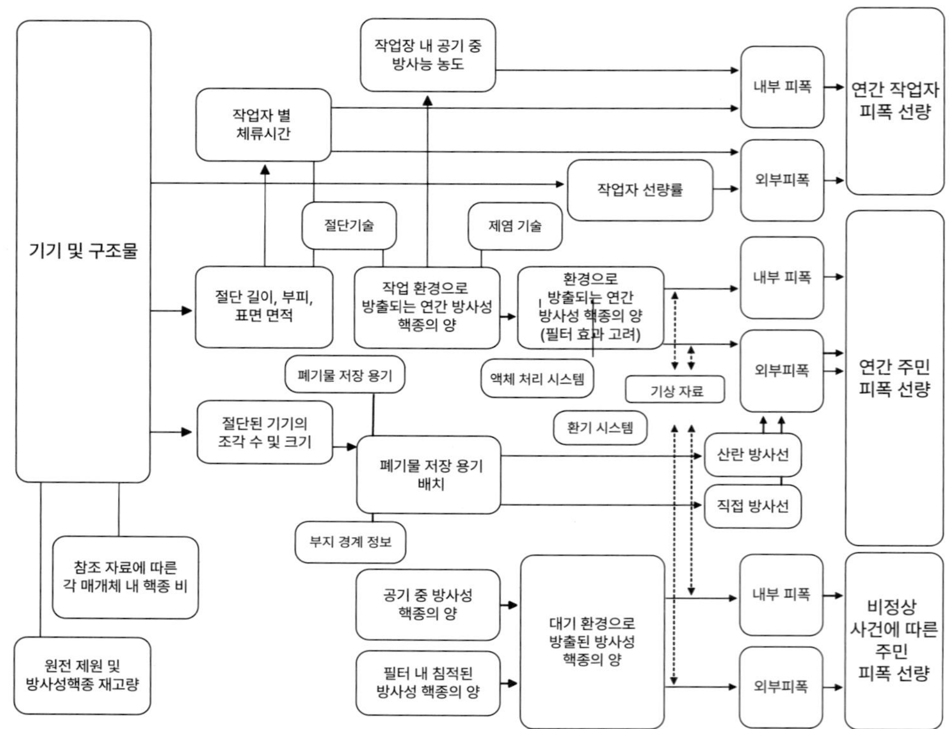

그림 1.   원전 해체 시 종사자 및 주민 피폭경로

Q 원전 해체 시 종사자와 주민은 그림 1과 같은 방사성 핵종의 거동 또는 방사선에 의해 피폭을 받을 수 있다. 해체 시 환경으로 배출된 기체 및 액체 방사성 물질은 대기와 해양으로 확산된 후 주변 주민에게 방사선학적 영향을 미치게 된다. 이때 원전 주변 주민이 받을 수 있는 방사선 피폭 경로는 오염된 대기와 토양과 해양에 노출됨으로써 받게 되는 외부피폭과 호흡 및 음식물 섭취로 인한 내부피폭으로 구분할 수 있다. 이 외에도 임시 저장 시설 내 보관 중인 해체 방사성폐기물 등에 의한 종사자의 직접 피폭이 있을 수 있다.

3.1 작업자 피폭 시나리오

해체 작업 수행 시 종사자는 계통, 장비 및 구성 부품의 제염, 분리 해체 포장, 방사성폐기물 처리 등 해체 활동을 수행하는 동안 피폭을 받을 수 있으므로, 정상 해체 작업 계획이 선량 평가의 대상이 된다. 종사자의 선량 평가는 계획된 해체 작업 일정, 오염 제거 공법 그리고 방사성폐기물 처리, 운송, 저장 등과 관련된 계획에 따라 평가가 이루어진다. 해체 시 종사자에 대한 피폭 경로는 해체 작업 중 받는 외부피폭과 비산된 방사성 물질 흡입에 따른 내부피폭이 있다. 해체 과정에서 종사자가 받을 수 있는 피폭 상황은 다음과 같으며, 향후 해체 공사 계획의 변경 시 관련 내용이 적절히 반영되어야 한다. 표 3에는 작업자가 받을 수 있는 주요 피폭 상황을 정리하였다.

표 3.   해체 활동 시 작업자가 받을 수 있는 주요 피폭 상황

피폭 상황	내용
부지 특성 조사	부지 내 각 구역의 특성 조사 과정에 방사성을 띄는 계통과 장비, 구성 부품에 직접 노출됨으로써 외부피폭을 받을 수 있음
제염 작업	계통 오염 제거, 각 작업장별 표면 오염 제거 등 제염 과정에서 발생하는 분진과 작업장 내부의 오염으로 외부피폭 및 내부피폭을 받음
대형 기기 인양 작업	해체 준비를 위한 원자로 압력용기 및 원자로 내부구조물, 증기발생기 등의 인양 작업 시 선원에 노출되어 외부피폭을 받음
기기/구조물 해체 작업	해체 대상물의 조정, 운반, 분리, 취급 등의 과정에서 외부피폭을 받을 수 있으며, 절단 작업 수행 시에는 발생되는 비산물로 인하여 내부피폭을 받을 수 있음
부지 최종상태 측정조사 작업	방사성 물질이 모두 제거되어 방사선량이 큰 폭으로 낮아지고, 자연 방사선 수준의 낮은 피폭만이 남음
부지 복원 작업	오염물을 접촉할 가능성은 오염 수준에 좌우되며, 종사자의 피폭은 모두 자연방사선 수준으로 간주함
방사성폐기물 처리/저장 시설 내 작업	해체된 대상물의 운반, 저장 또는 방사성폐기물 처리-저장시설 내 작업에 의해 피폭을 받을 수 있음. 방사성폐기둘 처리 및 저장 시설 내 작업에 의한 피폭 영향 고려

가. 외부피폭

해체 작업 수행 시 종사자는 작업 수행 중에 외부피폭을 유발하는 선원인 오염된 계통, 기기 및 구조물에 의해 외부피폭 될 수 있다.

나. 내부피폭

원전 해체 작업 중 종사자 내부피폭이 발생할 수 있는 작업은 금속 구조물과 생체 차폐 콘크리트 절단과 케이블 제염 및 콘크리트 스캐블링 작업 등이다. 각 작업

이 수행되는 동안 종사자들은 임시 오염 제어 시설 내에서 호흡을 통해 내부피폭을 받을 수 있다. 따라서 해체 시 호흡기를 통한 내부피폭이 예상되는 작업장에는 공기 조화 설비, 부압의 유지, 임시 텐트 등을 사용하여 공기 중 방사성 물질을 효과적으로 제거하고 방사성 물질의 확산을 차단할 예정이다. 따라서 정상 해체 과정에서 내부피폭이 피폭선량에 영향을 미칠 확률은 매우 적다.

3.2 주민 피폭 시나리오

미국 규제 문서에 따르면 원자력발전소의 영구정지 후, 환경에 대한 선량 영향은 정상 운영 단계 때보다 낮아진다 (NUREG/CR-3474). 그러나 각각의 해체 단계별 활동이 다르기 때문에, 주민에 대한 방사선 선량 영향의 근원도 다르다. 주요 피폭 경로는 기체/액체 배출물로 인한 영향과 고체 방사성폐기물로 인한 직접 방사선의 영향이다.

가. 기체상 배출물

Q 원전 해체 수행 중 구조물 절단, 제염 방사성폐기물 취급 작업 등으로 인해 기체 배출물이 생성될 수 있다. 이렇게 배출된 기체상 폐기물은 대기 내 이류와 확산을 통해 주민들의 피폭을 야기시킨다.

나. 액체상 배출물

해체 시 환경으로 배출된 액체 방사성 물질은 주변 주민에게 방사선학적 영향을 미치게 된다. 이때 주민이 받는 피폭 경로에는 수영, 해변 활동 시 오염된 해수 및 해변으로부터 받는 외부 피폭 경로와 오염된 수산물의 섭취로 인한 내부 피폭 경로가 있다. 이때 수산물은 어류, 갑각류, 수생 식물 등의 식품을 의미한다. 농작물의 오염은 오염된 관개용수 사용으로 발생되며, 외부피폭은 수영, 보트, 해안가에서 행해지는 활동 등에 의해 발생된다. Q 원전 해체 시 액체 방사성 배출물이 발생할 수 있는 제염 활동은 1차 계통 제염, 기기 및 구조물 표면오염 제염 활동 등이 있다. 향후 제염 활동 수립의 변경 또는 추가 발생 시 관련 내용이 적절히 반영되어야 한다.

다. 고체상 방사성폐기물

Q 원전 해체 시 발생한 고체 방사성폐기물은 용기에 담겨 임시 저장 시설에 보관될 예

정이다. 따라서 임시 저장 시설에 저장되어 있는 방사성폐기물에서 발생하는 직접 방사선 원에 의하여 주민이 피폭될 수 있다. 그러나 작업장에 충분한 차폐체가 설치되어 있기 때문에 주민에 대한 직접 방사선 영향은 미미할 것으로 예상된다.

4. 비정상 사건에 따른 위험 분석

안전성 평가는 방사선 안전에 영향을 줄 수 있는 사고에 중점을 두었으며, 이와 관련된 사고는 해체 활동 시 잠재적 사고, 보조 계통의 기능 상실 사고, 외부 전력 상실 사고, 그리고 지진과 화재 등에 의한 폭발 사고 등으로 나눌 수 있다. 안전성 평가에서는 개별 사고의 발생 가능 원인을 고려한 후 보수적 접근을 통해 사고 결과를 평가해 사고가 종사자와 주민의 안전에 미칠 영향을 평가하였다.

비정상 사건·사고로 인한 종사자의 방사선 리스크는 그 사건이나 사고로 유출된 방사성 물질에 노출되어 발생한 내부피폭 방사선 리스크와 사고 수습 과정에서 받게 되는 외부피폭 방사선 리스크이다. 예를 들어 절단 작업 수행 중에 분진 여과 설비에 화재가 발생하여 방사성 분진이 비산될 경우, 외부 선량률은 큰 차이가 나지 않지만 종사자가 호흡 방호 용구를 착용하고 있지 않았다면 공기 중 방사성 분진으로 인한 내부피폭과 사고 수습 동안 추가적인 작업으로 인한 외부피폭을 받게 된다.

따라서 방사성 분진이 발생되지 않는 사건·사고나 사고 수습 과정의 외부피폭 방사선 리스크는 정상 해체 활동으로 인한 방사선 리스크 평가 방법과 동일하게 평가될 수 있다. 내부피폭으로 인한 방사선 리스크는 작업장의 규모와 사건·사고로 인해 유출될 수 있는 최대 방사성 분진 양으로부터 최대 공기 중 방사능 농도를 평가하고, 응급 사고 수습 조치 후 대피하기까지 걸리는 시간을 고려하여 체내 흡입량을 평가하였다.

4.1 방사선학적 사고 시나리오

해체 기간 동안 현장 내에서 발생할 수 있는 사고 중 일반적인 산업재해를 제외한 방사능 위해가 예상되는 사고 시나리오를 1차 도출한 후 최종적으로 안전 조치가 요구되는 시나리오와 선량 평가가 요구되는 사고 시나리오를 도출하였다. 사고 시나리오는 IAEA Safety Report Series No.77 "Safety Assessment for Decommissioning"에 따라 체크 리스트, HAZOP Study, What if? 접근법을 적용하여 도출하였다.

위험 선별 단계에서는 각 사고 시나리오에 대한 리스크 평가를 통해 정성적인 사고 결과 및 발생 확률을 예측하고 위험의 정도를 발생 빈도와 중대성의 곱으로 나타내었다.

리스크 평가는 도출된 473개 시나리오와 what if? 기법을 통해 도출된 6개 시나리오에 대해 수행되었으며, 평가 결과 중 발생 확률과 중대성의 곱이 5를 초과하는 사고 시나리오를 1차 선별하였으며 이들 중 주요한 시나리오를 표 4에 수록하였다. 이들 1차 선별된 시나리오들은 그 유사성에 따라 그룹화하고, 그룹화된 시나리오 중 선원항을 검토하여 최대 피폭선량이 발생할 수 있는 시나리오를 최종 선정하였다. 특히 도출된 "리스크 5"를 초과하는 사고들은 모두 해체 대상물 절단 작업 중 절단 장비 폭발/화재 사고 시나리오를 선정함으로써 대표성을 확보할 수 있었다.

또한 해체 원자로 내부구조물의 핵종 재고량이 최대이므로 이 절단 작업 리스크가 가장 커서 비록 이 절단 작업이 수중에서 이루어져 물에 의한 차폐와 분진 확산 방지 등으로 사고가 크게 확산되지는 않지만 최대 종사자 피폭선량이 발생할 수 있을 것으로 평가되었다. 이러한 사고 심각도와 영향을 고려하여 원자로 압력용기 절단 작업 중 폭발 사고도 사고 시나리오로 선정되었다.

이러한 과정을 통해 최종 선정된 사고 시나리오는 다음 4개이며 이들 각 시나리오에 대해 종사자와 주민의 피폭선량을 계산하였으며, 대응하는 안전 조치 방안을 도출하였다.

- 방사성폐기물 드럼 저장 지역에서 화재
- 운송 중 방사성폐기물 드럼 낙하
- 제염 폐액 수집 탱크 파손
- 원자로 압력용기 내부구조물 절단 중 폭발

표 4. 리스크 5 초과 주요 사고 폭발/화재 시나리오 (1차 선별)

대상	사고 시나리오 설명	빈도	영향	리스크
배관 및 밸브	배관 및 밸브 단열재 제거 장비 사용 중	3	2	6
배관 및 밸브	배관 및 밸브 절단 작업에서 절단 장비 사용 중	3	2	6
펌프	단열재 제거/절단 트랙 설치-제거 장비 사용 중	3	2	6
펌프	펌프 석션/연결부 분리 작업에서 분리 장비 사용 중	3	2	6
케이블, 트레이, 전선관	케이블, 트레이, 전선관 절단 및 제거 작업에서 장비 사용 중	3	2	6
기타 장비	(열교환기) 연결부 분리 작업 분리 장비 사용 중	3	2	6
공조 덕트	공조 덕트 제거 작업에서 제거 장비 사용 중	3	2	6
매설 배관	매설 배관 절단 작업에서 절단 장비 사용 중	3	2	6
콘크리트 작업	콘크리트 스캐블링 작업 장비 사용 중	3	2	6
철제 구조물	철제 구조물 절단 작업에서 절단 장비 사용 중	3	2	6
계통제염 작업	계통제염 작업에서 제염 장비 사용 중	3	2	6
원자로 압력용기	라이너, 생체 콘크리트, 상부 단열재, 압력용기 Seal 제거 작업에서 제거 장비 사용 중	2	3	6
원자로 압력용기	사전 절단, 노즐 절단, RV Flange, RV Shell, 하부헤드, 하부 단열재 제거 작업 장비 사용 중	2	3	6
원자로 내부 구조물 (상부)	기계적 분리 작업에서 분리 장비 사용 중	2	3	6
원자로 내부 구조물 (상부)	guide tube/thermocouple column, upper support, support column, upper core plate 절단 작업에서 절단 장비 사용 중	2	3	6
원자로 내부 구조물 (하부)	core flange, thermal shield, baffle former bolt 및 plate, core barrel, lower core plate, core barrel lower section, core support forging, tie plate, secondary core support 절단 작업 장비 사용 중	2	3	6
증기발생기	2차측 노즐 절단 작업에서 절단 장비 사용 중	2	3	6
증기발생기	1차측 노즐 절단 작업에서 절단 장비 사용 중	2	3	6
가압기	상부 배관 절단 작업에서 절단 장비 사용 중	3	2	6
가압기	하부 배관 절단 작업에서 절단 장비 사용 중	3	2	6
냉각재 펌프	입구 배관 절단 작업에서 절단 장비 사용 중	3	2	6
냉각재 펌프	출구 배관 절단 작업에서 절단 장비 사용 중	3	2	6

4.2 사고 시나리오에 따른 종사자 피폭선량 평가

가. 사고 시나리오 1: 방사성폐기물 드럼 저장 지역에서의 화재

사고 시나리오 1은 폐수지 드럼이 저장된 Q 원전 해체 방사성폐기물 처리 시설 내의 임시 저장고에서 화재가 발생하는 시나리오이다. 방사성폐기물 드럼 저장 지역에서 발생 가능한 화재 시나리오는 케이블선 누전과 단선 등 전기적인 요인과 크레인의 마찰열과 전기 장비 과열로 인한 주변 가연성 물질 점화 등 열적 요인에 의한 화재 사고이다.

그러나 화재가 발생하더라도 주변 가연성 물질 사용이 제한되므로 화재가 확산될 가능성은 낮다. 또한, 드럼 내 방사성폐기물은 모두 불연성 재질인 철제 용기에 포장되므로 불이 드럼에 옮겨 붙을 가능성은 희박하며 발생되는 가스의 양도 극히 제한적이다. 이 평가에서는 최대 사고를 가정하여 화재 발생으로 인해 드럼의 밀봉이 손상되어 재고량 일부가 환경으로 방출되는 시나리오에 대해 정량적인 방사선 영향 평가를 수행하였다.

화재로 인해 저장된 50개 드럼 내 방사성 물질이 공기 중으로 분산되고 사고 당시 임시 저장고에 위치한 작업자가 사고 인지 후 대피하기까지 공기 중 분산된 방사성 물질로부터 내부/외부피폭을 받는 것을 가정하였다. 그럼에도 종사자 피폭선량은 규제 기준치인 50 mSv보다 낮은 값으로 평가되었다.

나. 사고 시나리오 2: 운송 중 방사성폐기물 드럼 낙하

사고 시나리오 2는 Q 원전 해체 방사성폐기물 처리 시설 내 임시 저장고에서 폐수지 드럼이 낙하하여 드럼 내 방사성 물질이 공기 중으로 분산되고 사고 당시 임시 저장고에 위치한 작업자가 사고 인지 후 대피하기까지 공기 중 분산된 방사성 물질로부터 내부/외부피폭을 받는 것을 가정하였다.

방사성폐기물 드럼 저장 지역에서는 검사를 위해 드럼을 이동하거나 적재하는 과정을 수행한다. 이 과정에서 크레인의 이상이나 조작 실수 등으로 인해 드럼이 낙하할 가능성이 존재한다. 그럼에도 크레인의 높이가 비교적 낮을 것으로 판단되며 용기가 건전성을 유지할 수 있기 때문에 드럼 낙하에 의한 손상과 방사성 물질의 누출은 제한적일 것으로 판단된다. 보수적인 평가를 위해 크레인의 고장과 운전 조작의 실수로 인한 사고 발생으로 드럼이 낙하하여 드럼의 손상을 초래하는 사고를 고려하였다. 평가 결과 종사자 피폭선량은 규제 기준치인 50 mSv보다 낮은 값으로 평가되었다.

다. 사고 시나리오 3: 제염 폐액 수집 탱크 파손

사고 시나리오 3은 Q 원전 제염으로 발생한 제염 폐액을 수집한 제염 폐액 탱크가 파손되어 제염 폐액 중 일부가 공기 중으로 분산되고 사고 당시 탱크 구역에 위치한 작업자가 사고 인지 후 대피하기까지 공기 중 분산된 방사성 물질로부터 내부/외부피폭을 받는 것을 가정하였다. 종사자 피폭선량은 규제 기준치인 50 mSv보다 낮은 값으로 평가되었다.

라. 사고 시나리오 4: 원자로 압력 용기 내부구조물 절단 중 폭발

사고 시나리오 4는 원자로 압력용기 내부구조물 원격 절단 중 장비 손상 때문에 발생한 폭발로 인해 방사화된 내부구조물 내 함유 핵종이 입자 형태로 공기 중으로 분산되고 사고 당시 해당 구역에 위치한 작업자가 사고 인지 후 대피하기까지 공기 중 분산된 방사성 물질로부터 내부/외부피폭을 받는 것을 가정하였다. 이 시나리오는 해체 현장에서 원자로 압력용기를 원형 그대로 이송하기 위해 내부구조물 절단 작업 중 절단 장비의 전기적 결함으로 주변 가연성 물질 혹은 장비 주입 가스가 폭발한다고 가정한다. 실제 절단 중 전기적 결함이 발생하더라도 주변 가연성 물질 사용이 제한되므로 탄소강으로 이루어진 원자로 압력용기의 분진이 발생할 정도의 사고로는 이어질 가능성은 매우 낮다.

4.3 안전 조치 방안

방사선학적 사고 시나리오에 대한 선량 평가 결과 모든 사고에 대해서 규제 기준치를 만족함을 확인하였으므로, 안전 조치의 목적은 해당 사고로 인한 방사선학적 영향을 규제 기준치 이하로 낮추는 것이 아닌 사고 발생 빈도와 영향을 줄임으로서 사고를 예방하기 위한 것이다. 안전 조치 방안은 리스크별 발생 가능한 사고 결과를 방지하거나 저감시키기 위한 방안으로 HAZOP Study를 통해 도출된 9개 리스크를 기준 (표 1)으로 하며, 도출된 안전 조치 방안은 표 5와 같다.

표 5. 방사선학적 사고 안전 조치 방안

리스크	리스크 결과	안전 조치 방안
공통 사항		• 작업장 내부 구조 인지 및 비상시 대피 요령 교육 • 개인 방호 장구 착용 • 비상 통로 확보
기체, 액체, 고체 형태의 방사성 물질의 누출	호스 이송 시 호스 찢어짐, 연결 부위 체결 결함으로 누출	• 이중 호스 사용
	콘크리트 분진 (약간 오염된)	• 분진 최소화 기술 적용 • 필요시 이동식 환기 설비 적용 • 적절한 포대에 담거나 랩으로 싼 후 방폐물 드럼 혹 용기에 담음
	오염된 액체를 함유한 배관의 제거	• 모든 폐액은 배수하거나 닦아냄 • 시료 채취 시행
과열	절단 작업 중 과열 과피폭	• 과열 안전 장구 착용
차폐체의 부적절한 제거	종사자가 작업 중 최대 선량을 발생하는 기기에 피폭	• 원격 도구 사용 • 개인방호 장비 착용 • 작업 중 방사선 측정 및 평가 실시를 통한 과피폭 방지
폭발/화재	전기 누전에 의한 화재 위험	• 해체 전 배수 확인 • 화재 방호 장비 설치 • 화재 감시 요원 배치 • 용접시 방화포 설치
	화학물 화재 위험	
	플라즈마 아크 토치 화재 위험	
정전, 전기회로상 문제 발생	절단 작업 중 전기 문제로 인한 과피폭	• 전기 문제 발생 가능 작업 시 절연용 보호구 지급과 착용 의무화 • 작업 전 전기선 표시 및 교육
	철거 대상물에 흐르는 전기로 인한 사고	• 전기 공급 차단된 상태 작업 수행
	전기를 사용하는 장비 사용 중 정전 사고	• 갑작스러운 정전에 대비해 비상 전력 공급 준비 • 예비 전력 공급 설비가 없는 경우 정전 사고 시 작업 구역 내 종사자들 철수시킴
낙하 포함 운반/취급 사고	호이스트 운반 중 낙하 사고	• 포장 용기 취급 절차 이행
	크레인 인양 낙하 사고	• 해당 설비 점검 및 유지 보수 • 크레인 설명서 부착
부적절한 환기	콘크리트 제거 시 임시 격납 설비, 임시 환기 설비 또는 개인 방호 장구의 손상	• 사고 알림 • 비상 절차 이행
	환기 설비 성능 저하, 필터 성능 저하	• 적절한 설계 • 환기 실패 시 작업 중지

Part 3

규제 해제를 위한 해체 원전 방사선 측정 및 부지 조사

7.1　MARSSIM 개요

　　원전 해체를 완료하기 위해서는 부지 복원 작업을 마친 후 정화 및 복원 활동이 성공적으로 수행되어 규제 해제 기준이 충족되었음을 정부나 규제기관에 입증해야 한다. 이를 위해 '방사선 측정조사 (Radiation Survey)'를 통한 '부지 조사 (Site Investigation)' 과정이 필수적으로 진행되어야 한다. MARSSIM (Multi-Agency Radiation Survey and Site Investigation Manual)은 이러한 요구에 따라 미국 NRC와 EPA 등이 공동 개발한 기술 지침서로, 해체 후 잔류 오염 가능성이 남아 있는 부지의 규제 해제 기준 충족 여부를 입증하기 위한 과학적이며 일관된 방사선 측정조사와 부지 조사 방법을 제시하고 있다. 특히 MARSSIM은 규제 해제 충족 입증을 위한 '최종상태 측정조사 (FSS, Final Status Survey)' 방법론을 상세히 설명하고 있다. 이 접근법은 과학적으로 엄격하면서도 다양한 부지 복원 조건에 적용할 수 있을 만큼 유연해 국제적으로도 가장 많이 적용되고 있다. 결론적으로, MARSSIM은 부지 규제 해제 규제 기준 만족 여부 입증을 위한 최종상태 측정조사의 계획, 수행, 평가 및 문서화에 대한 일관된 표준 접근법이라고 할 수 있다.

　　MARSSIM에서는 특히 아래 사항들에 대한 일반적 적용 방법을 설명하고 있다.
- 토양 및 건물 표면이 오염되어 있는 부지에 대한 측정 조사 계획, 오염 범위 측정조사, 복원활동 지원 측정조사, 최종상태 측정조사 (FSS).
- 부지 이력 평가 (HSA, Historical Site Assessment)
- 자료 수집과 분석에 대한 QA / QC
- 방사능 측정조사 방법론

- 현장 및 실험실 측정기기 장치와 측정 방법
- 비모수 통계학적 가설 검정 시험과 통계 자료의 해석

복원 작업이 진행되는 부지의 경우 오염은 대부분 표면에 국한되었을 뿐만 아니라, 선량 기반 또는 리스크 기반 농도 계산에 사용되는 전산 모델도 기본적으로 지표면 토양과 건물 표면의 오염을 주원인으로 간주하기 때문에, MARSSIM에서는 지하수 또는 표층 이하 토양 오염 문제는 다루지 않는다.

7.2 　주요 MARSSIM 용어

MARSSIM에서 제시하는 방사선 측정조사와 부지 조사 (RSSI, Radiation Survey and Site Investigation) 과정을 이해하기 위해서는 먼저 이 지침서에서 사용하는 주요 용어와 개념에 대한 이해가 필요하다. 이 절에서는 이들 중 중요한 몇 가지 사항을 먼저 설명한다.

피폭 경로 모델링 (Exposure Pathway Modeling)과 DCGL

피폭 경로 모델링이란 잔류 방사능에 의한 방사능 피폭 경로의 해석적 시나리오 분석 과정이며, 이 모델링을 통해서 구해지는 해체 작업 현장의 제염 목표 방사능 농도가 DCGL (유도농도지침기준, Derived Concentration Guideline Level)이다. DCGL은 기본 모델링 입력 매개변수와 사용자가 결정하는 부지 고유 매개변수를 바탕으로 도출된다. DCGL의 단위는 기본적으로 작업 현장에서 규제 준수 여부를 쉽게 확인할 수 있는 측정 단위로, 예를 들어 Bq/kg 또는 pCi/g, Bq/m² 또는 dpm/100cm² 등이다. 참고로 세계적으로 가장 많이 활용되고 있는 피폭경로 모델링 전산 코드로는 미국 알곤국립연구소가 개발한 RESRAD 이다.

MARSSIM은 오염 영역에 따라 DCGL을 두 가지로 정의한다.
- $DCGL_W$: 넓은 영역에 걸쳐 잔류 방사능이 평균적으로 고르게 분포되어 있다는 가정에 기반하여 도출된 규제 해제 가능 잔류 방사능 농도값이다. 즉 RESRAD를 통해 유도된 이 DCGL은 기본적으로 주민이 규제 해제된 부지에서 생활하는 동안

RESRAD 코드

RESRAD (RESidual RADioactive material)는 미국 에너지부 (DOE) 산하 ANL (Argonne National Laboratory)에서 개발한 방사선 위해도 평가 코드로, 규제 해제 기준에 맞추어 규제 해제된 부지 내 토양 혹은 구조물 내 잔류 방사성 핵종으로부터 거주민이 받는 연간 유효선량을 역계산하여, 해체 현장의 규제 해제 기준 (DCGL)을 유도하는데 사용된다. 이 코드는 기본적으로 부지를 이용하는 사람이 잔류 방사능에 의해 피폭될 수 있는 다양한 피폭경로 (외부피폭, 흡입, 섭취 등)를 반영하여 연간 선량을 산정하기 때문에 radiation exposure pathway analysis 코드라 불린다.

참고로 US NRC는 RESRAD 코드 외에 감사 계산을 위한 DandD 코드를 별도로 개발해 사용하고 있다. DandD는 결정론적 방식과 함께 확률론적 방식 (Monte Carlo 방식 등)도 지원하여, 입력값의 불확실성을 반영한 DCGL의 통계적 범위   (예: 신뢰상한값 UCL 등)를 산출할 수 있다.

RESRAD 코드 주요 종류

• **RESRAD-ONSITE**

 해체 완료된 부지 내 거주하는 일반인 (농부, 거주자 등)이 잔류방사능에 의해 받는 피폭 경로 해석 평가 코드

• **RESRAD-OFFSITE**

 부지 외부로 확산되는 오염 (지하수, 대기 등)에 의한 주변 주민 피폭 평가 코드

• **RESRAD-BUILD:** 오염된 건물 내 작업자 또는 근무자의 피폭 평가 코드

• **RESRAD-RECYCLE:** 오염 재료 (금속, 콘크리트 등)의 재활용시 피폭 평가 코드

낮고 균일하게 분포된 잔류 방사능에 의해 피폭된다고 가정한다.

- $DCGL_{EMC}$: 규제 해제 대상 지역 중 일부 좁은 지역에서 국부적으로 잔류 방사능이 높은 경우, 즉 핫 스폿이 존재할 경우 도출되는 DCGL 값으로 EMC는 Elevated Measurement Comparison의 약어이다. $DCGL_{EMC}$는 먼저 유도된 $DCGL_W$에 핫 스폿의 면적 인자를 곱해 얻어지는 값으로, 해당 핫 스폿에 대한 잔류 방사능 농도 허용값이다.

규제 해제 기준 (Release Criterion)

리스크 (암 발병률 또는 사망률) 관점에서의 규제 해제 기준 선량 제한치이다. 간혹 규제 해제 제한치 (release limit) 또는 복원 기준 (cleanup standard)이라 는 용어도 사용된다. 규제 해제 제한치는 대부분 총유효등가선량 (TEDE, Total Effective Dose Equivalent)으로 설정되는데 우리나라의 규제 해제 기준은 0.1 mSv/yr이다. 참고로 미국 연방정부의 규제 해제 기준은 0.25 mSv/yr 이다.

기본적으로 해체 규제 기준 목표 충족에 적용되는 조건은 다음과 같다.
- 자연방사능보다는 높지만 잔류 방사능이 균일하게 분포되어 있고 그 측정값의 평균이 $DCGL_W$ 미만이다.
- 핫 스폿 영역이 발견되더라도 그 측정값이 국부 오염 영역에 대해 허용된 $DCGL_{EMC}$를 초과하지 않는다. 역으로 설명한다면 국부 영역 잔류 방사능 측정값이 규제기관의 기준 ($DCGL_{EMC}$) 미만이라면 핫스폿 영역에서의 측정값이 $DCGL_W$를 초과할 수 있다.

조사 준위 (Investigation Level)

규제 해제 기준에 기반한 방사성 핵종의 특정 준위이다. 이 기준은 해체 초기에 추가 조사가 필요한 지역을 식별하기 위해 사용될 수 있으며, 잠재적으로 문제가 발생할 수 있는 지역을 식별하기 위한 선별 도구로 사용될 수 있다. 따라서 만약 한 지역에서의 방사능 측정값이 이 준위를 초과된다면 추가 조사 또는 추가 복원과 같은 대응이 필요하다. DCGL은 바로 이 조사 준위의 한 예이다.

측정조사 단위 (Survey Unit)

특정한 크기와 형태를 가진 구획된 구조물 혹은 토지 영역으로 이 단위가 원자력 시설 부지의 규제 해제 기준 만족 여부에 대한 결정을 내리는 영역의 단위이다. 실제 대상 부지는 여러 개의 측정조사 단위로 나눠지는데, 이 모든 단위가 규제 해제 기준을 만족시켜야 비로소 시설 부지 전체가 규제 해제될 수 있다. 물론 이 결정은 규제 준수 여부를 확인하기 위해 사용되는 RSSI 과정 중 최종상태 측정조사 (FSS, Final State Survey)의 결과로 판단하게 된다. 이 단위의 크기와 형태는 오염 가능성, 오염의 예상 분포와 물리적 경계 (예: 건물, 담장, 토양 유형, 지표 수역)와 같은 요인에 기반한다.

중요한 것은 측정조사 단위에는 등급이 서로 다른 영역이 섞여서는 아니 된다는 점이다. 기본적으로 측정조사 단위는 선량이나 리스크를 방사성 핵종 농도로 변환하는데 사용한 피폭 경로 모델링 가정과 일치해야 한다. 다음 표 7.1에 측정조사 단위 제한 영역의 크기를 수록하였다. 이 기준에 따라서 등급 1 영역으로 분류된 실내 공간의 경우 각 방을 측정조사 단위로 나누어 지정할 수 있다. 또한 상부 벽과 천장을 바닥과 하부 벽과 분리하거나 대형 창고 공간 바닥을 여러 측정조사 단위로 세분할 수 있다.

표 7.1　측정조사 단위 등급과 영역 제한

분류	제한 영역
등급 1	구조물: 최대 100 m²의 면적 / 토지 면적: 최대 2,000 m²
등급 2	구조물: 100~1,000 m² / 토지 면적: 2,000 ~ 10,000 m²
등급 3	구조물: 무제한 / 토지 면적: 무제한

방사능 측정조사 (Radiation Survey)

MARSSIM에서 채택하는 방사능 측정 방법은 직접 측정, 스캔 측정, 그리고 표본 추출 방법이다. 예를 들어, 문지름 (smear) 측정 방법은 단순히 참고로만 인정된다. 직접 측정은 측정조사 대상 위치에 측정기를 배치하고 방사능 준위를 일정 시간 동안 직접 측정하는 방법이다. 스캐닝 (Scanning)은 국부적으로 오염이 높은 영역, 즉 핫 스폿을 찾기 위해 휴대용 방사선 측정기를 대상 표면 위 일정한 속도로 이동시키며 방사능을 측정하는 방법이다. 표본 추출 (sampling)은 현장 물질의 일부를 대표 시료로 수집해 표본 분석하여 오염 물질을 확인하고 농도를 결정하는 방법이다.

등급 분류 (Classification)

방사선학적 특성에 기반하여 측정조사 단위를 오염 정도에 따라 분류하는 과정을 말한다. MARSSIM은 오염 가능성이 높은 지역일수록 측정조사를 더 중점적으로 수행하도록 요구한다. 즉 오염 정도에 따라 측정조사의 집중도를 달리하는데 이는 등급별 접근법 (Graded Approach)의 대표적 예이다.

측정조사 단위 등급 분류는 최종상태 측정조사 설계에서 매우 중요하다. MARSSIM 과정 초기에 작성된 예비 분류는 후속 측정조사를 계획하는 데 유용하다. 이때 잔류 방사능에 의한 오염 가능성이 없는 영역은 비영향 영역 (non-impacted area)으로 분류하는 한편 오염 가능 영역은 영향 영역 (impacted area)으로 분류하며 등급 1, 등급 2, 등급 3의 3단계로 세밀하게 구분한다.

- 등급 1 영역

잔류 방사능 오염이 $DCGL_W$ 보다 높거나 유사한 수준으로 예상되는 영역. 예를 들면 등급 1 영역은 다음과 같다.
　1) 방사선 누출이나 유출이 발생된 곳
　2) 방사성폐기물 매립 또는 처분 영역
　3) 방사성폐기물 저장 부지
　4) 오염이 높은 고체 폐기물 혹은 자재로 오염된 구역

- 등급 2 영역

복원 이전에 방사능으로 오염되었거나 오염 가능성이 있지만 잔류 방사능이 $DCGL_W$를 초과할 것으로 예상되지 않는 영역. 등급 2 영역의 사례는 다음과 같다.
　1) 밀봉하지 않은 방사성 물질이 존재하는 장소
　2) 오염될 가능성이 있는 운송 경로
　3) 방사성 기체를 방출하는 굴뚝의 바람이 흘러가는 방향의 영역
　4) 공기 중 부유 방사능에 노출되는 건물이나 실내 공간의 상부 벽 및 천장

5) 저농도 방사성 물질을 취급하는 영역
6) 이전 오염 통제 영역 주변 영역

• **등급 3 영역**

부지 운영 이력 및 이전 방사선 측정조사에서 비록 낮지만 일부 방사능이 잔류되었을 것으로 예상되는 모든 영역. 등급 3로 분류될 수 있는 영역의 사례로는 등급 1 또는 등급 2 영역 주변 완충 영역과 잔류 오염 가능성이 매우 낮지만 비영향 영역으로 분류하기에는 정보가 불충분한 영역 등이다.

만약 측정조사 단위의 분류가 잘못되었으면 판정 오류 발생 가능성이 더 커진다. 이러한 이유로 초기에는 기본적으로 모든 영역을 1등급으로 가정한다. 물론 1등급 영역은 잠재적으로 $DCGL_W$ 이상의 잔류 방사능 농도를 가지고 있는 것으로 알려져 있거나 혹은 방사능 농도에 대한 정보가 없을 경우인데, 이 최고 오염 등급 영역은 등급별 접근법에 따라 높은 강도의 측정조사를 요구한다. 그러나 오염 물질의 농도가 $DCGL_W$ 미만임을 입증하는 정보가 있을 경우 해당 영역을 등급 2 또는 등급 3으로 재분류할 수 있다.

참조 영역 (Reference Area)

잠재적 관심 방사성 핵종이 자연방사능에 존재해 측정 시스템이 순수히 잔류 방사능만을 측정할 수 없을 경우, 영향 영역 내 잔류 방사능 측정값의 신뢰성을 확보하기 위해 참조 영역을 선정한다. 이 영역은 영향 구역 내 잔류 방사능 측정값과의 정확한 비교를 위해 측정이 수행되는 구역이므로 해당 측정조사 단위와 물리적, 화학적, 방사선학적, 생물학적 특성이 유사하지만 잔류 방사능의 영향이 전혀 없이 자연방사능만 측정되는 구역이어야 한다.

자료 품질 목표 (DQO)와 자료 품질 평가 (DQA)

측정조사 계획 수립시, 측정조사 결과가 최종 결정을 충분히 뒷받침할 수 있는 자료의 질과 양을 보장할 수 있도록 하는 자료 품질 목표 (DQO, Data Quality Objective)를 설정해야 한다. 자료 품질 평가 (DQA, Data Quality Assessment)는 조사 결과를 평가하기 위해 자료의 품질이 목표를 충족하는지 판단하는 해석 과정이다.

단일성 규칙 (unity rule)

　MARSSIM에서 적용하고 있는 기본 원칙으로, 원래의 정의는 측정조사 단위 내 둘 이상의 방사성 핵종이 자연방사능과 구별할 수 있는 농도로 존재할 때, 규제 해제되기 위해서는 규제 기준 값에 대한 각 방사성 핵종의 측정값 비율의 합이 1을 초과하지 않아야 한다는 원칙이다. 이 원칙은 측정조사 단위 내 여러 핵종에 대한 DCGL이 존재하는 경우와 핫 스폿이 여럿 존재할 경우에도 규제 해제 요건 만족 여부 판정에 적용된다.

7.3　방사선 측정조사 기반 의사 결정

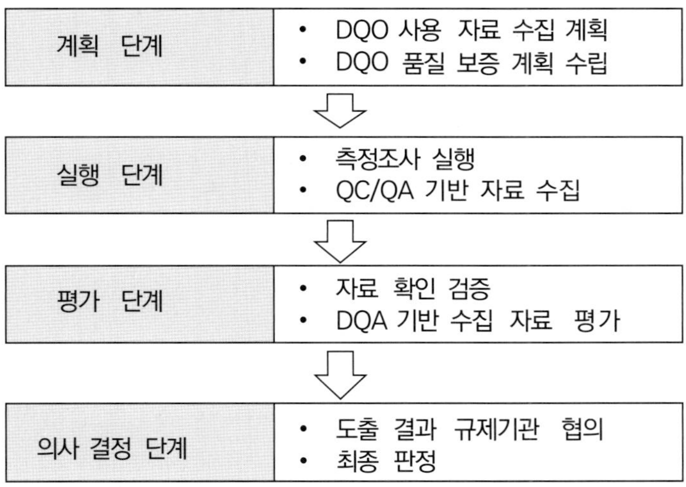

그림 7.1　자료 수명 주기 (DLC, Data Life Cycle)

　규제 해제 기준 만족 여부 판정은 반드시 방사선 측정조사 결과에 기반해야 한다. 그러나 측정조사 결과에는 늘 불확실성이 내포되어 있으므로 이 불확실성에 따른 결정의 오류 가능성을 피할 수 없다. 그러므로 사전에 이러한 불확실성을 관리하기 위한 조치들이 취해져야 하는데, 이 조치에는 적절한 측정조사 계획의 수립, 오류의 원인 관리 및 적절한 측정 품질 관리, 불확실성에 대한 상세한 분석 등이 포함된다. 그림 7.1은 이러한 측정 불확실성을 줄이기 위한 4단계 자료 수명 주기 (DLC, Data Life Cycle)를 보여주고 있다.

7.3.1 계획 단계: 효과적인 측정조사 계획

효과적인 측정조사를 설계하기 위한 첫 단계는 철저히 계획을 수립하는 것이다. 자료 품질 목표인 DQO 절차는 자료 품질 기준을 수립하고 측정조사를 설계 개발하기 위한 일련의 과학적 계획 수립 과정이다. DQO 절차를 사용하면 방사선 측정조사 계획 수립의 효과와 효율이 향상되고, 그에 따라 의사 결정의 논리도 향상된다. 또한 불필요하거나 중복된 일이 발생하지 않으며 지나치게 정밀한 자료는 제거하여 자료 수집에 따른 낭비를 최소화할 수 있다.

실제 계획 수립의 난이도는 측정조사를 수행하는 부지의 규모에 기반한다. 일반적으로 등급별 접근법에 따라 크고 복잡한 부지는 계획 단계에서 상당한 노력을 기울여야 하는 반면, 소규모 부지의 경우에는 그렇게 많은 계획을 요구하지 않는다.

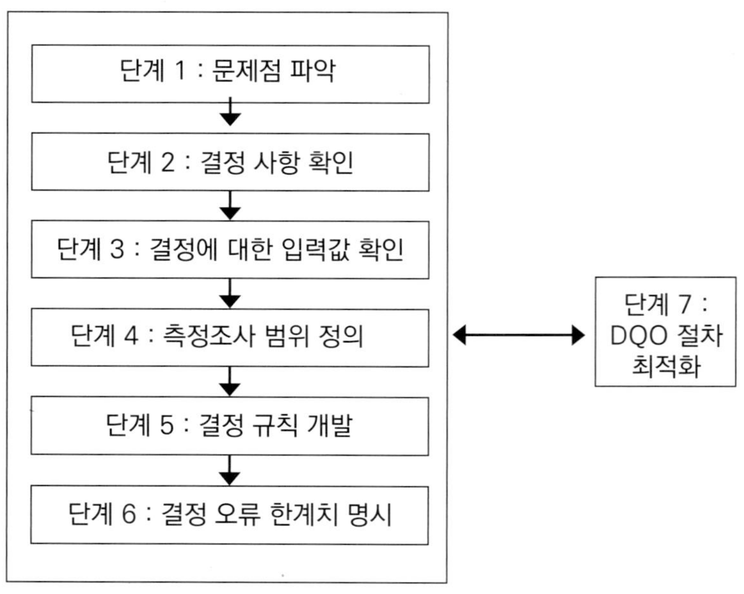

그림 7.2   자료 품질 목표 흐름

DQO 절차는 그림 7.2에서 나타낸 바와 같이 7단계로 구성되는데 각 단계에서의 결과물들은 DQO 절차에서 요구되는 최소 정보이므로 효과적인 측정 조사 설계에 매우 중요하다.

이후 상세히 논의되겠지만, DQO에서 요구하는 최소 정보 자료들은 다음과 같다.
- 측정조사 단위 경계의 분류와 명시
  측정조사 단위는 언제든지 수립되고 조정될 수 있지만, 최종상태 측정조사 계획
  에서는 마무리되어야 한다.
- 귀무가설 (Null Hypothesis) 명시
  측정조사 단위에서 부지 해제 기준을 초과하는 잔류 방사능 분포 확률 가설을 명
  시한다.
- 상대적 결정 오류 결과 범위를 회색 영역 (gray region)으로 명시
  회색 영역의 상한은 $DCGL_W$로 정의되며 회색 영역 하한 (LBGR, Lower Bound
  of the Gray Region)은 계획 초기 일반적으로 $DCGL_W$의 1/2 정도로 설정되
  지만 이후 최종 상대변이 (relative shift)가 수용 가능한 값이 되도록 조정된다.
- 1종 오류와 2종 오류의 정의와 오류 발생 확률 제한값 부여
- 측정조사 단위 내 측정 표준편차 추정
- 상대변이 (relative shift) 지정
  변이(Δ)는 회색영역 폭 ($DCGL_W$ - LBGR)으로 정의되고 상대변이 (relative
  shift)는 Δ/σ로 정의된다. 상대변이는 1~3 사이의 값을 갖도록 설계된다.
- 측정 기법에 대한 측정 한계치 명시
  스캐닝, 직접 측정, 표본 추출 분석에 대한 한계치를 명시해야 한다. 참고로 최
  소 측정 농도 (MDC, Minimum Detectable Concentration)는 각 측정 시스템
  에 대해 고유하다.
- 추정 최소 측정 표본 수를 계산하고 측정 위치를 지정
  측정 횟수는 상대변이 (Δ/σ), 1종 오류 및 2종 오류 (α 및 β), 국부적 고방사능
  구역 발생 가능성, 측정조사 단위의 선택 및 분류에 따라 달라진다.
- 계획 문서를 포함한 측정조사에 대한 문서화 조건 명시

7.3.2 실행 단계: 측정조사와 불확실도 추정

방사능 측정 (직접 측정, 스캔 측정, 표본 추출)은 측정조사 단위의 방사선학적 특
성평가를 위해 수행하는 기술적 행위이다. 한편 MARSSIM은 결정권자가 최적의 측
정 기법을 유연하게 사용할 수 있도록 목적에 따라 이용 가능한 조사 방법들을 특

정 부지별로 평가할 것을 권장한다. 아울러 품질 관리 프로그램은 부정확한 결정을 내릴 가능성을 낮추고 자료 사용자가 불확실도를 이해하는 데 도움을 준다. 즉 품질 관리 관련 자료는 실행 단계에서 수집 분석되어 측정조사 결과와 관련된 불확실도의 추정치를 제시한다.

7.3.3 평가 단계: 측정조사 결과 해석

자료의 평가는 측정조사 자료가 품질 목표를 충족하는지의 여부와 DCGL을 충족하는지 여부를 평가하기 위해 사용된다. 평가 단계는 다음의 세 가지 단계로 구성된다.
1) 자료 검증 (Verification)
2) 자료 인증 (Validation)
3) 자료 품질 평가 (DQA, Data Quality Assessment)

자료 검증은 계획 문서에 명시된 요구 사항이 자료 획득 과정에서 제대로 실행되었는지 확인하는 과정이다. 자료 인증은 자료 수집 활동의 결과가 QAP (QA Plan)에 문서화된 측정조사 목표에 부합하는지를 확인하거나 혹은 목표들의 수정이 필요한지 등을 결정하는 과정이다. DQA는 자료가 측정조사 목표를 만족시킬 수 있는 정확한 유형, 품질과 수량인지 여부를 결정하기 위한 자료 평가 절차이다.

DQA 절차는 다음의 5단계로 구성된다.
• DQO와 측정조사 설계 검토
• 예비 자료 검토 수행
• 통계 검정시험의 선택
• 통계 검정시험의 가정 확인
• 자료로부터 결론 도출

DQA는 계획 목표 달성 여부를 결정하는 데 필요한 평가를 제공하여 자료 수명 주기를 완료하는데 도움을 준다.

7.3.4   측정조사 결과 보고: 불확실성과 MDC

측정조사 보고를 위한 노력 수준은 측정조사 결과의 복잡성에 근거하여야 한다. 물론 측정조사 결과의 보고 요건은 계획 수립시 작성되어 명확하게 문서화되어야 한다. 측정 결과 보고는 실제 분석 결과로 보고해야 한다. 즉 측정 결과가 매우 낮더라도 측정 자료를 '측정 한계 미만'으로 보고하지 않아야 한다. 부정적인 결과와 불확실성이 높은 결과도 규제 준수 여부를 입증하기 위해 통계 검정시험에 사용할 수 있기 때문이다. MARSSIM에서는 이러한 측정 한계 미만 결과를 최대 40%까지만 수용하라고 권고하고 있다. 또한 올바른 단위와 정확한 자릿수를 사용하여 결과를 보고해야 한다. SI 단위 (예: Bq/kg, Bq/m²)를 사용할지 또는 기존 단위 (예: pCi/g, dpm/100cm²)를 사용할지 선택은 부지 특성에 따라 결정된다. 일반적으로 MARSSIM은 모든 결과를 DCGL과 동일한 단위로 보고할 것을 권고한다.

측정조사 결과의 불확실성은 주로 측정조사 설계와 측정 오차 두 가지 요인에 의해 발생한다. 측정조사 설계 오차는 측정조사 단위 내에 존재하는 방사성 핵종 분포의 변동 폭과 범위를 정확히 파악할 수 없을 때 발생한다. 측정조사 단위 내 모든 지점에서 잔류 방사능을 측정하는 것은 불가능하고, 측정되지 않은 위치에서의 잔류 방사능 준위는 정확하게 알 수 없으므로 일정 부분 불확실성이 존재할 수밖에 없다. 특히 잔류 방사능의 자연적 또는 내재적 변동 폭이 클수록 측정 결과의 불확실성은 커진다.

측정 오차는 측정기 혹은 측정 시스템이 실제 잔류 방사능 준위를 정확하게 측정하지 못함으로 인해 발생하는데, 이러한 불확실성 오차는 무작위적 오차와 체계적 오차 두 가지가 존재한다. 무작위적 오차는 반복 측정을 하더라도 측정값에 잡음적 변동이 발생되어 정확성에 영향을 미치는 반면 체계적 오차는 실제 값보다 일관되게 높거나 낮은 편향된 측정으로 나타난다.

이와 같은 불확실성 보고와 함께, 측정 시스템의 최소 측정 농도 (MDC, Minimum Detectable Concentration)와 그 계산 방법도 보고해야 한다. MDC는 특정 측정 시스템의 방사능 농도 측정 능력이다. 따라서 이 추정법은 방사선 측정 조사 계획 설계에 매우 중요하다. MDC를 낙관적으로 추정할 경우 (예: 실제 측정에는 적용되지 않을 수 있는 이상적인 조건을 고려할 경우), 특히 알파선 또는 저에너지 베타선을 스캔 측정할 때 잔류 방사능의 측정 능력을 과대평가하게 된다. 이것은 스캔 측정조사 결과를 모두 무효화시키는 결과를 초래할 수 있다. 그러므로 특성평가 측정조사 중에는 정확하게 평가된 MDC를 사용하는 것이 최종상태 측정조사 단위의 등급 분류에 긴요하며 등급 분류 오류로 인한 불필요한 재설계 및 재측정 수행의 가능성을 최소화할 수 있다.

7.4 비모수 통계 (Sign/WRS) 검정시험과 귀무가설

원전 해체가 원만하게 잘 이루어지면 해체 사업자는 그 결과들을 기반으로 최종적으로 규제 해제 기준의 만족 여부를 입증해야 한다. 이러한 입증은 당연히 충분한 수의 방사선 측정조사 자료를 통해 이루어지게 된다. 그러나 비용과 시간의 제약이 있는 최종상태 측정조사의 특성상, 정확한 판정을 위해 많은 자료를 요구하는 정규 분포 (normal distribution) 모수 통계 (parametric statistics)를 이용해 검정을 하는 것은 큰 부담이 될 수밖에 없다. 따라서 MARSSIM에서는 적은 수의 자료를 이용하더라도 신뢰성 있는 판정을 내릴 수 있는 비모수 통계 (non-parametric statistics) 가설 검정 방식을 도입하였다.

7.4.1 귀무가설과 대체가설

비모수 통계 가설 검정은 통계적 추론의 하나로서, 표본의 정보를 사용해서 설정된 가설의 합당성 여부를 판정하는 과정이다. 간단히 가설 검정이라 부르기도 한다. 이 통계적 가설은 귀무가설 (Null hypothesis)과 이와 반대에 있는 대립가설 (Alternative hypothesis)을 사용한다. 예를 들어 '새로이 개발된 신약의 효과'를 증명하기 위해 이 통계적 가설을 통해 검정할 수 있다, 이때 귀무가설은 '신약은 효과가 없다'가 될 것이며 대립가설은 '신약은 효과가 있다'로 설정할 수 있다. 원전 해체의 경우, 일반적인 예와는 반대로 귀무가설은 '규제 해제 요건을 만족시키지 못한다'이며 대립가설은 '규제 해제 요건을 만족시킨다'이다. 따라서 해체 사업자는 이 귀무가설을 기각시키기 위해 요구되는 일정 품질 수준 이상의 측정조사 자료들을 바탕으로 잔류 오염 수준이 규제 해제 기준 이하라는 증거를 제시해야 한다. 이때 몇 개의 자료가 요구되고 제시된 자료 중 몇 개 이상이 규제 해제 기준을 만족해야 되는지를 결정해 주는 비모수 통계가 Sign 통계 시험과 WRS 통계시험이다. 이 두 검정시험에 대해서는 8장에서 상세히 논의한다.

7.4.2 통계 검정 신뢰도

그러나 가설 검정은 확률을 기반으로 하기 때문에 항상 잘못된 결론을 내릴 가능성이 존재한다. 검정 판정 시 발생할 수 있는 오류에는 1종 오류 (type 1 error)와 2종 오류 (type 2 error)의 두 가지 유형이 있다. 이 두 오류의 위험은 역의 관계가 있으며 검정의 유의 수준과 검정력에 의해 결정된다.

• 1종 오류 (Type 1 error)

귀무가설이 참인데 기각하면 1종 오류를 범하는 것이다. 1종 오류를 범할 확률은 α로 정의하며, 예를 들어 α가 0.05이면 귀무가설을 잘못 기각할 가능성이 5%임을 인정하는 것이다. 즉, $\alpha = 0.05$에 의해 판단을 내린다면 이 판단은 95% 신뢰도를 갖는다는 의미이다. 이때 귀무가설은 '규제 해제 요건을 만족시키지 못한다'이므로 규제기관은 이 오류 위험을 낮추기 위해서 더 낮은 α 값을 요구할 수 있다. 물론 이럴 경우 요구되는 측정 자료의 수가 늘어나게 된다.

• 2종 오류 (type 2 error)

귀무가설이 거짓인데 기각하지 못하면 2종 오류를 범하는 것이다. 귀무가설이 '규제 해제 요건을 만족시키지 못한다'이므로 이 오류는 해체 사업자가 규제 해제 기준 이하로 해체를 마무리 했음에도 귀무가설을 수용함으로써 해체 완료를 인정 받지 못하는 오류이다. 이 2종 오류를 범할 확률은 β로 정의한다. 따라서 $(1-\beta)$는 거짓인 귀무가설을 기각할 확률을 말하는 검정의 검정력이 된다. 물론 검정력을 충분하게 설정하면 2종 오류를 범할 위험을 줄일 수 있다.

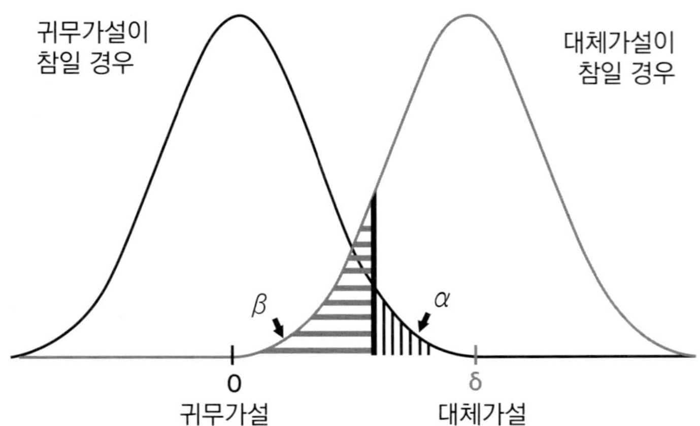

그림 7.3   금연 영향에 관한 귀무가설과 대체가설의 검정 곡선과 1종 오류 vs. 2종 오류

위 그림 7.3은 '금연은 폐 기능 향상에 영향을 미치지 않는다'는 귀무가설과 '영향을 미친다'라는 대체가설에 대한 검정 곡선으로, 검증을 위해 수행된 실험 결과의 중앙값과 분산을 반영한 것이다. 만약 귀무가설이 사실이라면 비록 실험 결과의 분산이 있더라도 중앙값은 0일 것이고 이럴 경우 귀무가설은 기각되지 않을 것이다. 그러나 실험 결과가 분산은 같더라도 중앙값이 0이 아니고 위의 그림에서처럼 일정 크기의 δ 값을 가진다면 과연 귀무가설을 기각시킬 수 있을까? 이때 적용하는 것이 바로 일정 정도 오류 가능성이 있더라도 상대적으로 적은 수의 실험 결과를 이용해 판정하는 비모수 검정시험이다.

그렇다면 적절한 1종 오류와 2종 오류는 어느 정도일까? 다음 그림 7.4의 다이아 그램은 1종 오류 α와 2종 오류 β의 관계를 잘 보여주고 있다. 상황에 따라 다르지만, 그림 7.3에서처럼 통상적으로 α는 다소 엄격한 반면 (즉, 0.05 이하의 값을 적용한다), β는 조금 더 큰 값을 사용하는 것이 적절하다고 알려져 있다. 그림 7.4의 적절한 검정력의 예처럼 1종 오류 α를 0.05라 선언한다면 5%의 오류 가능성을 인정하면서 (95%의 신뢰도로) 귀무가설을 기각시켜 '금연은 폐 기능 향상에 영향을 미친다'는 것을 받아들이겠다는 것이다. 또한 만약 β를 0.1이라 선언한다면 10%의 오류 가능성을 인정하면서 귀무가설을 받아들여 '금연은 폐 기능 향상에 영향을 미치지 않는다'는 것을 받아들인다는 것이다. 이때 이 검정시험의 검정력은 $(1-\beta) = 0.9$가 된다.

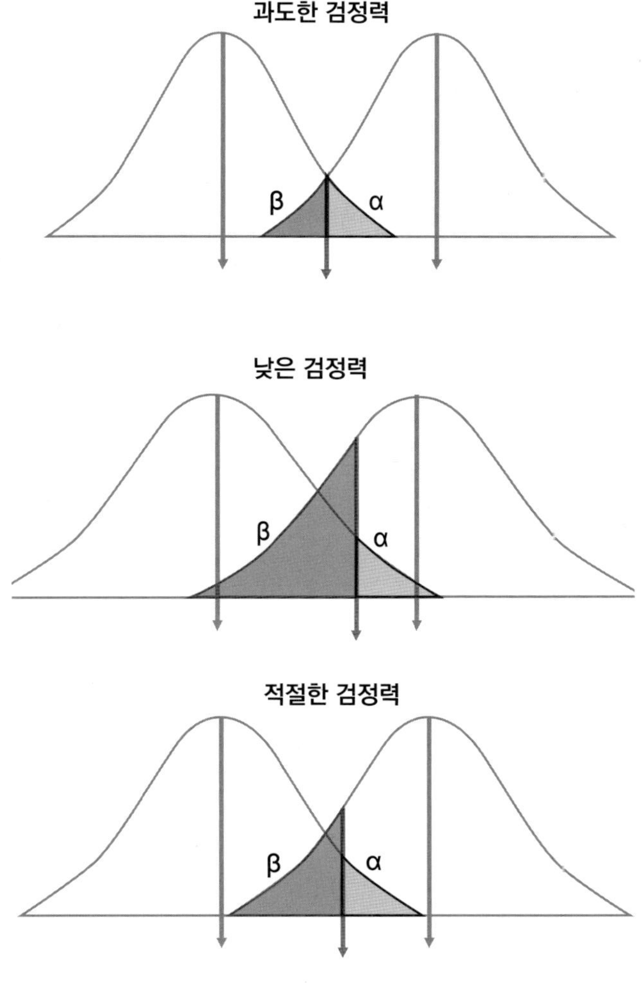

그림 7.4　1종과 2종 오류와 검정력

　비모수 검정시험에서 검정력의 확보는 매우 중요하다. 기본적으로 이 검정력은 아래 그림 7.5의 첫 그림에서 보듯, 실험 혹은 측정 결과의 분산이 클수록 검정력은 줄어들고 두 번째 그림처럼 측정 횟수를 늘려 분산을 줄이면 검정력이 커지게 된다. `물론 측정 결과의 중앙값이 커져서 귀무가설 중앙값과 차이가 날수록 검정력은 증가한다.

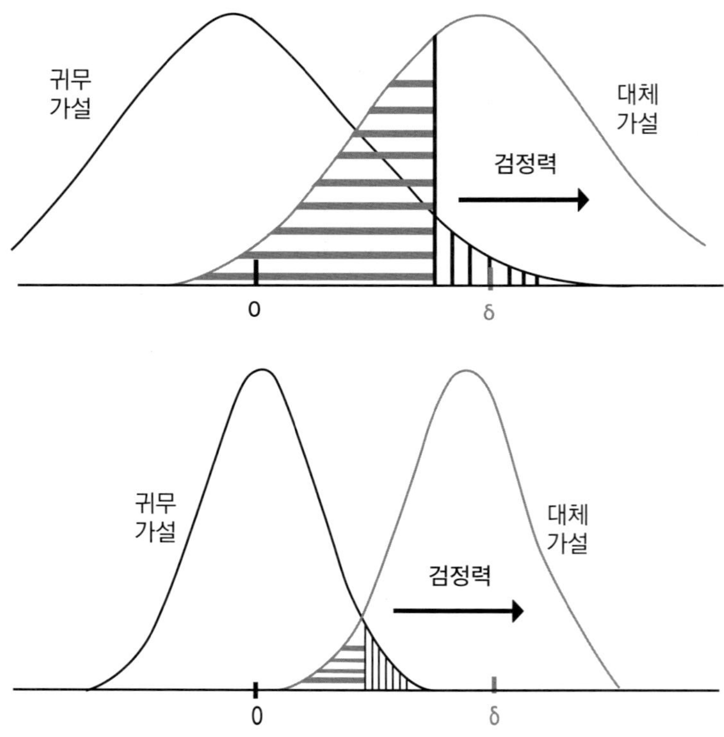

그림 7.5 중앙값과 분산이 검정력에 미치는 영향

　다음 장의 그림 7.6은 비모수 통계학적 원리를 적용한 해체 원전의 규제 해제 기준 충족 여부 판단 다이아그램으로 최종상태 측정조사 결과 자료를 DCGL과 함께 도식화한 것이다. 앞에서 이미 설명한 바와 같이, 귀무가설은 '규제 해제 요건을 만족시키지 못한다'이며 대립가설은 '규제 해제 요건을 만족시킨다'이므로 금연 영향의 예외는 달리, 이 그림의 오른 쪽 분포가 귀무가설을 나타내는 검정곡선이고 왼쪽의 분포는 대체가설을 나타내고 있다. 따라서 1종 오류 α와 2종 오류 β 위치 또한 바뀌어 있음을 알 수 있다. 이 귀무가설 검정곡선은 측정 결과의 중앙값이 DCGL과 일치한다는 전제 하에 측정 결과 자료의 분산을 나타내고 있다.

　그림 7.6에 등장하는 여러 통계 변수들, 예를 들어 회색영역, 변이, LBGR 등에 관해서는 8장에서 상세히 논의한다. 참고적으로 MARSSIM에서 α는 0.05 이하의 작은 값을 사용할 것을 권고하는 반면 β는 0.1을 넘지 않도록 하고 있다. 8장에서 곧

보게 되겠지만 정규 분포를 이루지 못하는 작은 수의 통계 자료를 이용해 수행하는 비모수 통계 검정시험 해석에서도 궁극적으로 정류 분포의 원리를 적용하고 있는데 이러한 응용의 통계적 근거는 아래에서 설명하고 있는 중심 극한 정리이다.

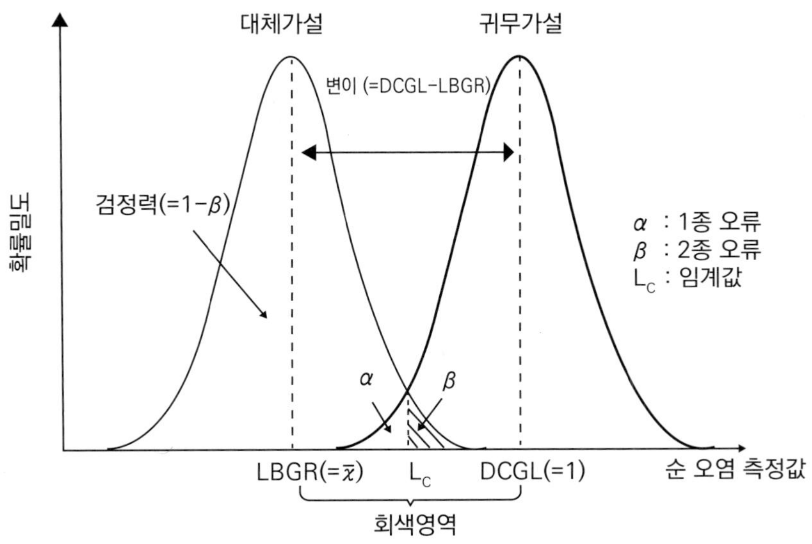

그림 7.6　원전 해체 귀무가설과 대체가설 검정곡선

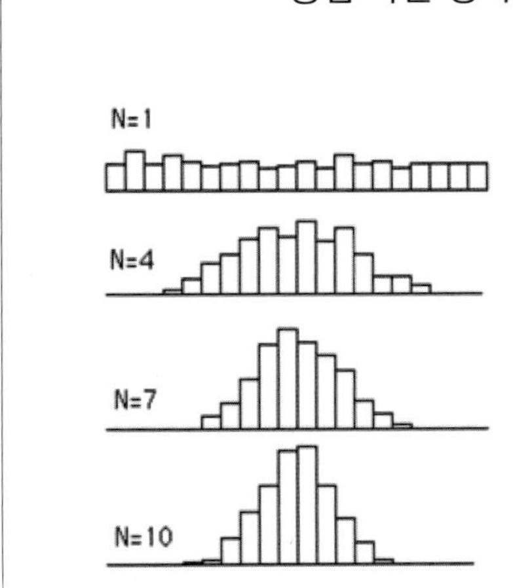

중심 극한 정리 (Central Limit Theorem)

평균이 μ이며 표준편차 (s)가 σ인 모든 종류의 모집단에서, 샘플 숫자를 n으로 하여 샘플 평균을 분포시키면, 그 분포는 정규분포를 이루며, 그 분포의 평균 (μ_x)은 μ와 같은 값이 되고 표준편차 (s_x)는 $\sigma/\sqrt{n}$가 된다는 정리이다. 이것이 비모수 통계를 적용함에도 최종 해석과 평가가 정규분포의 원리를 따라 정해지는 이유이다.

7.5   방사선 측정과 부지 조사 (RSSI) 절차

해체 작업 수행을 위해 방사선 측정조사를 수행하는 이유는 다음의 몇 가지 기본적 질문에 답하기 위해서이다.

- 해체와 환경 복원 작업을 수행했는데 잔류 방사능 오염이 존재하는가?
- 평균 잔류 방사능 농도가 설정된 DCGL보다 낮은가?
- 핫 스폿의 잔류 방사능이 추가 조사 준위를 초과하지는 않는가?

이처럼 오염원 방사선 핵종의 상태를 평가하고 위의 질문들에 대한 답을 얻기 위해 사용되는 측정조사 방법은 오염 핵종과 분포, 규제기관이 허용하는 오염 핵종 준위, 부지 용도와 물리적 특성 등 여러 요인에 따라 달라진다. 따라서 RSSI는 방사선 오염 부지의 선량 또는 리스크 기반 규정 준수를 입증하기 위한 지침에 맞춰 단계별 절차에 따라 진행되어야 한다. RSSI 절차는 아래의 5가지 주요 단계로 구성된다.

- 부지 이력 평가 (HSA, Historical Site Assessment)
- 오염 범위 측정조사 (Scoping Survey)
- 특성평가 측정조사 (Characterization Survey)
- 복원 활동 지원 측정조사 (Remedial Action Support Survey)
- 최종상태 측정조사 (Final Status Survey)

MARSSIM은 RSSI 절차에 관한 여러 방법론을 적용 원리와 함께 상세히 다루고 있지만 궁극적으로는 최종상태 측정조사를 통해 규제 해제 기준의 규정 준수를 입증하는 데 초점을 두고 있다. 따라서 이 장에서는 RSSI 절차의 주요 핵심 내용만 다루고 8장에서 최종 상태 측정조사에 대해 상세히 논의한다.

그림 7.7은 부지 영역 등급 분류에 대한 RSSI 절차를 보여 주며, 각 측정조사 단계에서 결정해야 할 주요 결정들을 설명하고 있다. 이 흐름도는 제한된 정보를 바탕으로 측정조사 단위의 등급 분류를 신속하게 추정해야 하는 MARSSIM 절차 초기 방법이다. 참고로 이 방식은 등급 분류 과정을 시각화하는데 유용한 도구지만, 이 절차에는 반드시 고려해야 하는 부지 고유 특성이 빠져 있다는 점을 간과해서는 아니된다.

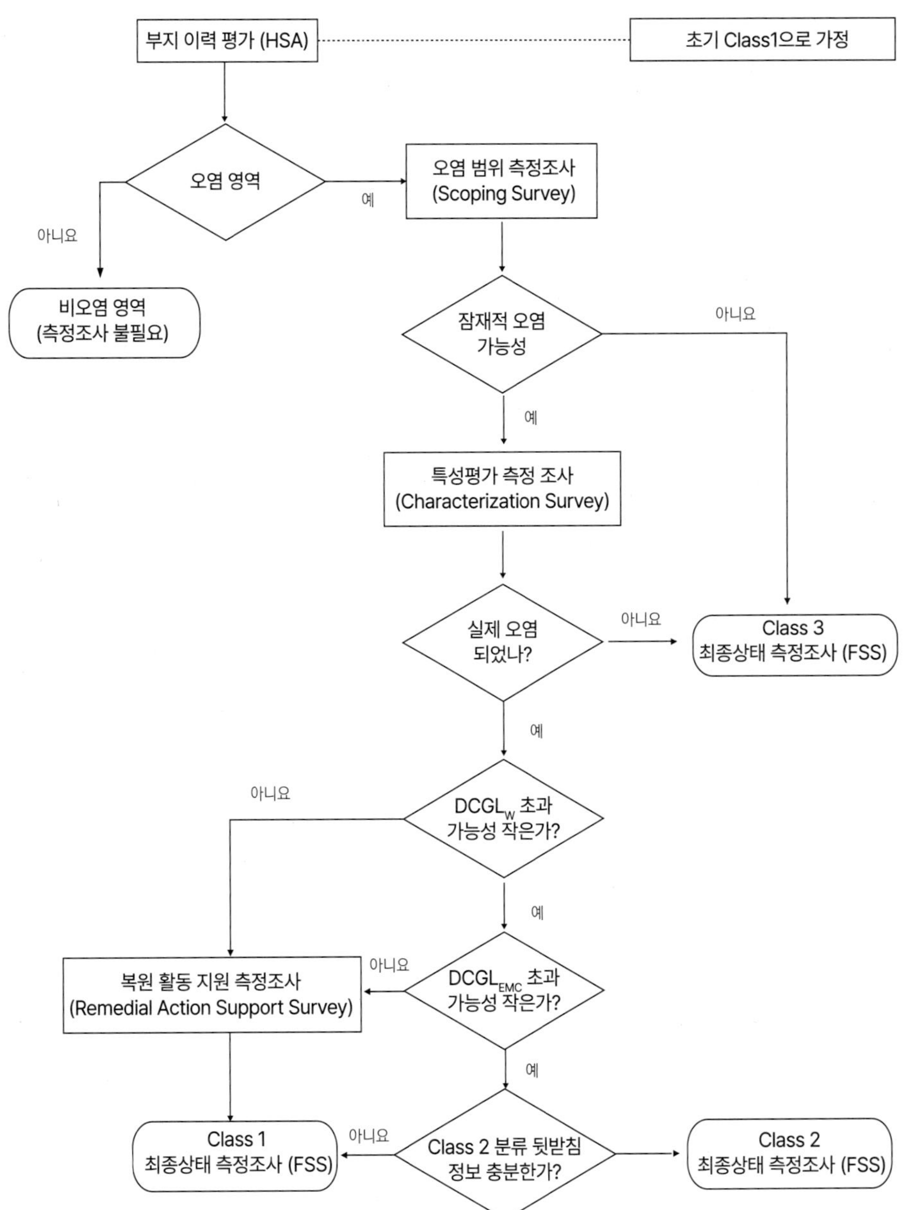

그림 7.7　영역 등급 분류 RSSI 절차

7.5.1   부지 이력 평가 (HSA)

부지 이력 평가(HSA, Historical Site Assessment)의 주요 목적은 부지와 부지 주변 관련된 기존 정보를 수집하는 것으로 그 대상은 다음과 같다.

- 잠재적으로 가능한 모든 오염원 확인
- 부지가 지역 주민 건강과 환경에 위협을 가할 수 있는지 여부를 판단
- 오염 영역과 비오염 영역 구분
- 오염 범위 측정조사와 특성평가 측정조사 입력값 제시
- 오염 물질의 이동 가능성 평가
- 조사 중인 부지와 관련된 추가적인 방사선 오염 부지 확인

부지 이력 평가는 전형적으로 두 단계로 구성된다.
1) 시설 또는 부지에 대한 예비 조사 2) 부지 방문 및 점검 (면담 조사)

7.5.2   오염 범위 측정조사

HSA 동안 수집된 자료를 통해 부지가 오염 구역으로 나타날 경우, 오염 범위 측정조사를 수행한다. 오염 범위 측정조사는 제한된 측정조사를 기반으로 부지 고유 정보를 제공한다. 오염 범위 측정조사의 주요 목표는 다음과 같다.

- 예비 리스크 평가 수행
- 부지의 전체 또는 일부분을 등급 3 영역으로 분류할 수 있도록 지원
- 측정조사 계획이 특성평가 측정조사 또는 최종상태 측정조사에 사용될 수 있도록 최적화 가능한지 여부 평가
- 필요할 경우 특성평가 측정조사 설계 입력값 제공

이 측정조사 활동에는 제한된 양의 표면 분석, 표면 방사능 측정과 표본 추출 (문지름 측정, 토양, 물, 식물, 페인트, 건축 재료 등)이 포함된다. 이 활동에서는 스캔 측정, 직접 측정, 표본 추출의 세 가지 방법을 적절히 결합해 사용하여 잔류 방사능이 포함될 가능성이 있는 영역을 측정한다. 이러한 활동은 HSA 자료, 예비 측정조사 자료와 전문적 판단에 근거하여 수행된다.

　오염 범위 측정조사는 HSA가 완료된 후 수행되므로, HSA 자료에 기초한 오염 범위 판단을 위한 측정조사이다. HSA의 결과에 따라 구역을 등급 3 영역으로 분류할 수 있다면 (오염 물질이 발견되지 않더라도, 일단 등급 3 영역으로 분류) 등급 3 최종상태 측정조사를 수행할 수 있다. 오염 범위 측정조사에서 다소 심각한 오염 물질이 발견될 경우 이 구역을 등급 1 영역 (또는 등급 2 영역)으로 간주하고, 전형적인 특성평가 측정조사를 수행해야 한다.

7.5.3　특성평가 측정조사

　HSA와 오염 범위 측정조사 결과를 기반으로 오염 구역을 등급 1 영역 또는 등급 2 영역으로 분류할 경우, 상세한 특성평가 측정조사가 이루어져야 한다. 특성평가 측정조사의 주요 목표는 다음과 같다.

- 오염의 특성과 범위 결정
- 복원 대안과 기술 평가를 뒷받침하기 위한 자료 수집
- 최종상태 측정조사에 사용하기 위한 측정 계획 최적호· 여부 평가
- 최종상태 측정조사 설계에 대한 입력값 제공

　특성평가 측정조사는 모든 측정조사 유형 중에서 가장 포괄적이며 가장 많은 자료를 생성한다. 직관적 판단 측정뿐만 아니라 기준 좌표 준비, 체계적 측정과 다양한 매질 (예: 표층토, 건물의 내·외부 표면)에 대한 측정조사가 포함된다.

　건물 표면과 구조물의 측정조사에는 표면 스캐닝, 표면 방사능 조사, 피폭률 측정과 표본 수집 (예: 얼룩, 건물 바닥 아래 토양, 물, 페인트, 건축 자재 등) 등이 포함된다. 해당 지역의 방사선 오염 수준은 적절한 자연방사능 참조 영역을 바탕으로 결정해야 한다. 자연방사능 평가에는 방사성 핵종 농도에 대한 다양한 매질의 건물 표면과 지표면 방사능 측정이 포함된다. 일반적인 건물 표면의 측정 간격은 1 m이다.

　필요에 따라 피폭률 측정과 표본 추출을 수행한다. 예를 들어 지표면과 지표면 아래 토양 그리고 토양 매질에 대한 특성평가 측정조사의 경우 토양 내 방사성 핵종 농도의 수평 및 수직 분포를 결정할 수 있는 기법을 채택하여야 한다. 이를 위해 예상 오염원과 농도 측정 능력에 따라 표본 추출 혹은 실험실 분석 혹은 현장 감마선

스펙트럼 분석 중 하나를 수행해야 한다. 원자로 시설 콘크리트의 방사화 깊이를 평가하기 위해서는 콘크리트 코어 드릴링 표본이 필요하다. 많은 경우 측정조사의 목적을 달성하기 위해서는 직접 측정과 표본 추출의 조합이 필요하다.

7.5.4 복원 활동 지원 측정조사

특성평가 측정조사 결과 해당 구역이 $DCGL_W$이상으로 오염되어 있으면, 오염 제거 계획을 준비해야 한다. 복원 활동 지원 측정조사는 제염을 통해 복원이 진행되는 동안 실시간 반복적으로 수행되는 측정조사로 다음과 같은 목적으로 수행된다.

- 제염 및 복원 활동 지원
- 부지 또는 측정조사 단위가 최종상태 측정조사를 받을 수 있는 준비 시기 결정
- 최종상태 측정조사 계획에 사용될 최신 부지 고유 매개 변수 추정치 제공

MARSSIM에서는 정화 혹은 제염 등 복원 활동에 등장하는 통상적인 측정조사에 대한 지침은 제시하지 않는다. 그러나 복원 조치 후 측정조사 단위가 최종상태에 도달하였다는 판단은 RSSI 절차에서 매우 중요한 단계이다. 대부분의 경우 제염 복원 과정을 통해 오염 상태가 변화되므로, 최종상태 측정조사 계획에 사용될 부지의 고유 매개변수를 재설정해야 한다 (예: 방사성 핵종 농도의 변화, 국부적 오염 상승 지역이 존재할 잠재적 확률 등). 복원 활동 지원 측정조사를 계획할 때, 이러한 최신 매개변수 값을 얻는 것을 매우 중요하게 고려해야 한다.

7.5.5 최종상태 측정조사

최종상태 측정조사는 부지 해제 기준 충족 여부를 입증하기 위해 수행된다. 실제 이 최종상태 측정조사가 MARSSIM의 주요 초점이다. 최종상태 측정조사의 주요 목표는 다음과 같다.

- 측정조사 단위 분류 확인과 선택
- 잔류 오염 핵종으로 인한 잠재적 선량 또는 리스크가 규제 해제 기준 미만임을 입증
- 핫 스폿 등 국부 오염 상승 지역으로 인한 잠재적 선량 또는 리스크가 규제 해제 기준 미만임을 입증

　최종상태 측정조사는 모든 방사선학적 매개변수가 설정된 지침값과 조건을 만족함을 입증하는 것을 목표로 한다. 그러므로 최종상태 측정조사는, 비록 RSSI 절차 중 하나의 단계이지만, 앞서 수행된 모든 측정조사 자료가 궁극적으로 이 계획으로 귀결되어야 하므로 총괄적인 측정조사로 이해되어야 한다. 그림 7.8은 최종상태 측정조사의 절차와 흐름을 보여주고 있다.

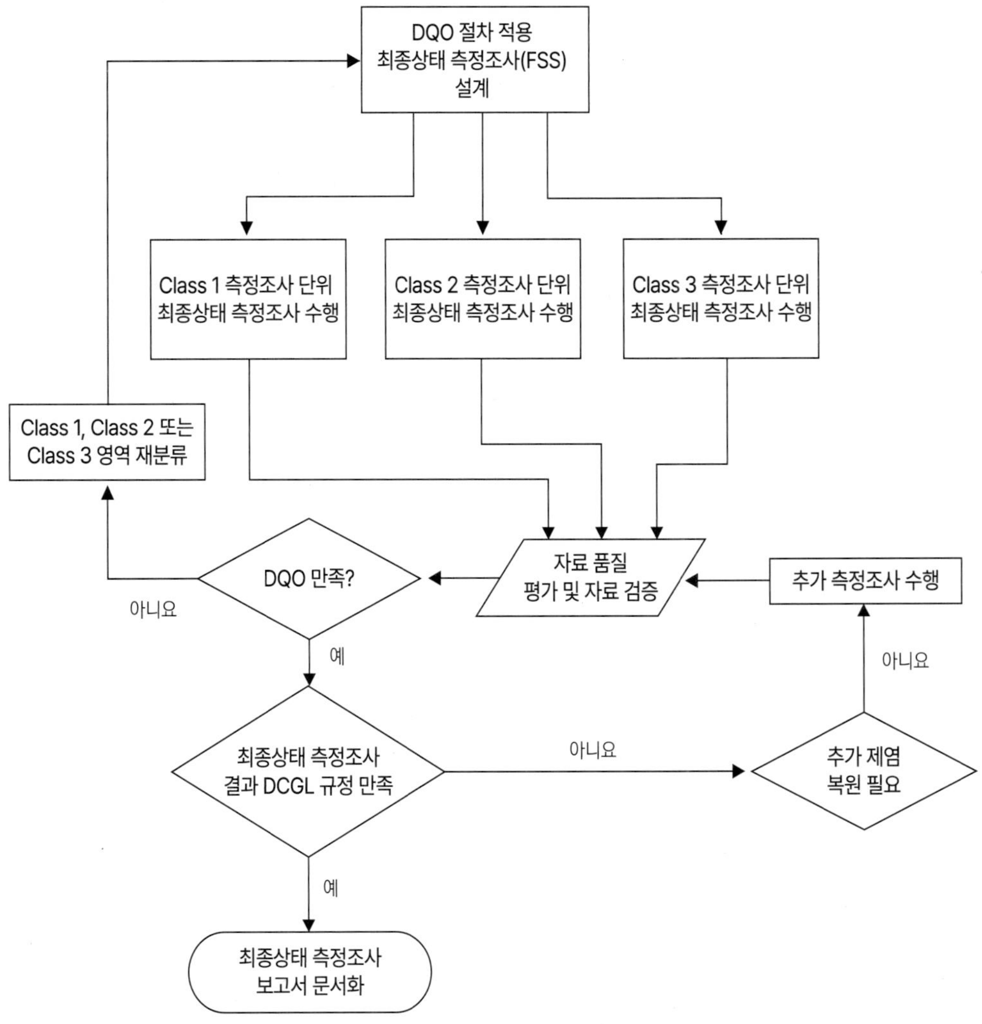

그림 7.8　RSSI 최종상태 측정조사

7.6   오염원 확인과 DCGL 확립 및 적용

DCGL은 본질적으로 최종상태 측정조사의 설계, 구현 그리고 평가에 매우 중요하다. 이미 설명한 바와 같이 기본적으로 MARSSIM에서 다루는 DCGL은 구조물 표면과 15 cm 이내 지표 토양 오염으로 제한된다. 따라서 작업자가 다른 환경 매체 (예: 지하수 혹은 물 흐름 경로)의 DCGL을 설정해야 할 경우 별도로 규제기관과 협의해야 한다.

7.6.1   DCGL 직접 적용

가장 간단한 경우 DCGL을 측정조사 자료에 직접 적용하여 규제 해제 기준 만족 여부를 곧 바로 입증할 수 있다. 예를 들어, 원자력 시설 운전 기간 동안 ^{90}Sr과 같은 단 하나의 방사성 핵종만 사용한 시설의 경우 측정조사를 통해 얻은 ^{90}Sr의 표면 혹은 체적 방사능 농도를 DCGL과 직접 비교하면 규제 해제 기준 만족 여부를 판단할 수 있다.

7.6.2   대체 측정을 이용한 여러 오염원에 대한 DCGL 적용

여러 오염원이 있는 현장의 경우, 하나의 오염원만 측정하고 나머지 오염원은 대체 측정을 통해 규제 해제 적합성을 입증할 수 있다. 특히 기준 방사성 핵종의 측정 분석이 쉬울 경우 이 방법을 통해 시간과 자원을 절약할 수 있다. 예를 들어, ^{137}Cs와 ^{90}Sr와 같이 두 핵종 사이에 이론적 실제적 상관관계가 있을 경우, 측정된 ^{137}Cs 농도를 ^{90}Sr의 대용으로 사용하면 ^{90}Sr에 대한 화학 분리법을 수행할 필요가 없어진다. 물론 이럴 경우 측정조사 단위 전체 영역에 걸친 충분한 수의 독립적 측정을 통해 일관된 비율을 설정할 수 있어야 한다. 이 비율을 결정하는 데 필요한 측정 횟수는 DQO 절차를 사용하여 선택하되 핵종과 현장의 화학적, 물리적, 방사선 특성을 기반으로 해야 한다. 이 때 사용되는 보정 DCGL 방정식은 다음과 같다.

$$DCGL_{Cs,\mathrm{mod}} = DCGL_{Cs} \times \frac{DCGL_{Sr}}{[(C_{Sr}/C_{Cs}) \times DCGL_{Cs}] + DCGL_{Sr}} \tag{7.1}$$

여기서 C_{Sr}/C_{Cs} 비는 ^{90}Sr과 ^{137}Cs의 대체 비율이다.

대체 측정 비율을 찾는 예

^{137}Cs와 ^{90}Sr에 대한 측정조사 단위의 토양 샘플 10개를 채취하여 분석하였더니 ^{90}Sr 대 ^{137}Cs의 비율은 다음과 같다 (예: 6.6, 5.7, 4.2, 7.9, 3.0, 3.8, 4.1, 4.6, 2.4, 3.3). 이 예시 자료를 평가하면 평균 대체 비율이 4.6이고 표준편차는 1.7이다.

$DCGL_{Sr}$이 15 Bq/kg, $DCGL_{Cs}$가 10 Bq/kg이라 할 경우, 대체 비율로 측정 비율 중 가장 보수적인 7.9를 적용하면, ^{137}Cs에 대해 보정 DCGL은 식 (7.1)을 이용해 다음과 같이 구할 수 있다.

$$DCGL_{Cs,\mathrm{mod}} = 10 \times \frac{15}{(7.9 \times 10) + 15} = 1.6\,Bq/kg$$

그러나 참고로 화합물에 함유된 방사성 핵종의 비율은 변동될 가능성이 있기 때문에 이 대체 측정 방법은 주의하여 사용해야 한다.

7.6.3　복수 방사성 핵종에 대한 DCGL 적용

DCGL은 기본적으로 핵종별 규제 해제 방출 기준 (예: 선량이나 리스크 측면에서 규제 한계)이다. 따라서 복수의 방사성 핵종이 오염 현장에 존재할 경우 모든 방사성 핵종에 대한 DCGL의 단순 총합은 규제 해제 기준을 초과할 수 있다. 그러므로 이 경우에는 총 선량에 기여하는 다수의 방사성 핵종의 존재비 혹은 농도비에 따라 개별 DCGL을 조정해야 한다.

개별 방사성 핵종 DCGL을 전체적으로 조정하기 위해 사용되는 대표적인 방법이 단일성 규칙 (unity rule)이다. 다음 식 (7.2)에 표현된 단일성 규칙은 DCGL 대비 각 핵종의 방사능 농도비의 총합이 1보다 작아야 한다는 규칙이다.

$$\frac{C_1}{DCGL_1} + \frac{C_2}{DCGL_2} + \cdots + \frac{C_n}{DCGL_n} < 1 \tag{7.2}$$

C_i = i 방사성 핵종의 농도
$DCGL_i$ = i 방사성 핵종에 대한 DCGL 값 (1, 2, ..., n)

7.6.4   지표면 토양 핵종들의 통합 DCGL 결정

다수의 방사성 핵종이 있는 표면 총 방사능 DCGL은 다음과 같이 결정된다.
1. 각 방사성 핵종이 전체 방사능에 기여하는 상대적 분율 f을 결정한다.
2. 존재하는 각 방사성 핵종에 대한 DCGL을 구한다.
3. 분율 f와 DCGL 값을 다음 방정식에 대입해 총 방사능에 대한 DCGL을 구한다.

다음 식 (7.3)은 이들 과정을 통합한 총 DCGL 결정 방정식이다.

$$DCGL_{gross} = \frac{1}{\left(\dfrac{f_1}{DCGL_1} + \dfrac{f_2}{DCGL_2} + ... + \dfrac{f_n}{DCGL_n}\right)} \tag{7.3}$$

예를 들어 전체 표면 오염 방사능 중 40%는 DCGL이 8,300 Bq/m²인 방사성 핵종, 40%는 DCGL이 1,700 Bq/m²인 방사성 핵종, 20%는 DCGL이 830 Bq/m²인 방사성 핵종이 기여한다고 가정할 경우 식 (7.3)을 사용하여 총 방사능 DCGL은 다음과 같이 구할 수 있다.

$$DCGL_{gross} = \frac{1}{\left(\dfrac{0.40}{8,300} + \dfrac{0.40}{1,700} + \dfrac{0.20}{830}\right)} = 1,900\,Bq/m^2$$

물론 이 식은 미지 또는 농도 측정값의 변동 폭이 매우 심한 다수의 방사성 핵종이 지표면 오염에 존재하는 현장에는 적용할 수 없다. 이러한 상황에서는 여러 방사성 핵종 혼합물 중 가장 적은 표면 오염 DCGL을 선택하는 것이 최선의 접근 방식일 수 있다. 특히 현장에서 측정할 수 없는 방사성 핵종이 포함되어 있는 경우 표면 오염 표본을 추출한 후 실험실 분석을 수행해야 한다.

토양 오염의 경우, 규제 해제 기준 준수 여부를 입증하기 위해 총 방사능보다는 특정 방사성 핵종의 측정값이 요구될 가능성이 높다. 만약 자연방사능에 여러 방사성 핵종이 존재하는 경우 DCGL은 위에서 설명한 총 방사능 DCGL 결정과 유사한 방식으로 결정되어야 한다. 이때 방사성 핵종의 혼합비가 알려져 있다면, 각 방사성 핵종에 대한 현장 고유 DCGL은 먼저 총 방사능 DCGL을 결정한 후 각 방사성 핵종의 각 부분 기여도를 곱하여 계산할 수 있다. 예를 들어, ^{238}U, ^{226}Ra, ^{232}Th의 DCGL이 각각 190 Bq/kg, 93 Bq/kg, 37 Bq/kg이고 방사능비가 각각 40%, 40%, 20%인 경우 식 (7.3)을 사용하여 총 DCGL 농도를 계산할 수 있다.

$$DCGL_{gross} = \frac{1}{\left(\dfrac{0.40}{190} + \dfrac{0.40}{93} + \dfrac{0.20}{37} \right)} = 85\ Bq/kg$$

이때 각 방사성 핵종에 대한 DCGL은 존재 비율에 따라 구하면 된다. 예를 들어 ^{238}U은 34 Bq/kg (0.40 × 85), ^{226}Ra은 34 Bq/kg (0.40 × 85), ^{232}Th은 17 Bq/kg (0.20 × 85)이다. 이렇게 하면 오염 핵종의 상대적 비율이 변하지 않는 한 기여 오염 핵종 중 하나만 분석하여 현장 상태를 평가할 수 있다.

주요 참고 문헌

- NUREG-1575 Rev. 1, 'Multi-Agency Radiation Survey and Site Investigation Manual (MARSSIM)' (EPA 402-R-97-016, Rev. 1 / DOE/EH-0624, Rev. 1), US NRC (2000)
- NUREG-1505, 'A Nonparametric Statistical Methodology for the Design and Analysis of Final Status Decommissioning Surveys', US NRC (1998)
- NUREG-1757 Rev. 2, 'Consolidated NMSS Decommissioning Guidance, Volume 2, Characterization, Survey and Determination of Radiological Criteria', US NRC (2022)

8.1　최종상태 측정조사 개요

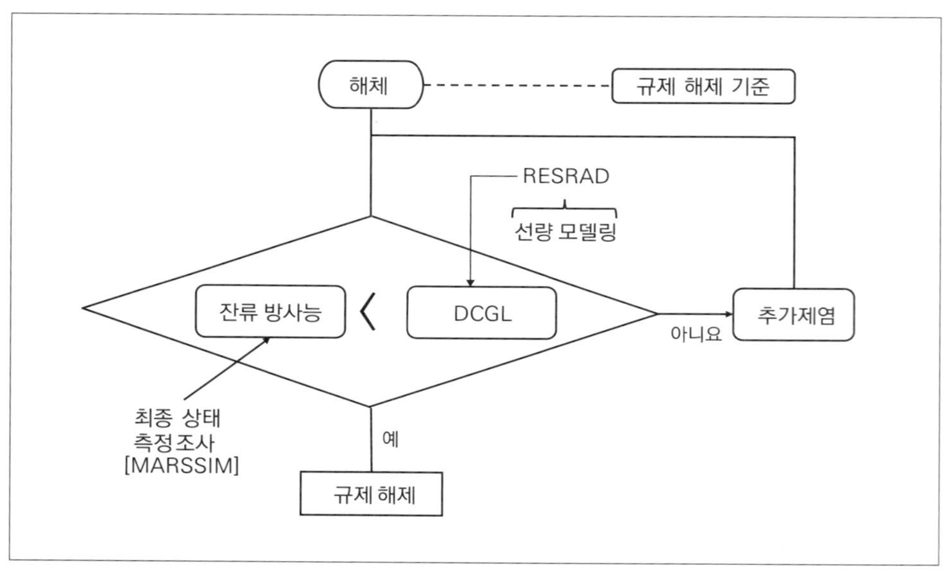

그림 8.1　최종상태 측정조사를 통한 규제해제 결정 흐름도

최종상태 측정조사는 충분한 제염과 정화 작업 등을 통해 측정조사 단위에 남아 있는 잔류 방사능이 고르게 낮아져, 설정된 무제한적 혹은 제한적 규제 해제 기준을 충족할 수 있다고 판단될 때 그 입증을 위해 최종적으로 수행하는 측정조사다. 따라서 이 측정조사에서는 부지 내 잔류 방사능이 설정된 DCGL을 초과하지 않음을 입증하는 자료를 제공해야 한다.

위 그림 8.1은 최종상태 측정조사 결과를 바탕으로 규제 해제를 판정하는 과정을 정리한 흐름도이다. 이 다이아그램에서 보듯, 만약 최종상태 측정조사를 통해 수집된 측정 결과들이 규제 해제 기준에 따라 설정된 DCGL보다 낮을 경우 성공적으로 규제 해제될 수 있지만 높은 경우에는 추가 제염과 복원 작업을 다시 수행해야 한다. 이때 규제 해제 적합성 입증은 비모수 통계 검정시험을 통해 이루어진다. 이미 설명한 바와 같이 이 비모수 검정시험의 장점은 자료수가 적어 정규 분포를 따르지 않을 때에도 적용할 수 있다는 것이다. 만약 통계 검정 시험을 통해 규제 해제 기준을 만족시킬 수 있다는 것이 증명된다면 귀무가설의 기각과 함께 규제 해제가 이루어지게 된다. 그러나 귀무가설의 기각에 실패한다면 원인을 분석하고 조치를 취한 다음 다시 최종 상태 측정조사를 수행하고 이 과정을 다시 밟아야 한다.

7장에서 설명한 바와 같이 규제 해제 기준을 해체 현장에서 적용할 수 있는 단위로 환산한 DCGL은 RESRAD 코드 실행을 통해 유도된다. 일반적으로 무제한적인 규제 해제 기준은 RESRAD-ONSITE 코드, 제한적 규제 해제 기준은 RESRAD-BUILD 코드를 이용해 도출한다.

8.2 최종상태 측정조사 설계

최종상태 측정조사 설계는 DQO의 개발로 시작된다. 이 DQO에 따라 설정된 목표와 현장의 조건에 기초하여 규제 해제 기준 준수를 입증하는데 사용될 측정 및 시료 채취 지점의 수와 위치를 결정한다. 물론 최종상태 측정조사 계획에는 규제기관과 협의하는 내용이 포함되어야 한다. 최종상태 측정조사 결과에 대한 확인 조사 (독립 검증 조사라고도 함)는 책임 규제기관 또는 독립적인 제3자 (예: 규제 기관에 의해 계약된)에 의해 수행될 수 있다. 독립적인 확인 측정조사 활동은 일반적으로 일부 지역을 선정해 몇몇 지점에서 측정조사를 수행한 후 그 결과를 보고된 최종상태 측정조사 결과와 비교 평가하는 조사 활동이다.

8.2.1 해체 기준 적용

최종상태 측정조사에 적용되는 DQO에서는 가장 먼저 측정조사의 목적과 귀무가설과 대체가설을 명확하게 제시해야 한다. 최종상태 측정조사의 목적은 기본적으로 잔류 방사능 수준이 규제 해제 기준을 충족한다는 것을 입증하는 것이다. 7장에서 설명한 바와 같이 원전 해체 시 적용하는 통계 검정시험의 귀무가설은 '잔류 방사능이 규제 해제 기준을 만족시키지 못한다'는 것이고 대체가설은 '기준을 충족한다'는 것이다.

측정조사 자료의 평가에는 기본적으로 두 가지 통계적 시험 방법이 사용된다. 측정 대상 방사성 핵종이 자연방사능에 없을 경우에는 Sign 검정시험을 사용하며, 자연방사능에 존재할 경우 WRS (Wilcoxon Rank Sum) 검정시험을 사용한다 (그림 8.2). 그리고 DQO 절차에 따라 확률 통계 검정 시험에 수반될 수밖에 없는 1종과 2종 오류 허용 가능 확률을 결정해 측정조사 계획에 반영한다.

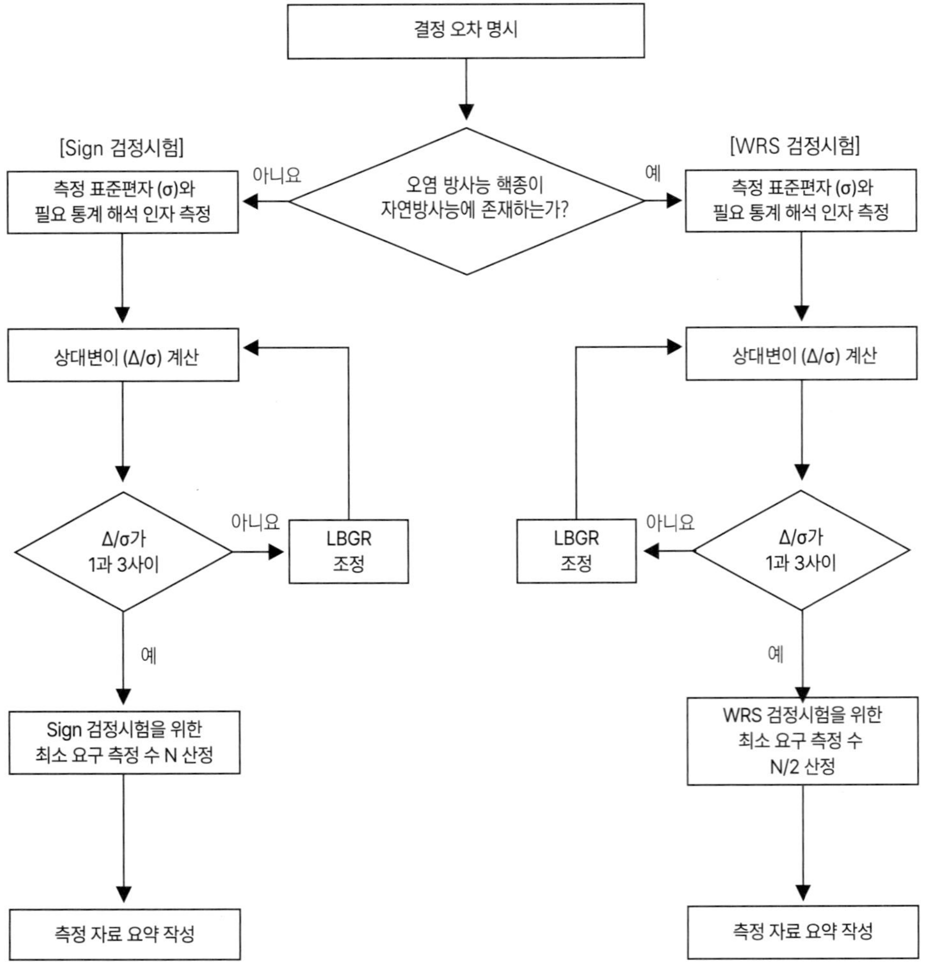

그림 8.2   통계 검정시험을 위한 측정 수 N 도출 과정 흐름도

8.2.2　자연방사능에 해당 오염 핵종이 존재할 경우: WRS 검정시험

이 경우 측정조사 단위에서 수행될 방사능 측정값과의 비교를 위해 참조 기준이 될 참조영역이 먼저 선정되어야 한다. 이 참조영역은 대상 영역과 물리적 · 화학적 · 방사선학적, 생물학적 특성이 유사하지만 방사능에 오염되지 않은 영역이어야 한다. 이렇게 선정된 자연방사능 참조 영역과 측정조사 단위 각각에서의 측정 결과를 WRS 검정시험을 이용해 검정한다. 이 WRS 검정시험은 $DCGL_W$를 가정하여 설계되어 있기 때문에 잔류 방사능이 측정조사 단위 전체에 균일하게 존재할 때 가장 효과적이다. 또한 WRS 검정시험에서는 측정값이 너무 낮아 정량적으로 평가하기 어려운 경우 '미만' 이라 쓰는 측정값 표기가 허용되지만 최대 허용 범위는 전체 측정 자료 수의 40% 이하이어야 한다. 그럼에도 실제 자료 보고에 '미만' 값을 기재하는 것은 권장하지 않으므로, 가능한 경우 측정의 불확실성과 함께 측정된 실제 값을 보고하는 것이 바람직하다.

가. WRS 검정시험 최소 요구 측정수 구하기

• 상대변이 계산

먼저 DQO 절차에 따라 목표 값 설정을 위한 회색영역 하한 (LBGR)이 1종 오류 α 와 2종 오류 β값과 함께 결정되어야 한다. 이때 회색영역 너비는 $(DCGL_W - LBGR)$이며 이 너비가 WRS 검정시험의 핵심 매개 변수이다. 이 매개변수를 변이(Δ)라고 한다. 이 정의에서 $DCGL_W$은 고정되어 있기 때문에, 회색영역 하한 (LBGR) 값 설정이 최소 측정 수에 상당한 영향을 미친다. 즉 너비 Δ가 작아지게 되면 요구되는 측정 수는 증가하게 된다. 그러나 중요한 것은 변이의 절대 크기가 아니라 상대변이 (Δ/σ)이다. 여기서 σ는 측정조사 단위에서 측정된 값들의 표준편차이다. 잘 아는 것처럼 이 σ는 측정조사 단위 공간에서의 측정값 변동성과 측정 시스템의 정밀도를 모두 포함한다. 따라서 상대변이 (Δ/σ)는 측정 불확실성의 단위로 측정 분해능을 표현한 것이다.

먼저 변이 (Δ)와 측정값 표준편차를 사용하여 상대변이 (Δ/σ)를 계산한다. 오염 핵종 측정값의 표준편차 σ는 이전 조사 자료 (예: 제염 작업 전 측정조사 단위에서 수행된 오염 범위 측정조사 또는 특성평가 시 수행되었던 측정조사 자료 혹은 제염 후 측정조사 단위에서의 복원 활동 지원 측정조사 자료)를 활용할 수 있다. 또한 해당 측정조사 단위에서 수집된 자료뿐만 아니라 더 넓은 영역에서 수집된 자료에 기초할 수 있다. 그러나, 가장 현실적인 방법은 등급 분류된 (즉, 등급 1, 등급 2, 등급 3) 각 영역 내 측정조사 단위 내부와 외부 모두에 대해 σ를 추정하는 것이다. 이렇게 되면 기본적으로 영역 등급이 같은 측정조사 단위 영역에서는 같은 표준편차 σ를 쓸 수 있게 된다. 그러나 비록 등급 분류가 같더라도 같은 측정조사 단위 내에 여러 유형의 표면이 있는 경우 표준편차 σ에 대한 추가 추정치가 필요할 수 있다. 예를 들어 같은 등급 3 영역 내 비포장 주차 구역과 잔디밭은 다른 추정 σ가 요구될 수 있다. 실제 MARSSIM은 모든 참조 영역에 대해 별도의 표준편차 σ 추정치를 구할 것을 권장한다.

이처럼 적절한 σ_r 과 σ_s 값을 선택하는 것은 매우 중요하다. 이 값이 과소 평가된 경우, 측정 수가 너무 적어서 검정시험의 신뢰가 떨어지게 되어 재조사가 필요할 수 있다. 반면 이 값을 과대 평가하면 결정된 측정 수가 불필요하게 많아진다. 만약 참조 영역과 측정조사 단위의 추정 표준편차가 다를 경우 큰 값을 사용하여 상대변이 (Δ/σ)를 계산해야 한다.

• P_r의 결정

측정조사 단위에서 측정 자료들의 중간값이 LBGR과 같을 때 측정조사 단위에서 무작위로 측정한 값이 $DCGL_W$ 미만일 확률을 P_r로 정의하는데 이 P_r은 측정 수를 결정하는 데 사용되는 변수 중의 하나이다. 표 8.1은 변이 값에 대한 P_r 값을 도표화한 것이다. P_r 값 계산에 대한 정보는 NUREG-1505에서 확인할 수 있다.

상대변이 값이 표 8.1에 없을 경우, 보수적 접근을 위해 보간법을 사용하지 않고 표에 나온 바로 다음의 낮은 값을 선택하여야 한다. 예를 들어, $\Delta/\sigma = 1.67$은 위 표에 없으므로 다음으로 낮은 값 1.6을 선택해야 하고, 이때 P_r의 값은 0.871014가 될 것이다.

• 결정 오차 백분위 결정

다음 단계는 선택된 결정 오차 수준 α와 β로 대표되는 백분위 수 $Z_{1-\alpha}$와 $Z_{1-\beta}$를 결정하는 것이다. 표 8.2에 $Z_{1-\alpha}$와 $Z_{1-\beta}$에 따른 정규분포 백분율 값을 수록하였다.

표 8.1 상대변이 (Δ/σ)의 값에 따른 P_r 값

Δ/σ	P_r	Δ/σ	P_r
0.1	0.528182	1.5	0.855541
0.3	0.583985	1.6	0.871014
0.5	0.638143	1.7	0.885299
0.6	0.664290	1.8	0.898420
0.7	0.689665	1.9	0.910413
0.8	0.714167	2.0	0.921319
0.9	0.737710	2.25	0.944167
1.0	0.760217	2.5	0.961428
1.1	0.781627	2.75	0.974067
1.2	0.801892	3.0	0.983039
1.3	0.820978	3.5	0.993329
1.4	0.838864	4.0	0.997658

*(Δ/σ)〉4.0 인 경우 P_r=1.000000

표 8.2 선정된 α와 β의 값에 따른 정규분포 백분율

α (또는 β)	$Z_{1-\alpha}$ (또는 $Z_{1-\beta}$)	α (또는 β)	$Z_{1-\alpha}$ (또는 $Z_{1-\beta}$)
0.005	2.576	0.10	1.282
0.01	2.326	0.15	1.036
0.015	2.241	0.20	0.842
0.025	1.960	0.25	0.674
0.05	1.645	0.30	0.524

나. WRS 검정시험 최소 요구 측정 수 계산

먼저 WRS 검정시험을 위해 참조 영역과 해당 측정조사 단위에서 수행해야 하는 측정 수 N은 다음 식 (8.1)을 이용해 계산한다.

$$N = \frac{(Z_{1-\alpha} + Z_{1-\beta})^2}{3(P_r - 0.5)^2} \tag{8.1}$$

그러나 식 (8.1)을 사용하여 계산한 N 값은 σ과 P_r의 추정에 기초한 근사치이므로 이 계산과 관련해 일정 부분 불확실성이 존재한다. 특히 어떤 측정조사에서든 일부 누락되거나 사용할 수 없는 자료가 있을 수 있다. 이같이 누락이 예상되거나 사용 불가능한 측정값으로 유발되는 불확실성은 측정조사 계획 중에 반영되어야 한다. 한편 실제 측정 현장에서는 이러한 불확실성에 대비한 충분한 수의 자료를 얻어야 하므로 식 (8.1)을 통해 계산된 최소 측정 수 값에 20% 여유분을 반영해야 한다. 이 20%는 보정을 위한 최소값이며 계산 결과는 소수점을 올려야 한다.

이렇게 결정된 N은 각 측정조사 단위와 참조 영역에서 요구되는 측정 자료 수를 합한 총 측정 수이다. 따라서 이 N은 측정조사 단위 표본 수 n과 참조 영역 표본 수 m으로 나뉘어야 한다. 가장 간단한 방법은 각 영역에 측정 수를 반씩 할당하는 것으로 n = m = N/2이다. 둘 이상의 측정조사 단위가 특정 참조 영역과 연관된 경우에도 N/2 측정은 각 측정조사 단위에, 나머지 N/2 측정은 참조 영역에 적용되어야 한다.

다. 표 이용 WRS 검정시험 최소 측정 수 구하기

이 책 마지막에 첨부된 부록 표 1.1은 선택된 α, β, (Δ/σ) 값에 따라 규제 해제 적합성 입증에 요구되는 WRS 검정시험 최소 측정 수를 수록한 도표이다. 이 표의 값들을 이용해 식 (8.1)을 이용하지 않고 참조 영역과 측정조사 단위에서 필요한 측정 자료 수를 구할 수 있다. 실제 이 값들은 식 (8.1)을 사용하여 계산된 값과 같으며 앞에서 논의한 대로 불확실성 보완을 위해 20%의 여유도가 반영된 값이다.

예제

해체 현장에 14개의 측정조사 단위와 1개의 참조 영역이 있으며, 각 영역에서 방사선 측정은 동일한 종류의 측정기와 방법을 사용하여 이루어졌다. 오염 영역에는 이미 설정된 $DCGL_W$이 존재하는데 이를 cpm으로 변환할 경우 160 cpm이다. 자연방사능은 45 ± 7 cpm 수준으로 존재한다. 동일하거나 유사한 오염 물질 분포에 대한 이전 조사 결과에 따르면, 측정조사 단위 내 오염 물질의 측정 표준편차는 ± 20 cpm이다. 앞에서 기술한 대로 참조 영역과 측정조사 단위의 추정 표준편차가 다를 경우 큰 값인 20cpm을 사용하여 상대변이를 계산해야 한다. LBGR은 설정된

$DCGL_W$의 1/2인 80 cpm으로 결정되었으며, 1종과 2종 오류값은 각각 0.05로 선택되었다. 이와 같은 조건에서 WRS 검정시험을 위해 참조 영역과 각 측정조사 단위에서 측정해야 할 표본 자료 수를 결정해 본다.

측정조사 단위에서의 상대변이 값은 (160 - 80)/20 = 4이다. 표 8.1로부터 P_r의 값은 0.997658이다. 선택한 결정 오차 수준으로 표현되는 백분위 수 값을 표 8.2에서 구하면 $Z_{1-\alpha}(\alpha = 0.05)$는 1.645이고 $Z_{1-\beta}(\beta = 0.05)$도 1.645이다. 따라서 참조 영역과 측정조사 단위의 각 조합에 대한 WRS 검정시험에 필요한 최소 표본 자료 수 N은 식 (8.1)을 사용하여 다음과 같이 계산할 수 있다.

$$N = \frac{(1.645 + 1.645)^2}{3(0.997658 - 0.5)^2} = 14.6$$

여기에 누락되거나 사용 불가능 자료 손실 보상을 위해 20% 여유도를 반영하면 17.5가 되므로 18로 올림된다. 이를 통해 참조 영역에서 9개와 각 측정조사 단위에서도 9개의 측정 수가 산출되었다. 또한 이 측정 수는 이 책 부록 표 1.1에서 직접 구할 수도 있다. $\alpha = 0.05$, $\beta = 0.05$ 및 $\Delta/\sigma = 4.0$일 때 N/2에 대해 같은 값 9가 얻어진다.

8.2.3　자연방사능에 오염 물질이 존재하지 않는 경우: Sign 검정시험

방사성 오염원이 자연방사능에 존재하지 않거나 $DCGL_W$보다 매우 작아 무시할 수 있는 경우 자연방사능 참조 영역에서의 측정은 필요하지 않다. 따라서 오염 준위는 $DCGL_W$ 값과 직접 비교된다. 기본적인 접근 방식은 앞 절에서 설명한 WRS 검정시험의 그것과 유사하다. 그러나 통계적 검정시험 방법은 WRS 검정시험이 아닌 Sign 검정시험 방법을 사용해야 한다.

가. Sign 검정시험 최소 요구 측정 수 구하기

• 상대변이 계산

이 경우에도 초기 단계는 앞 절에서 설명한 바와 같이 $DCGL_W$ 값과 회색영역의 하한값 (LBGR)을 설정하고, 측정조사 단위에서의 표준편차 σ_s와 상대변이 $\Delta/\sigma_s =$

(DCGL$_W$ -LBGR)/σ_s를 계산하는 것이다. 이때 σ_s의 값은 앞 절에서 설명한 것처럼, 이전 측정조사 결과 혹은 제한된 예비 측정 결과를 통해 얻을 수 있다.

• Sign p 결정

Sign p는 측정조사 단위 영역에서의 측정 중간값이 LBGR과 같을 때 측정조사 단위 영역에서의 무작위 측정값이 DCGL$_W$보다 낮을 확률이다. 이 Sign p는 측정조사가 DQO를 만족하는 데 필요한 최소 추출 표본 수를 계산하는데 사용된다. 표 8.3에 상대변이에 따른 Sign p값을 수록하였다.

표 8.3 오염 물질이 자연방사능에 존재하지 않을 때 (Δ/σ) 값에 대한 Sign p의 값

Δ/σ	Sign p	Δ/σ	Sign p
0.1	0.539828	1.2	0.884930
0.3	0.617911	1.5	0.933193
0.4	0.655422	1.8	0.964070
0.5	0.691462	2.0	0.977250
0.8	0.788145	2.5	0.993790
1.0	0.841345	3.0	0.998650

*만약 (Δ/σ) ⟩ 3.0이면 Sign p=1.000000

• 결정 오차 백분위수 결정

다음 단계는 앞의 WRS 검정시험에서와 같이 표 8.2에 따라 α와 β에 따른 결정 오차 수준 백분위수 $Z_{1-\alpha}$와 $Z_{1-\beta}$를 결정하는 것이다.

나. Sign 검정시험 최소 요구 측정 수 계산

최종적으로 Sign 검정시험에 필요한 최소 측정 수 N은 다음 식 (8.2)를 사용하여 계산한다.

$$N = \frac{(Z_{1-\alpha} + Z_{1-\beta})^2}{4(Sign\,p - 0.5)^2} \tag{8.2}$$

Sign 검정시험에서도 WRS 검정시험에서와 같이 자료 손실과 불확실성을 충분히 보장하기 위해 최소한 20%의 여유도를 적용해야 한다.

다. 표 이용 Sign 검정시험 필요 측정 수 구하기

이 책 부록 표 1.2에는 선택된 α, β 와 Δ/σ 값에 따라 Sign 검정시험을 수행하기 위해 필요한 최소 측정 수가 수록되어 있다. 이 값들은 식 (8.2)를 사용하여 계산한 후 여유도 20%를 반영하여 누락되거나 사용할 수 없는 자료 등의 불확실성을 이미 고려한 결과이다.

예제

해체 현장에 1개의 측정조사 단위가 있다. 피폭 경로 해석 결과 토양 내 관심 오염원의 $DCGL_W$은 140 Bq/kg (3.9 pCi/g)이다. 이 오염원은 자연방사능에 존재하지 않으며 이전 조사에서 측정된 평균 잔류 오염은 3.7 ± 3.7 Bq/kg이었다. 회색영역의 하한은 110 Bq/kg으로 선택되었다. 만약 1종 오류 허용 오차 α를 0.05, 2종 오류 허용 오차 β를 0.01로 결정한다면 이 Sign 검정시험을 위해 측정조사 단위에서 수집되어야 측정 수는 다음과 같이 결정된다.

우선 상대변이 Δ/σ 값은 (140 - 110)/3.7 ≒ 8이다. Sign p의 값은 표 8.3에서 1.0이다. 이 경우 $(\Delta/\sigma) > 3$이므로, 회색영역의 폭을 감소시킬 수 있다. LBGR을 125로 상승할 경우 Δ/σ는 (140 - 125)/3.7 ≒ 4이다. 이때도 Sign p의 값은 1.0으로 유지된다. 따라서 계산된 최소 요구 측정 수는 변경되지 않을 것이다. 그러나 만약 110 Bq/kg (3.0 pCi/g)에 그대로 맞추어진다면 2종 오류 허용 오차 확률은 더욱 작아진다. 선택한 α와 β에 따른 결정 오차 수준 백분위수 값은 표 8.2에서 구한다. $Z_{1-\alpha}$ (α = 0.05)는 1.645이고 $Z_{1-\beta}$ (β = 0.01)는 2.326이다. 따라서 필요한 측정 수 N은 식 (8.2)를 사용하여 계산할 수 있다.

$$N = \frac{(1.645 + 2.326)^2}{4(1.0 - 0.5)^2} = 15.85$$

이 값에 여유도 20%를 반영하면 19.2가 되고 이 수를 올림하면 N은 20이 된다. 이 측정 수는 이 책 부록 표 1.2에서도 직접 구할 수 있다. 이 표에서도 α = 0.05, β = 0.01, $(\Delta/\sigma) > 3.0$에 대한 N의 값은 20이다.

8.2.4   국부 오염 지역 (핫 스폿) DCGL$_{MEC}$ 설정

앞에서 설명한 직접 측정 자료를 이용한 통계 검정시험들은 측정조사 단위 전체에 걸쳐 잔류 방사능이 균일하게 분포되어 있고 이 측정값들이 DCGL$_W$를 초과하는지 여부를 평가하는 것이다. 즉, 통계 시험 결과는 잔류 방사능이 높은 국부적 오염지역 즉 핫 스폿이 존재하지 않는다는 것을 전제로 한다. 그러나 이러한 최소 요구 측정 수 만큼의 측정은 국부적으로 오염이 증가한 좁은 영역 (핫 스폿)이 존재하지 않는다는 것을 보증하지 못한다. 그러므로 체계적인 표면 스캔을 통해 핫 스폿 영역 존재를 확인해야 하고 만약 핫 스폿이 발견된다하더라도 이 핫 스폿도 규제 해제 기준을 충족한다는 것을 보여 주어야 한다. 이러한 절차는 관심 방사성 핵종의 자연방사능 내 존재 여부와 관계없이 적용해야 하며, 특히 등급 1 측정조사 단위 영역에서는 철저하게 수행되어야 한다. DCGL$_{EMC}$는 이러한 핫 스폿이 규제 해제 기준을 만족시킬 수 있는 최대 허용 농도값이다.

먼저 잔류 방사능이 고르게 분포되어 있어야 한다는 MARSSIM의 전제를 만족시킬 수 있는지 확인하기 위해서, 앞 절에서 유도된 수만큼의 측정이 측정조사 단위 내에서 고르게 이루어져야 한다. 이를 위해 측정 위치는 무작위로 선정된 시작점을 기점으로 체계적인 격자 패턴으로 선정된다. 이 체계적 측정점 위치 격자는 삼각형 또는 사각형인데, 일반적으로 삼각 격자가 핫 스폿 영역을 찾는 데 더 효과적이라 알려져 있다. 이렇게 계산된 측정 지점 수 N은 체계적인 측정점 위치 격자 간격 L을 결정하는 데 사용된다. 물론 삼각 격자의 경우 단위 격자 면적 A = 0.866 L²이고, 사각 격자의 경우 A = L² 이다.

다음으로 DCGL$_{EMC}$를 결정해야 하는데 DCGL$_{EMC}$ 값을 결정하는 한 가지 방법은 면적의 차이에 따른 선량이나 리스크 변화를 반영한 보정 계수를 사용하여 DCGL$_W$ 로부터 유도하는 것이다. 이 보정 계수를 면적인자라 하며 이 면적인자를 이용해 새로이 유도되는 DCGL$_{EMC}$는 국부적으로 허용될 수 있는 최대 핫 스폿 잔류 방사능 농도값이다. 표 8.4에는 피폭 경로 모델을 사용하여 생성된 실외 부지의 면적인자를, 표 8.5에는 구조물 실내 면적인자를 수록하였다. DCGL$_{EMC}$ 값을 이렇게 유도할 수 있는 것은 RESRAD 코드 해석 결과가 평가 대상인 측정조사 단위의 면적에 따라 달라지기 때문이다. 즉 다른 모든 인자와 부지 요건이 같더라도 대상 면적이 작을수록 유도되는 DCGL값이 커진다.

참고로 이 표 8.4의 값들은 37 Bq/kg (1 pCi/g)의 농도를 가정하여 RESRAD-ONSITE 5.6을 사용해 유도된 면적인자값이다. 이들 면적인자 평가를 위해 사용된 기본 넓이는 10,000 m²이며 변수로 사용된 면적은 1, 3, 10, 30, 100, 300, 1,000과 3,000 m²이다. 즉 면적인자란 기본값 10,000 m²에서 평가된 DCGL에 대한 작은 영역 선량이나 리스크의 비율이다. 따라서 10,000 m²에서 도출된 잔류 방사능에 대한 $DCGL_W$에 면적인자를 곱하면 평가 대상 국부 영역에서의 $DCGL_W$값을 구할 수 있고 이 값이 $DCGL_{EMC}$ 값이다. 즉,

$$DCGL_{EMC} = DCGL_W \times (Area\,Factor) \tag{8.3}$$

표 8.4　실외 부지 면적인자 도출 예

Nuclide	Area Factor (단위: m²)								
	1	3	10	30	100	300	1000	3000	10^4
^{241}Am	208.7	139.7	96.3	44.2	13.4	4.4	1.3	1.0	1.0
^{60}Co	9.8	4.4	2.1	1.5	1.2	1.1	1.1	1.0	1.0
^{137}Cs	11.0	5.0	2.4	1.7	1.4	1.3	1.1	1.1	1.0
^{63}Ni	1175.2	463.7	154.8	54.2	16.6	5.6	1.7	1.5	1.0
^{226}Ra	54.8	21.3	7.8	3.2	1.1	1.1	1.0	1.0	1.0
^{232}Th	12.5	6.2	3.2	2.3	1.8	1.5	1.1	1.0	1.0
^{238}U	30.6	18.3	11.1	8.4	6.7	4.4	1.3	1.0	1.0

표 8.5　구조물 실내 면적인자 도출 예

Nuclide	Area Factor					
	1 m²	4 m²	9 m²	16 m²	25 m²	36 m²
^{241}Am	36.0	9.0	4.0	2.2	1.4	1.0
^{60}Co	9.2	3.1	1.9	1.4	1.2	1.0
^{137}Cs	9.4	3.2	1.9	1.4	1.2	1.0
^{63}Ni	36.0	9.0	4.0	2.3	1.4	1.0
^{226}Ra	18.1	5.5	2.9	1.9	1.3	1.0
^{232}Th	36.0	9.0	4.0	2.2	1.4	1.0
^{238}U	35.7	9.0	4.0	2.2	1.4	1.0

표 8.5에 수록된 실내 면적인자는 기준 오염 면적 36m²을 기준으로 37 Bq/m² (1 pCi/m²)의 농도를 가진 각 방사성 핵종에 의한 모든 피폭 경로를 고려해 RESRAD-BUILD 1.5를 사용하여 유도된 값들이다. 유의할 것은 RESRAD를 사용하여 면적인자를 결정하는 것은 하나의 예시이며 MARSSIM 사용자는 면적인자 값 결정에 앞서 해당 기준에 대한 지침을 담당 규제기관과 협의하는 것이 바람직하다.

이렇게 면적인자가 결정되면 스캔 최소 측정 가능 농도 (MDC)는 핫 스폿의 DCGL, 즉 $DCGL_{EMC}$이다.

$$Scan MDC_{required} = DCGL_{EMC}$$

이러한 이유로 사용할 측정기의 실제 스캔 MDC를 위의 스캔 MDC와 비교해야 한다. 실제 스캔 MDC가 요구되는 최소 스캔 MDC보다 작을 경우 국부적 오염 영역을 감지할 수 있는 적절한 민감도를 갖고 있는 것이므로 해당 영역에서 추가 측정이 필요하지 않다. 그러나 요구되는 스캔 MDC보다 큰 경우, 즉 사용 가능한 측정 장비의 스캔 민감도가 국부적 오염 증가 영역을 감지하기에 충분하지 않은 경우, 실제 스캔 MDC에 해당하는 면적인자를 다시 계산하여야 한다. 이때 면적인자는 식 (8.4)에 의해 유도된다.

$$AreaFactor = \frac{Scan\,MDC_{actual}}{DCGL_w} \tag{8.4}$$

핫 스폿 영역을 평가하기 위한 또 다른 방법은 규제기관과의 협의를 통해 측정조사 단위를 더 작은 영역으로 나누는 것이다. 예를 들어 높은 방사능을 가진 핫 스폿 넓이가 100 m²이고 측정조사 단위 넓이는 2,000 m²인 경우, 계산된 측정 위치 수는 20개가 될 것이다. 이렇게 계산된 측정 수 N을 이용해 체계적인 격자 패턴 간격 L을 구할 수 있다. 구체적으로 격자 패턴 간격 L은 다음과 같이 주어진다.

정삼각형 격자의 경우 $$L = \sqrt{\frac{A}{0.866\,N}} \tag{8.5}$$

여기서 A는 측정조사 단위의 면적이다. 이 계산 결과의 소수점 이하는 버려야 한다.

　이렇게 유도된 측정 수가 통계 검정시험에서 유도된 식 (8.1) 또는 식 (8.2)를 이용해 계산한 측정 수 N/2 혹은 N보다 많을 경우, 식 (8.5)을 사용하여 L을 계산할 수 있다. 그러나 식 (8.1)과 식 (8.2)으로부터 구한 N/2 또는 N보다 작을 경우 더 많은 자료를 사용해 통계 검정시험을 수행할 수 있도록 더 큰 값인 N/2 또는 N을 사용하여야 한다.

　스캔 측정기의 측정 한계가 $DCGL_{EMC}$에 비해 큰 경우, 통계 검정시험을 사용해 적합성을 입증하기 위해 필요한 측정 수는 비합리적으로 커질 수 있다. 이러한 경우에는 측정조사 설계와 측정 방법론, DCGL을 결정하는 데 사용되는 피폭 경로 모델링 가정, 매개변수 값, 선원항과 방사성 핵종 분포에 관한 현장 기록 분석 결과, 오염 범위 및 특성평가 측정조사 결과 등을 재검토할 수 있다. 그러나 대부분의 경우 이러한 평가 결과가 불합리할 정도로 많은 측정 회수를 정당화할 것으로 예상되지는 않는다.

　그림 8.3에 앞에서 설명한 핫 스폿 영역 평가를 위한 측정 최소 요구 자료 수 설정 절차 흐름을 도식화하였다. 이 다이아그램을 중심으로 정리한다면, 스캔 측정조사 과정에서 핫 스폿이 발견되었을 경우 먼저 검정시험에서 요구하는 직접 측정 자료 수에 면적인자를 곱해 측정 지점 수를 늘려 핫 스폿이 직접 측정에서 빠짐없이 측정조사될 수 있도록 해야 한다. 그리고 추가로 점검해야 할 사항이 스캔 측정 장치와 측정 방법의 MDC가 설정된 DCGL을 확연히 판독할 수 있을 정도로 충분히 낮은가 하는 것이다. 만양에 그렇지 못하다면 MDC에 맞게 측정 지점 수를 늘려야 한다.

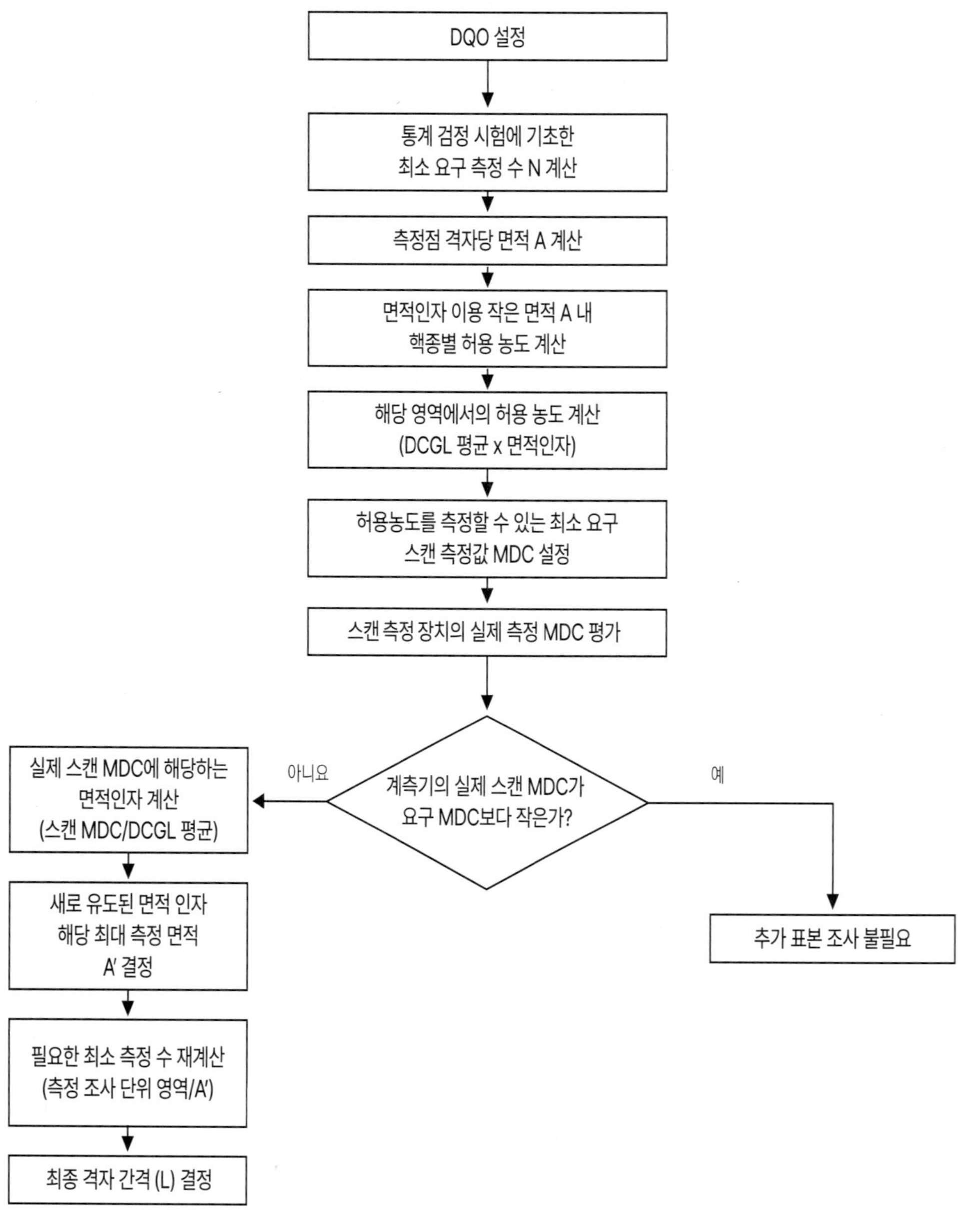

그림 8.3   잠재적 핫 스폿 영역 평가를 위한 측정 최소 요구 자료 수 결정 절차 흐름도

예제 1

1,500 m² 등급 1 측정조사 단위가 ^{60}Co에 오염되었다. 이때 ^{60}Co에 대한 DCGL$_W$ 값은 110 Bq/kg (3 pCi/g)이며, 이 방사성 핵종에 대한 측정 장비의 스캔 민감도는 150 Bq/kg (4 pCi/g)로 확인되었다. 계산에 따르면 통계 검정 시험에 필요한 측정 수는 27 개다. 따라서 이 측정 수에 따라 측정조사 단위 면적으로부터 계산된 측정 위치 사이의 거리는 8 m이다. 이 8 m 간격 삼각형 격자 패턴의 단위 삼각형 면적은 약 55.4 m²이다. 표 8.4에서 보간법을 이용해 1.4의 면적 인자를 구할 수 있으므로 이 55.4 m² 영역의 허용 농도인 DCGL$_{EMC}$는 160 Bq/kg (1.4 x 110 Bq/kg)이 된다. 결론적으로 요구되는 스캔 민감도가 면적 인자를 고려한 DCGL$_W$보다 작기 때문에, 확률 검정 시험을 위해 추가적인 측정이 필요하지 않다.

예제 2

예제 1과 같은 조건 하에서 이 ^{60}Co에 대한 스캔 장비 민감도가 170 Bq/kg (4.6 pCi/g)로 확인되었다. 평가에 따르면 통계 검정 시험에 필요한 표본 측정 수는 15 개다. 이럴 경우 이 측정 지점 수와 측정조사 단위 면적을 고려할 때 측정 위치 사이의 거리는 10m이며 10m 삼각형 격자 패턴의 단위 삼각형 면적은 약 86.6 m²이다. 표 8.4에서 보간법을 이용해 약 1.3의 면적 계수가 결정된다. 따라서 이 86.6 m² 면적의 허용 농도인 DCGL$_{EMC}$는 140 Bq/kg (1.3 x 110 Bq/kg)이다. 이 경우 측정 장치의 스캔 민감도가 면적인자를 적용한 DCGL$_W$보다 크므로 통계 검정 시험을 위해 계산된 측정 수는 규제 해제 적합성을 입증하기에 충분하지 않다. 장치의 스캔 민감도와 DCGL$_W$만을 고려하였을 때 요구되는 면적 인자는 1.5 (170 Bq/kg / 110 Bq/kg)이다. 이 면적 인자는 30 m² (표 8.4)의 면적에 해당하므로 50 개의 측정이 측정조사 단위에서 수행되어야 한다. 이 삼각형 패턴의 측정점 간 간격은 6m이다.

8.2.5   측정 위치 결정

측정조사 단위 내의 모든 측정 위치는 고유한 좌표 집합으로 식별할 수 있어야 하며 측정을 재현할 수 있도록 각 측정 위치를 문서화하는 것은 매우 중요하다.

3등급 측정조사 단위의 경우 측정 위치는 체계적인 격자 패턴으로 설정할 필요가 없어 무작위로 선정된다. 따라서 측정 위치 좌표는 계산기나 컴퓨터로 생성하거나 난수표를 이용해 얻은 X축과 Y축 위치를 무작위로 생성하여 결정한다. 이 난수 생성 좌표 설정 방법을 이용해 통계 검정 시험에서 결정된 최소 요구 측정 수만큼 수행한다. 만약 이러한 방식으로 정해진 좌표의 위치가 현장 조건으로 인해 측정이 불가능하거나 측정조사 단위 밖일 경우 다시 새 좌표를 구해야 한다. 물론 일부 위치는 경험이 많은 전문가의 판단에 의해 설정될 수 있다.

그러나 1등급과 2등급 영역에서의 측정 위치는 무작위 시작 – 체계적 격자 패턴으로 설정된다. 따라서 첫 측정 위치는 3등급 영역에서와 같이 무작위로 선정한 후 이후 측정 위치는 패턴을 가진 격자 형태로 선정한다. 통계적 검정시험에 근거하여 계산된 측정 위치의 수 N과 앞의 식 (8.5)을 이용하여 체계적 패턴 간격 L을 결정한다. 이렇게 무작위 선정 좌표에서 시작하여 L 간격에 따라 X축에 평행한 지점의 측정 위치 열이 만들어진다. 정삼각형 격자의 경우 이 첫 번째 열에서 0.866 × L의 거리에 있는 평행한 두 번째 열에서 측정 위치가 선정되는데 측정 위치는 첫 번째 열 측정 위치 사이의 중간점이 될 것이다. 이 과정을 반복하여 전체 측정조사 단위에 걸쳐 측정 위치 패턴을 만든다. 앞에서 설명한 바와 같이 선정된 측정 위치가 측정 영역 밖에 위치하거나 현장 사정상 측정이 불가능한 위치에 있는 경우, 필요한 수만큼 측정 수 위치 패턴이 완성될 때까지 위에서 설명한 무작위 시작 – 체계적 격자 패턴을 반복해야 한다.

그림 8.4는 이러한 측정 위치 패턴의 한 예로, 이 예에서는 측정 수 20개를 만족하는 격자 패턴을 도식하였다. 이 그림에서 보듯 무작위 시작 좌표는 27E, 53N이며 격자 간격은 식 (8.5)를 사용하여 계산되었다.

$$L = \sqrt{\frac{5,100\ m^2}{0.866 \times 20}} = 17\ m$$

이 예에서는 무작위로 시작한 이 삼각 패턴 측정 위치 선정 과정을 통해 총 21개의 측정 위치가 생성되었는데, 그 중 하나는 그 자리에 위치한 건물 때문에 표본 추출이 불가능하였지만 이 위치를 빼더라도 원하는 측정 위치 수 20개를 확보할 수 있었다.

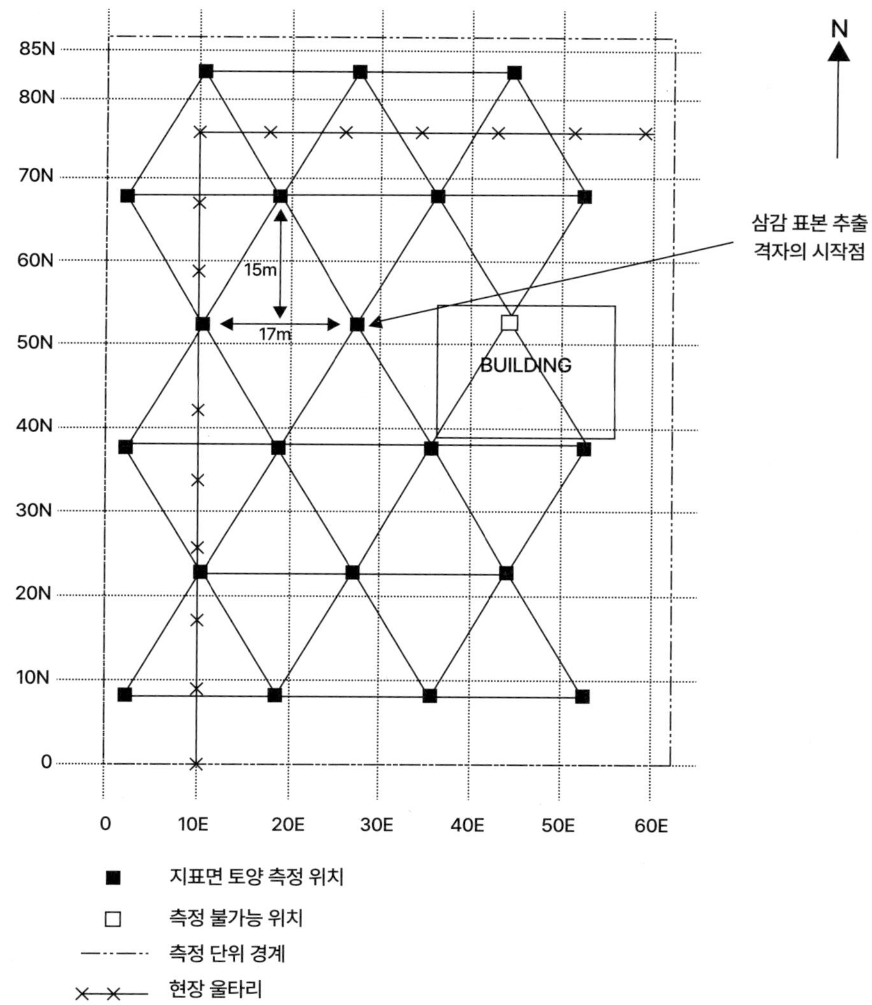

그림 8.4   무작위 시작 삼각 격자 측정 패턴의 예

8.2.6   추가 조사 준위 결정

최종상태 측정조사에서 빠뜨릴 수 없는 것 중의 하나는 추가 조사 준위의 설계와 구현이다. 추가 조사 준위란 추가 조사가 필요한 방사성 핵종별 방사능 준위이다. 이 준위는 측정조사 절차가 무의미해지기 시작하는 시점으로 추가 조사 준위를 초과하는 측정값이 존재한다면 측정조사 단위가 부적절하게 분류되었거나 측정조사가 적절히 이루어지지 않았음을 의미할 수 있다.

측정값이 추가 조사 준위보다 클 경우 취해지는 첫 단계 조치는 실제로 추가 조사 준위를 초과하는지 확인하는 것이며, 이 경우 확인을 위해 추가 측정을 요구할 수 있다. 이 결과에 따라, 측정조사 단위의 재분류, 복원 조치 및/또는 재조사가 요구될 수 있다. 표 8.6은 추가 조사 준위를 필요로 하는 기준의 예를 보여 준다.

표 8.6   최종상태 측정조사 중 추가 조사 준위 필요 판정 조건 예

측정조사 단위 분류	직접 측정 또는 표본 추출 측정	스캔 측정조사
등급 1	$> DCGL_{EMC}$ 또는 $> DCGL_{W}$ 이면서 $>$ 확률 통계 매개 변수 값	$> DCGL_{EMC}$
등급 2	$> DCGL_{W}$	$> DCGL_{W}$ 또는 $> MDC$
등급 3	$> DCGL_{W}$보다 작은 특정값	$> DCGL_{W}$ 또는 $> MDC$

등급 1 측정조사 단위의 경우 $DCGL_{W}$ 이상의 값이 측정되는 것은 충분히 예상할 수 있다. 그러나 유독 한 위치에서의 측정값이 다른 모든 위치에서의 측정값보다 매우 높으면서 $DCGL_{W}$를 초과할 경우는 비정상적인 것으로 간주될 수 있다. 따라서 이럴 경우 이 위치에서의 측정값은 추가 조사를 필요로 한다. 즉, 격자점 측정 과정에서 또는 스캔 측정조사 과정에서 $DCGL_{EMC}$ 이상의 값이 측정될 경우 추가 조사를 위해 해당 위치에 기표 (작은 깃발을 꽂아 표시)해야 한다.

등급 2 또는 등급 3 영역 설정의 전제 조건은 $DCGL_{W}$ 이상의 측정값이나 국부 오염 영역이 존재하지 않는다는 것이다. 그러므로 이 측정조사 단위에서 $DCGL_{W}$를 초과하는 측정값이 발견되면 당연히 추가 조사를 위해 기표되어야 한다. 등급 2와 등급 3 측정조사 단위에서의 측정조사 설계에서는 핫 스폿이 없다는 것을 전제하므로

스캔 MDC는 DCGL$_W$를 초과할 수 없다. 그러므로 이 경으 스캔 측정조사 동안 잔류 방사능이 높은 핫 스폿 징후가 발견되면 추가 조사를 수행해야 한다.

| 8.3 | 통합적 측정조사 전략 수립 |

통합적 측정조사 설계는 오염 지역의 방사성 핵종 농도 평균값과 분포를 평가하는 격자점 (체계적 혹은 무작위적) 직접 측정과 핫 스폿 존자 여부 탐지를 위한 스캔 측정을 결합하는 것이다. 아래 표 8.7은 구조물과 부지 및 토지에 대한 통합 측정조사 내용을 요약한 것이다.

표 8.7　구조물과 부지 및 토지 구역에 대한 권장 측정조사 방법

영역 분류	구조물		토지	
	표면 스캔	표면 측정	표면 스캔	토양 샘플
등급 1	100%	최소 요구 측정 수 측정. 핫 스폿 발견 시 측정 더 필요할 수 있음.	100%	최소 요구 측정 수 측정. 핫 스폿 발견 시 측정 더 필요할 수 있음.
등급 2	10 – 100% (상 벽/천장: ~ 50%) 체계적, 주관적 판단	최소 요구 측정 수 측정.	10 – 100% 스캔 측정 위치 : 체계적, 주관적 판단	최소 요구 측정 수 측정.
등급 3	주관적 판단	최소 요구 측정 수 측정.	주관적 판단	최소 요구 측정 수 측정.

위 표에서 알 수 있듯이, 등급 3 측정조사 단위에서는 측정 위치가 독립적이 되도록 무작위 패턴을 사용하여 측정 결과가 통계적이 되도록 한다. 반면 등급 2와 등급 1 측정조사 단위에서 무작위 측정을 할 경우 핫 스폿을 찾지 못할 가능성이 커지기 때문에 측정 위치를 일정 간격 격자 구조 방식으로 설정한다. 일정 격자 간격 측정 방법을 사용하면 적어도 측정 점 사이 간격에 근거하여 잠재적 핫 스폿의 크기를 평가할 수 있기 때문이다. 물론, 앞에서 설명한 대로 격자 패턴의 시작점은 무작위로 선정된다.

앞에서 논의한 것처럼 격자 패턴 측정과 달리 스캔 측정조사의 목적은 측정조사 단위 내에서 $DCGL_W$를 초과하는 핫 스폿을 찾아내는 것이다. 이때 등급별 접근법에 따라 스캔 측정이 이루어져야 하며 만약 핫 스폿이 발견되면 오염 정도, 면적, 오염 핵종 농도를 결정하기 위해 추가 조사를 수행해야 한다.

등급 1 측정조사 단위의 경우 핫 스폿이 존재할 가능성이 높기 때문에 전체 면적의 100%를 대상으로 스캔 측정이 이루어져야 한다. 즉 측정조사 단위의 전체 표면적이 스캐닝 측정기 측정 창에 모두 한 번 이상 노출되어야 한다. 예를 들어 측정 창 폭이 1 m인 경우 측정기를 1 m 간격의 평행 경로를 따라 이동시켜 면적의 100%를 측정해야 하며 만약 측정 창 폭이 5 cm에 불과하다면 평행 경로는 5 cm가 될 것이다.

등급 2 측정조사 단위는 등급 1 측정조사 단위에 비해 방사능 준위가 높을 확률이 낮지만, 그럼에도 일부 부분적으로는 핫 스폿이 존재할 가능성이 있다. 따라서 스캔 측정 위치는 측정조사 단위 전체가 아닌 일부 영역으로 그 범위는 10 ~ 100%이다. 그러므로 주관적 측정 위치 선정은 당연히 방사능 준위가 증가할 가능성이 가장 높은 곳에 초점을 맞추어야 한다. 달리 말하면 스캔 측정 계획은 정교한 현장 모델에 기초해야 하며 계획된 치밀성은 핫 스폿을 찾을 수 있는 가능성에 비례해야 한다. 기본적으로 측정조사 단위 영역을 가로지르는 체계적인 스캔을 수행해야 한다.

일반적으로 벽면 상부와 천장은 10~50% 정도만 스캔 측정을 한다. 이와는 달리 부분적으로 방사능 오염 영역이 존재할 확률이 특별히 높지 않거나 주의를 요하는 영역이 전체의 10%를 넘지 않는 경우, 무작위로 선정한 격자 블록 형태의 측정을 수행할 수 있다.

등급 3 영역은 핫 스폿 존재 가능성이 가장 낮다. 그러므로 주관적 판단에 따라 오염 가능성이 가장 높은 영역 (예: 모서리, 도랑, 배수구 등)에 대한 스캔 측정조사를 권장한다. 이때 주관적 판단은 일반적으로 원자력 시설에 대한 방사선 측정조사 경험이 있는 전문가가 내리는 것을 권고한다. 그래야 무작위 측정이지만 국부 오염 가능 지역이 누락되지 않았다는 사실 혹은 해당 영역에 대한 측정조사 단위 분류가 적절하다는 신뢰를 확보할 수 있다. 이러한 등급별 직접 측정조사와 스캔 측정소사 방법을 다음 그림 8.5에 도식적으로 정리하였다.

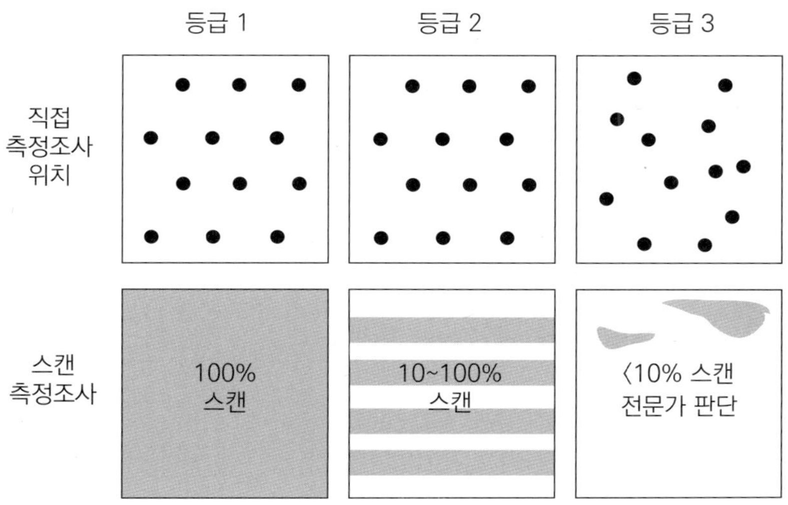

그림 8.5　통합적 측정조사 방법 도식도

　구조물 표면은 일반적으로 알파선, 베타선, 감마선을 방출하는 모든 방사성 핵종을 대상으로 스캔 측정을 한다. 그러나 실외 부지 혹은 토지 지역 측정조사 단위에서는 알파선 방출체 또는 저에너지 (〈 100 keV) 베타선 방출체의 스캔 측정은 감쇄와 간섭 현상 때문에 효과적이라고 간주되지 않는다. 따라서 만약 토지 영역에서 잔류 방사능을 측정해야 할 경우에는, 주관적 판단에 맡겨지겠지만, 철저한 스캔 측정조사 계획을 수립하는 것이 필요하다.

　만약 사용 가능한 스캔 장비와 측정 방법이 직접 측정 (예: 측정 한계, 측정 위치, 결과 기록과 문서화 능력)과 동일한 품질의 자료를 제공할 수 있는 경우, 스캔 측정 장치를 이용해 직접 측정을 수행할 수 있다. 물론 이럴 경우 통계 검정시험을 위해 요구되는 최소 수 만큼의 측정 결과를 측정 위치에서 내놓을 수 있어야 한다. 다만 이 방식이 표본 추출 분석을 대치할 수 있는 수준의 측정조사가 이루어질 수 있도록 DQO에 반영해야 한다.

　위에서 설명한 구조물 표면과 지표면 외 많은 곳에서 측정 및/또는 표본 추출이 필요할 수 있다. 예로는 장비와 가구, 건물 부착물, 배수관, 덕트와 배관 등이 있다. 이들의 경우에는 잠재적으로 잔류 방사능이 남아 있을 수 있는 내부와 외부 표면이 모두 존재할 수 있다. 따라서 지표면 아래 묻혀 있거나 건물 구조물에 박혀 있더라도 이들 위치에서 측정 및/또는 표본 추출을 수행해야 한다. 그러나 이러한 유형의 조사 수행이나 평가 지침은 MARSSIM의 범위를 벗어나므로. 이러한 특수 상황의 경우에는 전문가의 판단에 따를 것을 권고한다.

8.4   측정조사 결과 해석

측정조사 결과 자료가 $DCGL_W$보다 완전히 높거나 낮을 때 측정조사 결과를 해석하는 것은 간단하다. 이러한 경우, 측정조사 단위가 규제 해제 기준을 충족하는지 여부의 결정은 자료 분석 없이 $DCGL_W$과의 직접 비교를 통해 이루어질 수 있다. 그러나 측정조사 결과가 $DCGL_W$에 근접할 때 최종 해석을 위해서는 통계 검정시험을 실시해야 한다. 물론 통계 검정시험에서 요구되는 최소 측정 수와 측정 민감도는 적절해야 한다.

8.4.1   자료 품질 평가

가. 자료 품질 목표와 측정조사 설계 검토

자료 품질 평가 절차의 첫 번째 단계는 DQO 결과가 여전히 적용 가능한지 확인하는 것이다. 무엇보다 먼저 측정조사 혹은 표본, 분석 자료가 DQO와 일관성을 유지하고 있는지, 예를 들어 적절한 수의 표본을 정확한 위치에서 채취했는지 그리고 적절한 민감도를 가진 측정 시스템으로 분석했는지 등을 검토하는 것이다.

특히 잔류 방사능 준위가 $DCGL_W$ 값과 근사할 경우 측정 조사 설계가 적절한 검정 능력을 갖고 있는지 판단하는 것은 매우 중요하다. 이러한 판단은 측정조사 설계 시 제안된 설계가 설계 목표를 달성할 수 있을지 유효성을 점검하고 측정조사 결과의 해석 과정을 통해 설계 목표가 달성되었는지 소급적으로 검토하는 데 적용될 수 있다.

나. 예비 자료 검토

• 자료 평가 및 변환

방사능 측정조사 자료는 일반적으로 cpm (counts per minute, 분당 계수)로 도출된 DCGL과는 다른 차원의 단위를 갖는다. 그러므로 측정 자료를 DCGL과 비교하기 위해서는 먼저 DCGL과 같은 단위로 변환되어야 한다. 이 때 계산되어야 하는 기본 통계 변수는 평균, 표준편차 그리고 중앙값이다.

예제 1

다음 20개의 농도 값이 측정조사 단위에서의 측정값이라고 가정하자.

90.7, 83.5, 86.4, 88.5, 84.4, 74.2, 84.1, 87.6, 78.2, 77.6,

86.4, 76.3, 86.5, 77.4, 90.3, 90.1, 79.1, 92.4, 75.5, 80.5.

첫째, 이들 자료의 평균은 83.5이며 표준편차는 5.7이고 중앙값은 전체 측정값이 20개이므로 10번 째 84.4와 11번째 86.4의 평균인 85.4이다.

평균값과 $DCGL_W$의 비교는 측정조사 단위의 오염 상태에 대한 예비적 평가 결과를 보여준다. 예를 들어, 관심 방사성 핵종이 자연방사능에는 존재하지 않는데도 측정조사 자료의 평균이 $DCGL_W$를 초과했다면 측정조사 단위는 분명히 규제 해제 기준을 충족하지 못한다. 한편, 측정조사 단위 내 모든 측정값이 $DCGL_W$ 이하인 경우, 측정조사 단위는 명확하게 규제 해제 기준을 충족한다.

표본 측정값의 표준편차도 중요하다. 만약 표준편차가 측정조사 설계 시 가정과 비교해 너무 큰 경우, 통계 검정시험에서 요구되는 충분한 수의 표본이 수집되지 않았음을 의미한다. 평균과 중앙값 사이의 차이가 크면 자료가 지나치게 왜곡되어 있다는 것을 의미한다.

자료의 최소값과 최대값을 검사하면 추가적인 유용한 정보를 얻을 수 있다. 위의 예제에서 최소치는 74.2이고 최대치는 92.4이므로 범위는 92.4 - 74.2 = 18.2이다. 이것은 단지 표준편차의 3.2배 정도에 불과하다. 따라서 이 정도의 범위는 유별

나게 크다고 볼 수 없다. 자료 수가 30개 이하인데 만약 범위가 표준편차의 4 ~ 5배 보다 크다면 비정상적인 것으로 간주될 수 있다.

• 자료 도식화

자료 도식화 검토는 측정값 배치도 (그림 8.5)와 빈도 다이아그램 등을 통해 수행 될 수 있다. 빈도 다이어그램 또는 막대그래프는 자료 분포의 일반적인 형태를 검사 하는 데 유용하다. 이 빈도 도표는 측정조사 단위나 참조 영역에서 자료 분포의 왜 곡 또는 이원 분리 양상 (피크 2개)과 같은 비대칭성을 명백하게 보여 줄 수 있다. 측 정조사 단위 빈도 도표에 두 개의 피크가 있으면 일부 영역에 높은 준위의 잔류 방 사능이 존재할 수 있다는 것을 암시한다. 따라서 경우에 따라 이 정보를 사용하여 측정조사 단위 내 자연방사능 오염 준위를 결정할 수도 있다. 물론 이러한 자료는 현장 고유 상황에 크게 의존하기 때문에 그 해석은 규제기관과 협의를 거쳐야 한다.

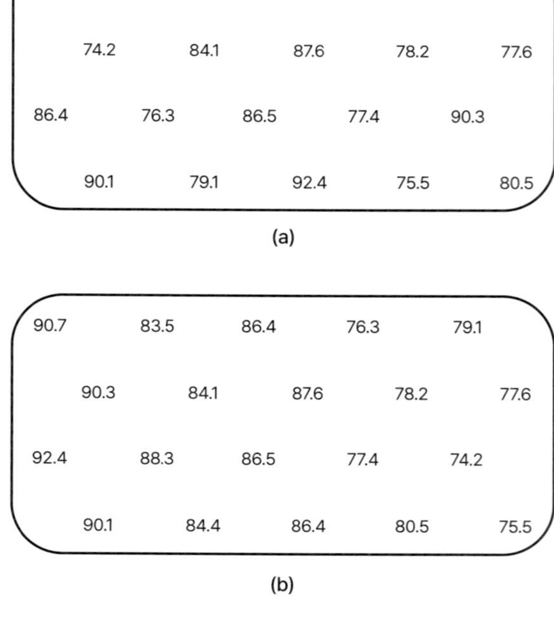

그림 8.5   배치도의 예

그림 8.6 측정값 배치도는 단순히 측정 위치에 측정된 값을 표시한 측정조사 단위의 지도이지만 이 배치도를 통해 최종 상태 잔류 방사능 분포에 대한 특성을 파악할 수 있다. 그림 8.5 (a)는 특이한 자료 패턴을 보여 주지 않지만, 동일한 측정값의 다른 배치도인 그림 8.5 (b)는 측정조사 단위를 가로질러 왼쪽에서 오른쪽으로 갈 때 측정값이 작아지는 경향을 분명하게 보여주고 있다. 이러한 경향은 단순한 초기 자료에서는 명확하지 않지만 이 도표에 등치선이 추가되면 이러한 추세가 더욱 분명해질 수 있다. 이처럼 배치도가 측정조사 단위 내 체계적 공간 오염 분포 추세를 보여준다면, 그 추세의 원인을 조사할 필요가 있을 것이다. 이러한 경향은 잔류 방사능 때문일 수 있지만, 측정조사 단위 영역의 비균질성 때문일 수도 있다.

• 통계 검정시험 방법 결정

이미 앞에서 설명한 바와 같이, RSSI 측정조사 평가에는 가능한 적은 수의 최종상태 측정 자료를 바탕으로 신뢰성 있는 확률적 평가를 내릴 수 있는 비모수 통계 검정 시험 방법을 적용한다. 이러한 작은 표본 수는 정규 분포를 만족시키기 어렵지만 검정시험의 경우 비모수 검정시험의 검정 능력이 정규분포에 기반한 t 검정시험 능력과 유사하다고 알려져 있다. 실제 현장에서의 측정 자료는 한쪽으로 치우친 분포를 보이는 경우가 많은데, 특히 이런 경향이 MARSSIM에서 Sign 검정시험과 WRS 검정시험을 강력히 권장하는 이유이다.

이들 중 Sign 검정시험은 오염 핵종이 자연방사능에 존재하지 않아 방사성 핵종별 측정 결과가 모두 실제 오염원에 기인할 경우에 사용한다. 따라서 만약 자연방사능 핵종 방사능이 $DCGL_W$ 값에 비해 아주 작은 경우에도 Sign 검정시험을 사용할 수 있다. 이 경우 해당 방사성 핵종의 자연방사능 농도는 잔류 방사능 측정값에 포함시킨다. 궁극적으로 Sign 검정시험은 방사성 핵종의 총 농도를 규제 해제 기준과 직접 비교하게 된다. 즉, 자료의 중앙값이 $DCGL_W$ 이상인지 또는 이하인지 즉 차이가 양인지 음인지 부호 (Sign)만으로는 평가한다. 측정 자료 분포가 대칭이면 중앙값은 평균과 같을 것이나 자료가 왜곡된 경우 평균값은 $DCGL_W$보다 높으나 중앙값은 $DCGL_W$보다 낮을 수 있다. 이러한 경우, 해당 측정조사 단위는 통계 검정시험 결과와 관계없이 규제 해제 기준을 충족하지 못한다. 만약 가장 큰 측정값조차 $DCGL_W$ 미만일 경우, 이 측정조사 단위는 통계 검정시험을 거칠 필요 없이 규제 해제 기준을 충족할 것이다.

관심 방사성 핵종이 자연방사능에 존재할 경우 WRS (Wilcoxon Rank Sum test) 검정시험이라 알려진 2개 표본 통계 검정시험을 사용해야 한다. 이 WRS 검정시험은 참조 영역과 측정조사 단위 측정 자료 분포가 중앙값의 차이를 제외하고는 기본적으로 유사하다고 가정한다. 자료가 심하게 치우쳐 있어 중앙값 차이는 $DCGL_W$보다 낮지만 평균값의 차이는 $DCGL_W$보다 높을 수 있다. 물론 이 경우, 이 측정조사 단위는 통계 검정시험 결과와 관계없이 규제 해제 기준을 충족시키지 못한다. 반면, 가장 큰 측정조사 단위 측정값과 가장 작은 참조 영역 측정값의 차이가 $DCGL_W$보다 작을 경우 WRS 검정시험은 규제 해제 기준을 충족한다.

• 검정시험 가정 확인

비모수 검정시험의 주요 장점 중 하나는 모수 검정시험에 비해 측정 자료 취급에 대한 가정이 적다는 것이다. 실제 측정조사 설계에서 설정된 가정 중 중요한 것은 검정시험의 표본 크기가 1종 오류와 2종 오류 설정 값에 따라 결정되는 DQO를 달성하기에 충분하다는 것이다. 또한 제염 작업이 적절히 이루어졌음을 검증하는 검정력 $(1 - \beta)$도 중요하다. 검정시험이 충분한 검정력을 갖고 있다는 의미는 이 검정시험은 귀무가설의 기각을 합리적으로 보증할 수 있다는 것을 의미한다. 가정과 그 가정을 진단하는 방법의 예가 아래 표 8.8에 요약 되어 있다.

표 8.8 통계 검정시험 가정 확인 방법

추정	진단
측정 자료 공간 독립성	측정값 배치도
측정 자료 대칭성	막대그래프 혹은 빈도 그래프
측정 자료 분산	표준편차

• 결론 도출

측정조사 단위에서 수행할 수 있는 측정의 종류는 1) 개별 위치에서 직접 측정, 2) 개별 위치에서 표본 수집 분석, 3) 스캔 측정이다. 개별 위치에서 측정한 값과 스캔 측정은 모두 핫 스폿 확인에 사용할 수 있지만 통계 검정시험은 개별 위치에서 수행한 측정에만 적용된다. 핫 스폿 비교 결과는 측정조사 단위가 규제 해제 기준을 충족하는지 또는 초과하는지 여부에 대해 결정하는 것이 아니라, 핫 스폿에 따른 추가 조사 여부를 판단하는 것이다. 표 8.9에는 통계 검정시험을 요약하였다

표 8.9　통계 검정시험 요약

관심 방사성 핵종이 자연방사능에 없을 경우

측정 결과	결론
모든 측정값이 $DCGL_W$ 미만	측정조사 단위가 규제 해제 기준 충족
평균이 $DCGL_W$보다 큼	측정조사 단위가 규제 해제 기준 충족하지 못함
평균은 $DCGL_W$보다 작으나 $DCGL_W$보다 큰 측정값 존재	Sign 검정시험 수행 및 핫 스폿 측정 실시

관심 방사성 핵종이 자연방사능에 존재할 경우 또는 총량 측정의 경우

측정 결과	결론
가장 큰 측정조사 단위 측정값과 가장 작은 참조 영역 측정값 차이가 $DCGL_W$보다 작음	측정조사 단위가 규제 해제 기준 충족
측정조사 단위 측정값 평균과 참조 영역 측정값 평균의 차이가 $DCGL_W$보다 큼	측정조사 단위가 규제 해제 기준 충족하지 못함
측정조사 단위 측정값 평균과 참조 영역 측정값 평균의 차이가 $DCGL_W$보다 작으나 측정조사 단위 측정값과 참조 영역 측정값의 차이가 $DCGL_W$보다 큰 경우가 있음	WRS 검정시험 수행 및 핫 스폿 측정 실시

8.4.2　결과 해석의 예

앞에서 논의한 측정조사 자료 해석 과정을 설명하기 위해 옥외 잔디밭 2개 측정조사 단위와 내부가 콘크리트 표면으로 구성된 14개의 옥내 측정조사 단위, 1개의 옥내 건식 벽체 표면 측정조사 단위로 구성된 시설을 예로 고려해보자. 이들 예에서 필요한 자료를 매개변수와 함께 아래 표 8.10에 수록하였다

표 8.10　최종상태 측정조사 단위 적용 예 매개변수

| 측정조사 단위 | 유형 | DQO | | $DCGL_W$ | 표준편차, σ | | 검정 시험 |
		α	β		측정조사 단위	참조 영역	
옥외 잔디밭	등급 2	.025	.025	140 Bq/kg	3.8 Bq/kg	N/A	Sign
옥외 잔디밭	등급 3	.025	.01	140 Bq/kg	3.8 Bq/kg	N/A	Sign
옥내 건식 벽체	등급 2	.025	.05	5,000 dpm /100cm²	625 dpm/ 100cm²	200 dpm / 100cm²	WRS
옥내 콘크리트	등급 1	.05	.05	5,000 dpm /100cm²	625 dpm / 100cm²	220 dpm / 100cm²	WRS

관심 오염 핵종은 ^{60}Co이라 하자. 측정기는 총 베타-감마 방사능 측정을 위해 내부 표면의 측정 창 면적이 20 cm²인 기체 비례 계수관을 사용한다. 옥외 잔디밭은 ^{60}Co로 특정하였기 때문에 Ge 반도체 측정기로 측정하였다. ^{60}Co는 토양 자연방사능에는 존재하지 않기 때문에 참조 영역은 필요하지 않다.

표 8.10의 예에서 옥외 3등급 측정조사 단위는 실제 잔류 방사능이 포함되지 않을 것으로 예상되는 지역이다. 옥외 2등급 측정조사 단위는 3등급 측정조사 단위와 유사하지만 $DCGL_W$ 이하의 잔류 방사능이 발견될 것으로 예상된다. 1등급 옥내 콘크리트 측정조사 단위에서는 $DCGL_W$를 초과하는 핫 스폿이 발견될 수 있을 것으로 예상된다. 2등급 옥내 건식 벽체 측정조사 단위는 1등급 옥내 콘크리트 측정조사 단위와 비슷하지만 측정 자료의 분포는 균일하며 변동성은 적을 것으로 예상된다. 2등급 측정조사 단위에서는 $DCGL_W$ 이상의 오염 영역이 발견될 것으로 예상되지 않는다.

가. 자연방사능에 관심 오염 핵종이 존재하지 않을 경우: Sign 검정시험

표 8.10의 첫 두 예의 경우 관심 방사성 핵종이 자연방사능에 존재하지 않으므로 Sign 검정시험을 통해 측정조사 단위에서 측정된 값을 규제 해제 기준과 비교하면 된다. 즉 측정된 방사성 오염 핵종의 준위를 $DCGL_W$와 직접 비교하면 된다. 다음은 Sign 검정시험의 가설이다.

귀무가설

측정조사 단위 내 잔류 방사능의 중앙값 농도가 $DCGL_W$보다 큼. 따라서 측정조사 단위는 규제 해제 기준을 만족시키지 못함.

대체가설

측정조사 단위에서 측정된 잔류 방사능 중앙값 농도가 $DCGL_W$보다 낮음. 따라서 측정조사 단위는 규제 해제 기준을 만족시킴.

통계 검정시험이 기각되지 않는 한 귀무가설은 참이라 가정한다. 귀무가설은 측정값들이 $DCGL_W$보다 작을 확률이 50% 미만, 즉 50번째 백분위수 (또는 중앙값)이

$DCGL_W$보다 크다고 가정한다. 일부 개별 측정조사 단위 측정값이 해제 기준을 충족하는 경우에도 $DCGL_W$를 초과할 수 있다는 점에 유의해야 한다. 실제로 측정조사 단위 개별 측정값의 거의 절반이 $DCGL_W$보다 큰 값을 가질 수 있다. 그러나 이러한 측정조사 단위도 여전히 해제 기준을 초과하지 않을 수 있다. 가설은 $DCGL_W$의 관점에서 규제 해제 기준을 지정한다. 그리고 검정시험은 회색영역의 하한 경계(LBGR)에서 잔류 방사능 농도를 검출하기에 충분한 검정력 $(1-\beta)$을 가져야 한다. Sign 검정시험은 다음 5단계로 적용된다.

1. 측정조사 단위 측정값 X_i, i = 1, 2, 3..., N을 목록 작성한다.
2. $DCGL_W$에서 각 측정값 X_i를 뺀 차이를 구한다.
   즉, $D_i = DCGL_W - X_i$, i = 1, 2, 3..., N
3. 이 차이가 정확히 0일 경우 이 값들은 버려 표본 크기 N을 줄인다.
4. 이 값이 0보다 큰 양수의 수를 확인한다. 이 결과가 검정 통계 S^+이다. 이 수는 측정값이 $DCGL_W$보다 작은 경우에 해당하며, 측정조사 단위가 해제 기준을 충족한다는 증거이다.
5. 따라서 S^+가 크면 귀무가설을 기각시킬 수 있다. 구해진 S^+의 값은 Sign 검정시험의 해당 임계값과 비교된다. S^+가 임계값 k보다 크면 귀무가설은 기각된다.

적용 예 1: 2등급 옥외 토양 측정조사 단위

표 8.10의 첫 예인 2등급 옥외 토양 측정조사 단위의 경우 대상 방사성 핵종이 자연방사능에 존재하지 않으므로 단일 표본 비모수 통계 검정시험, 즉 Sign 검정시험이 적절하다. 이 예의 경우 추정 표준편차가 $DCGL_W$보다 훨씬 작기 때문에 Δ/σ가 약 3이 되도록 LBGR을 설정한다.

$$\Delta/\sigma = (DCGL_W - LBGR)/\sigma = 3$$
$$LBGR = DCGL_W - 3\sigma$$
$$= 140 - (3 \times 3.8)$$
$$= 128 \text{ Bq/kg } (3.5 \text{ pCi/g})$$

부록 표 1.2에서 이 Sign 검정시험에 필요한 측정 수 N이 20임 (α = 0.025, β = 0.025, $\varDelta/\sigma$ = 3)을 확인할 수 있다. 이 측정조사 단위는 2등급이므로 이 20개의 측정을 무작위 점 시작 – 삼각 격자 패턴으로 수행하였는데 실제 격자를 배치할 때 영역 위치의 특성상 22개의 측정 위치가 선정되었다. 이 예의 측정값 22개가 표 8.11 첫 번째 열에 정리되어 있다.

표 8.11   Sign 검정시험 자료: 등급 2 옥외 토양

측정값 (Bq/kg)	$DCGL_W$ – 측정값 (Bq/kg)	Sign
121	19	1
143	-3	-1
145	-5	-1
112	28	1
125	15	1
132	8	1
122	18	1
114	26	1
123	17	1
148	-8	-1
115	25	1
113	27	1
126	14	1
134	6	1
148	-8	-1
130	10	1
119	21	1
136	4	1
128	12	1
125	15	1
142	-2	-1
129	11	1

S^+ = 17

표 8.11 자료의 평균은 129 Bq/kg (3.5 pCi/g), 표준편차는 11 Bq/kg (0.30 pCi/g)이다. 측정값이 짝수이므로 중앙값은 두 중간 값의 평균 (126 + 128)/2 = 127 Bq/kg (3.4 pCi/g)이다. $DCGL_W$값 140 Bq/kg을 초과하는 측정치는 142, 143, 145, 148, 148로 모두 5개다. 하지만 자료의 평균보다 표준편차 3배 (129 + 3 × 11) = 162Bq/kg (4.3pCi/g))를 초과하는 값은 없다. 이러한 측정값 분포는 잔류 방사능이 핫 스폿 영역 없이 측정조사 단위 전체에 걸쳐 고르게 분포되어 있다고 볼 수 있다. 표 8.11의 중간 행열에는 ($DCGL_W$ − 자료값)이 수록되어 있고, 마지막 열에는 이 값 차이의 부호가 기록되어 있다. 제일 아래 줄에는 이 부호가 +인 S^+ 수는 17이다.

이 S^+의 값은 부록 표 1.3의 임계값과 비교되는데 이 경우 N = 22, α = 0.025, 이므로 임계값은 16이다. S^+ = 17은 이 임계값을 초과하므로 측정조사 단위가 규제 해제 기준을 초과한다는 귀무가설은 기각된다.

적용 예 2: 3등급 옥외 토양 측정조사 단위

표 8.10의 두 번째 예의 경우도 관심 방사성 핵종이 자연방사능에 존재하지 않으므로 단일 표본 비모수 통계 검정시험인 Sign 검정시험이 적절하다. 추정된 표준편차가 $DCGL_W$보다 훨씬 작으므로 회색영역의 하한값을 3이 되도록 Δ/σ를 설정한다.

$$\Delta / \sigma = (DCGL_W - LBGR) / \sigma = 3$$
$$LBGR = DCGL_W - 3\sigma$$
$$= 140 - (3 \times 3.8)$$
$$= 128 \ Bq/kg \ (3.5 \ pCi/g)$$

부록 표 1.2에 따라 이 Sign 검정시험에 필요한 추출 표본 N은 23이다 (α = 0.025, β = 0.01, Δ/σ = 3). 이 측정조사 단위는 등급 3이므로 측정조사 단위 내 임의의 위치에서 23개의 측정이 이루어졌다. 옥외 잔디밭에서 측정한 23가지 측정값은 표 8.12 첫 번째 열에 표시되어 있다. 이 측정값 중 일부는 음수다. 이 음수 값은 순 농도 값을 얻기 위해 자연방사능 측정값을 뺄 때 발생한다. 실제 이럴 경우 이 값을 "미만" 혹은 "감지되지 않음"으로 보고하는 것보다 수치 값을 그대로 보고하는 것이 더 권장된다.

표 8.12   Sign 검정시험 자료: 등급 3 옥외 토양

	측정값 (Bq/kg)	$DCGL_W$ – 측정값	Sign
1	3	137	1
2	3	137	1
3	1.9	138.1	1
4	0.37	139.6	1
5	-0.37	140.4	1
6	6.3	133.7	1
7	-3.7	143.7	1
8	2.6	137.4	1
9	3	137	1
10	-4.1	144.1	1
11	3	137	1
12	3.7	136.3	1
13	2.6	137.4	1
14	4.4	135.6	1
15	-3.3	143.3	1
16	2.1	137.9	1
17	6.3	133.7	1
18	4.4	135.6	1
19	-0.37	140.4	1
20	4.1	135.9	1
21	-1.1	141.1	1
22	1.1	138.9	1
23	9.3	130.7	1
		$S^+ = 23$	

표 8.12 자료의 평균은 2.1 Bq/kg (0.057 pCi/g)이고, 표준편차는 3.3 Bq/kg (0.089 pCi/g)이다. 어느 측정값도 표준편차의 3배 (2.1 +3 × 3.3) = 12.0 Bq/kg (0.32 pCi/g))를 초과하지 않는다. N이 홀수이므로 중앙값은 2.6 Bq/kg (0.070 pCi/g)이다. 초기 검토한 자료의 측정값이 모두 $DCGL_W$ 이하이므로 이 측정조사 단위는 규제 해제 기준을 충족한다. 즉, 표 8.12의 모든 중앙값 ($DCGL_W$ – 측정값)이

$DCGL_W$ 이하이므로 이 값들의 부호는 모두 양수로 Sign 검정시험 통계 S^+는 23이다. 따라서 임계값은 항상 N보다 작으므로 이 경우에는 임계값에 대한 표를 참조할 필요조차 없이 귀무가설은 기각된다.

나. 자연방사능에 관심 오염 핵종이 존재하는 경우: WRS 검정시험

표 8.10의 세 번째와 네 번째 예에서와 같이 관심 방사성 핵종이 자연방사능에 존재할 경우 측정조사 단위 내 측정뿐만 아니라 비교를 위해 적절하게 선택한 참조 영역에서도 동일 방식의 측정이 이루어져야 한다. 이때 참조 영역과 측정조사 단위에서의 측정값 비교는 WRS (Wilcoxon Rank Sum) 검정시험을 사용하여 수행된다.

다음은 WRS 검정시험의 가설이다. Sign 검정시험에서처럼 귀무가설은 대체가설이 옳다는 것이 드러나 통계 검정시험이 기각되지 않는 한 사실로 가정된다.

귀무가설

측정조사 단위 내 측정값들의 중앙값이 참조 영역 내 측정값 중앙값보다 $DCGL_W$ 이상 큼. 따라서 측정조사 단위는 규제 해제 기준을 만족시키지 못함.

대체가설

측정조사 단위 내 측정값 중앙값이 참조 영역 내 측정값 중앙값보다 $DCGL_W$ 이상 크지 않음. 따라서 측정조사 단위는 규제 해제 기준을 만족시킴.

WRS 검정시험은 다음 6단계로 적용된다.
1. 각 참조 영역 측정값 X_i에 $DCGL_W$를 더하여 조정된 참조 영역 측정값 Z_i를 구한다 ($Z_i = X_i + DCGL_W$).
2. 이렇게 조정된 m개의 참조 영역 측정값 Z_i와 n개의 측정조사 단위 측정값 Y_i를 1에서 N까지 증가하는 순서대로 정렬시킨다 (N = m + n).
3. 측정값이 동일할 경우 동일 측정 그룹 모두에 순위 평균값을 할당한다.
4. 만약 '미만' 측정값이 t만큼 존재한다면 '미만' 측정값이 모두 1부터 t까지의 순위의 평균값인 $t(t+1)/(2t) = (t+1)/2$의 순위로 주어진다. 측정 한계가 두 개 이상인 경우에는, 최대 측정 한계 이하의 측정값을 모두 '미만' 값으로 취급해야 한다.

5. 참조 영역에서 측정된 값의 조정된 순위 합 W_r을 계산한다. 전체 측정 수 N의 합이 N(N + 1)/2이므로, 측정조사 단위 내 측정값 순위 합 W_s는 $W_r = [N(N + 1)/2 - W_s]$로부터 구할 수 있다.

6. 계산된 W_r 값을 N, m, α에 따라 부록 표 1.4에 제시된 임계값과 비교한다. W_r이 임계값보다 크면 측정조사 단위가 규제 해제 기준을 초과한다는 가설은 기각된다.

적용 예3: 2등급 옥내 측정조사 단위

표 8.10의 세 번째 예시에서는 가스 유입형 비례 계수기를 사용해 총 베타-감마선 방사능을 측정하였으므로 비록 관심 방사성 핵종이 자연방사능에 나타나지 않더라도 측정된 총 베타-감마 방사능에는 다른 핵종들에 의한 자연방사능이 포함되기 때문에 WRS 검정 시험을 사용해야 한다.

이 예제의 주요 매개변수는 표 8.10 세 번째 열 (측정조사 단위 DQO에 α = 0.025 와 β = 0.05)에 수록되어 있다. $DCGL_W$는 8,300 Bq/m^2 (100 cm^2 당 5,000 dpm)이며, 추정 측정값 표준편차는 약 σ = 1040 Bq/m^2 (100 cm^{2}당 625 dpm)이다. 추정 표준편차는 $DCGL_W$보다 8배 적다. 이 정도의 정밀도는 회색영역의 폭을 상당히 좁게 만들 수 있다. 앞에서 설명한 바와 같이 표본 크기는 Δ/σ가 3 또는 4를 초과하면 크게 감소하지 않는다. 따라서 Δ/σ가 약 4가 되도록 LBGR을 설정하였다.

$$\Delta / \sigma = (DCGL_W - LBGR) / \sigma = 4$$
$$LBGR = DCGL_W - 4\sigma$$
$$= 8.300 - (4 \times 1,040)$$
$$= 4,200 \text{ Bq/m}^2 \ (2,500 \text{ dpm/100cm}^2)$$

WRS 검정시험에 대해 요구되는 측정 수는 부록 표 1.1로부터 각 측정조사 단위와 각 참조 영역에서 각각 11 개 (α = 0.025, β = 0.05, Δ/σ = 4)임을 알 수 있다. 이 측정조사 단위는 등급 2로 분류되었으므로 측정조사 단위에 필요한 11개의 측정과 참조 영역에 필요한 11개의 측정은 모두 무작위 시작 – 삼각 격자패턴을 사용하여 수행되었다.

표 8.13　2등급 옥내 측정조사 단위 WRS 검정시험

no.	A 측정값(cpm)	B 영역	C A + DCGL$_W$	D 자료 크기 순위	E 기준 영역 등급
1	49	R	209	22	22
2	35	R	195	12	12
3	45	R	205	17.5	17.5
4	45	R	205	17.5	17.5
5	41	R	201	14	14
6	44	R	204	16	16
7	48	R	208	21	21
8	37	R	197	13	13
9	46	R	206	19	19
10	42	R	202	15	15
11	47	R	207	20	20
12	104	S	104	9.5	0
13	94	S	94	4	0
14	98	S	98	6	0
15	99	S	99	7	0
16	90	S	90	1	0
17	104	S	104	9.5	0
18	95	S	95	5	0
19	105	S	105	11	0
20	93	S	93	3	0
21	101	S	101	8	0
22	92	S	92	2	0
합계				253	187

　　표 8.13에 측정을 통해 얻은 자료를 cpm 단위로 수록하였다. 예비 측정 시험 결과 8,300 Bq/m² (100 cm²당 5,000 dpm)의 DCGL$_W$은 이 측정기의 판독값 160 cpm에 해당된다는 것이 밝혀졌다. A열에는 도출된 측정 결과가 수록되어 있다. 참조 영역 측정값의 평균과 표준 편차는 각각 44와 4.4 cpm이다. 측정조사 단위의 측정 평균과 표준편차는 각각 98 cpm과 5.3 cpm이다. B열에서 코드 'R'은 참조 영역 측정을 나타내며, 'S'는 측정조사 단위의 측정을 나타낸다. C열에는 조정된 자료

가 수록되어 있는데 이 값은 참조 영역 측정값에 DCGL$_W$를 더하여 구한 값이다. 조정된 자료의 순위는 D열에 배열되었다. 총 11 + 11 측정치가 있으므로 순위는 1부터 22까지를 갖는다. 이때 104와 205는 동일한 값이 두 번 측정되었다. 이럴 경우 순위는 평균값을 부여받는다. 즉 104의 경우 9번과 10번째 순위에 해당되므로(9 + 10)/2 = 9.5가 매겨진다. 이 경우 모든 순위의 합계는 여전히 22(22 + 1)/2 = 253이라는 점에 유의해야 한다. E열은 참조 영역 측정에 속하는 등급만 포함한다. 모두 187이다. 이 값은 n = 11, m = 11이며 α = 0.025에 해당되는 부록 표 3의 임계값 156과 비교된다. 이 예에서 참조 영역 순위의 합계가 임계값보다 크기 때문에 평균 측정조사 단위 농도가 DCGL$_W$를 초과한다는 귀무가설은 기각된다.

적용 예4: 1등급 옥내 콘크리트 구조물 측정조사 단위

이 예제는 MARSSIM 부록 A에서 상세히 다루고 있으므로 이 부록을 참조할 것을 권고한다

8.4.3 결과 평가와 최종 판정

측정값과 검정시험 결과를 얻으면 규제 해제를 최종 판정하는 구체적인 과정은 규제 기관과 현장 고유 ALARA 고려 사항에 따라 정해진다.

가. 국부 오염 상승 지역 (핫 스폿) 평가

비록 직접 측정 위치에서 측정된 값들이 편차가 심하지 않더라도, 특히 1등급 측정조사 단위의 경우 격자 위치 사이 영역에 핫 스폿이 존재할 가능성이 높다. 이러한 핫 스폿 지역 방사능 농도는 추가 조사 준위와 측정조사 단위의 측정값들을 비교함으로써 이루어진다. 물론 이 비교는 삼각 격자 위치에서 측정된 측정값 (직접 측정 혹은 표본 추출 측정)과 스캔 측정 판독 위치 모두에 대해 수행된다. 이러한 EMC (Elevated Measurement Comparison) 측정 비교는 비모수 통계 시험 결과와 무관하게 진행되어야 한다. 실제 측정조사 단위에 대한 귀무가설 기각은 충분한 수의 측정을 통한 통계 검정시험만으로 이루어질 수 있지만, 제염이 충분히 이루어지지 않아 과도한 방사능 농도를 가진 핫 스폿이 발견될 경우 그 측정조사 단위의 규제 해제에 실패할 수 있다.

한편 $DCGL_{EMC}$는 $DCGL_W$와 측정 설계를 통해 설정된 선행 한계라는 점에 유의해야 한다. 핫 스폿 지역의 실제 범위는 측정조사와 스캔 측정을 수행한 후에만 결정할 수 있다. 즉, 앞에서 설명한 바와 같이, 추가 조사가 완료되면 농도가 상승된 실제 영역에 적합한 면적인자 값을 사용하여 최종적인 $DCGL_{EMC}$를 설정하게 된다. 이렇게 설정된 $DCGL_{EMC}$는 당연히 $DCGL_W$보다 높은 값이지만, 실제 이 값은 격자 위치 점을 둘러싼 단위 면적 4배에 해당하는 넓이에 대한 대표값이라는 것을 이해해야 한다.

만약 스캔 측정조사 과정 동안 기표되지 않은 위치에서 표본 추출 또는 직접 측정에 의해 스캔 MDC 이상의 측정치가 발견되는 경우, 수행된 스캔 측정이 DQO를 충족하지 못했음을 나타내는 것으로 판단할 수 있다. 사실 이러한 논의는 주로 등급 1 측정조사 단위에 국한된다. 만약 등급 2 또는 등급 3 영역에서 $DCGL_W$를 초과하는 값이 측정된다면 이는 측정조사 단위의 등급 분류에 오류가 있다는 것을 의미한다. 추가 조사 결과 측정조사 단위가 잘못 분류되었다고 판단되는 경우, 재분류하기 위해 측정조사 단위에 대한 재조사를 실시해야 한다.

나. 통계 검정시험 결과 판정

통계 검정시험의 결과를 통해 귀무가설을 기각하거나 받아들이는 결정을 내릴 수 있다. EMC에 의해 촉발된 추가 조사 결과가 해결된 후, 귀무가설이 기각되면 측정조사 단위가 규제 해제 기준을 충족한다고 최종 결정된다. 물론 등급 2 또는 등급 3 측정조사 단위에서는 핫 스폿 영역이 없어야하기 때문에 이러한 EMC 고려는 일반적으로 등급 1 측정조사 단위에만 적용된다.

만약 핫스폿 영역이 다수 발견되는 경우, 단일성 규칙 (unity rule)을 사용하여 총 방사선 선량이 규제 해제 기준 내에 있는지 확인하여야 한다.

$$\frac{\text{평균 방사능 농도}}{DCGL_W} + \sum_i \frac{(\text{핫 스폿 방사능 농도}_i - \text{평균 방사능 농도})}{(\text{핫 스폿 면적 인자})_i (DCGL_W)_i} < 1$$

만약 귀무가설이 기각되지 않을 경우에는 검정시험에 대한 검정력 분석이 종종 유용하다. 이 경우는 가설이 사실이기 때문일 수도 있고, 또는 검정시험의 가설이 사실이 아님을 주장할 충분한 검정력을 갖고 있지 않기 때문일 수도 있다. 앞에서 논의한 것처럼 검정시험의 검정력은 주로 실제 측정 횟수와 표준편차에 의해 영향을 받는다. 따라서 실제 측정조사를 설계할 때 적절한 검정력을 보장하기 위해 측정 횟수와 표준편차를 약간 과도하게 평가하는 것이 바람직하다. 이러한 설계 전략만이 최종상태 측정조사가 충분하지 않다는 이유로 추가 조사를 받지 않도록 보장할 수 있다. 귀무가설이 기각된다면, 검정시험의 검정력에 대한 의문은 고려할 가치가 없는 질문이 된다.

다. 측정조사 단위가 규제 해제 기준을 충족하지 못했을 경우

MARSSIM의 지침들은 측정조사 단위가 규제 해제 기준을 충족한다는 것을 보여주기 위해 취해야 할 조치들에 대해 분명하게 설명하고 있다. 그런 반면 측정조사 단위가 규제 해제 기준을 만족시키지 못했을 경우에 대한 절차에 대해서는 상대적으로 매우 적게 언급되어있다. 이것은 측정조사 단위에서 최종상태 측정조사가 실패할 경우들이 매우 다양하기 때문이다.

예를 들어 잔류 방사능의 오염 정도가 전반적으로 충분히 낮지 않아 비모수 통계 검정시험을 통과하지 못할 수 있다. 또한 EMC에 따른 추가 조사 결과, 규제 해제 기준을 충족할 수 없을 정도로 국부 오염 지역이 너무 넓게 퍼져 있을 수도 있다. 또한 스캔 측정 동안 측정조사 단위 등급 분류가 의심될 정도로 예상치 못한 여러 곳에서 추가 조사를 진행해야 할 수도 있다. 물론 이러한 실패 원인과 해결책을 제대로 평가하기 위해서 현장 고유 정보가 반드시 필요하다.

라. 표면이 제거 가능한 표면 방사능에 오염되었을 경우

규제기관은 표면 방사능의 제거가 가능할 경우 격자 표시된 실내 표면을 대상으로 실내 문지름 표본 채취를 요구할 수 있다. 실제 피폭 경로 모델에서는 제거 가능한 방사능의 비율이 선량 계산에 큰 영향을 미친다. 그러나 문지름 측정은 정량적 해석이 매우 어렵다. 따라서 문지름 표본 채취의 결과를 규제 해제 기준 만족 여부를 판정하는 데 사용해서는 아니 되며 단순히 추가 조사가 필요한지 여부를 판단하는 진단 도구로만 사용해야 한다.

주요 참고 문헌

- NUREG-1575 Rev. 1, 'Multi-Agency Radiation Survey and Site Investigation Manual (MARSSIM)' (EPA 402-R-97-016, Rev. 1 / DOE/EH-0624, Rev. 1), US NRC (2000)
- NUREG-1505, 'A Nonparametric Statistical Methodology for the Design and Analysis of Final Status Decommissioning Surveys', US NRC (1998)
- NUREG-1757 Rev. 2, 'Consolidated NMSS Decommissioning Guidance, Volume 3 Characterization, Survey and Determination of Radiological Criteria', US NRC (2022)

제9장 해체 현장 방사능 측정 방법과 측정 장치

9.1 해체 현장 방사능 측정조사

MARSSIM에서 권고하는 방사능 측정은 직접 측정, 스캔 측정, 표본 추출 측정 세 가지로, 문지름 측정 방법과 같은 이 외 다른 측정 방법은 규제 해제 기준 충족 여부를 판단하는 근거로 채택할 수 없다.

물론 측정 장치와 측정 방법은 주요 방사선을 탐지할 수 있어야 하며, 측정조사 또는 분석 기법은 DCGL보다 낮은 준위를 측정할 수 있어야 한다. 또한 측정 장치를 선택할 때는 현장 상황과 방사성 핵종 특정 매개변수와 조건 등을 모두 평가해야 한다. 그러나, 방사성 핵종의 유형과 존재비 등 때문에 최신 측정 기법을 사용하여도 근본적으로 측정이 불가능한 방사성 핵종들이 있다. 예를 들어 알파선은 측정기 덮개를 관통하지 못해 측정기 내부에 도달하지 못하기 때문에 토양에 분산되어 있거나 흡수층으로 덮인 경우 측정되지 않을 수 있다. 또 다른 예로는 ^{3}H와 ^{63}Ni과 같은 매우 낮은 에너지 베타선 방출체와 ^{55}Fe 와 ^{125}I와 같은 저에너지 감마선 방출체 등이 있다. 따라서, 많은 경우 해제 기준 만족 여부를 입증하기 위해서는 스캔 측정 기술과 함께 직접 측정과 표본 추출 방법의 조합이 불가피하다.

9.2 해체 현장 방사선 측정 기법

현장에서 측정 자료를 생성하기 위해 사용되는 측정 방법은 직접 측정과 스캔 측정의 두 가지 범주로 분류할 수 있다. 직접 측정은 정해진 위치에서 표본 수집 혹은 측정을 통해 측정조사 단위의 평균 방사능을 결정하는 반면 스캔 측정조사는 대상 표면을 훑으며 측정하는 방식으로 높은 국부 방사능 오염 영역, 즉 핫 스폿을 확인하기 위해 수행한다.

9.2.1 직접 측정

직접 측정은 기기를 정해진 표면 위 적절한 거리에 배치하고, 미리 정해진 시간 간격 (예: 10 초, 60 초 등) 동안 개별 측정을 실시하고, 판독값을 기록함으로써 이루어진다. 측정 위치는 측정조사 단위 내 무작위로 선정된 위치에서 측정할 수도 있고 체계적 패턴으로 설정된 격자 위치에서 측정할 수도 있다.

스캔 측정은 일반적으로 핫 스폿 영역을 확인하기 위해 사용되지만 스캔 측정에 사용되는 측정 장비와 방법론이 직접 측정과 동일한 품질의 자료 (예: 측정 한계, 측정 위치, 결과 기록과 문서화 능력)를 제공할 수 있는 경우, 직접 측정 대신 스캔 측정 위치를 고정시킨 후 직접 측정을 수행할 수 있다.

가. 감마선 방출 방사성 핵종 직접 측정

해체 현장에서 사용가능한 감마선 측정 장치는 매우 다양하지만 모든 측정기는 기본적으로 동일한 방식으로 사용된다. 측정기는 측정 대상 표면으로부터 일정한 거리를 유지해야 하며, 지정된 시간 동안 측정이 진행된다. 감마선은 공기와 크게 상호 작용하지 않기 때문에 측정 표면에서 측정기까지의 거리가 가까울 필요는 없다. 그럼에도 X선 또는 저에너지 감마선을 측정할 때는 계수 효율을 높이기 위해 측정기를 표면에 가깝게 배치하는 경우가 많다. 측정 시간은 측정기 유형과 요구되는 측정 한계에 따라 매우 짧은 시간 (예: 10 초)에서 매우 긴 시간 (예: 며칠 또는 몇 주)까지 설정할 수 있다. 물론 요구되는 측정 한계가 낮을수록 측정을 수행하는 데 필요한 시간이 길어진다.

오염 물질이 지표면 토양 내에 분포된 것으로 예상되는 실외 측정의 경우 지표면 토양 정화 등을 통해 해체 최종 상태에 도달했다면 오염 농도가 지표면 일정 두께에 걸쳐 균일하다는 가정이 적절할 수 있다. 그러나 시간이 지남에 따라 깊이 침투한 현장에서는 표면에서의 방사능이 가장 높으며 깊이에 따라 점차적으로 감소한다. 이 경우 균일 농도를 가정하면 실제 해당 깊이 내 평균 방사성 핵종 농도에 비해 높게 추정될 수 있다. 반대의 경우도 가능하다. 이러한 이유로, MARSSIM은 현장 토양의 실제 깊이 오염 특성을 결정하기 위해 최종상태 측정조사 중 토양 코어링(coring)을 통해 표본을 수집 분석할 것을 권고한다.

실내 측정의 경우, 현장 측정을 통해 전체 공간에 분포된 평균 방사능에 대한 유용한 정보를 얻을 수 있다. 그러나, 관심 방사성 핵종이 건축 자재에 존재하지 않는 경우 실내 측정 위치는 중요하지 않다. 확인 가능한 방사선 특성 피크가 없다면 잔류 방사능이 일정 평균값을 초과할 가능성은 매우 낮다.

나. 알파선 방출 방사성 핵종 직접 측정

알파선 방출 방사성 핵종에 대한 직접 측정은 측정할 표면 가까이에 측정기를 배치하여 수행한다. 알파선 입자의 경우 비정 (range)이 매우 짧아 (예: 공기 중 약 1 cm 정도) 콘크리트, 금속 또는 건식 벽체와 같이 비교적 매끄럽고 침투성이 낮은 표면에서의 측정만이 실효성을 갖게 된다. 같은 이유로 다공성 물질 (예: 목재)이나 체적 측정 (예: 토양, 물) 대상 물질에 대한 알파선 직접 측정은 대부분 측정조사 목표를 달성할 수 없다.

다. 베타선 방출 방사성 핵종 직접 측정

베타선 방출 방사성 핵종에 대한 직접 측정도 베타선의 낮은 비정 거리로 인해 알파선 방출 방사성 핵종 측정 방식과 유사하게 수행된다. 같은 이유로 베타 입자 측정도 일반적으로 비교적 매끄럽고 불침투성인 표면 오염 측정으로 제한된다.

9.2.2   스캔 측정조사

스캔 측정은 측정자가 휴대용 방사선 탐지 장치를 사용하여 대상 표면 (즉, 지면, 벽, 바닥, 장비)을 훑으며 방사성 핵종의 존재를 탐지하는 과정이다. 즉, 스캔 측정은 측정자가 이동식 방사선 탐지기를 오염이 의심되는 표면 가까이 대고 이동하며 측정하는 과정이다. 스캔 측정은 측정조사 계획 중 핫 스폿 영역을 확인하기 위해 혹은 추가 측정 또는 조치가 필요한 높은 방사선 준위 지역을 찾기 위해 수행된다.

핫 스폿 영역은 일반적으로 넓지 않으므로 무작위 또는 체계적 격자 위치에서 진행되는 직접 측정 또는 표본 추출로는 확인이 쉽지 않다. 이러한 이유로 스캔 측정은 직접 측정 또는 표본 추출 전에 수행하는 것이 원칙이며 이 과정을 통해 측정조사 과정 중 신속하게 오염 등급 분류 오류를 판명할 수 있다. 현장 스캔 측정 결과와 일부 관찰 결과는 측정조사 결과를 해석할 때 유용하므로 문서화하는 것은 매우 중요하다.

가. 감마선 스캔 측정

NaI 측정기는 감마선에 매우 민감하고 휴대하기 쉬우며 상대적으로 저렴하기 때문에 감마선 방출체 스캔 측정에 많이 사용된다. 측정기는 지표면에 가깝게 (~ 6 cm) 고정되며, 조사자가 측정조사 단위를 탐지할 수 있는 속도로 걸으며 구불구불한 (뱀처럼 'S'자 모양의) 패턴으로 탐지한다. 토양의 경우 일반적으로 0.5 m/s의 스캔 측정 속도를 사용한다. 단, 이 속도는 측정 등급에 따라 조정해야 한다. FIDLER (Field Instrument for the Detection of Low Energy Radiation)와 같이 특수 설계된 저에너지 방사선 감지 현장 측정기는 감마선 스캔 측정에 매우 유용하다.

나. 알파선 스캔 측정

알파선 방출 핵종 측정을 위해서는 알파선 섬광 측정기와 얇은 창 기체 유입형 비례 계수관이 주로 사용된다. 알파 방사선의 비정은 매우 짧으므로 측정기의 창은 1 cm 미만 표면 가까이 밀착되어 있어야 한다. 이러한 이유로 알파선 스캔 측정은 일반적으로 목재와 같은 다공성 물질이 아닌 비교적 매끄럽고 불침투성인 표면 (예: 콘크리트, 금속, 건식 벽체)에서만 수행된다.

다. 베타선 방출 측정

베타선 방출 핵종을 조사할 때도 얇은 창 기체 유입형 비례 계수관이 주로 사용되지만, 이러한 목적으로 설계된 고체 섬광 물질 측정기도 사용할 수 있다. 일반적으로 베타선 측정기와 측정 표면 사이의 거리는 2 cm 미만으로 유지되며 스캔 측정 속도는 원하는 측정조사 수준에 따라 달라진다.

<table>
<tr><td>**9.3**</td><td>**해체 현장 방사선 측정 기기**</td></tr>
</table>

방사능 측정은 일반적으로 휴대용 기기를 이용한 직접 현장 측정과 실험실 분석을 위한 표본 추출로 이루어진다. 실제 직접 측정과 실험실 분석에 적합한 기기를 선택하고 적절하게 사용하는 것이 현장의 방사능 오염 정도를 정확하게 판정하기 위한 가장 중요한 요소이다.

9.3.1 방사선 측정기

방사선 측정기의 특정 기능은 특정 방사성 핵종의 측정을 수행할 때 잠재적 효과를 발휘한다. 방사선 측정기는 측정기 재료 또는 용도에 따라 일반적으로 다음의 4가지로 나눌 수 있다. 1) 기체 충전형 측정기, 2) 섬광 측정기, 3) 고체 측정기, 4) 수동 통합 측정기

가. 기체 충전 측정기

방사선은 측정기 내 충전 기체와 상호 작용하여 이온쌍을 생성하고 이들 이온쌍이 하전된 전극에 의해 수집된다. 기체 충전 측정기는 일반적으로 기체 증폭 영역을 기준으로 이온화 영역, 비례 영역, GM 영역으로 분류된다. 충전 기체는 다양하지만, 가장 일반적인 것은 1) 공기, 2) 10%의 유기 메탄을 함유한 아르곤 (P-10 가스라고 함), 3) 소광제로 소량의 염소 또는 브롬과 같은 원소를 함유한 아르곤 또는 헬륨이다.

나. 섬광 측정기

방사선은 측정기 내부의 섬광 물질과 상호 작용하여 빛을 발생하게 되는데 이 빛을 전기 신호로 바꾸어 방사선의 종류와 양을 측정한다. 이 같은 광전자 포획 때 발생되는 전기 신호는 섬광 물질 광 출력에 비례하며, 섬광을 발생시키며 사라진 에너지 손실에 비례한다. 가장 일반적인 섬광 물질은 NaI(Tl), ZnS(Ag), Cd(Te), CsI(Tl)이며, 감마선 측정에 사용되는 NaI(Tl) 측정기와 알파선 측정에 사용되는 ZnS(Ag) 측정기가 대표적인 측정기들이다.

다. 고체 측정기

방사선은 반도체 물질과 상호 작용하여 전자-정공쌍을 생성하고 이들 전자-정공쌍은 하전된 전극에 의해 빠르게 끌려가 수집 측정된다. 고체 측정기의 특정 설계 및 작동 조건에 따라 측정할 수 있는 방사선의 유형 (알파선, 베타선 및/또는 감마선)과 에너지 분해 능력이 결정된다. 현재 많이 사용되고 있는 반도체 재료는 게르마늄과 실리콘으로, 다양한 구성을 통해 n형과 p형 모두 사용할 수 있다. 특히 최근에는 비록 고가이지만 고순도 게르마늄 측정기 (HPGe, High Purity Ge)가 가장 많이 사용되고 있다. 이 측정기와 함께 사용되는 분광 기술은 방사성 핵종 측정 분석을 가능케 한다. 특히 특정 방사성 핵종이 여러 핵종과 섞여 있을 경우 총 방사선 측정만으로는 핵종 판단이 불가능하나 이러한 에너지 분광 분석 기술은 워낙 감도가 뛰어나 핵종별 특성 에너지에 기초하여 특정 방사성 핵종을 구별할 수 있다. 이러한 이유로 현장 감마선 분광 분석은 현장 측정 분석에 매우 효과적이다. 대형 고효율 게르마늄 측정기 등은 저에너지 감마선 방출 핵종도 효과적으로 측정할 수 있다.

라. 수동 통합 측정기

TLD (Thermo-Luminescence Dosimeter)라 불리는 수동적이지만 통합적인 또 다른 형태의 측정기가 있다. 이 측정기는 섬광 물질 격자 내 존재하는 불순물 원소가 방사선에 의해 생성된 자유 전자와 정공을 포획하고 있다가 판독기에서 가열될 때 이 에너지를 빛으로 방출하는 원리에 따라 개발된 측정기이다. 이때 방출되는 빛의 양은 방사선으로부터 흡수한 에너지의 양에 비례한다. 이 측정기는 주로 휴대용 판독기로 개발되었는데 몸에 부착한 채 비교적 장기간 노출시킬 수 있기 때문에 낮은 방사능 준위를 측정하거나 지속적인 감시에 적절하다. 많이 사용되는 섬광 물질은 LiF, CaF_2:Mn, CaF_2:Dy, $CaSO_4$:Mn, $CaSO_4$:Dy, Al_2O_3:C 등이 있다. 기본적으로 이들 기지 재료 내 열 발광 결정에서 방출되는 빛의 강도는 방사선량에 정비례한다.

표 9.1, 표 9.2와 표 9.3에는 주요 알파선 측정기, 베타선 측정기, 감마선 측정기의 종류와 일반적인 설명 그리고 적용 예를 주의점과 함께 수록하였다.

표 9.1   알파선 측정에 적용되는 방사선 측정기

종류	설명	적용	비고
알파 분광기	알파 에너지 분석 및 정량화 가능. 표면 장벽 감지기를 이용한 시스템	다중 알파 방사성 핵종 방사능을 정확하게 식별 측정	시료 계수 전 방사화학 분리 필요
알파 섬광 계수기	<1 mg/cm^2 창, 창 면적 50~100 cm^2	비다공성 표면 측정. 차폐재 덮인 불규칙 표면 측정도 가능.	최소 감도는 10 cpm, 헤드폰 사용 시 1 cpm
기체 비례 계수기 (현장)	PIO 가스 충진. $<$1-10mg/cm^2 창, 창 면적 50-100 cm^2; 카트 장착 시 최대 600 cm^2 가능	표면 스캐닝. 표면 방사능 측정 가능, 핵종별 분석에 활용	자연방사능 핵종이 검출 방해 가능
기체 비례 계수기 (실험실)	$<$0.1mg/cm^2 창, 측정창 없을 수도 있음 창 면적 10~20cm^2	물, 공기, 문지름 샘플의 실험실 측정	P10 가스 필요. 창이 없을 경우 계측기 오염 가능성
액체 섬광 계수기 (LSC)	샘플은 LSC 칵테일과 혼합되고 방출된 방사선은 광 펄스를 방출함.	분광 기능을 포함한 알파 또는 베타선의 실험실 분석	알파 또는 베타 방사선에 대해 높은 선택성.

표 9.2   베타선 측정에 적용되는 방사선 측정기

종류	설명	적용	비고
베타 팬케이크 프로브 GM 계측기	얇은 1.4 mg/cm^2 창. 창 면적 10-100 cm^2	작업자 작업 공간, 장비 등의 표면 스캔. 실험실 측정 가능.	탐지 한계가 높아 최종상태 측정조사에는 제한적 사용.
기체 비례 계수기 (현장)	P10 기체 충진, $<$1-10 mg/cm^2 창. 표면적 50-100 cm^2	표면 스캐닝, 현장 핵종별 분석 필요에 사용	자연방사성 핵종이 검출 방해 가능.
기체 비례 계수기 (실험실)	$<$1-10 mg/cm^2 창. 측정 창을 없앨 수도 있음.	물, 공기, 문지름 샘플의 실험실 측정	P10 가스 필요. 창이 없는 계측기는 오염될 수 있음.
액체 섬광 계수기 (LSC)	샘플은 LSC 칵테일과 혼합되고 방출된 방사선은 광 펄스를 방출함.	분광 기능을 포함한 알파 또는 베타선의 실험실 분석	알파 및 베타 방사선에 대한 높은 선택성.

표 9.3　감마선 측정에 적용되는 방사선 측정기

종류	설명	적용	비고
감마 프로브 GM 계측기	두꺼운 30 mg/cm² 창 계측기	0.1 mR/hr 이상의 방사선 계측	에너지 분석 보상 장치를 사용하면 비선형성 개선 가능.
가압 이온 챔버 (PIC)	견고하고 안정적인 고정밀 이온 챔버	현장 정화 중 감마 조사 선량률 측정에 탁월	방사성 핵종 분석 장비와 함께 사용
FIDLER	NaI 또는 CsI의 얇은 결정 이용	Pu과 Am 방사성 핵종의 감마/X-선 스캔이 탁월.	Field Instrument for Detection of Low Energy Radiation
NaI-MCA 측정기	광전자 증배관과 MCA와 NaI 계측기 조합	감마 방출 핵종 분석을 위한 실험실 감마 분광법	지표 토양 또는 지하수 오염에 민감. 여러 핵종이 포함되어 있으면 분석에 어려움
게르마늄 측정기 MCA	베릴륨 창이 없는 p형 또는 n형 구성의 고유 게르마늄 반도체	감마 방출 핵종 분석을 위한 실험실 감마 분광법	지표 토양 또는 지하수 오염에 매우 민감. 여러 핵종 측정에 유용함.
휴대용 게르마늄 MCA	실험실 측정기의 휴대용 버전	현장 잔류 방사성 농도 평가와 최종상태 측정 조사에 탁월	액체 질소 또는 기계적 냉각 시스템의 공급과 고도로 훈련된 작업자 필요

9.3.2　기기 선택

　방사선 측정기의 선택은 측정기의 설계 사양과 작동 기준에 따라 크게 달라질 수 있다. 예를 들어, NaI 섬광 측정기의 경우 저에너지 감마선에 대한 측정 능력을 최적화하기 위해 낮은 원자 번호를 가진 재료 (예: 베릴륨)로 가능한 얇게 측정 창을 설계해야 하는 반면 두꺼운 실린더로 제작해야 한다. 사실 현장 측정의 매개변수가 너무 많아 단일 측정기로 규제 해제 기준이 충족되었음을 입증하는 것은 거의 불가능하다. 따라서 일반적으로 여러 가지 상황과 조건을 고려하는 한편 다양한 측정 요구에 맞추기 위해 여러 측정기의 조합을 선택할 수도 있다.

　예를 들어 감마선 스캔 측정의 경우 섬광 측정기/계수율계 조합이 일반적인 선택이다. 표면 상태와 위치가 허용된다면, 계수율계가 있는 대면적 비례 측정기가 알파와 베타 방사선 스캔 측정에 적절하다. 또 다른 예로 알파선 섬광 측정 또는 베타선 측정의 경우 얇은 창 GM 측정기를 사용할 수 있다. 감마선 직접 측정의 경우 가압 전리함 또는 현장 감마선 분광 시스템을 권장한다. 또 다른 선택으로 가압 전리함에 교차 보정될 수 있거나 특정 관심 에너지에 대해 보정이 가능한 NaI 섬광 측정기를 사용할 수 있다. 위의 스캔 측정조사에서 소개된 알파선 및 베타선 측정기도 알파와 베타 입자의 직접 측정에 사용될 수 있다.

9.4   ## 표면 선량 자료 변환

기본적으로 측정기를 통한 방사능 측정 자료는 통상 단위 시간당 측정 계수 (counts per unit time)로 기록되기 때문에 DCGL의 단위와는 맞지 않는다. 따라서 이러한 측정값은 DCGL의 단위와 호환되도록 변환되어야 한다. 이러한 자료의 변환을 위해서는, 측정창 면적을 보정해 적절한 단위 (예: Bq/m^2, $dpm/100cm^2$)를 도출해야 하는데 이때 물리적 측정 면적에서 측정 창 보호막에 의한 영향을 제외한 유효 측정 면적을 사용해야 한다.

측정기를 이용하여 측정한 계수를 표면 선량 단위로 변환하는 방법은 식 (9.1)을 이용한다.

$$Bq/m^2 = \frac{C_s/t_s}{(\epsilon_T \times A)} \tag{9.1}$$

여기서 C_s = 측정기에 기록된 총 계수, t_s = 초 단위로 기록된 측정 시간, ϵ_T = 기기의 총 효율로 측정기 효율 (ϵ_i)과 선원 효율 (ϵ_s)의 곱, A = 유효 측정 면적 m^2이다.

측정기에 표시된 계수를 기존 표면 선량 단위로 변환하기 위해 식 (9.1)을 식 (9.2)와 같이 수정할 수 있다.

$$\frac{dpm}{100cm^2} = \frac{C_s/t_s}{(\epsilon_T)\times(A/100)} \tag{9.2}$$

여기서 t_s는 초가 아닌 분 단위로, A는 m²가 아닌 cm²로 나타낸다.

　일부 측정 결과에는 자연방사능에 의한 계수가 포함되어 있다. (9.3)식을 이용해 이와 같은 자연방사능에 대한 보정 계산을 수행할 수 있다.

$$\frac{Bg}{m^2} = \frac{C_s/t_s - C_b/t_b}{(\epsilon_T)\times(A/100)} \tag{9.3}$$

여기서 C_b = 측정기에 기록된 자연방사능 계수이며 t_b = 자연방사능 계수 측정 시간으로 t_s와 마찬가지로초 단위의 시간이다.

　식 (9.3)을 식 (9.2)와 같이 기존의 표면 선량 단위로 변환할 수 있다.

$$\frac{dpm}{100cm^2} = \frac{C_s/t_s - C_b/t_b}{(\epsilon_T)\times(A/100)} \tag{9.4}$$

여기서 t_s, t_b는 초가 아닌 분 단위이며, A는 m²가 아닌 cm²이다.

9.5　직접 측정 조사 민감도

　직접 측정 시스템의 측정 민감도란 충분한 신뢰도로 직접 측정 가능한 방사성 물질의 방사선 준위 또는 양이다. 측정 민감도는 측정기와 측정 기술 혹은 절차에 크게 영향을 받는다.

　방사선 측정기의 측정 능력에 영향을 미치는 주요 매개변수는 자연방사능 계수율, 측정 효율과 계수 시간 간격 등이다. 특히 최종상태 측정조사를 위한 측정 매개변수를 결정할 때에는 실제 자연방사능 계수율 값과 측정 효율을 사용하는 것이 중요하다. 현장 측정시 측정 민감도는 측정 효율 감소와 자연방사능의 증가로 인해 실험실에서 도달할 수 있는 값보다 낮을 수 있다. 일반적으로 순수한 알파 입자는 부지 측정 시 지표면의 풍화로 인해 거의 측정되지 않는다.

측정 요원은 먼저 부지 측정 전 사용하려는 측정기가 $DCGL_W$ 이하의 농도를 측정할 수 있는 민감도를 갖고 있는지 평가해야 한다. 직접 측정 결과가 자연방사능과 구분될 수 있는지 여부를 판단할 필요가 있다. 고정된 위치에서의 직접 측정과 표본 분석의 측정 민감도를 정의하는 데 사용되는 용어는 다음과 같다.

- 임계 준위 (L_C)
- 측정 한계 (L_D)
- 최소 측정 가능 농도 (MDC)

자연방사능 값이 0보다 큰 측정 시스템의 두 가지 관심 매개변수는 L_C와 L_D이다. 임계 준위 L_C는 그림 9.1에서 보듯 측정된 자연방사능 값을 실제 측정값으로 잘못 평가할 수 있는 경계값, 즉, '실제 현장 방사선 측정값'으로 간주할 수 있는 값이다. 측정 한계 L_D는 측정 시스템의 측정 능력에 대한 추정값, 즉 일정 수준의 신뢰성을 가진 측정기의 측정 한계 값이다. 곧 설명되겠지만 최소 측정 가능 농도 MDC는 측정 한계 L_D에 적절한 변환 인자를 곱하여 Bq/kg과 같은 현장 지침에 부합하는 단위로 변경한 값이다.

측정 결과에 자연방사능 측정값과 함께 무작위적 불확실성과 체계적 불확실성이 동시에 존재한다면 측정 시스템의 매개변수는 포아송 분포를 이용하여 계산할 수 있다. 이러한 계산을 위해 두 가지 유형의 결정 오류를 고려해야 한다. 1종 오류는 측정 결과가 실제로 자연방사능 값이지만 현장 측정 값으로 잘못 평가하는 경우이며 2종 오류는 측정 결과가 실제 방사능 측정 값이지만 측정 결과가 자연방사능으로 잘못 측정되는 경우이다. 1종 오류의 확률은 α라고 하며 L_c와 연관되어 있고, 2종 오류의 확률은 β라고 하며 L_D와 연관되어 있다. 실제 이 개념은 앞 장에서 논의한 비모수통계 분석의 α와 β와 동일하다. 그림 9.1는 이러한 값들의 상관관계를 나타낸다.

그림 9.1의 왼쪽 그래프는 자연방사능 분포에서 평균값을 뺀 것이다. 따라서 결과는 평균이 0이고 분산이 $\sigma^2 = B$인 포아송 분포가 된다. 따라서 α와 β가 동일하다고 가정할 경우 모든 측정값의 분산 σ^2은 측정값 자체라고 가정할 수 있다. 만약 측정 시스템의 자연방사능을 알 수 없는 경우, 잘 알려진 다음 식을 이용하여 임계 준위와 측정 한계를 계산할 수 있다.

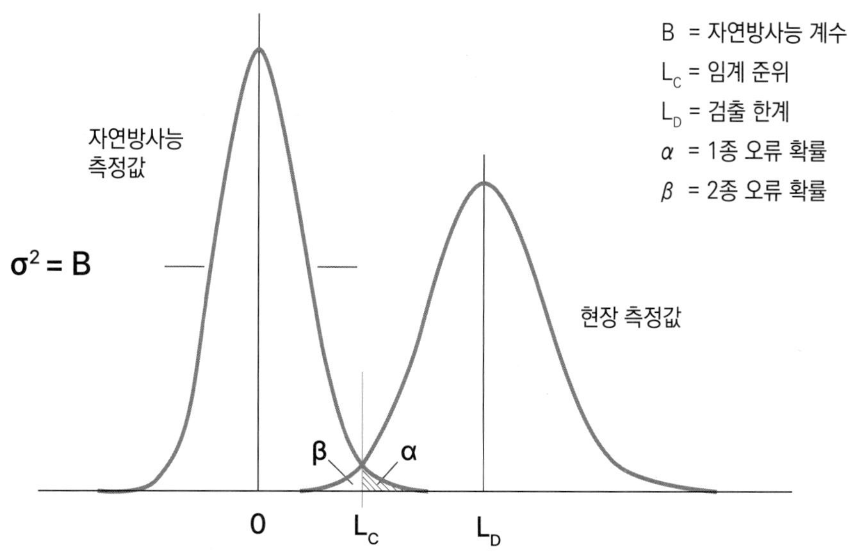

그림 9.1　　측정 시스템 측정 감도에 대한 1종 및 2종 오류

$$L_C = k\sqrt{2B}$$
$$L_D = k^2 + 2k\sqrt{2B} \tag{9.5}$$

여기서 k = α와 β에 대한 포아송 확률의 합 (α와 β가 같다고 가정), B = 실제 측정을 수행하는 동안 함께 측정되는 자연방사능 측정값이다.

α와 β에 대해 모두 0.05의 값을 허용 가능한 값으로 선택한 경우 k = 1.645이고, 식 (9.5)는 다음과 같이 쓸 수 있다.

$$L_C = 2.33\sqrt{B}$$
$$L_D = 3 + 4.65\sqrt{B} \tag{9.6}$$

사전 설정된 시간 동안의 통합 측정의 경우, MDC는 식 (9.6)에 계수 C를 곱하여 구할 수 있다.

$$MDC = C \times (3 + 4.65\sqrt{B}) \tag{9.7}$$

실제 식 (9.7)에 반영된 변수 C는 상수가 아니다. C에 반영된 여러 인자들 중 어느 정도의 변동성을 가지고 있는 인자들도 있다. 이러한 다양한 인자들이 최종적으로 변환할 때 순 측정값에 곱해져 단일 상수 C로 모이게 된다. 따라서 측정마다 C가 크게 다른 경우, 보수적 C값을 선택하는 것이 가장 바람직하다. 예를 들어 선택 가능한 C값 중 적어도 95% 신뢰도로 선택한 C보다 작도록 선택되는 것이 좋다. 이렇게 선정된 MDC는 측정 결과가 자료 품질 목표를 충족하는지 확인하는 데 도움이 된다. MDC 계산에 불확실성을 포함하기 위한 이 방법은 NUREG/CR-4007과 ANSI N13.30 보고서에서 모두 권장하는 방법이다.

이러한 여러 논의를 고려해 MARSSIM에서는 아래의 식을 사용할 것을 권하고 있다.

$$MDC = \frac{(3 + 4.65\sqrt{B})}{t\epsilon_i\epsilon_s(A/100)} \tag{9.8}$$

이때 MDC의 단위는 dpm/100cm²이며 t는 분 단위 측정시간, ϵ_i는 측정기 효율, ϵ_s는 표면 측정 효율이고 A는 cm² 단위의 측정 창 면적이다.

직접 측정 민감도에 관한 이제까지의 논의를 일단 정리하면,
- MDC는 측정기가 95% 신뢰도를 가진 측정 시간 동안 임계 준위 L_C 이상의 방사선 준위를 측정할 수 있는 최소 측정 가능 방사선 준위이다.
- MDC는 측정 한계 L_D에 적절한 변환 계수를 곱한 값이다.
- MDC는 가능하면 보수적인 관점에서 과대평가하는 것이 바람직하다.

예제

다음은 잔류 방사능 측정과 자연방사능 계수 시간이 각각 1분일 때 15 cm² 측정 창 면적을 가진 측정기에 대한 Bq/m² 단위 MDC 계산 예시이다. 측정 효율이 0.2 cpm/dpm이라면,

$$C = (5\,dpm/count)(Bq/60\,dpm)(1/15\,cm^2\,probe\,area)(10,000\,cm^2/m^2)$$
$$= 55.6\,Bq/m^2\,count$$

평균 자연방사능 B = 40 counts 이라면 MDC는 식 (9.7)을 사용하여 다음과 같이 계산된다.

$$MDC = 55.6 \times (3 + 4.65 \sqrt{40}) = 1,800 \, Bq/m^2 \, (1,100 \, dpm/100 \, cm^2)$$

이 예시에서 임계 농도 L_C는 식 (9.6)을 통해 다음과 같이 계산된다.

$$L_C = 2.33 \sqrt{B} = 15 \, counts$$

즉, 이 방법을 사용했을 때, 95%의 확률로 검출할 수 있는 최소 측정 가능오염 수준은 1,800 Bq/m² (1,100 dpm/100cm²)이다. 또한 순 계수 값 (총 계수 값에서 자연방사능 계수 값 40을 뺀 값)이 15 cpm을 초과하는 경우 혹은 총 계수 값이 55 cpm (1분당 계수)를 초과하는 경우 해당 오염 수준은 자연방사능 수준을 초과한 것으로 간주된다.

9.6	스캔 측정 조사 민감도

현장에서 잔류 오염의 스캔 측정은 측정기의 측정 민감도에 따라 달라질 뿐만 아니라, 인적 요인에 의해서도 영향을 받는다. 실제 표면 스캔 중 핫 스폿을 구별하는 능력은 측정기의 소리와 화면을 통한 출력 증가를 인식하는 측정 요원의 역량에 따라 달라진다. 따라서 '스캔 민감도'라는 용어는 측정 요원이 측정기로 미리 설정된 오염 준위를 탐지하는 능력을 나타낸다. 물론 사용되는 방사선 측정기와 측정 기법은 $DCGL_W$ 준수 여부를 입증하는 데 필요한 측정 감도를 제공해야 한다. 이렇게 측정 감도를 높이기 위해서는 1) 측정 효율을 높이거나 2) 스캔 속도를 낮추거나, 3) 자연방사능 측정값을 크게 증가시키지 않으면서 유효 측정 면적의 크기를 증가시켜야 한다. 물론 측정기의 감도가 클수록 스캔에 의해 감지될 수 있는 오염의 준위는 낮아진다.

다음은 전형적인 스캔 측정 방법의 간단한 적용 예이다.
1) 원하는 핵종의 오염 준위를 선택한다.
2) 이 오염 준위에 따라 사용될 측정기의 반응 (예:계수율)을 결정한다.
3) 2)와 같은 계수율을 제공하는 표본 선원을 준비한다. 이 계수율은 1)에서 선택한

값과 동일하므로 실제 오염 영역에 배치될 때 같은 측정기로 측정될 예상값이다. 4) 그런 다음 선정된 측정기를 여러 스캔 속도로 선원 위를 이동시켜 가며 적절한 허용 스캔 속도를 결정한다.

이런 방식의 유용성은 측정 요원이 스캔 측정을 통해 검사 대상의 오염 정도를 예측할 수 있다는 점이다. 이 방법을 통해 측정기의 예상 결과가 어떤지, 얼마나 빨리 스캔 측정조사를 할 수 있는지에 대한 경험을 얻을 수 있으며 목표 오염 수준을 감지하는 데 유용하다. 측정 요원은 이 정보를 고정 측정과 표본 추출 계획을 개발할 때도 사용할 수 있다.

9.6.1 감마선과 베타선 방출체 스캔 측정

스캔 측정의 최소 측정 가능 농도는 측정기의 고유 특성, 방사선의 종류와 에너지, 잠재적 오염의 상대적 분포, 스캔 속도, 측정 요원의 개별 특성에 따라 달라진다. 후자의 경우 측정 요원의 측정 능력에 영향을 미칠 수 있는 요인은 피로도, 소음, 훈련 수준, 경험 등을 들 수 있다.

가. 신호 측정 이론

해체 현장 잔류 오염에 대한 스캔 측정 조사를 수행하는 요원은 휴대용 측정기의 측정음 신호를 통해 오염의 존재와 자연방사능 초과 지점을 판단해야 한다. 그러나 잔류 오염 신호와 자연방사능 신호는 늘 다르게 변화하기 때문에 낮은 수준의 오염을 감지하기 어렵다.

신호 측정 이론에서는 먼저 다양한 결정 오류에 대해 자연방사능의 평균값과 총 신호의 평균 값 (예: 그림 9.1의 L_D) 사이의 거리를 나타내는 민감도 지수 (d')를 계산한다. 이 민감도 지수는 인적 요인과는 무관하므로 이상적인 측정 요원의 능력을 가정하면 특정 오류에 대한 최소 d'를 결정할 수 있다. 이상적인 측정 요원은 사용 가능한 정보를 활용해 비교가 가능한 효과적인 상한값을 제공할 수 있다. 표 10.4에는 이러한 d'값들을 수록하였다. 예를 들어, 참 긍정 확률이 95%이고 잘못 긍정 확률이 5%인 경우 d'는 3.28이다. 참고로 참 긍정 비율 (True Positive Proportion,

TPP)은 스캔 시스템이 실제로 오염된 구역이나 선원을 올바르게 오염으로 식별한 비율로 정의된다. 참 긍정 비율이 높을수록 (1 또는 100%에 가까울수록) 스캔 시스템이 실제 오염을 감지하는 데 효과적이다. 참 긍정 비율이 낮으면 실제 오염을 놓칠 가능성이 높아져, 조사 안전성이나 정확성을 저해할 수 있다.

표 9.4　참 긍정과 잘못 긍정 비율에 대한 d'값

잘못 긍정율	참 긍정율							
	0.60	0.65	0.70	0.75	0.80	0.85	0.90	0.95
0.05	1.90	2.02	2.16	2.32	2.48	2.68	2.92	3.28
0.10	1.54	1.66	1.80	1.96	2.12	2.32	2.56	2.92
0.15	1.30	1.42	1.56	1.72	1.88	2.08	2.32	2.68
0.20	1.10	1.22	1.36	1.52	1.68	1.88	2.12	2.48
0.25	0.93	1.06	1.20	1.35	1.52	1.72	1.96	2.32
0.30	0.78	0.91	1.05	1.20	1.36	1.56	1.80	2.16
0.35	0.64	0.77	0.91	1.06	1.22	1.42	1.66	2.02
0.40	0.51	0.64	0.78	0.93	1.10	1.30	1.54	1.90
0.45	0.38	0.52	0.66	0.80	0.97	1.17	1.41	1.77
0.50	0.26	0.38	0.52	0.68	0.84	1.04	1.28	1.64
0.55	0.12	0.26	0.40	0.54	0.71	0.91	1.15	1.51
0.60	0.00	0.13	0.27	0.42	0.58	0.82	1.02	1.38

나. 스캔 측정의 두 단계

스캔 MDC의 결정은 스캔 측정이 두 단계를 거쳐 진행된다는 것을 전제로 한다. 즉 측정 요원은 단순한 측정음에 기초하여 의사 결정을 하지 않고, 필요할 경우 계수의 수를 증가시킨 후에 잠시 중단하여 추가 측정 유무를 결정해야 한다. 따라서 실제 스캔 측정은 연속 측정과 고정 측정의 두 가지 요소로 구성된다. 측정 요원은 연속적으로 이동하며 측정 조사하는 첫 번째 단계에서 스캔 속도에 의해 결정되는 잠재적 오염을 간략하게나마 확인해야 한다. 잘못 긍정 (존재하지 않은 오염을 오염으로 판단)의 유일한 단점은 약간 시간이 더 걸리는 것이기 때문에, 측정 요원은 좀 더 자유롭게 긍정적 판단을 할 수 있다. 비록 틀리더라도, 첫 번째 단계에서 긍정인 경우에만 두 번째 단계로 넘어간다. 두 번째 단계에서는 일정 시간 동안 스캔을 멈추고, 자연방사능 계수율과 측정기 출력 신호를 비교한다. 더 긴 시간 비교할 수록 민감도가 상대적으로 더 높아진다. 그러나 최종적으로 긍정 결정을 내리게 되면 직접 측정이나 표본 추출 등에 시간을 더 소모해야 하기 때문에 더 엄격한 기준을 적용해야 한다.

참 긍정과 잘못 긍정 비율과 잘못 부정과 참 부정 비율 구하기

참 긍정율 (True Positive Proportion, TPP): 스캔 시스템이 실제로 오염된 구역이나 선원을 오염으로 올바르게 식별한 비율.

$$참긍정율(TPP) = \frac{참긍정\,(TP)}{참긍정\,(TP) + 잘못부정\,(FN)}$$

잘못 긍정율 (False Positive Proportion, FPP): 스캔 시스템이 오염되지 않은 구역이나 선원을 오염으로 잘못 식별한 비율.

$$잘못긍정율(FPP) = \frac{잘못긍정\,(FP)}{잘못긍정\,(FP) + 참부정\,(TN)}$$

참고로 잘못 부정 (False Negatives, FN)은 존재하는 오염을 감지하지 못한 경우, 참 부정 (True Negatives, TN)은 존재하지 않은 오염을 없다고 올바르게 감지한 경우임.

<u>분석 예시</u>

스캔한 총 구역 수: 100개 / 실제 오염 구역 수: 30개 / 오염 감지 구역 수: 40개
참 긍정(TP): 28개 / 잘못 긍정(FP): 12개 / 놓친 오염 구역: 2개 (잘못부정 FN)
/ 오염이 없다고 제대로 식별된 구역: 58개 (TN)

$$참긍정율(TPP) = \frac{참긍정\,(TP)}{참긍정\,(TP) + 잘못부정\,(FN)} = \frac{28}{28+2} = 0.93$$

$$잘못긍정율(FPP) = \frac{잘못긍정\,(FP)}{잘못긍정\,(FP) + 참부정\,(TN)} = \frac{12}{12+58} = 0.17$$

이처럼 스캔 측정은 두 단계이기 때문에, 각각의 단계에 대한 민감도를 고려할 필요가 있다. 일반적으로 두 번째 단계에서 정지 시간이 길어지면 첫 번째 스캔 단계와 관련된 MDCR (Minimum Detectable Count Rate, 최소 측정 가능 계수율)은 연속 모니터링의 짧은 측정 간격 때문에 더 커질 것이다. 일반적으로 첫 번째 단계 동안의 측정 간격은 1초 또는 2초 정도인 반면, 두 번째 단계 정지 시간은 수 초가 될 수 있다. 기본적으로 각 스캔 단계 중 더 큰 MDCR을 사용하여 스캔 민감도를 결정한다.

다. MDCR의 결정 및 측정 요원 효율의 이용

측정 간격 내 측정 가능한 최소 순 선원의 계수는 s_i로 표기한다. 따라서 이상적인 측정 요원의 경우 선원 계수 s_i는 식 (9.9)과 같이 자연방사능 계수의 제곱근에 성능 관련 측정값을 곱하여 구할 수 있다.

$$s_i = d' \sqrt{B_i} \qquad (9.9)$$

여기서 d' 값은 표 9.4에 나타낸 참 긍정과 잘못 긍정 비율에 따라 달라지며, B_i는 자연방사능 계수이다.

예를 들어, 1,500 cpm의 자연방사능을 가진 영역에서 스캔 측정할 수 있는 최소 계수율을 추정할 경우, 두 스캔 단계 모두에서 MDCR을 고려해야 하며 더 보수적인 값을 선택해야 한다. 1단계에서 선원이 측정기 창에 1초 동안 남아 있는 것으로 가정하면, 이에 따라 측정 간격의 평균 자연방사능 계수는 25 (B_i = 1500 / 60)가 된다. 앞에서 설명한 바와 같이, 첫 번째 스캔 단계에서는 참 긍정 비율이 95% 정도로 충분히 높아야 하는데, 보수적으로 가장 높은 잘못 긍정 비율로 60%가 용인된다고 가정하면 d'의 값은 1.38이다. 일정한 측정 효율을 나타내는 데 필요한 순 선원 계수는 $\sqrt{25} = 5$에 1.38을 곱하여 도출한다. 이에 따라 약 60%의 잘못 긍정으로 95% 이상의 측정을 산출하는 데 필요한 간격당 순 선원의 계수는 6.9이다. 이때 선원 MDCR은 아래 식 (9.10)과 같이 cpm 단위로 계산할 수 있다.

$$MDCR = s_i \times (60/i) \qquad (9.10)$$

이 예시에서 측정 간격을 i를 1 초라 하면 MDCR은 414 cpm이다. 표 9.5에는 1.38의 민감도 지수 (d')와 2초의 측정 간격을 바탕으로 다양한 자연방사능 수준에 대한 첫 번째 스캔 단계에서 이상적인 측정기의 MDCR의 예를 수록하였다.

표 9.5   자연방사능 준위에 대한 이상적인 측정기의 2초 간격 스캔 감도 (MDCR)

자연방사능 (cpm)	MDCR (순 cpm)	스캔 감도 (총 cpm)
60	60	120
300	130	430
1,000	240	1,240
3,000	410	3,410

두 번째 스캔 단계에서 필요한 최소 선원 계수 s_i도 동일한 방법을 사용하여 추정할 수 있다. 요구되는 참 긍정 비율은 95%를 유지하지만, d'가 2.48 값을 유지하기 위해 허용하는 잘못 긍정 비율은 20%이다. 일반적으로 측정 요원은 의심스러운 위치에 대한 결정을 내리기 전에 약 4초 동안 측정을 중지하기 때문에, 4초 측정 간격의 평균 자연방사능 계수는 100 (B_i = 1,500 × (4 / 60))가 된다. 따라서 필요한 최소 측정 가능 순 계수율은 s_i는 10에 2.48을 곱한 24.8이다. 이때 MDCR은 24.8 × (60 / 4)로 계산되어 372 cpm이다. 일반적으로 첫 번째 스캔 단계에서는 측정 시간 간격이 짧기 때문에 첫 번째 단계에서의 MDCR 값 (이 예제에서 414 cpm)은 두 번째 단계의 MDCR보다 더 크게 된다. 앞에서 설명한 것처럼 이때에는 큰 MDCR 값을 채택해야 한다.

스캔 중 측정 가능 간격은 측정기가 오염원에 반응할 수 있는 실제 시간이며, 이 간격은 스캔 속도, 스캔 방향, 측정기 크기와 고방사능 영역 등에 따라 달라진다. 현장에서는 잠재적 고방사능 영역의 실제 크기를 사전에 알 수 없기 때문에, MARSSIM은 일정 영역 (예로 50 cm^2 ~ 100 cm^2)을 가정한 다음 적절한 측정 간격을 제공하는 스캔 속도를 선택할 것을 권장한다. 일반적으로 알파선 또는 베타선 측정은 구조물 표면에서 수행되고, 감마선 스캔은 부지 영역에 대해 수행된다.

• 구조물 표면의 스캔 측정 MDC

스캔 MDC는 다음 식 (9.11) 같이 MDCR에 측정기 및 표면 효율과 측정 요원 효율을 고려한 변환 계수를 적용하여 결정한다.

$$Scan MDC = \frac{MDCR}{\sqrt{p}\,\epsilon_i \epsilon_s (probe\ area / 100\ cm^2)} \tag{9.11}$$

여기서 ϵ_i = 측정기 효율, ϵ_s = 표면 효율, p = 측정 요원 효율이다.

위 식 (9.11)에서 보듯 MARSSIM은 측정 요원의 효율을 ScanMDC 평가에 반영하고 있는데, 측정 요원의 능력 평가 실험 결과, 실제 효율 p는 0.5 ~ 0.75로 평가되었다. MARSSIM은 이 측정 요원의 효율을 보수적으로 0.5로 정할 것을 권장한다.

예제: 콘크리트 구조물 벽 표면 스캔 MDC 구하기

휴대용 기체 충전형 비례 측정기 (측정창 면적: 126 cm²)로 300 cpm의 자연방사능 농도와 2초의 측정 간격을 조건으로 스캔 측정할 때 표면 ^{99}Tc의 스캔 MDC를 구하라.

첫 번째 스캔 단계에서 95%의 참 긍정 비율과 60%의 잘못 긍정 비율을 적용하면 민감도 지수 d'는 1.38이며 MDCR은 130 cpm이다 (표 9.5). 측정 요원 효율을 0.5로, 측정기와 표면 효율을 각각 0.36과 0.54로 가정할 때, 스캔 MDC는 식 (9.11)을 이용하여 계산하면 다음과 같다.

$$ScanMDC = \frac{130}{\sqrt{0.5}\,(0.36)(0.54)(1.26)} = 750\ dpm/100\ cm^2$$

• 부지 표면의 스캔 MDC

부지 지표면의 스캔 측정에는 NaI 섬광 측정기가 가장 많이 사용된다. 이 스캔 MDC 결정 접근 방식의 개요는 다음과 같다.

ⅰ) NaI(Tl) 측정기의 자연방사능 준위와 스캔 속도를 가정하고, 측정 요원 효율을 선택한 후, 주어진 성능 기준에 대한 이상적인 측정 요원의 MDCR을 구한다.

ⅱ) $MDCR_{surveyor}$ 과 토양 내 방사성 핵종 농도의 관계 (Bq/kg or pCi/g)를 결정한다. 이 상관관계는 두 단계 관계를 필요로 하는데 첫째는 측정기의 순 계수율과 순 선량률 사이의 관계 (cpm per μR/h)이고 둘째는 측정 대상 방사성 핵종 오염과 선량률 사이의 관계이다.

감마선 방출 핵종의 경우 핵종별 NaI(Tl) 측정기 계수율과 선량률의 관계는 NUREG-1507에 수록되어 있다. 아래 표 9.6에는 토양 내 잔류하는 일부 방사성 핵종에 대한 NaI 측정기 계수율과 선량률 관계와 함께 스캔 MDC를 수록하였다. 이러한 상관관계를 이용하면 NaI(Tl) 측정 요원의 $MDCR_{surveyor}$을 통해 측정 가능한 최소 순 선량률을 구할 수 있고 모델링을 통해 핫 스폿 영역에서의 측정 가능 최소 방사성 핵종 농도를 결정할 수 있다.

표 9.6   방사성 핵종별 Nal(Tl) 형광 측정기의 일반적 스캔 MDC 예

방사성 핵종	1.25 in × 1.5 in		2 in × 2 in	
	ScanMDC (Bq/kg)	cpm/μR/h	ScanMDC (Bq/kg)	cpm/μR/h
^{241}Am	1,650	5,830	1,170	13,000
^{60}Co	215	160	126	430
^{137}Cs	385	350	237	900
^{230}Th	111,000	4,300	78,400	9,580
천연 우라늄	4,260	1,770	2,960	3,990
3% 농축우라늄	5,070	2,010	3,540	4,520
20% 농축우라늄	5,620	2,210	3,960	4,940

특정 방사성 핵종에 대한 단일 스캔 MDC 값은 위와 같이 계산할 수 있지만, 실제 스캔 MDC 값은 MDCR, 측정 요원 효율, 측정기 매개변수와 모델링 조건 등을 포함한 다양한 인자를 고려해야 한다. 또한 우라늄과 토륨과 같은 방사성 물질에 대한 스캔 MDC는 모든 방사성 붕괴에서 방출되는 감마선을 고려해야 한다. 이러한 농축 우라늄에 대한 스캔 MDC 결정 방법의 예는 NUREG-1507을 참조할 것을 권한다.

예제: Nal(Tl) 측정기 이용 토지 표면 ^{137}Cs 스캔 MDC 구하기

측정창 넓이 1.25 in x 1.5 in인 NaI 측정기를 사용해 0.5 m/s의 스캔 속도로 1초 간격으로 토지 표면의 ^{137}Cs을 스캔 측정할 때 스캔 MDC를 구한다. 자연방사능이 4,000 cpm이고 참 긍정이 95%, 잘못 긍정이 60%이며 측정 요원의 효율성 p는 0.5로 가정한다. 이때 d'는 1.38이며,

$$B_i = (4,000\, cpm) \times (1\,sec) \times (1\,min/60\,sec) = 66.7\, counts$$

$$MDCR = (1.38) \times (\sqrt{66.7}) \times (60\,sec/1\,min) = 680\, cpm$$

$$MDCR_{surveyor} = 680/\sqrt{0.5} = 960\, cpm$$

이 경우 표 9.6에 따르면 해당 측정기는 ^{137}Cs에 대하여 1 μR/h당 350 cpm의 계수율을 가지므로 측정 요원 최소 측정 계수율 960cpm을 350으로 나누면, 측정 가능한 최소 선량률은 약 2.73μR/h이다. 선원 방사능 농도를 임의적으로 5pCi/g로

적용하고 코드 모델링을 통해 이 농도에 대한 선량률이 1.307 μR/h로 평가되었다면 최소 측정 가능 선량률을 산출하는 데 필요한 ^{137}Cs 스캔 MDC는 다음 식을 사용하여 계산할 수 있다.

$$Scan\,MDC = \frac{(5\,pCi/g)(2.73\,\mu R/h)}{1.307\,\mu R/h} = 10.4\,pCi/g$$

9.6.2　알파선 방출체 스캔 측정

알파 방출체 스캔 측정의 경우, 알파 방사능은 기본적으로 자연방사능 준위가 매우 낮기 때문에 베타 및 감마선 방출체 스캔 측정 원리를 적용하는 것은 바람직하지 못하다. 따라서 알파 방출체에 대한 스캔은 베타와 감마 방출체에 대한 스캔 방법과 크게 다르다. 특히 측정 대상의 표면이 지저분하거나 비평면이거나 풍화된 경우, 측정 효율에 큰 영향을 미쳐 MDC 값에 영향을 준다는 것을 명심해야 한다. 따라서 낙관적인 측정 효율이 아닌 합리적인 측정 효율을 사용해야 한다. 다시 말하자면, 핫스폿 영역이 측정 창 하부에 노출되는 시간이 불규칙하고 일부 알파 측정기의 자연방사능 계수율은 1 cpm 미만이므로 스캔 측정을 위해 고정된 MDC를 결정하는 것은 실용적이지 않다. 대신 정해진 스캔 속도로 스캔 측정을 할 때 오염 영역을 측정할 확률을 결정하는 것이 더 유용하다.

이러한 이유로 성공적인 알파 방출체 탐지를 보장하기 위해 오염이 존재하는 영역을 탐지할 확률을 계산하는 데 초점을 맞춘다. 이때 알파선 표면 오염 측정 확률은 다음 식(9.12)와 같은 포아송 분포를 사용하여 계산할 수 있다.

$$P(n \geq 1) = 1 - e^{-\lambda/v} \tag{9.12}$$

여기서 P(n≥1) : 스캔 중 한 번 오염 영역을 탐지할 확률, λ: 초당 기대 측정율 (검출기 효율과 방사선 방출 특성 포함), v: 스캔 속도이다.

이때 λ, 즉 오염 영역을 통과하는 동안 1 cpm을 측정할 확률은 다음과 같이 정의된다.

$$\lambda = \epsilon Gd/60$$

여기서 G = 오염 방사능 (dpm), ε = 측정기 효율 (4π), d = 스캔 방향의 측정기 폭 (cm)이다.

이 접근법은 탐지 확률을 기준으로 설정하기 때문에, 특정 확률 이상 (예: 95% 이상)의 탐지를 보장하기 위한 조건을 바탕으로 설계한다. 이때 MDCR은 λ와 오염원의 측정기 효율 ε와 연관되어 아래와 같이 정의할 수 있다.

$$MDCR = \lambda\varepsilon$$

측정 요원은 일단 계수를 기록하고 DCGL 준위가 표시되면 다음 측정이 일어날 확률이 최소 90%가 될 때까지 멈추고 기다려야 한다. 이 시간 간격은 다음과 같이 계산할 수 있다.

$$t = \frac{13,800}{CA\,\varepsilon} \tag{9.13}$$

여기서 t = 고정 계수 시간 (s), C = DCGL (dpm/100cm^2), A = 유효 측정 창 면적 (cm^2), ε = 측정기 효율 (4π)이다. 그러나 실제 상당수의 휴대용 비례 계수기는 5 ~ 10 cpm 정도의 자연방사능 계수율을 가지므로, 1 cpm 정도로 추가 조사를 수행할 필요는 없다. 식 (9.13)의 유도는 MARSSIM을 참조할 것을 권한다.

표 9.7 식 (9.12)에 따른 주요 측정기의 알파 방출체 측정 확률 평가 예

측정기 종류	측정기 효율 (cpm/dpm)	스캔 방향 측정창 넓이 (cm)	스캔 속도 (cm/s)	측정 확률 (300 dpm/100cm^2)
비례계수기	0.2	5	3	80%
비례계수기	0.15	15	5	90%
섬광계수기	0.15	5	3	70%
섬광계수기	0.15	10	3	90%

9.7　측정조사 불확실성

　측정 자료의 품질은 관련 측정 불확실성 정도에 의해 직접적으로 영향을 받는다. 통계적 불확실성 같은 일부 불확실성은 수학적 방법을 통해 쉽게 계산할 수 있다. 그러나 다른 불확실성을 평가하려면 많은 노력이 필요하며 경우에 따라 불가능할 수도 있다. 예를 들어 다공성 콘크리트 표면에서 알파 측정 시 관찰된 측정기 반응은 실제 방사능과 정확히 일치하지 않을 것이다. 입자 방사선에 대한 표면 흡수 성질의 변화는 측정 지점마다 다르기 때문에 예상되는 측정 효율에 변화가 생길 수 있기 때문이다. 실제 측정 불확실성에 대한 평가와 논의는 매우 깊고 광범위하나 실제 현장 문제에 집중하고자 하는 이 장에서는 주요 핵심적인 사항만 논의 한다.

　측정 불확실성은 기본적으로 체계적 불확실성과 무작위적 불확실성으로 나눌 수 있다. 체계적 불확실성은 통계 매개변수 등 실제 오염 분포에 대한 정보와 지식이 부족하여 측정 결과가 실제 값보다 지속적으로 높거나 낮게 평가되는 경우이다. 체계적 불확실성이 발생하는 예로는 매 측정마다 효율이 다름에도 정보가 부족해 같은 계수 효율을 사용하는 것이다. 고정 계수 효율이 실제 효율보다 높은 경우 해당 효율을 사용하여 계산된 모든 측정 결과가 낮게 편향된다. 무작위적 불확실성은 알려진 값 분포에 대한 변동성을 의미한다. 무작위적 불확실성의 예로는 평균을 중심으로 규칙적인 패턴에 따라 변동하는 화학적 분리 효율 등을 들 수 있다.

9.8　실험실 측정과 표본 추출

　앞에서 논의한 바와 같이, 일부 방사성 핵종들 중에서는 최신 측정과 기법을 사용하더라도 여러 이유 때문에 본질적으로 현장 조건에서 측정이 불가능한 것들이 있다. 이런 경우에는 대체 방사성 핵종이 존재하지 않는 한 잔류 방사능을 측정하기 위해서 표본 추출과 실험실 분석이 불가피하다. 표본 추출법은 오염된 매체를 대표할 수 있는 일부를 추출 수집하고 실험실 분석을 통해 방사성 핵종 농도를 결정하는 기법이다. 따라서 이 과정을 위해서는 적합한 자격을 보유한 작업자가 적절한 장비와 절차를 통해 표본을 수집하고 분석해야 한다.

9.8.1   자료 품질 목표 (DQO)

이미 강조한 바와 같이 측정조사 설계는 DQO 과정을 사용하여 개발되고 문서화 되어야 한다. DQO에 따라 실험실 분석을 수행하기 위해서 의사 결정자와 측정조사 계획팀은 다음 항목을 포함한 필요 자료 등을 파악해야 한다.

- 수집할 표본의 유형 또는 수행할 측정
- 대상 방사성 핵종
- 수집할 표본의 수
- QC에 필요한 자료의 유형과 수
- 수집할 표본 재료의 양
- 표본 추출 위치와 수
- 표준 운영 절차 (SOP, Standard Operation Procedure)
- 자료 편향 및 정밀도 분석 (예: 정량적 또는 정성적)
- 대상 방사성 핵종에 대한 측정 한계
- 평가 비용 (분석 당 비용과 총 비용)
- 소요 시간
- 표본 보존과 운송 요구 사항
- 대상 방사성 핵종에 대한 자연방사능 분석
- 대상 방사성 핵종 DCGL
- 표본 추적 요구 사항
- 측정 문서 요구 사항

이 중 일부 정보는 DQO 절차 후반에 확보될 수 있으며 자료의 신뢰도를 높이기 위해 여러 번의 반복 수행이 필요할 수 있다. 표본 추출 방법은 방사화학자 또는 보건물리학자와 상의하여 결정한다.

9.8.2   표본 추출

표본을 추출 수집할 때에는 표본 시료의 대표성, 측정에 필요한 만큼의 충분한 양과 크기, 현장 모델과 DCGL 개발 가정의 일치성 확인 등을 고려해야 한다.

가. 표층 토양 표본 추출

표층 토양 표본 추출의 목적은 표본을 채취한 위치의 잔류 방사성 핵종과 농도를 정밀하고 정확하게 평가하기 위한 것이다. 따라서 표본 추출 계획을 수립하기 위해서는 우선 측정조사 설계가 선행되어야 한다. 이 측정조사 설계는 부지 이력 평가, 오염 범위 평가, 특성평가, 복원 활동 지원 측정조사 등 예비 측정조사 결과와 DQO 절차에 기반해 이루어진다.

• 표본 부피

채취할 토양의 양은 표본 채취 절차에 명시되어야 한다. 일반적으로 소량의 토양보다는 많은 양의 토양이 더 높은 대표성을 지니게 된다. 또한 측정 한계치를 만족시키기 위해서도, 그리고 문제가 발생할 경우 재분석을 수행할 수 있도록 가능한 한 많은 양의 표본을 추출하는 것이 바람직하다. 그러나 부피가 너무 클 경우 운송, 보관, 폐기 등에 문제가 생길 수 있다. 이러한 모든 문제는 사전에 논의되어야 한다. 일반적으로 표층 토양 표본의 양은 100 g에서 수 kg까지 다양하다.

표본 수집 절차에서는 표본의 표면적이 중요한지 또는 체적 요건이 더 중요한지 여부를 명확히 해야 한다. 일정한 부피 시료는 결과의 비교 가능성 확보에 중요한 반면 표면적은 측정 결과의 대표성에 더 밀접하게 관련되어 있다. 따라서 표본 수집 시 표면적과 깊이를 일정하게 유지하면 서로 다른 깊이 때문에 발생하는 문제를 원천적으로 제거할 수 있다. 실제 표본의 일부로서 표면적은 핫 스폿 영역의 위치를 추정하는 데 중요할 수 있다.

• 표본 내용

자칫 현장에 존재하는 물질이 시료로서의 대표성을 갖지 않을 수 있다. 적절하지 못한 토양 입자 크기 분포, 접근 불가 또는 시료의 부족 등이 표본 수집 중에 주로 발생하는 문제이다.

추출된 표본 내용은 기본적으로 현장 모델과 DCGL 개발에 설정된 가정과 일치해야 한다. 예를 들어 거주 농민 시나리오는 수 cm 지표 내 토양은 대기와 접촉하고 있고 지표 15 cm 내 토양은 쟁기질 등에 기반한 농업 활동에 의해 균질화되었다고 가정한다.

외부 피폭은 오염된 지표 토양의 두께에 기초한다. 물론 방사성 핵종의 종류에 따라 주요 피폭 경로가 달라질 수 있으므로 표본 수집 과정이 복잡해질 수도 있다. 만약 부지가 현재 농업용으로 사용되지 않는다면 이 과정은 더욱 복잡해질 수 있다. 이러한 상황을 대비해 예상 오염 깊이를 결정하기 위한 예비 조사 (즉, 오염 범위 평가, 특성평가, 복원 활동 지원 측정조사)의 분석 결과를 검토할 필요가 있다.

거주 농민 시나리오의 경우 외부 피폭이 주요 피폭이 아니라면, 2 mm 이상의 토양 입자는 표본의 일부로 간주되지 않는다. 일반적으로 토양 내 이물질 (예: 식물 뿌리, 유리, 금속 또는 콘크리트)도 표본의 일부로 간주되지 않지만 현장 특성에 따라 검토할 필요는 있다.

• 표본 추출 장비

표본 추출 도구는 토양의 종류, 표본의 깊이, 필요한 표본 수, 가용 인력의 훈련 내용을 바탕으로 선정된다. 또한 표본 추출 도구 선택 시 측정의 최종 목표도 고려해야 한다. 예를 들어, 토양 깊이 오염 분포 평가를 위해 현장 감마 분광법을 사용하려면 토양 코어링 방법을 사용해 토양 중심부를 수집하고 보존하는 것이 중요하다. 일반적으로 토양 표면 표본을 추출할 경우 표본 용기는 중요 고려 사항이 아니지만 스크류 뚜껑과 넓은 입구를 가진 폴리에틴렌 병을 권장한다.

나. 구조물 표면 표본 추출

일반적으로 건물 표면은 상대적으로 매끄럽고 방사능 오염원이 표면에 국한되어 있는 것으로 가정하기 때문에, 표본 추출 대신 직접 측정을 수행한다. 그럼에도 실험실 분석을 위해 건물 재료 표면의 표본을 수집할 수 있다.

• 표본 부피

건물 표면 DCGL은 일반적으로 단위 면적당 방사능으로 표현되므로 DQO 측면에서 일반적으로 건물의 표면 표본 수집 면적이 부피보다 더 중요하다. 그럼에도 표본 결정 구조 효과를 고려하기 위해 표본 용적을 고려할 필요가 있다.

• 표본 내용

　표면의 잔류 방사능이 페인트나 다른 물질로 덮여 있는 경우, 하부 표면과 코팅 자체가 오염될 수 있으며 순수 알파선 또는 저에너지 베타선 방출 핵종에 대한 표면 측정은 실제 잔류 방사능 준위를 나타내지 못할 것이다. 이 경우 표면 제거제를 사용하거나 표면을 물리적으로 식각하는 등 표면층을 제거해야 한다. 제거된 코팅 재료는 방사성 내용물과 표면 방사능 DCGL과의 비교를 위해 적절한 단위 (즉, Bq/m^2, $dpm/100cm^2$)로 변환하여 준위를 분석해야 한다. 코팅을 제거 후에는 표면에 대한 직접 측정을 수행할 수 있다. 대부분 구조물 표면에서 추출되는 표본은 몇 밀리미터 이내이다.

• 표본 추출 장비

　건물 표면 표본을 추출하는 데 사용되는 도구는 표본 추출할 재료에 따라 달라진다. 콘크리트에는 끌, 망치, 드릴 또는 표면의 얇은 층을 제거하도록 특별히 설계된 다른 도구가 필요할 수 있다. 목재 표면은 시료를 채취하기 전기 사포 또는 톱을 사용할 수 있다. 페인트는 화학적으로나 물리적으로 표면에서 떼어낼 수 있다. 표본의 저장 용기는 일반적으로 토양 표본에 권장되는 용기와 동일하다. 페인트나 기타 표면 재료를 벗겨내기 위해 화학 물질을 사용하는 경우 용기의 화학적 저항성을 고려해야 한다.

다. 다른 매체 표본 추출

　표본 추출의 대상이 되는 지표면 토양과 건물 표면은 MARSSIM에서 주로 다루는 최종상태 측정조사 설계 시 고려해야 할 매체들이다. 그러나 최종상태 측정조사 설계를 지원하기 위해 다른 매체의 표본을 수집할 수 있다. 표본 추출할 수 있는 다른 매체의 예는, 지표면 아래 토양, 지하수, 지표수, 퇴적물, 하수도와 정화 시스템, 동식물, 공기 중 미립자, 공기 (가스) 등이다.

주요 참고 문헌

- NUREG-1575 Rev. 1, 'Multi-Agency Radiation Survey and Site Investigation Manual (MARSSIM)' (EPA 402-R-97-016, Rev. 1 / DOE/EH-0624, Rev. 1), US NRC (2000)
- NUREG-1507 Rev. 1, 'Minimum Detectable Concentrations with Typical Radiation Survey Instruments for Various Contaminants and Field Conditions', US NRC (2020)

Part 4

원전 해체와 방사성폐기물관리

10.1　해체 방사성폐기물 발생

　원전 해체는 원자력 발전 설비 전체를 해체하고 그 부지를 원래의 상태로 복원시키는 복잡하고 장기적인 프로젝트이다. 원전 해체 과정에서는 발전소 가동 중 다양한 방사능 오염이 축적된 구조물, 배관, 콘크리트 , 장비, 기기와 자재 등이 집중적으로 대량 발생하게 된다. 따라서 원전 해체 프로젝트의 가장 큰 과제 중 하나가 발생 방사성폐기물의 최적 관리이다.

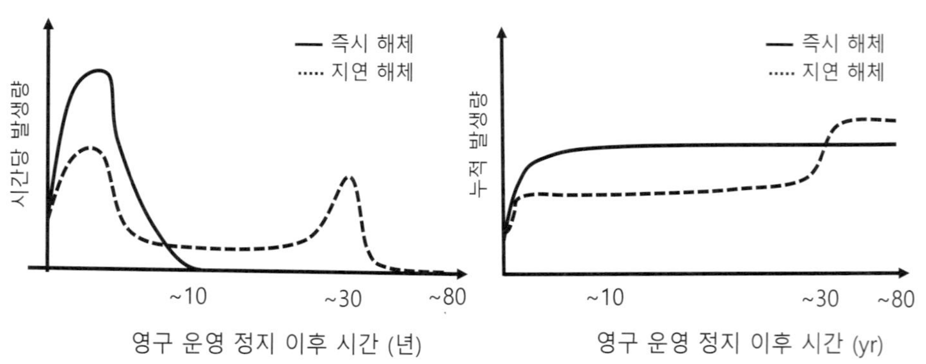

그림 10.1 원자로 영구 정지 후 경과 시간 (년)

　위 그림 10.1은 해체 전략에 따른 방사성폐기물 발생량의 시간에 따른 추이를 도식적으로 보여 주고 있다. 이 그림에서 알 수 있듯이, 즉시 해체의 경우 해체 초기에 방사성폐기물이 대량 발생하고, 이후 시간이 지나 어느 정도 해체가 마무리되면 발생량이 급격히 줄어드는 반면, 지연 해체의 경우 영구 정지 직후 지연 해체 준비 과정에서 적지 않은 방사성폐기물이 발생하고 유지 관리 기간 동안 일정량의 방사성

폐기물이 꾸준히 발생하다가 본격적으로 해체를 시작하는 시점에 다시 크게 증가하게 된다. 지연 해체를 진행할 경우 시간 지연에 따른 방사능 붕괴로 원전 자체의 방사능 총량이 줄어드는 효과가 있지만 해체 발생 방사성폐기물 양의 큰 증가가 이런 이점을 상쇄된다는 것이 국제적인 경험이다.

특히 해체 초기에 발생하는 방사성폐기물은 방사선 준위가 상대적으로 높고 양도 많아 관리의 중요성이 더욱 커진다. 그러므로 방사성폐기물을 단순한 처리와 처분의 대상으로 간주하기보다는, 발생 시점부터 체계적이고 선제적인 최적 관리 방안을 마련하고 실행에 옮기는 것이 중요하다. 즉, 발생 현장에서 폐기물의 방사능 준위와 성상에 따라 분리 분류하고 제염과 감용 기술을 적절히 활용해 가능한 한 발생양을 최소화하도록 노력해야 한다. 이 절에서는 이러한 최적 관리 관점에서 해체 방사성폐기물 발생에 대해 논의한다.

10.1.1 방사성폐기물 정의와 분류

가. 방사성폐기물의 정의

국내의 경우 방사성폐기물이란 '방사성 물질 또는 그에 의하여 오염된 물질로서 폐기의 대상이 되는 물질'로 정의된다 (원자력안전법 제2조 18호). 반면 IAEA 등을 포함한 국제기구에서는 '더 이상 사용이 예상되지 않지만 방사성 핵종을 포함하거나 오염된 방사성 물질'로 정의한다.

나. 방사능 준위별 분류

방사성폐기물은 다양한 방식으로 분류할 수 있지만 가장 중요한 분류 기준은 방사성폐기물이 함유하고 있는 방사선 핵종의 양, 즉 준위에 따른 분류이다. 물론 이러한 준위에 의한 분류는 각 국마다 다소 차이가 있지만 대부분의 나라들이 표 10.1에 정리한 IAEA의 권고에 따라 고준위 (HLW, High Level Waste), 중준위 (ILW, Intermediate Level Waste), 저준위 (LLW, Low Level Waste), 극저준위 (VLLW, Very Low Level Waste)로 분류하고 있다. 우리나라도 2014년 이후 이러한 국제기구의 분류 체계를 따르고 있다.

표 10.1   IAEA의 방사성폐기물 분류 기준

폐기물 범주	분류 기준
고준위 폐기물 (HLW)	· 사용후핵연료가 대표적인 폐기물임. 대량의 장반감기 핵종을 포함 $(10^4 \sim 10^6 \ TBq/m^3)$. 안전 보장을 위해 높은 수준의 격리 필요
중준위 폐기물 (ILW)	· 일반적으로 천층 처분보다 높은 수준의 격납과 격리를 요구하며 열 발생량이 낮고 차폐가 필요한 폐기물
저준위 폐기물 (LLW)	· 정상 취급과 운반 시 차폐를 요구하지 않으며, 일반적으로 천층 (표층) 처분함. · 방사능 농도 관점에서 LLW와 ILW 사이에 정확한 기준값을 제시하는 것은 어려우나, LLW에 대한 정량적 기준값은 통상 각 나라의 규제기관이 결정함.
극저준위 폐기물 (VLLW)	· 일반적으로 면제 준위를 조금 상회하는 폐기물 · 공학적 방벽을 가진 천층 매립 처분시설에 처분
극단반감기폐기물 (VSLW)	· 저장 및 자연 붕괴를 통해 방사선 준위가 빠른 시일 안에 규제 해제 준위 이하가 되는 폐기물 · 일반적으로 반감기 100일 이하 방사성 동위원소를 일컬음.
면제폐기물 (EW)	· 규제 관리 관점에서 고려의 대상이 되지 않는 폐기물

표 10.2   미국의 방사성폐기물 종류 및 분류 기준

폐기물 구분		분류 기준
초우라늄 폐기물 (TRU waste)		α선을 방출하는 원자번호가 우라늄 92보다 큰 핵종 오염폐기물 · 반감기 $\geq$ 5년 (NRC), 20년(DOE, EPA) · 농도 $\geq 3.7 \times 10^6 \ Bq/kg$
저준위 폐기물 (LLW)	Class A	고준위 방사성폐기물, 사용후핵연료 또는 그 부산물이 아니며, NRC가 저준위 방사성폐기물로 분류하는 방사성물질 방사능 오염 정도 순위: Class A 〈 Class B 〈 Class C 〈 GTCC (Greater Than Class C)
	Class B	
	Class C	
	GTCC	
U mill tailings		· 우라늄 제조시 발생된 폐기물

많은 해체 관련 자료들이 미국의 경험을 기반으로 기술되고 있어 참고가 되도록 표 10.2에 미국의 준위별 분류 체계도 소개한다. 미국은 핵주기 폐기물을 사용후핵연료, 고준위 폐기물, 초우라늄폐기물 (TRU Waste), 저준위 폐기물, 우라늄/토륨 정련 폐기물 등으로 구분한다. 현재 상업용 원자로에서 발생하는 폐기물은 방사능 농도에 따라 Class A, Class B, Class C, GTCC (Greater Than Class C)로 나누고 있으며 Class A, B, C 폐기물은 저준위이지만 GTCC는 IAEA의 분류 상 중준위에 해당된다.

10.1.2　해체 방사성폐기물 총 발생량

1장에서 이미 설명한 바와 같이, 전 세계적으로 이미 20기의 원전이 해체 완료되었고 현재 100여 원전이 해체 중 혹은 해체 준비 중에 있다. 그러나 이들 원전들의 노형이 다르고 발전 용량과 해체 방식에서도 큰 차이가 나기 때문에 정확한 통계를 내긴 어렵지만, IAEA는 각 국의 경험을 바탕으로 원전 1기당 발생하는 해체 방사성폐기물 양에 대한 기본 자료를 아래 표 10.3과 같이 발표한 바 있다.

표 10.3 상용 원전별 해체 발생 방사성폐기물

생성 방사성 물질	발생 폐기물 (톤)	
	GCR (250 MWe)	PWR (900~1300 MWe)
탄소강 (방사화)	3,000	-
철강 (방사화 / 오염)	- / 6000	650 / 3500
흑연 (방사화)	2,500	-
콘크리트 (방사화 / 오염)	600 / 150	300 / 600
오염 피복재	150	150
기타 오염 폐기물	1,000	1,000
합계	13,400	6,200

표 10.3에 의하면, 발전 용량이 훨씬 큼에도 국내 원자로의 주종을 이루는 PWR의 해체 발생 방사성폐기물 양이 GCR (흑연감속기체냉각로)의 발생량보다 훨씬 작음을 알 수 있다. 참고로 GCR에서 방사성폐기물이 많이 발생하는 이유는 중성자 감속재로 사용되는 흑연에서 방사화가 심하게 일어나는 데다 원자로 노심 구조상 철강과 탄소강 구조물들이 많이 사용되기 때문이다.

IAEA가 제시하고 있는 PWR 원전 발생 방사성폐기물 6,200톤은, 방사성폐기물의 보수적 평균 밀도 1.6 g/cm^{3}와 저장 용기의 평균 채움률 90%를 적용할 경우 약 200리터 저장용기 22,000드럼에 해당된다. 참고적으로 해체 방사성폐기물은 밀도가 낮은 재질부터 콘크리트, 철강, 파이프류까지 다양한 고밀도 물질이 포함되어 있으므로 평균 밀도는 일반적으로 1.5 ~ 2.5 g/cm^3 범위에 있다고 추정할 수 있다. 이 같은 밀도의 범위를 고려한다면 PWR 원전 한 기당 14,000 ~ 24,000 드럼의 방사성폐기물이 발생한다고 볼 수 있다.

  그러나 여기서 놓쳐서는 아니 되는 중요한 점은, 이 표에서 제시하고 있는 방사성 폐기물 발생량은 초기에 발생한 많은 폐기물이 적절한 제염과 용융 처리 등을 통해 규제 해제되거나 부피가 감소된 후 최종 폐기되는 양이라는 점이다. 실제 대형 원전 해체 초기에 발생하는 방사성폐기물의 양은 이보다 훨씬 많다. 예로 미국 캘리포니 아주 Sacramento 시에 소재했던 Ranch Seco 원전 (PWR, 발전 용량 873 MWe, 가동 기간 1975년-1989년)에서 발생한 해체 방사성폐기물의 총량은 21,095 m³ (Class A 20,917 m³, Class B와 Class C 각 93 m³, GTCC 85 m³)으로 저장 용기 채움율을 90%로 가정했을 때 200리터 118,000 드럼에 해당된다. Maine Yankee 원전 (PWR, 발전 용량 860 MWe, 가동 기간 1972년-1996년)의 경우도 처분장으로 보낸 방사성폐기물의 총 부피는 31,924 m³ (약 178,000 드럼)이었다.

  물론 모두가 방사성폐기물은 아니지만, 실제 원전 해체 현장에서 가장 많이 발생하는 폐기물은 콘크리트이며 그 다음이 금속류이다. 통상 콘크리트가 전체 폐기물의 약 80% ~ 85%로 압도적인 비중을 차지하며 금속류는 약 2% ~ 5% 수준이다. 이러한 이유로 해체 시 물량 관점에선 콘크리트가 주 대상이지만, 높은 방사선 준위와 처리 난이도에 따른 관리와 비용 그리고 규제 측면에서는 금속류 폐기물이 핵심 관리 대상이다.

  이런 사실을 보여주는 상세한 사례는 Connecticut Yankee 원전 (PWR, 발전 용량 560 MWe, 가동 기간 1968년-1996년) 해체에서 찾을 수 있다. 이 자료를 표 10.4에 정리하였다. 이 표에서 알 수 있듯이 이 원전 해체 과정에서 실로 엄청난 양의 폐기물이 발생하였음을 알 수 있다. (자료마다 차이가 있어 정확하게 파악되지는 않고 있지만 이들 폐기물이 모두 방사성폐기물인지는 확실하지 않다. 그럼에도 일부 자료에 의하면 최종 처분장으로 반출된 방사성폐기물의 양은 약 100,000톤으로 96%가 Class A 폐기물이었다는 보고도 있다.)

  물론 이 자료는 해체 초기 규제 해제 선량 목표를 연방 기준 0.25 mSv/yr에 따랐으나, 중반에 주정부가 규제를 강화해 0.19 mSv/yr로 변경함에 따라 추가로 많은 양의 구조물 절단, 오염 콘크리트 제거, 토양 제거와 반출이 이루어진 결과를 반영한 것이다.

표 10.4 Connecticut Yankee 원전 해체 발생 재질별 폐기물 양과 비율

재료 종류	발생량 (톤)	비율 (%)	주요 구성물
콘크리트	100,539	83.5%	건물 구조물, 기초 구조물, 방사선 차폐체
토양	15,468	12.9%	부지 내 오염 제거 시 발생
금속류	2,000 - 3,000	1.5 - 2.5%	배관, 펌프, 기기, 철근 등
아스팔트	318	0.3%	도로, 배수로 등
혼합 폐기물 등	60	0.05%	절연재, 페인트 잔재, 화학 오염물 등
총량	120,388		

　여기서 유의해야 할 점은 해체 방사성폐기물 관리 전략은 해당 국가가 처한 환경과 방사성폐기물 관리 정책에 따라 크게 다를 수 있다는 점이다. 미국의 경우 국토가 드넓은데다 처분장이 여러 곳에 있어 처분 비용이 매우 저렴하기 때문에 해체 사업자들이 구태여 많은 비용과 시간을 들여 제염과 감용 처리를 하지 않고 대부분 현장에서 기초적인 분류, 감용, 제염만을 수행한 후 전문업체로 이송 위탁 처분하고 있다. 이것이 위에서 살펴 본 바와 같이 미국 원전들의 해체 발생 방사성폐기물 양이 유달리 많은 이유이다. 반면 우리와 같이 국토가 좁은데다 인구 밀도가 높은 유럽 국가들은 재활용과 재사용을 전제로 제염 혹은 금속 용융 등 부피 감용 등 해체 발생 방사성폐기물의 최소화를 위해 노력하고 있다는 점을 상기할 필요가 있다.

　한편 곧 해체가 진행될 국내 고리 1호기 해체 방사성폐기물의 예상 발생량은 토양 폐기물을 제외하고 200 리터 드럼 기준 약 80,000 드럼으로 평가되고 있다. 그러나 원전 해체 시 토양 폐기물이 10,000 드럼 ~ 20,000 드럼 발생한다는 국제적 경험을 반영할 경우 총 발생량은 100,000 드럼에 가까울 것으로 예상된다. 물론 최종 처분 목표 발생량은 국내 처분장의 용량을 고려해 14,500 드럼으로 결정되었다.

10.1.3　해체 방사성폐기물 준위별 발생량

　국제적 경험 자료에 의하면, 비록 원전 노형, 발전 용량, 해체 방법 등에 따라 다소의 차이는 있지만, 상용 원전 1기를 해체할 때 발생하는 폐기물의 약 75 % 정도는 비방사성폐기물이며 다음으로 극저준위 14~16%, 저준위 8~9%, 중준위 방사

성폐기물이 1~2% 순으로 나타난다. 대표적인 예가 미국 Connecticut Yankee 발전소 해체이다. 표 10.5에 이 CY원전 해체 폐기물 발생 통계 자료를 수록하였다.

표 10.5 Connecticut Yankee 원전 해체 발생 방사성폐기물 방사선 준위별 양과 비율

구분	방사능 준위	비율 (%) [방사성폐기물 내 비율 (%)]
비방사성폐기물	비오염 / 비방사화	~ 75%
극저준위 (VLLW)	규제 해제 필요	14 ~ 16% [56 ~ 64%]
저준위 (LLW)	차폐 불필요	8 ~ 9% [32 ~ 36%]
중준위 (ILW)	차폐 필요	1 ~ 2% [4 ~ 8%]

위 표의 비율에서 알 수 있듯이, 발생 방사성폐기물 중 60% 정도를 차지하는 극저준위 방사성폐기물은 주로 콘크리트 잔재 (바닥, 벽체, 기초 구조물 등), 배관, 덕트 등 경량 구조물 (HVAC 덕트, 급배수 배관 등. 주로 내부만 오염), 단열재와 건축자재, 비금속 가구와 장비 등으로, 오염 수준도 낮은데다 주로 표면만 오염된 상태이므로 효율적인 제염 기술과 정확한 측정 기술을 확보하면 규제 해제 가능성이 매우 높아진다. 이미 유럽 각국은 제염 처리 등을 통해 최종 처분 대상 극저준위 방사성폐기물의 발생양을 절반 이하로 줄이고 있다.

주로 금속류 (배관, 탱크 등), 콘크리트, 케이블, 기기와 장비인 저준위 방사성폐기물은 전체 방사성폐기물의 약 30%로, 방사능 준위는 낮지만 여전히 규제의 대상이 되는 폐기물이다. 대부분이 표면만 오염된 상태이지만 노심 가까운 곳에 위치한 경우 중성자 조사에 의해 일부 방사화로 체적 오염된 것도 있다. 표면 오염된 폐기물의 경우 적절한 제염을 통해 극저준위로 전환하거나 규제 해제가 가능하다.

중준위 방사성폐기물은 원전 운전 중 핵연료와 맞닿는 위치에 있던 원자로 압력용기 내 일부 내부구조물들로 전체 방사성폐기물 발생량의 1~2% 정도이지만 고방사능으로 차폐와 장기적 격리가 필수적이다. 따라서 내부구조물의 절단 해체는 수중에서 로봇을 이용해 진행하게 된다. 10.6절에서 논의하겠지만 이같은 중준위 방사성폐기물은 열 발생은 없지만 차폐가 필요해 특수한 저장 용기에 담아 심지층 처분을 하는 것이 국제적 규약이다.

고준위 폐기물인 사용후핵연료는 원전 해체를 진행하기 전에 원전 주변에 건설된 중간 저장 혹은 임시 저장 시설로 이송해야 하지만, 직접적인 해체 작업을 통해 발생한 것이 아니므로 해체 방사성폐기물로 간주되지 않는다. 다시 말하면 40년 수명 기간동안 운전한 후 정상 퇴역한 원전의 경우 해체 시 고준위 방사성폐기물은 발생되지 않는다.

10.1.4　해체 방사성폐기물 발생 최소화 전략 요소들

앞에서 논의한 바와 같이 원전 해체 시 발생하는 방사성폐기물의 양은 해체 전략, 규제 해제 기준, 원전 노형과 발전 용량, 해체 전략과 방법 등에 따라 크게 달라질 수 있다.

10.1절에서 살펴 본 해체 전략 다음으로 중요한 것이 국가적으로 설정된 규제 해제 기준이다. 당연히 규제 해제 기준이 낮을수록 더 많은 해체 방사성폐기물이 발생하게 된다. 미국 Connecticut Yankee 원전의 경우가 대표적인 예이다. 헤체 초기 적용된 연방 기준 0.25 mSv/yr이 주 정부의 요구에 따라 0.19 mSv/yr로 강화됨으로써 추가로 발생한 방사성폐기물의 양이 최소 10,000드럼을 넘는다고 알려져 있는데 이 양은 우리 고리 1호기의 최종 처분 목표 발생량과 비슷한 양이다. 참고로 국내 원전의 규제 해제 선량 기준은 Connecticut주 기준보다 낮은 0.1 mSv/yr이다.

또 하나, 표 10.3에 드러난 것과 같이 PWR과 GCR 등 원전의 노형에 따라 해체 발생 방사성폐기물의 양이 다르다는 것이다. 이러한 차이는 노형에 따라 사용하는 주요 기기의 재료와 구성이 다르고 원자로 운전 기간 동안 주요 기기와 자재들이 처해지는 방사선 환경이 다르기 때문이다. 한편 발전 용량의 차이는, 비록 주요 기기의 수는 작더라도 주요 기기를 구성하는 재료가 같고 처해지는 환경에 차이가 없으므로, 크게 주효하지는 않다는 것이 국제적인 경험이다.

그러나 이상의 요소들, 즉 해체 전략과 규제 해체 기준 그리고 노형 등은 해체를 앞둔 원전에게는 이미 정해진 조건들이다. 따라서 이제부터 중요한 것은 방사성폐기물이 일시적으로 대량 발생하는 원전 해체 현장에서 발생 방사성폐기물을 최소화할 전략 요소들을 점검하는 것이다. 다음 장에서 상세히 다루게 될 이 최소화 원칙 4가지 중 현장에서 특히 중요하게 다루어야 할 원칙과 요소는 다음 두 가지이다.
- 발생 현장에서 오염과 비오염의 신속한 분류와 분리 (Segregation and Separation)
- 확산 방지 (Prevention of Spread)

Connecticut Yankee 원전이 예상보다 훨씬 많은 방사성폐기물을 발생하게 된 원인은 규제 해제 기준 강화로 초기 발생 최소화 전략에 착오가 생겼기 때문이다. 연방 기준에 의하면 "남겨도 안전한" 범위이었던 극저준위 오염 구조물과 토양이 비오염 폐기물과 분리되지 않은 채 취급되다가 새로이 강화된 기준에 따라 뒤늦게 분리 작업을 진행하려 하였지만 이미 상당량이 혼합 확산되어 제거 대상 극저준위 방사성폐기물이 대폭 늘어나게 된 것이다.

이같은 예에서 보듯 원전 해체 방사성폐기물 최적 관리는 최초 단계인 방사성폐기물 발생 현장에서부터 철저한 전략, 즉 오염과 비오염의 신속한 분리와 확산 방지 전략의 설정과 실행으로부터 시작된다는 점은 아무리 강조해도 지나치지 않을 것이다.

10.2   운영 중 방사성폐기물과 해체 방사성폐기물 차이

10.2.1 운영 중 방사성폐기물과 해체 방사성폐기물 차이

원전 해체 방사성폐기물은 매우 다양하면서 일시에 대량으로 발생하기 때문에 이들의 최적 관리란 단순히 폐기물을 안전하게 처리하는 수준을 넘어 전체 해체 과정의 계획, 실행, 규제, 환경 영향까지 종합적으로 고려하는 전략적 접근을 의미한다. 실제 해체 방사성폐기물은 원전 운영 중 발생하는 방사성폐기물 관리와는 여러 면에서 근본적인 차이를 보이며, 특별한 주의가 요구되는 점이 많다.

우선, 운영 중 방사성폐기물은 보통 원전이 정상 운영되는 동안 정기적으로 발생하며, 폐기물의 종류와 방사능 수준, 부피 등은 비교적 예측이 가능하고 일관성이 있다. 따라서 평상시 처리 방식도 정형화되어 있어 중준위, 저준위, 극저준위 등의 분류에 따라 안정적인 저장과 처분 절차가 마련되어 있다. 또한 각종 설비나 필터, 폐액 등은 주기적으로 교체되어 체계적인 관리하에 처리된다.

반면, 원전 해체 시 발생하는 방사성폐기물은 그 양과 종류, 방사능 수준이 매우 다양하고 불확실성이 크다. 해체 과정에서 발생하는 폐기물은 구조물, 배관, 콘크리트, 기기와 장치, 피복재 등이며, 이들 대부분은 오랜 기간 동안 방사선에 노출되었거나 방사성 물질과 접촉한 이력이 있어 오염 여부를 세밀하게 조사해야 한다. 특히 이렇게 방출되는 폐기물은 대부분 고체 상태이지만, 해체 작업 과정에서 발생하는 기체와 액체 폐기물도 무시할 수 없다. 따라서 단순한 저장과 처분을 넘어 폐기물 발생 자체를 최소화하고, 오염되지 않은 자재나 기기는 규제 해제하거나 재활용하는 등의 세부적이고 통합적인 관리가 필요하다.

또한 해체 방사성폐기물 관리는 방사능 수준의 불균일성과 비정형적인 폐기물 형태로 인해 분류와 특성 평가 과정이 매우 중요해진다. 오염의 깊이, 면적, 핵종 분포 등에 따라 측정과 분류 방법이 달라지며, 경우에 따라서는 MARSAME (NUREG-1577, Supplement, Multi-Agency Radiation Survey and Assessment of Materials and Equipment, US NAC(12009))과 같은 국제적 절차에 따른 특수한 평가 기준을 적용해야 한다. 이 과정에서 비파괴검사, 현장 측정, 샘플링 분석 등 복합적인 기술이 활용된다.

더불어, 해체 방사성폐기물은 해체 작업의 속도, 방식, 사용 장비 등에 따라 발생 시기와 조건이 다양하기 때문에, 전 주기적 관점에서의 사전 계획과 실시간 관리가 필수적이다. 예컨대, 원자로 압력용기와 같은 고방사능 설비는 해체 시 높은 피폭 위험을 동반하므로 특별한 차폐, 원격 조작 기술, 폐기물 절단과 이송 계획이 수반되어야 한다. 아울러 해체가 이루어지는 지역사회와의 소통, 규제기관과의 협의도 매우 중요한 요소로 작용한다. 아래 표 10.6에는 최적 관리 차원에서 고려해야 하는 운영 중 방사성폐기물과 해체 방사성폐기물의 주요한 차이점을 요약 정리하였다.

표 10.6 최적 관리 관점에서의 차이

항목	운영 중 방사성폐기물	해체 방사성폐기물
폐기물 발생 특성	예측 가능, 정기적 발생	다양해 예측 어려움, 불균일한 오염
폐기물 분류	사전 기준에 의한 분류	현장 실측 기반 분류
제염 여부	선택적 적용	폐기물량 최소화 위해 적극 적용
관리 목표	방사능 관리 중심	경제성, 부지 반환, 환경 복원 등 포함한 다목적 접근
문서화 체계	정형적 문서화	해체 일정 연동 실시간 추적 관리 문서화 중요
작업 환경	설비 운영 중심 (제한적)	해체 작업자 접근 중심 (전면적)
공공 소통	정기적 정보 제공	투명성 요구 및 주민 협의체 운영

이처럼 원전 해체 프로젝트에서의 방사성폐기물 최적 관리는 단순한 "처리"가 아니라, 폐기물의 발생 억제, 정확한 특성 평가, 세부적인 분류, 적절한 처리와 처분, 그리고 규제 해제까지 아우르는 복합적이고 전략적인 프로세스다. 이는 일반적인 방사성폐기물 관리에 비해 훨씬 더 높은 수준의 기술력, 계획성, 규제 이해, 현장 경험이 요구되는 작업으로, 모든 단계에서의 정밀한 통합 관리가 핵심이라고 할 수 있다.

10.2.2 최적 관리의 기본 원칙

이러한 차이점에도 불구하고 해체 방사성폐기물 관리도 기본적으로는 국제적으로 설정된 다음의 10가지 최적 관리 원칙에 따라 진행되어야 한다.

- 방사선 방호 최적화 (ALARA)
  방사선 피폭은 사회·경제적 요인을 고려하여 가능한 한 낮게 유지
- 폐기물 최소화
  폐기물의 양과 방사능 수준을 발생 단계부터 줄이기 위한 공정 개선 및 제염
- 적절한 분류 및 특성평가
  방사능 농도, 반감기, 열 발생 여부 등을 기준으로 분류 및 성상 확인
- 적합한 처리와 처분
  폐기물의 특성에 맞는 물리·화학적 처리와 적절한 처분 방식을 적용

- 장기적 격리 및 차폐

  사람과 환경으로부터 방사성 물질을 격리하는 장기적 공학적/지질학적 방벽 적용
- 추적성 확보와 문서화

  발생부터 처분까지 이력 관리와 전산화로 추적 가능하게 관리
- 경제성과 자원 최적 사용

  안전성과 기술적 타당성 확보 하에 비용 효율성 고려
- 공공 수용성과 이해 관계자 참여

  지역 사회와 국민 이해와 수용성 확보를 위한 투명한 정보 제공 및 참여
- 법적·제도적 정합성

  국제 기준과 국가 법령에 부합하며, 규제기관의 감독하에 운영
- 지속가능성과 책임 담보

  미래 세대에 미치는 영향을 고려하여 장기 안정성 확보

다만 앞 절에서 논의한 차이점에 따라 해체 방사성폐기물의 최적 관리 원칙은 이들 원칙에 다음의 사항들이 추가로 보완 고려되어야 한다.

첫째, 해체 방사성폐기물 분류는 실측에 의한 특성평가에 기반해야 한다. 즉 현장에서 오염도를 직접 측정하여 폐기물 여부와 등급을 판정해야 한다.

둘째, 매립 혹은 최종 처분보다는 다양한 제염 방법을 활용해 규제 해제하고 재사용과 재활용하도록 유도해야 한다.

셋째, 방사선 위험 최소화와 운송 비용 절감을 위해 발생지 처리가 우선되어야 한다.

넷째, RFID, 전산 추적 등 현장 중심 실시간 추적 관리 체계를 구축해야 한다.

다섯째, 처리 계획이 해체 계획 전체와 통합 연계되어 부지 반환 일정을 준수할 수 있도록 유지되어야 한다.

최적 관리란 이러한 원칙 준수와 함께 해체 방사성폐기물 공정 흐름의 최적 조절이라는 점을 명심해야 한다. 실제 해체 현장에서는 관리 원칙 준수보다 흐름의 조절이 더 중요할 때가 자주 있을 수 있다. 이럴 경우에는 안정성이 훼손되지 않는 범위에서 흐름에 장애가 발생하지 않도록 하는 지혜가 필요할 것이다. 다음 절에서는 이러한 최적 관리 흐름을 단계적으로 논의한다.

10.3   해체 방사성폐기물 최적 관리 8 단계

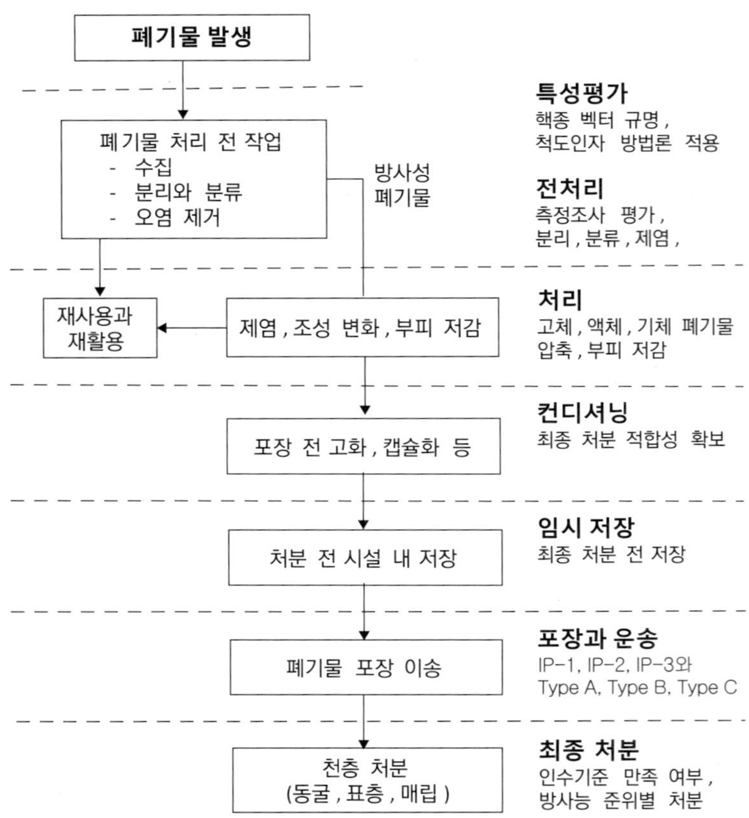

그림 10.2   원전 해체 방사성폐기물 최적 관리 8단계

방사성폐기물 관리는 방사성 물질을 안전하게 취급, 처리, 처분하기 위해 고안된 일련의 과정이다. 따라서 원전 해체 발생 방사성폐기물의 최적 관리 단계도 큰 틀에서 일반적인 방사성폐기물 관리 절차와 같지만, 해체 활동의 특수성 (예: 대규모 발생, 다양한 방사능 오염 수준, 방사선 작업 환경 등)에 따라 보다 세밀한 계획, 분류, 분리, 측정, 기록이 요구된다. 이 과정은 그림 10.2에서 알 수 있듯이 일반적으로 폐기물 발생, 특성평가, 전처리, 처리, 콘디셔닝, 임시 저장, 포장과 운송, 처분의 8단계로 구성된다. 각 단계는 위험을 최소화하고 장기적인 안전을 확보하는 데 중요한

역할을 한다. 참고로 안전 규제의 경우 일반 방사성폐기물은 핵종별 방사능 농도 중심으로 접근하지만 해체 방사성폐기물은 제염 가능 여부 또는 규제 해제에 초점을 맞추는 것이 국제적 흐름이다.

운영 중 방사성폐기물과 해체 방사성폐기물은 폐기물의 발생 원인과 특성이 다르기 때문에 각각의 최적 관리 단계에서도 차이가 있다. 아래에는 각 단계별로 공통점과 주요 차이점을 정리하였다.

10.3.1 방사성폐기물 발생 (Generation)

해체 방사성폐기물 발생 자체에 대한 논의는 10.1절에서 충분히 이루어졌기 때문에 이 절에서는 주요한 점만 점검한다. 해체 방사성폐기물 발생의 가장 큰 특징은 일정 양이 예측된 준위별로 정기적으로 발생하는 운영 중 방사성폐기물과는 달리 시설 해체 시 여러 준위를 가진 다양한 형태의 폐기물이 일시적으로 대량 발생한다는 것이다. 또한 운영 중 방사성폐기물은 고체, 액체, 기체 등 다양한 폐기물이 발생하지만 해체 방사성폐기물은 대부분이 구조물이나 배관 등 고체 폐기물이다.

이러한 이유로 원전과 같은 대형 원자력 시설 해체의 경우, 계획 단계에서 방사선 측정조사와 시뮬레이션 (예: MCNP) 등을 활용해 예상 폐기물의 종류, 주요 구성 핵종들과 방사능 수준, 물리화학적 특성, 발생 위치와 발생양 등을 예측해야 한다. 이후 본격적인 해체와 철거 작업을 통해 대량의 방사성폐기물이 발생하게 되면 발생 최소화를 위해 예측된 흐름을 바탕으로 발생 단계에서부터 분류와 분리, 확산 방지, 추적 관리 등을 시작하는 것이 중요하다.

10.3.2 특성 평가 (Characterization)

이 단계에서는 발생한 방사성폐기물의 물리적, 화학적, 방사선학적 특성을 분석한다. 특성평가 결과는 기록 관리와 규제 요건 충족을 위해서 필수적일 뿐만 아니라 이후 이어지는 단계별 최적 관리 방법 선택에도 중요한 자료이다. 특히 방사선학적 특성평가가 매우 중요한데, 미국과 같이 해체 경험이 풍부한 나라는 포괄적이면서도 매우 상세한 현장 중심 평가 방법론과 지침이 개발되어 있는 반면 국내의 경우 경험 부족으로 아직 원론적인 특성 평가 수준에 머물러 있는 실정이다. 방사선학적 특성평가는 11장 전반부에서 상세히 논의한다.

운영 중 방사성폐기물의 특성평가는 기본적으로 방사성 핵종 농도와 상태 파악 중심이지만, 해체 방사성폐기물의 특성평가는 오염 여부와 제염 가능성 평가에 중점을 두어야 한다. 또한 전자 폐기물은 대부분 국부적으로 오염된 상태이지만 후자 폐기물은 많은 경우 대상 자재나 기기가 광범위하게 표면 혹은 체적 오염 되어 있다는 점을 유념해야 한다.

10.3.3   전처리 (Pre-treatment)

전처리는 방사성폐기물 최적 관리의 실질적 첫 단계로, 이 초기 단계 작업은 폐기물 최소화 달성에 매우 결정적인 영향을 미친다. 앞에서 논의한 발생 현장 분류와 특성평가 등은 이 전처리 단계의 일부분으로 볼 수 있다. 따라서 이 단계에서는 수거, 분리, 제염, 화학적 조정 등과 같은 작업이 포함되며, 이들 작업은 폐기물의 후속 처리에 적합하도록 진행되어야 한다.

- 분리: 면밀한 선별과 측정조사를 통해 방사성폐기물과 비방사성폐기물 (또는 재활용 가능 자재)을 분리하고 오염된 금속, 콘크리트, 케이블 등을 종류별, 오염도 별로 분류한다. 또한 잔류 방사능이 미약할 경우 자체처분 가능 폐기물 등으로 분류한다. MARSAME 방법론은 12장에서 상세히 논의한다.
- 측정조사: 오염 농도, 방사능량, 핵종 분석을 실시한 후 자체 처분, 조건부 재사용, 장기 보관 여부 등을 판단한다. 이때 MARSAME 등 국제적으로 공인된 평가 방법론을 적용한다. 가능할 경우 방사성폐기물을 중준위, 저준위, 극저준위로 분류한다.
- 제염: 측정조사를 통해 오염 핵종들이 밝혀지면 손쉽게 제거할 수 있는 표면 오염은 적절한 제염 기술 (화학적, 기계적, 열적 등)을 통해 오염 핵종들을 제거한다. 이렇게 제염한 후 규제 해제가 가능한 폐기물을 재활용 혹은 재사용하게 되면 자체 처분 대상 확대를 통해 폐기물량 최소화를 달성할 수 있다.

일반 방사성폐기물의 전처리는 분리, 농축 등 공정적 접근이 유효하지만 해체 방사성폐기물의 전처리는 폐기물 발생 최소화를 위해 분리, 절단, 제염이 중심이다.

10.3.4　처리 (Treatment)

처리는 안전성이나 경제성을 향상시키기 위해 폐기물의 특성이나 성상을 변화시키는 작업을 포함한다. 기본적인 처리 개념은 방사성 핵종 제거, 부피 감소, 조성 변경이며, 이에 해당하는 예시는 다음과 같다:
- 부피 감소: 가연성 폐기물의 소각, 고형 폐기물의 압축
- 방사성 핵종 제거: 액체 폐기물의 증발, 여과, 이온교환
- 조성 변경: 화학적 침전 또는 응결 등

현재 방사성폐기물 처리를 위한 다양한 방법들이 개발되어 있으며 많은 경우 단일 공정이 아닌 복합 공정을 적용하고 있다. 특히 이러한 복합 공정은 액체 폐기물을 효과적으로 제염할 수 있다. 그럼에도 제염 공정은 부산물로 폐여과지, 폐이온교환수지, 슬러지 등 2차 방사성폐기물을 발생시킨다. 이러한 처리 방법은 방사성폐기물의 물리적 형태와 화학적 조성에 따라 매우 다양하다. 상세한 내용은 10.4절에서 다룬다.

처리의 경우도 운영 중 방사성폐기물은 응축, 증발, 이온교환 등의 처리 방법이 주를 이루지만 해체 방사성폐기물은 해체의 목표를 달성하기 위해 제염, 절단, 표면 처리 등이 중심이 되어야 한다.

10.3.5　콘디셔닝 (Conditioning)

일반적으로 외래어 그대로 콘디셔닝이라고도 불리우는 고정화 또는 처분 적합화 단계는 폐기물을 안전하게 취급, 운반, 임시 및 장기 저장 또는 최종 처분할 수 있도록 물리적으로 안정한 형태로 만드는 단계이다. 따라서 콘디셔닝 작업은 단순히 고화만을 의미하지 않고 폐기물을 적절한 용기에 넣고 밀봉하거나 방사선 방호를 위해 추가적으로 차폐재를 삽입하거나 적절한 재료를 포함시키는 것 등도 포함된다. 한편 고화 단계에서는 시멘트, 폴리머, 유리, 세라믹 등을 고정화 혹은 고화 재료로 사용한다.

일반 방사성폐기물의 콘디셔닝은 고화와 용기 포장이 중심이지만 해체 방사성폐기물은 절단과 적재 최적화 중심의 콘디셔닝이 우선이라는 것을 유념해야 한다.

10.3.6 포장과 운송

해체 방사성폐기물의 포장과 운송은 방사선 방호, 안전성 확보, 규제 준수 측면에서 매우 중요한 과정으로 전 세계는 기본적으로 IAEA가 제시하고 있는 공통된 안전 기준 체계를 따르고 있다. 포장은 운송 중 방사성 물질의 누출, 외부 방사선 노출, 임의 개방, 임계 사고 등을 방지하는 기능을 갖고 있어야 하며 방사능 준위, 물리화학적 상태와 형태 (고체/액체/기체), 사고 가능성 등에 따라 분류되고 기준에 맞게 포장되어야 한다. 포장 방식은 IAEA의 지침에 따라 산업용 포장 (IP-1, IP-2, IP-3)과 Type A, Type B, Type C로 나누어지는데 제염된 콘크리트, 토양, 금속 조각 등의 극저준위와 저준위 폐기물은 산업용 포장이 가능하다. 이들 내용은 포장과 운송에 관한 내용은 관련 전문 서적에 잘 기술되어 있다.

10.3.7 임시 저장

단수명 핵종 붕괴 유도 등의 기술적 이유 또는 경제적·정책적 이유로 포장 운송된 방사성폐기물이 최종 처분 전까지 건식 혹은 습식 임시 저장 시설에 저장될 수 있다. 임시 저장시설일지라도 당연히 국제와 국내 규제 기준을 준수하며 방사선 차폐와 환경 보호 모니터링 기능 등을 갖추어야 한다.

운영 중 방사성폐기물 (임시) 저장 시설의 경우 기본적으로 폐기물 유형별 지속 관리를 전제로 운영하지만 해체 방사성폐기물의 저장 시설은 부피 최적화와 대형 구조물 적재 그리고 단기 집중과 대용량 처리를 고려해 설계되고 운영되어야 한다.

10.3.8 최종 처분

최종 처분은 회수하지 않는다는 전제로 방사성 물질이 인간이나 환경에 해를 끼치지 않도록 폐기물을 지질학적 처분장 또는 공학적 처분시설에 배치하여 오랜 기간 동안 환경과 격리하는 것을 말한다. 국내의 경우 경주 소재 한국방사성폐기물처분시설로 이송한다. 최종 처분장에서는 폐기물의 등급과 특성에 따라 동굴처분, 표층처분, 매립형 처분 등을 적용한다. 상세한 내용은 10.6.3절에서 논의한다.

10.4	해체 방사성폐기물 처리

　방사성폐기물 처리의 목적은 환경에 대한 방사능의 영향을 저감시키기 위해 방사성 핵종이 소멸될 때까지 장기간 동안 방사성폐기물을 인간과 환경으로부터 격리시키는 것이므로, 궁극적으로 방사성폐기물 처리는 인간 환경으로부터 격리될 수 있도록 그 형태를 바꾸는 작업이라고 할 수 있다.

　처리 기술의 기본은 분리와 농축과 부피 감용으로, 분리되어 농도가 극히 희박하게 된 것은 희석 방출하고 농축된 것은 효율적인 보관 관리를 위하여 감용·고화시키고 최종 처분을 위해 부피를 줄이는 것이다. 처리 방법은 방사성폐기물의 방사능 준위, 물리·화학적 상태, 함유하고 있는 방사성 핵종의 종류 등에 따라 최적 방법이 선택된다. 그러나 이미 국제적으로 다양한 방사성폐기물의 처리 기술이 개발되어 있을 뿐만 아니라 여러 관련 전문 서적에서 상세히 다루고 있으므로, 이 절에서는 해체 방사성폐기물 최적 관리 차원에서 짚고 넘어가야 할 중요한 처리 기술의 핵심 개념과 적용 범위만을 논의한다.

10.4.1　기체 방사성폐기물 처리

　원전 해체 시 비교적 적은 양이 발생하지만, 다음 표 10.7에서 보듯 다양한 기체상 폐기물이 발생하므로 이들 기체에 의한 방사성 오염 확산을 막기 위해 철저한 관리와 처리가 매우 중요하다. 참고로 이 표의 삼중수소와 ^{14}C은 아직도 국제적으로 인증된 효율 높은 포집 처리 방법이 개발되어 있지 않다.

표 10.7 원전 해체 시 발생하는 주요 기체상 방사성폐기물

구분	주요 핵종	발생 원인
불활성기체	^{41}Ar, ^{85}Kr, ^{133}Xe 등	핵연료 손상을 겪은 원자로 냉각재에서 누출
삼중수소	HTO (수증기 형태)	원자로 냉각 계통 누설
^{14}C	CO_2, CH_4 형태	냉각재, 흡수봉 등에서 발생
에어로졸	우라늄, 코발트, 세슘 등	기기 절단, 절삭, 연마 등의 물리적 작업으로 비산
요오드	I_2, CH_3I, HI 등	과거 연료 손상이나 오염된 배관 내부 제염 작업, 금속 용융 작업 시 발생

원전 운영 중 핵분열 생성물로 가장 많이 발생하는 것이 불활성 기체인데 이들은 불활성이기 때문에 화학적 반응을 이용한 고정화가 어렵다. 현재 사용되고 있는 처리 방법은 차폐된 밀폐 용기나 가압 탱크에 보관해 반감기가 짧은 기체의 자연 붕괴를 유도하는 지연 감쇄 저장, 극저온으로 냉각시켜 액화 또는 고화시킨 후 포집하는 저온 흡착, 고압 상태에서 금속 또는 유리화 매질에 주입하는 고정화 등이 개발되어 있다. 이들 방법 중 가장 많이 사용되고 있는 표준 방법은 감쇄 저장 방식이다.

원전 해체 시 발생하는 삼중수소는 주로 HT 기체 혹은 HTO 수증기 형태로 존재한다. 특히 HTO 수증기는 공기 중에 퍼지거나 표면 흡착 혹은 수분에 녹아 있는 상태로 이동하기 때문에 제어와 처리가 어렵고, 환경 중으로 방출되기 쉬운 특성이 있어 처리에 주의를 요한다. 따라서 수증기 HTO 형태의 삼중수소는 응축기 혹은 냉각 코일이나 냉각 트랩을 사용하여 수증기로부터 물로 만들어 포집하거나 실리카 겔, zeolite 등을 사용하여 수분과 함께 삼중수소를 포집한다. 그러나 기체형 HT는 바로 포집이 어려워 촉매 산화기로 산화시켜 HTO로 변환해 응축 포집하고 있다.

^{14}C은 반감기가 약 5,730년으로 호흡 또는 섭취를 통해 인체 내로 들어와 DNA 혹은 단백질 등과 쉽게 결합할 수 있으므로 환경과 작업자 보호에 매우 중요한 핵종이다. 작업장 환경에 CO_2, CO, CH_4 기체로 존재하기도 하나 HCO_3^-, CO_3^{2-} 등과 같은 수용성 이온으로 존재하기도 한다. 활성탄 필터, 석회수 포집탑 ($Ca(OH)_2$ 수용액) 등을 이용한 흡착 처리를 통해 CO_2 형태의 ^{14}C을 제거하거나 수용성 이온의 경우 이온교환 수지를 이용하여 제거하기도 한다.

방사성 요오드 중 인체에 가장 큰 해를 미치는 것은 ^{129}I와 ^{135}I이다. 이들 방사성 요오드는 휘발성이 높고 인체 갑상선에 쉽게 축적되므로, 철저한 제어와 처리가 요구된다. 가장 일반적인 방사성 요오드 제거 방법은 활성탄 필터를 이용해 물리적 흡착 혹은 화학적 결합을 통해 포집하는 것으로, 수분 환경 혹은 고온 환경에서는 다소 낮지만, 통상 95% 이상의 효율을 갖는 것으로 알려져 있다. 처리의 마지막 단계에서는 $NaOH$와 $Na_2S_2O_3$ 등 용액을 사용하는 습식 스크러버를 통해 용해 제거한다.

마지막으로 중요한 것은 콘크리트 절단, 연마, 샌드 블라스트 등 기계적 제염 작업과 오염 구조물 또는 장비 해체 작업 등에서 쉽게 발생하는 방사성 먼지의 처리이다. 방사성 먼지란 방사성 물질이 포함된 미세 입자상 오염 물질로 특히 공기 중에 부유하기 때문에 흡입에 의한 내부 피폭 위험이 있어 처리에 주의를 요한다. 따라서 작업 중 먼지 발생 억제를 위해 물을 분사하거나 습식 방식을 사용해야 하며 작업 지점에는 HEPA 필터 (0.3 μm 이상의 미립자를 제거하는 효율 99.7% 이상의 고성능 필터)가 장착된 국소 배기 시스템 설치해야 하며 벽면이나 바닥에 고정화제를 도포하여 잔류 먼지가 비산되지 않도록 고정해야 한다.

11.4.2　액체 방사성폐기물 처리

원전 해체 시 다량 발생하는 액체 방사성폐기물은 해체 작업 과정 중 사용된 세척수, 제염액, 침출수, 냉각수, 장비 배수 등으로 다양한 경로를 통해 발생하며 특히 방사성 핵종, 화학 오염물, 부유 물질 등이 혼합되어 있는 복합 폐기물이다. 발생 액체 방사성폐기물의 주요 종류와 특징을 표 10.8에 정리하였다.

표 10.8　해체 발생 주요 액체 방사성폐기물의 종류와 주요 특성

구분	주요 내용	발생 원인
제염액	산성/알칼리성 용액, 방사성 금속 이온 포함	구조물 표면 제염
세척수와 세정수	고압 물세척, 기기 세척 후 잔류물	장비 해체, 방사능 제거 과정
침출수	방사성 물질 접촉으로 발생	콘크리트 구조물 침투수
냉각수와 배관 잔류수	냉각 계통, 증기 계통 내 잔존액, 삼중수소 포함	계통 절단시 누출
수처리 슬러지액	응집/침전 처리 과정 부산물	수처리 설비에서 발생

가. 물리적 처리 기술

- 여과: 액체 중 부유물이나 입자상 오염을 제거하는 방법으로 가장 간단하며 효과가 빠르다. 그러나 본처리보다는 1차 전처리로 적합하다.
- 원심 분리: 밀도차를 이용해 고형물을 분리하는 방법으로 슬러지 분리에 효과적이다. 그러나 이 방법 자체도 슬러지를 발생시킬 수 있다.
- 증발 농축: 수분 증발을 통해 액체 폐기물 내 용해되어 있는 방사성 물질을 농축하는 방법이다. 감용 효과가 매우 큰 반면 증발 증기의 처리가 필요하다.

나. 화학적 처리 기술

- 응집과 침전: 액체 폐기물 내 금속 이온을 응집 침전시키는 방법이다. 제거 설비는 간단하지만 슬러지가 발생한다.
- pH 조절: 방사성 이온의 침전을 유도하는 방법이다. 방사성 금속 이온 제거에 효과적이나 화학 약품이 다량 필요한 단점이 있다.
- 산화와 환원: 이온 상태의 변화를 통해 침전을 유도하는 방법이다. 제거 대상 방사성 핵종의 선택적 제거가 가능하다. 철, 망간 등의 금속 방사성 핵종 제거에 많이 사용된다.

다. 이온 교환 기술

주로 제염수와 세척수 처리에 적용하는 기술로 이온 교환 수지를 통해 방사성 이온 (Cs^+, Co^{2+} 등)을 선택적으로 제거하는 방법으로 제거 효율이 높고 처리 후 수질이 양호하다. 수지가 포화되면 교체해 고체 폐기물로 처리한다.

라. 역삼투압 기술

막기술을 이용한 고성능 분리 기술로 방사성 이온, 입자, 유기물까지 모두 제거 가능하다. 주로 다단계 여과 시스템의 마지막 단계에 적용되는데 고압 운전이 필요하고 에너지 소비가 크다는 단점이 있다. 이상의 내용을 다음 표 10.9에 정리하였다.

표 10.9   해체 액체 방사성폐기물 종류와 처리 방법

폐기물 종류	주요 방사성 핵종	주요 처리 방법
제염수	^{60}Co, ^{137}Cs, ^{54}Mn 등	이온 교환, 응집 침전
세척수	^{137}Cs, ^{90}Sr, U 동위원소	여과, pH 조절
침출수	다양한 핵종	원심 분리, 역삼투압, 고화
냉각수/배관 잔류수	^3H, ^{14}C	응축, 흡착, 감시 배출
슬러지	고농도 금속 이온	농축 후 고화

10.4.3　고체 방사성폐기물 처리 기술

　원전 해체 시 발생하는 전체 해체 폐기물 중 가장 많은 양을 차지하는 것이 고체 방사성폐기물로 아래와 같이 다양한 종류 (waste stream)로 구분된다. 참고로 고체 방사성폐기물의 종류에 대한 정의는 국가마다 큰 차이가 있다. 표 10.10에는 국내의 분류 체계에 따른 예시를 담고 있다.

표 10.10 해체 고체 방사성폐기물 종류와 예시

구분	예시	설명
금속류 폐기물	파이프/배관, 펌프/밸브, 구조물	체적 또는 표면 오염
콘크리트 및 벽체	차폐벽, 바닥 슬래브, 구조체	차폐용 구조물 절단으로 발생
절삭 연마 슬러지	절단 작업 부산물	금속 절단·연마 과정에서 비산
필터류, 여과재	공기 정화용 필터	방사성 먼지와 에어로졸 포집
오염 공구 및 장비	절단기, 측정기 등	방사성 물질 접촉 오염
방호복, 장갑 등	개인 보호 장비	방사성 분진 표면 부착
흙, 콘크리트 파편	제염 작업 중 발생	오염 구역 표토 제거 등
흡착제와 수지	활성탄, 제올라이트, 이온수지	액체 폐기물 처리 중 발생

　이들 고체 방사성폐기물은 방사능 준위에 따라 또 재질과 형태와 물성에 따라 아래의 다양한 감용 처리 방법을 통해 처리 · 처분된다. 주요 감용 처리 방법은 다음과 같다.

- 압축: 압축 가능한 폐기물을 압축하여 부피를 저감시키는 방법으로 감용비가 약 3:1 ~ 10:1 정도이다. 잡고체 부피 감용에 많이 적용한다.
- 절단 및 분쇄: 금속류나 구조물을 절단하여 부피를 저감하는 방법으로 후속 처리와 병행해 간접적으로 부피를 감용하게 된다. 콘크리트와 금속류에 많이 적용한다.
- 소각: 방호복, 종이류 등 가연성 폐기물을 소각하는 방법으로 부피 감용비가 약 20:1 ~ 50:1로 매우 크다. 그러나 국내에서는 환경 보호 등의 이유로 아직 제대로 활용되지 못하고 있다.
- 용융: 금속 폐기물 등을 녹여 잉곳으로 만들어 부피를 감소시킨 후 처분하거나 방사능 농도가 규제 해체 이하일 경우 재활용한다. 통상 부피 감용비가 약 5:1 ~ 10:1 정도로 알려져 있다.

10.5 해체 방사성폐기물 콘디셔닝과 포장

원전 해체 과정에서 발생하는 방사성폐기물은 그 특성에 따라 다양한 관리 절차를 거치게 되는데, 그중 콘디셔닝과 포장은 장기 안전성과 규제 적합성 확보를 위한 핵심 단계 중 하나이다. 이 두 과정은 단순한 폐기물 처리 절차를 넘어, 방사성물질의 물리적·화학적 특성을 조절하고, 장기적으로 처분이 가능한 형태로 만드는데 중심적인 역할을 한다.

콘디셔닝 (conditioning)은 종종 '고화 (solidification)'와 동일시되곤 하지만, 실제로는 고화를 포함한 훨씬 더 포괄적인 개념이다. 다시 말하자면 방사성폐기물을 물리적, 화학적 또는 생물학적으로 보다 안정적인 상태로 전환시키기 위한 모든 조치를 아우른다. 즉 방사성 핵종의 이동성과 용출 가능성을 낮추고, 기계적 강도와 구조적 건전성을 확보함으로써 처분시설에 요구되는 인수 조건을 충족시키기 위한 조치라 할 수 있다. 따라서 고화 외에도 폐기물의 압축, 절단, 탈수, 흡착제 첨가 등 다양한 기술이 포함된다. 예를 들어, 슬러지나 액체 폐기물은 시멘트 또는 폴리머 계열의 고화제를 이용해 고형화시키는 반면 금속성 폐기물은 절단 후 압축하는 것도 콘디셔닝의 한 방법이다.

또한 콘디셔닝 과정에서는 단순히 폐기물 자체의 특성뿐만 아니라 향후 포장, 운송, 저장과 처분의 효율성과 안전성을 고려하여 최적의 상태로 폐기물을 조정하는 것이 중요하다. 따라서 콘디셔닝은 폐기물의 최종 상태를 규정짓는 과정으로서, 그 품질이 이후 관리 단계 전체의 안전성과 경제성에 큰 영향을 미친다.

포장은 이러한 콘디셔닝된 폐기물을 적절한 용기에 봉입하여 외부 환경과의 차단을 보장하고, 운반·저장·처분 과정에서의 기계적 충격이나 누출 위험을 최소화하는 단계이다. 포장 용기의 선택은 폐기물의 방사능 준위, 물리적 상태, 열발생량, 가스 발생 가능성 등을 기준으로 이루어지며, 일반적으로 강철 드럼, 콘크리트 용기, 차폐 기능을 갖춘 특수 용기 등이 사용된다. IAEA의 기준에 따라 포장 형태는 산업용 포장, Type A, Type B(U), Type C 등으로 구분되며, 특히 중준위 폐기물 이상의 경우 충격, 화재, 침수 등의 사고 조건에서도 건전성을 유지할 수 있는 Type B 이상 용기의 사용이 요구된다.

최근에는 고건전성 용기 (HIC, High Integrity Container)의 사용이 주목을 받고 있다. 이 고건정성 용기는 주로 중·저준위 방사성폐기물의 장기 저장 또는 처분을 위해 설계된 특수용기로 수지류, 슬러지류, 여과재 등 고화가 어렵거나 처분 부적합 방사성폐기물의 포장 용기로 각광받고 있다. 사용되는 재질로는 높은 기계적 강도와 내화학성을 갖춘 폴리에틸렌계, 유리섬유 강화 플라스틱계, 스테인리스강 등이 있으며 단일벽 구조뿐만 아니라 이중벽 구조 용기까지 개발되어 있다. 가장 큰 단점은 기존 용기에 비해 매우 고가라는 것이다.

이처럼 포장 용기는 기계적 밀봉뿐만 아니라 기밀성, 내구성, 차폐 성능이 요구되며, 입증된 성능 평가 결과는 폐기물 인수와 처분을 위한 품질 보증 자료로 활용된다. 또한 폐기물의 바코딩, 라벨링, 이력 추적 시스템도 포장 단계에서 함께 구현되어야 하며, 이는 폐기물의 안전한 추적 관리와 처분시설로의 이송을 위한 필수 요건이다.

결론적으로, 콘디셔닝과 포장은 방사성폐기물의 규격화, 안정화, 안전 운반과 처분을 위한 필수 단계이며, 단순히 폐기물을 고정시키는 것을 넘어 전체 폐기물 관리 체계에서 핵심적 역할을 담당한다. 특히 콘디셔닝은 고화를 포함하지만 이에 국한되지 않으며, 폐기물의 상태와 처분 조건에 따라 다양한 기술적 접근을 요구한다. 따라서 이 두 단계의 품질과 적합성 확보는 원전 해체 방사성폐기물의 최적화된 관리를 실현하는 데 있어 결정적인 요소라 할 수 있다.

10.6　해체 방사성폐기물 처분

원전 해체 과정에서 발생하는 방사성폐기물의 관리 최적화는 단지 폐기물의 양을 줄이고 안정화하는 것에 그치지 않고, 폐기물이 최종 처분시설에 적절하게 인수될 수 있도록 하는 데까지 이어져야 한다. 이 절에서는 인수기준을 중심으로 인수기준을 만족시키기 위한 해체 방사성폐기물 고화 처리 방법과 최종 처분 방식에 대해 논의한다.

10.6.1   처분 고화

방사성폐기물 고화 처리의 목적은 폐기물을 물리적·화학적으로 안정한 형태로 변환하여 운반, 저장, 처분 과정에서 방사성 물질이 환경으로 유출되는 것을 방지하는 것뿐만 아니라 최종 처분을 고려한 장기 안정성의 확보이다. 따라서 방사성폐기물의 적절한 고화 처리는 처분시설 인수기준의 핵심이라 할 수 있다. 표 10.11에는 가장 많이 활용되고 있는 고화 처리 밥법을 요약 정리하였다.

이들 방법 외에도 사용후핵연료 처리 중 발생하는 고준위 방사성폐기물의 고화 처리에 주로 사용하는 세라믹 고화 방법이 있으나 해체 방사성폐기물의 경우에는 특별한 경우를 제외하곤 적용이 불필요한 것으로 판단된다. 또 하나, 최근 알루미노 실리케이트 물질 (예: 비산화 (Fly ash), 슬래그 등)을 알칼리 용액 ($NaOH$, Na_2SiO_3 등)으로 활성화해 3차원 네트워크 구조를 형성함으로써 고화시키는 지오폴리머 (Geopolymer)도 주목을 받고 있으나 아직 연구 개발 단계에 있어 실용화까지는 다소 시간이 걸릴 것으로 예상된다. 참고로 예전에 사용하던 아스팔트 고화나 파라핀 고화 방법은 화재를 포함한 장기 안전 문제로 더 이상 사용하지 않고 있으며, 현재 해외에서뿐만 아니라 국내에서도 이들 방법으로 이미 고화 처리된 방사성폐기물들의 포장을 풀고 다시 고화시키는 작업이 진행 중이다.

표 10.11 해체 방사성폐기물 고화 처리 방법

고화 매질	주요 특징	장·단점	주요 적용 대상
시멘트	수경성 무기재료, 저온 경화	• 공정 단순 / 비용 저렴 • 염류, 유기물에 약함 • 물 침투 우려	저준위 폐기물 (슬러지, 이온수지 등)
폴리머 (고분자)	합성 수지 기반	• 다양한 폐기물 적용 • 고가 · 열안정성 낮음	혼합·특수 폐기물
유리	유리 매트릭스 고온 용융 제조	• 장기 안정성 우수 • 고방사성 핵종 고정화 • 고온 설비 필요 / 고비용	고준위 폐기물 (재처리 잔류물 등)

10.6.2   처분시설 인수기준

인수기준은 방사성폐기물의 (최종) 처분 장기 안정성의 확보를 위해 처분시설 운영자나 규제기관이 설정한 기술적·방사선학적·물리화학적 조건으로, 폐기물이 해당 시설에 안전하게 받아들여지고 장기적으로 처분될 수 있도록 하기 위한 일련의 요구사항이다. 이 기준은 국가 혹은 처분시설별로 차이는 있으나, 일반적으로 다음과 같은 항목을 포함한다.

- 방사능 준위 제한: 폐기물 내 포함된 방사성 핵종의 종류와 농도는 처분시설의 설계 한계와 장기 성능 평가 결과에 따라 제한된다. 일반적으로 폐기물에 포함되어 있는 전체 방사능량의 95 % 이상을 구성하는 방사성 핵종을 규명하고 그 준위를 명시해야 한다. 특히 특정 장수명 핵종이나 알파선 방출 핵종은 그 함량이 엄격하게 제한된다.

- 물리적 형태 및 기계적 안정성: 폐기물은 처분시설 내에서 붕괴되거나 형태가 변형되지 않도록 충분한 기계적 강도를 가져야 하며, 과도한 유동성이나 자유수 (free liquid)를 포함해서는 안 된다. 국내 경주 방사성폐기물 처분시설의 경우 시멘트 등과 같은 경질 고화체의 경우 시편의 압축강도는 3.44MPa 이상이어야 하며 자유수는 폐기물 부피의 0.5% 미만이어야 한다고 명시하고 있다.

- 고화 상태와 용출 특성: 고화된 폐기물의 경우, 수분과의 접촉 시 방사성 핵종이 용출되지 않도록 충분한 고화 안정성이 요구되며, 일반적으로 용출시험 (예: ANSI/ANS 16.1)을 통해 확인된다. 국내의 경우 고화체 시편에 대한 침출지수는 Cs, Sr, Co 핵종에 대하여 6 이상 (10^{-6} kg/m^2-day 이하)이어야 한다.

- 열 발생량 제한: 고준위는 아니더라도 일부 폐기물은 잔류 핵분열 생성물이나 감마선에 의한 열 발생이 있기 때문에, 처분시설에서의 열적 영향을 고려하여 총 열 발생량이 제한된다.

- 유해 화학성분 제한: 일부 중금속, 부식성 물질, 유기 화합물 등은 처분시설의 구조적 안정성이나 생물권으로의 확산 가능성 때문에 제한된다.

- 기체 발생 가능성과 과압 방지: 처분 환경에서 미생물 활동이나 방사선 분해 등에 의해 발생하는 가스 (예: 수소, 메탄 등)에 의한 압력 상승 가능성도 인수기준에 포함되며, 이를 방지하기 위한 폐기물의 사전 처리 또는 가스 완화 대책이 요구된다.

- 식별 및 추적성: 모든 폐기물은 유일 식별 번호, 방사능 분석 결과, 포장 형태, 제조 이력 등을 포함한 문서화된 정보와 함께 제출되어야 하며, 이는 처분 이후 장기 모니터링과 규제 대응을 위해 필요하다.

이러한 인수기준을 만족시키기 위해, 폐기물의 발생 시점부터 이를 고려한 관리 전략이 수립되어야 한다. 예컨대, 방사성폐기물의 발생을 줄이기 위해 제염을 적극 수행하거나, 포장 전에 물리적 형태를 조정하여 가스 발생 가능성을 억제하는 등 폐기물의 성질을 조절하는 노력이 필요하다. 또한, 폐기물의 특성평가 단계에서부터 인수기준과 일치하도록 분석과 시험을 수행하여, 추후 보완 작업 없이 곧바로 처분 가능한 상태로 관리하는 것이 비용과 시간 측면에서 최적화된 접근이 된다.

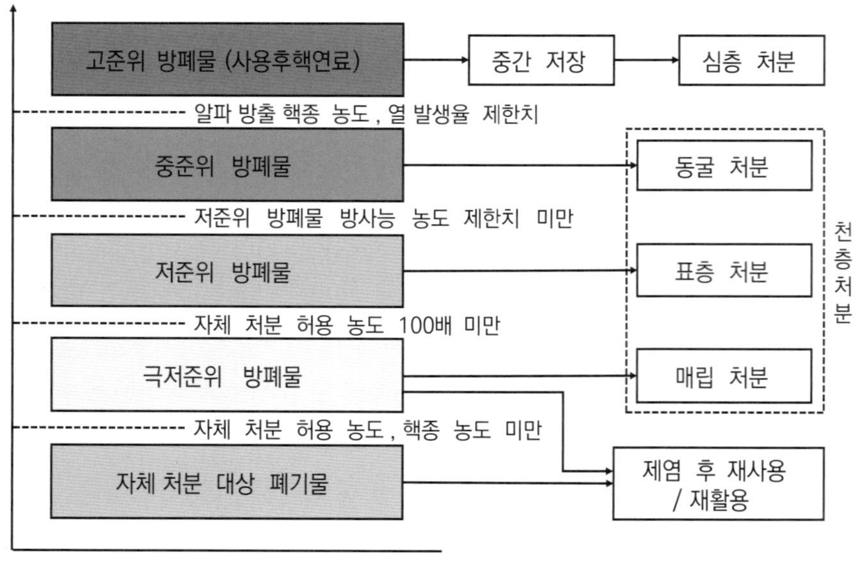

그림 10.3 방사성폐기물 준위별 분류와 처분 방식

10.6.3 처분 방식

방사성폐기물의 최종 처분 방식은 폐기물의 방사능 준위를 고려해 결정되며, 고준위에서 극저준위까지 폐기물은 각각 다른 처분 개념과 시설을 필요로 한다. 위 그림 10.3은 방사능 준위에 따른 처분 방식을 준위 결정값과 함께 도식한 것이다. 기본적으로 심층처분은 지하 깊은 곳의 안정한 지층 구조에 천연방벽 또는 공학적 방벽으로 방사성폐기물을 처분하는 것을 말하며 천층처분은 지표면 상에서 처분하는 방식을 일컫는다. 국내의 경우 천층 처분 방식은 다음 세 가지로 분류한다.
- 동굴 처분: 지하의 동굴 또는 암반 내에 설치한 천연 방벽 또는 공학적 방벽 내 처분
- 표층 처분: 지표면과 가까이 설치한 천연 방벽 또는 공학적 방벽 내 처분
- 매립형 처분: 지표면과 가까이에 천연 방벽으로 방사성폐기물을 매립해 처분

국내의 경우 방사능 준위에 따른 범주별 차등화된 방사성폐기물 처분 관리 방안을 채택하고 있다.
- 극저준위 방사성폐기물은 천층 처분 또는 심층 처분 방식으로 처분할 수 있다.
- 저준위 방사성폐기물은 매립형 처분 방식으로 처분할 수 없다.
- 중준위 방사성폐기물은 표층 처분 또는 매립형 처분 방식으로 처분할 수 없다.
- 고준위 방사성폐기물은 천층 처분 방식으로 처분할 수 없다.

이러한 지침에 따라 국내 경주 처분장의 경우 중준위 방사성폐기물은 동굴 처분, 저준위 폐기물은 표층 처분, 극저준위 폐기물은 매립 처분하고 있다.

참고로 국내의 경우, IAEA가 제시한 RS (Radiation Safety)-G (Guide) 1.7의 지침 (연간 최대 허용 피폭선량 (10 μSv/yr)을 규제 해제 (자체 처분)와 극저준위 방사성폐기물의 경계 방사능 농도값으로 설정)을 그대로 따르고 있으며 극저준위와 저준위 방사성폐기물의 경계 농도값은 이 규제 해체 농도값의 100배 값을 채택하고 있다.

결론적으로, 원전 해체 방사성폐기물의 처분 최적화는, 단순히 처분 가능한 형태로 폐기물을 포장하는 것을 넘어서, 인수기준을 만족하도록 폐기물의 특성 평가, 전처리, 콘디셔닝, 포장 단계를 거쳐 체계적으로 이루어져야 하며 최종 처분 안전성을 확보할 수 있도록 서로 연계되어야 한다. 이러한 종합적 접근이야말로 해체 폐기물의 안전하고 효율적인 최종 처분을 실현하며, 폐기물의 반복 처리, 반송, 장기 저장 등 비효율을 최소화하는 핵심 전략이라 할 수 있다.

주요 참고 문헌

- IAEA Safety Series No. 111-F, 'Principles of Radioactive Waste Management Safety Fundamentals' (1995)
- IAEA Technical Report Series 462, 'Managing Low Radioactivity Material from the Decommissioning of Nuclear Facilities' (2008)
- OECD/NEA No. 7425, 'Optimizing Management of Low-level Radioactive Materials and Waste from Decommissioning' (2020)
- 'Connecticut Yankee Decommissioning Experience Report', EPRI Report 1013511 (2006)
- 'Rancho Seco Nuclear Generating Station Decommissioning Experience Report', EPRI Report 1015121 (2007)
- IAEA No. WS-R-2, 'Predisposal Management of Radioactive Waste, Including Decommissioning' (2000)
- IAEA TECDOC-1504, 'Innovative Waste Treatment and Conditioning Technologies at Nuclear Power Plants' (2006)
- IAEA No. RS-G-1.7, 'Application of the Concepts of Exclusion, Exemption and Clearance' (2004)

제11장 해체 방사성폐기물 특성평가와 발생 최소화 원칙

11.1 원전 해체 방사성폐기물 범주와 특성

10장에서 논의한 바와 같이, 원자력발전소, 핵연료 제조 및 재처리 공장, 연구 시설 등 원자력 시설을 해체할 경우 일시에 대량의 폐기물이 발생한다. 물론 이들 중 상당량은 방사능 오염이 되지 않은 상태이지만, 적지 않은 폐기물이 방사성폐기물로 분류되어 특별한 관리의 대상이 된다. 앞 장에서 살펴본 바와 같이 IAEA는 PWR 원전 1기당 평균 6,200톤 (200리터 드럼 약 24,000 드럼) 정도의 방사성폐기물이 발생한다고 보고하고 있지만, 이 양은 제염 후 최종 처분되는 양으로 실제 원전 해체 현장에서 발생하는 방사성폐기물의 양은 이 양보다 훨씬 많다는 것이 국제적인 경험이다. 이미 설명한 바와 같이 국내 고리 1호기도 약 100,000 드럼 정도 발생할 것으로 예상하고 있다.

이들 원전 해체 방사성폐기물은 오염 범주에 따라 크게 방사화 폐기물과 오염 폐기물로 구분된다. 10장 표 10.3에서 살펴 보았듯이, IAEA도 그간의 국제적 경험을 바탕으로 900~1300 MWe 가압경수로와 250 MWe 흑연 감속 기체냉각로를 해체할 경우 발생하는 방사성폐기물의 양을 방사화 폐기물과 오염 폐기물로 나누어 보고하고 있다.

11.1.1 방사화 폐기물

이 폐기물들은 원자로 노심 내부와 그 주변에 설치되었던 기기나 자재로, 핵분열 때 발생하는 고속 중성자와의 핵반응에 의해 방사화된 폐기물들이다. 이러한 이유로 노심에 가장 가까운 원자로 압력용기 내부구조물이 원자로 내 고속 중성자들에 의해 심각하게 방사화되고 원자로 주변으로 빠져 나온 중성자 속에 노출된 생물학적 콘크리트 차폐체도 일부 방사화된다. 따라서 국제적 경험에 따르면, 물론 현장 측정조사에 의한 정확한 특성평가가 이루어져야 하지만, 40년 운전 후 정상 퇴역한 원전의 압력용기 주요 내부구조물 특히 핵연료와 맞닿은 내부구조물은 중준위 폐기물, 생물학적 차폐체 콘크리트는 저준위 폐기물에 해당된다고 알려져 있다. 이 방사화 폐기물의 특징은, 투과력이 매우 높은 중성자 조사의 특성상 방사화된 핵종이 체적 내부에 고르게 분포하는 체적 오염 폐기물이라는 점이다.

이처럼 방사화 폐기물은 대부분 원자로 주변 구조물로 강철 구조재, 철근 콘크리트, 생체 콘크리트 등과 같은 구조 재료들이며, 이들에 대한 방사선학적 특성평가 기법뿐만 아니라 국제적 경험 자료도 잘 축적되어 있다.

11.1.2   오염 폐기물

한편 원자로 운전 중 방사화된 1차 계통 기기의 부식 생성물과 핵연료봉 피복관 파손으로 누출된 핵분열 생성물은 냉각수를 따라 이동 확산하면서 주변 기기나 자재의 표면에 침착해 표면 오염을 발생시킨다. 원자로 가동 중단 후에는 계통 내 유체는 제거되지만, 핵연료의 손상 등 비정상적인 운전 조건이 있었던 경우에는, 이들의 잔류물이 남아 있을 수 있으며, 이들 잔류물 역시 방사성 오염원이 될 수 있다. 또한 액체 방사성폐기물의 처리와 저장, 핵연료 인출, 작업 중 사고 등에 의해서도 오염이 발생된다. 한편 공기 중에 부유하는 방사성 물질에 의해 벽, 천장, 환기 시스템 등이 오염될 수 있다. 이들 오염 폐기물의 특징은 표면에만 오염이 집중되어 있으므로 표면 오염원만 제염 제거된다면 손쉽게 규제 해제시킬 수 있다는 점이다.

11.1.3   해체 방사성폐기물 발생량의 시간에 따른 변화

영구 정지 후 원자로 내에 축적된 방사화 혹은 오염 폐기물의 총량과 방사성 핵종의 조성은 여러 요인에 의해 영향받게 된다. 원자로의 유형, 운전 이력, 구조 재료의 조성 등도 영향을 미치지만 가장 중요한 것은 총 중성자속, 운전 기간, 그리고 원자로 정지 후 경과 시간이다. 아래 그림 11.1은 이들 중 가장 큰 영향을 미치는 영구 정지 후 시간에 따른 방사성 핵종의 변화 추이를 원자로 유형별로 도식화한 것이다.

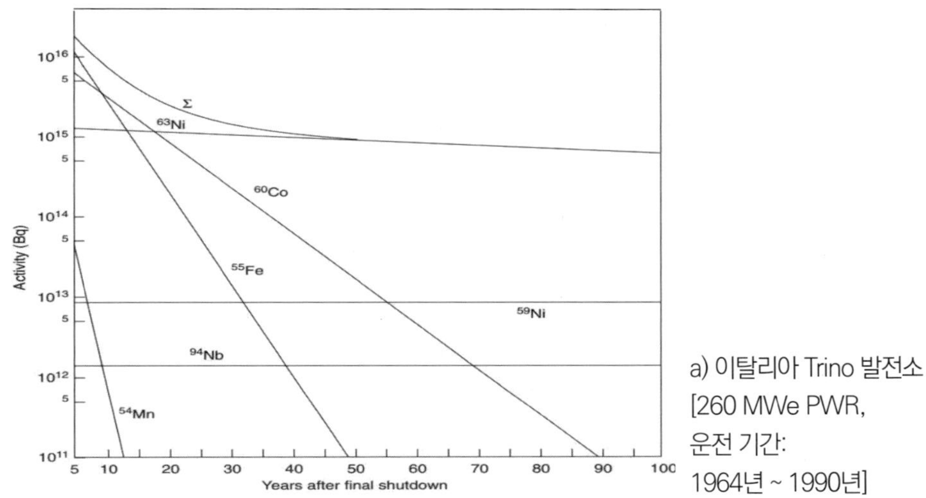

a) 이탈리아 Trino 발전소
[260 MWe PWR,
운전 기간:
1964년 ~ 1990년]

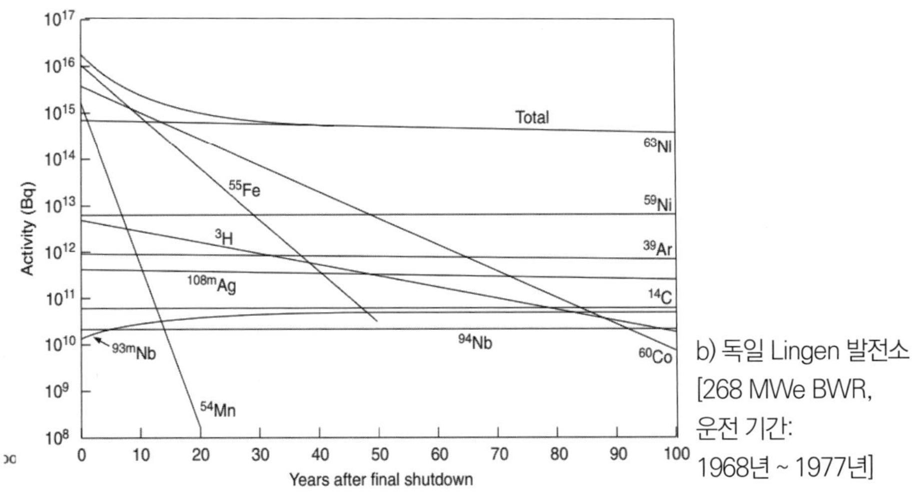

b) 독일 Lingen 발전소
[268 MWe BWR,
운전 기간:
1968년 ~ 1977년]

그림 11.1　시간 경과에 따른 해체 원전별 주요 방사성 핵종의 방사성 붕괴

이 그림에서 알 수 있듯이 영구 정지 초기에는 총 방사능이 빠르게 줄어드나 30 ~ 40년 정도 지나면 장 반감기 핵종들에 의해 더 이상 크게 줄어들지 않는다. 참고로 이 그림에 나타난 농도값들은 짧은 기간 운전된 원전에서 수집된 자료이기 때문에 40년 운전 후 정상 퇴역한 원전보다 절대값은 작지만, 시간에 따른 변화 추이에는 차이가 없다. 이 자료는 가압경수로 (PWR)과 비등경수로 (BWR) 두 원전 모두 해체 초기에는 반감기 5.27년의 ^{60}Co와 반감기 2.73년인 ^{55}Fe가 가장 주요한 방사성 핵종이지만 40 ~ 50년의 시간이 지나면 반감기 100.1년의 ^{63}Ni이 가장 지배적인 잔류 핵종된다는 것을 보여 주고 있다.

이러한 이유로 과거에는 의도적인 지연 해체를 통해 방사능과 방사성폐기물의 재고량을 감소시킨 후 해체하는 지연 해체 전략이 유망한 전략으로 인식되었으나, 최근 IAEA 등 국제기구는 지구 환경 보호를 위해 영구 운전 정지된 원자력 시설을 방치하지 말고 가능한 즉시 해체할 것을 강력히 요구하고 있다.

11.2   원전 해체 방사성폐기물 주요 오염 방사성 핵종

원전 해체 시 발생하는 방사성폐기물 내 오염 핵종들은 핵분열과 중성자 조사에 의한 방사화에 기인하기 때문에 매우 다양하다. 이 절에서는 원전 해체 시 등장하는 주요 오염 방사성 핵종을 방사화 핵종, 핵분열 생성 핵종, 악티늄 원소 계열 핵종으로 나누어 생성 메커니즘, 발생 방사선과 반감기, 측정 기법, 해체에 미치는 예상 영향 등과 함께 방사선학적 특성에 대해 요약 설명한다.

11.2.1 주요 방사화 핵종

^{3}H

삼중수소는 반감기 12.33년으로 β^{-} 붕괴하며, 최대 에너지는 19.0 keV으로 감마선을 방출하지 않는 순수한 베타 방출 핵종이다. 이 핵종은 원자로 내에서 여러 메커니즘에 의해 생성될 수 있는데 특히 중수 (D_2O)를 감속재로 사용하는 CANDU 원자로에서는 대량으로 발생한다. 콘크리트 차폐체에서도 ^{6}Li$(n, \alpha)^{3}$H 반응 (단면적: 953 b)을 통해 삼중수소가 생성된다. 참고로 핵분열 반응에 의해 가압경수로의 핵연료봉 내에서도 많이 발생하나 핵연료봉이 크게 손상되지 않는 한 정상적으로 퇴역한 원전의 해체에서는 크게 문제가 되지는 않는다. 수증기 형태로 방출된 삼중수소는 자연 상태에서 매우 이동성이 크며 인체 조직 내 물과도 쉽게 교환된다. 에너지가 낮고 감마선 방출이 없기 때문에 측정과 평가가 매우 어려운 핵종이다.

^{14}C

반감기 5730년으로 β^- 붕괴하며, 최대 에너지는 156 keV이며 ^3H와 같이 감마선을 방출하지 않는 순수한 베타 방출 핵종이다. 주로 미량의 질소가 $^{14}N(n,p)^{14}C$ 반응 (단면적: 1.81 b)을 통해 방사화되어 생성된다. 추가적인 경로로는 ^{13}C (존재 비율 1.1%)의 $^{13}C(n,\gamma)^{14}C$ 반응 (단면적: 0.9 mb)이 있다. 질소는 공기뿐만 아니라 대부분의 원자로 구조재에도 존재하므로 이처럼 방사화되면 콘크리트와 흑연 등 구조 재료의 전체 방사능 재고량을 증가시키게 된다. 이 핵종 역시 낮은 에너지의 순수 베타 방출체이기 때문에 정량 분석이 어렵다.

^{54}Mn

이 핵종은 주로 $^{54}Fe(n,p)^{54}Mn$ 반응을 통해 생성되는데 평균 핵반응 단면적은 53 mb이다. 반감기 312일로 전자포획을 통해 붕괴하며, 835 keV의 감마선을 방출한다. ^{54}Fe는 Fe 동위원소 중 5.8% 비율로 존재하며, 압력용기, 연료 지지 구조물, 1차 냉각계통 등의 강재 구조물에 포함되어 있다. 따라서 원전에서는 스테인레스강과 같은 Fe 기반 금속 구조물이 노심과 가까운 곳에 위치하고 있기 때문에 가장 많이 생성되는 핵종 중 하나이지만 비교적 짧은 반감기 때문에 원자로 정지 직후에만 중요한 방사성 핵종으로 고려된다.

^{55}Fe

이 핵종 역시 ^{54}Fe가 $^{54}Fe(n,\gamma)^{55}Fe$ 반응 (단면적 2.25 b)을 통해 변환되어 생성된다. 반감기는 2.73년으로 전자포획에 의해 ^{55}Mn으로 붕괴하며, 약한 X선만 방출한다. 기본적으로 원자로 노심 가까운 구조물에서 생성된 후, 냉각재 계통을 따라 이동하면서 표면 부식 침착물로 오염을 유발시킨다. 일반적으로 원자로 운전 조건 하에서는 탄소강이 스테인리스강이나 니켈 합금 (Inconel 등)보다 부식에 더 취약하기 때문에 기체냉각로 (GCR)와 같이 탄소강 사용 비율이 높은 원자로일수록 구조체의 표면 산화층에 더 많은 ^{55}Fe가 존재한다. 이 방사성 핵종 역시 측정이 어려워 측정이 쉬운 ^{60}Co와의 상관관계를 통해 간접적으로 추정한다.

^{58}Co

이 핵종은 주로 안정 동위 원소 ^{59}Co의 (n,2n) 반응이나 ^{58}Ni의 (p,n) 반응 등을 통해 생성된다. 반감기가 약 71일로 비교적 짧아 원전 운전 중 혹은 정지 직후 분석 시에만 유효하게 검출된다. 감마선 에너지 (810.8 keV 등)가 상대적으로 높아, 스테인리스강 등 원전의 금속부에 생성된 방사화 핵종으로 자주 등장하지만 ^{60}Co 보다 생성 조건이 다소 제한적이며, 핵반응 조건에 따라 생성량이 크게 달라진다.

^{60}Co

이 핵종은 존재비 100%의 안정 동위원소 ^{59}Co가 ^{59}Co(n,γ)^{60}Co 반응을 통해 생성되며, 이 핵반응의 단면적은 18.7 b이다. ^{60}Co는 반감기 5.27년으로 β^- 붕괴 (최대 에너지: 318 keV)를 통해 ^{60}Ni의 여기 상태로 붕괴하며, 감마선 두 개 (1.17 MeV와 1.33 MeV)를 방출한다. Co는 탄소강과 스테인리스강에 각각 80 ~ 150 ppm, 230 ~ 2600 ppm의 미량 원소로 포함되어 있으며, 니켈 합금인 인코넬과 모넬에도 존재한다. 또한 존재비가 100%이므로 고속 중성자속 영역인 노심 근처 구조재에서는 원자로 가동 기간동안 계속 생성된다. 앞에서 설명한 바와 같이 해체 작업 초기 주의를 기울여야 하는 가장 주요한 선량 기여 핵종이다.

^{63}Ni

이 핵종은 3.6% 존재비를 갖는 동위원소 ^{62}Ni가 ^{62}Ni(n,γ)^{63}Ni 반응을 통해 생성되며, 이 반응의 단면적은 14.2 b이다. 이후 반감기 100.1년인 β^- 붕괴 (최대 에너지: 67 keV)를 통해 ^{63}Cu의 기저상태로 바뀌게 된다. 앞에서 언급한 바와 같이, 긴 반감기로 인해 폐기물 처분 때 중요하게 고려해야 한다. 측정이 어려운 핵종이지만, 쉽게 측정할 수 있는 ^{60}Co와 상관관계를 이용해 그 양을 추정할 수 있다. 최근에는 인코넬 합금 (Inconel, 니켈 함량 60~80%)이 광범위하게 사용되고 있어 이 방사성 핵종에 대한 관심이 고조되고 있다. 그러나 다행히도 β^- 방출 에너지가 낮기 때문에, 해체 단계에서는 흡입에 의한 유해성만 고려되고 있다.

^{94}Nb

이 핵종은 존재비 100%의 안정 동위원소인 ^{93}Nb이 ^{93}Nb(n,γ)^{94}Nb 반응을 통해 생성되며, 반응의 단면적은 1.15 b이다. ^{94}Nb는 반감기 20,300년으로 β^- 붕괴해 (최대 에너지: 472 keV) ^{94}Mo의 여기 상태 (1.574 MeV)가 되며, 이후 871 keV와 703 keV 감마선을 연속 방출하며 기저상태로 전이된다. Nb는 스테인리스강과 인코넬에 비교적 높은 수준 (각각 5 ~ 300 ppm과 400 ~ 50,000 ppm. 합금 원소가 아니라 용접봉의 주요 합금 원소)으로 존재하기 때문에, 원자로 노심 재료 내에서는 이 방사성 핵종이 상당량 생성될 수 있다. 그러나 다행히 극도로 용해도가 낮기 때문에 압력용기에서 다른 원자로 계통으로 이동해 침전되는 경우는 거의 없어 원자로 계통 내 잔류 방사성 오염 구성 성분 중에는 매우 미미한 비중만을 차지한다. ^{94}Nb는 ^{60}Co와 같은 더 강한 방사능을 가진 핵종에 의해 가려지지 않는다면 감마분광법으로 쉽게 측정할 수 있다. 그러나 농도가 감마분광법으로 직접 측정하기에는 너무 낮은 경우, 방사화학적으로 분리한 후 측정 분석해야 한다.

11.2.2 주요 핵분열 생성 핵종

^{90}Sr

이 핵종은 가장 많이 발생하는 핵분열 생성 핵종 중 하나이다. 반감기 28.7년으로 β^- 붕괴 (최대 에너지: 546 keV)를 통해 ^{90}Y로 붕괴한다. 순수 β 방출체이지만 기본적으로 그 붕괴 생성물인 ^{90}Y와 평형 상태에 있다. ^{90}Y는 반감기 64시간으로 β^- 붕괴 (최대 에너지: 2.27 MeV) 하며, 역시 순수한 β 방출체이다. 이처럼 이들의 붕괴 과정에는 γ선 방출이 없고 ^{90}Y로부터 높은 β 에너지가 방출되기 때문에 β G-M 계수기 등을 이용해 선량 평가와 선량 관리 모니터링이 가능하다.

^{99}Tc

이 핵종은 핵분열 발생 수율이 비교적 큰 핵종이며, 반감기 211,100년으로 β^- 붕괴 (최대 에너지: 294 keV)를 통해 ^{99}Ru로 붕괴한다. 또한 ^{98}Mo의 중성자 포획 이후 β^- 붕괴를 통해서도 생성된다. 이러한 이유로 이 핵종은 Mo 함량이 높은 구조 철강재의 주요 오염원으로 최종 처분 안전성 평가에서 섭취 경로를 통한 피폭을 고려해야 하는 핵종이다.

^{129}I

이 핵종은 핵분열에 의해 생성되는 ^{129}Te의 붕괴 생성 핵종으로 반감기는 매우 길며 (1.6 × 10⁷년) β^- 붕괴 (최대 에너지: 154 keV)를 통해 ^{129}Xe의 여기 상태로 붕괴한다. 이 핵종은 긴 반감기와 휘발성 β 방출체라는 특성 때문에 폐기물 처분에 있어 매우 중요하게 다뤄지는 핵종이다. 다행히 측정이 쉬운 ^{137}Cs와 상관관계를 갖고 있으며 실험실에서는 X선 또는 γ선 분광법, 또는 유도결합플라즈마 질량분석기 (ICP-MS)를 통해 손쉽게 정량적으로 평가할 수 있다.

^{137}Cs

이 핵종은 발생 수율이 매우 큰 핵분열 생성 핵종이다. 반감기 30년으로 β^- 붕괴 (최대 에너지: 1.17 MeV)를 통해 ^{137}Ba로 붕괴한다. 약 85%의 β 붕괴는 ^{137m}Ba를 통해 일어나며, 이때 662 keV의 감마선이 방출된다. 수용성이 높기 때문에 경수로 계통 내에서 쉽게 이동한다. 휘발성 동위원소이므로, 해체 작업자에게 흡입 위험을 초래할 수 있다. 처분 시설의 설계 수명 (300년)은 이 핵종의 반감기를 기준으로 하고 있다. γ선 분광법으로 쉽게 측정할 수 있다.

^{144}Ce

이 핵종은 핵분열에 의해 생성된 후 반감기 285일로 β^- 붕괴 (최대 에너지: 318 keV)해 ^{144}Pr로 전환한다. 방출되는 β 입자의 약 76%는 최대 에너지가 318 keV이며, 20%는 최대 에너지가 185 keV이다. 약 11%의 β 붕괴에는 133 keV 감마선 방출이 동반된다. 따라서 이 핵종의 실제 방사선 영향은 주로 ^{144}Pr에 의한 고에너지 β선에 의해 나타난다. 반감기가 짧기 때문에 처분에 있어 중요한 방사성 핵종은 아니나 사용후핵연료 관리 관점에서는 중요한 핵종이다. γ선 분광기로 측정할 수 있지만, 간섭으로 인해 최적의 정밀도와 정확도가 저하될 수 있다.

11.2.3   주요 악티늄족 핵종

^{235}U

이 핵종은 핵연료 물질인 천연 우라늄의 동위원소로 함량은 약 0.7%에 불과하다. 반감기 7 × 10⁸년으로 최대 에너지 4.398 MeV의 α 방출을 통해 붕괴한다. ^{239}Pu의 붕괴를 통해서도 생성된다.

^{238}Pu, ^{239}Pu, ^{241}Pu

이 세 핵종은 모두 핵연료 재료인 ^{238}U이 원자로 내 중성자와 핵반응 하면서 만들어지는 인공 방사성 핵종 등이다. ^{238}Pu는 ^{238}Np의 붕괴 (최대 에너지: 1.247 MeV)와 ^{242}Cm의 α 붕괴 (최대 에너지: 6.113 MeV)를 통해 생성된다. 반감기 87.7년, 최대 에너지 5.499 MeV의 α 붕괴를 통해 ^{234}U로 붕괴한다.

^{239}Pu는 ^{239}Np의 β 붕괴 (최대 에너지: 438 keV)를 통해 생성되며, ^{239}Np는 또 다른 β 붕괴체인 ^{239}U의 붕괴생성물이다. 반감기 24,110년으로 α 붕괴 (최대 에너지: 5.157 MeV)를 통해 ^{235}U로 붕괴된다. ^{241}Pu는 ^{238}U, ^{239}Pu 등이 다중 중성자 포획을 하면서 생성된다. 반감기 14.35년으로, 주로 β 붕괴(최대 에너지: 21 keV)를 통해 ^{241}Am으로 붕괴된다.

$\underline{^{241}\text{Am}}$

이 핵종 역시 자연에 존재하지 않는 원자로 내에서 만들어지는 인공 방사성 핵종이다. ^{241}Pu의 β^- 붕괴에 의해 생성된다. 반감기 432년, 최대 에너지 5.486 MeV의 α 붕괴를 통해 ^{237}Np로 붕괴된다. 저에너지 γ선 방출체로, 최대 에너지는 60 keV이며, α 붕괴에 의한 붕괴당 유효 에너지는 5.64 MeV에 이른다. Pu 동위원소와 함께 주로 핵연료봉 누설로 인한 오염 물질인 크러드 (crud) 층 내에서 발견된다. 이같은 크러드 내 존재 때문에 해체 작업 중 작업자 보호를 위한 통제와 강화 조치가 요구되며, 또한 폐기물 처분 기준을 결정하는 데 영향을 줄 수 있다. 측정을 위해서는 α 분광법을 사용한다. ^{242}Cm, ^{244}Cm와 함께 주요 감시 대상 α 방출체 핵종이다.

11.3　해체 방사성폐기물 특성평가: 핵종 벡터와 척도 인자

12장에서 상세히 다루게 되겠지만, 원전과 같은 대형 원자력 시설을 해체할 경우 철거된 구조물이나 시설로부터 매우 많고 다양한 자재와 기기들이 방사성폐기물로 발생한다. 해체 현장에서 발생하는 이러한 방사성폐기물을 안전하게 처리, 저장 및 처분하기 위해서는 폐기물의 물리적, 화학적, 방사선학적 특성을 체계적으로 평가하고 확인해야 한다. 이들 특성평가 결과는 이후 방사성폐기물을 어떻게 다뤄야 할지 결정하는 핵심적인 정보이며 규제기관의 요구사항을 충족하기 위한 필수 조건이기도 하다. 물론 평가되어야 할 가장 중요한 특성은 방사선학적 특성이지만 아래의 물리적, 화학적, 열적 특성들도 기본적으로 확보해야 한다.

- 물리적 특성

밀도, 부피, 상태 (고체, 액체, 슬러지 등), 형상, 습도, 입도 분포, 압축성, 파손 위험성, 고화 여부 등의 물리적 안전성 평가 등

- 화학적 특성

pH, 농도, 유기물 함량, 유해 화학물질 포함 여부 (예: 중금속, 유기용제 등), 부식성, 반응성 등

- 열적 특성 (필요 시)

고열발생 폐기물의 경우 열출력, 발열량 등

- 가스 발생 특성 (필요 시)

유기물 또는 금속 반응에 의해 수소, 메탄 등 가스 발생 여부

11.3.1 핵종 벡터 (Nuclide Vector)

앞에서 살펴 본 것처럼 최적 관리와 규제 관점에서 다루어야 할 방사성폐기물의 특성 중 가장 핵심이 되는 것은 역시 방사선학적 특성이다. 기본적으로 모든 방사성폐기물은 방사선학적 특성평가가 이루어진 후 그 특성과 방사능 준위별로 분류되고 필요에 따라 세절되고 제염된 후 적절한 용기에 포장되어 후 최종 처분지로 운송된다. 물론 이때 방사능 준위가 충분히 낮아 규제 해제되는 자재나 기기는 재사용 혹은 재활용될 수 있다.

방사선학적 특성평가란 해당 방사성폐기물 내에 어떤 방사성 핵종이 어떤 형태로 얼마나 존재하는가를 평가하는 것이다. 따라서 직접 측정 혹은 다양한 추정을 통해 방사성폐기물의 방사선학적 특성평가가 이루어지면 그 분석 결과를 핵종 벡터로 표시하게 된다. 핵종 벡터란 특정 대표 핵종의 농도 (단위 질량 또는 부피당 방사능, Bq/g 혹은 Bq/cm^3)를 기준으로 방사성폐기물 내에 존재하는 방사성 핵종들의 분포 또는 상대적 구성 비율을 수치로 표현한 것으로 일반적으로 사용하는 방사

성 핵종 재고량 (radionuclide inventory) 혹은 방사성 핵종 성분 (radionuclide composition)을 방사성폐기물에 특화해 도입한 개념이다. 이 핵종 벡터는 총 방사능과 함께 어떤 방사성 핵종이 얼마나 함유되어 있는지를 알려 주는 기본적인 정보로 차폐, 감마선/알파선 등의 방사선 방호 평가뿐만 아니라 피폭선량 평가와 처분장 반입 허용 기준 (예: 중·저준위, 처분 농도 한도 등) 충족 여부 평가에도 요구되는 매우 중요한 정보이다.

　예를 들어 어떤 금속 폐기물 내에 함유된 방사선 핵종들이 ^{60}Co, ^{63}Ni, ^{137}Cs, ^{152}Eu이고 그 방사능이 각각 100 Bq/g, 40 Bq/g, 20 Bq/g, 5 Bq/g이라면 핵종 벡터는 아래와 같이 대표 핵종을 기준으로 기술하거나 성분 분율로 기술된다. 물론 이런 형식이 아닌 다른 방식의 방사성 핵종 성분 표현도 가능하나 중요한 것은 통상 총 성분 95% 이상의 성분 핵종 규명이 요구된다는 점이다.

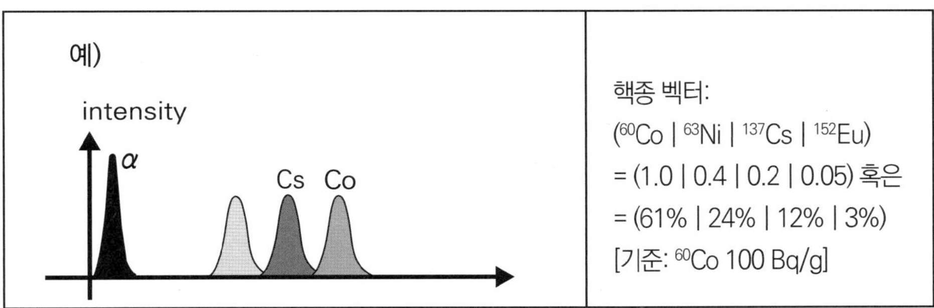

　이처럼 핵종 벡터는 방사성폐기물의 안전한 분류와 처리 처분을 위해 필수적으로 확보해야 하는 자료이기 때문에 국내외 모든 규제기관은 방사성폐기물의 핵종 벡터 분석을 요구하고 있다. 국내의 경우 「방사성폐기물의 처분을 위한 방사성 핵종의 분석 및 평가 방법에 관한 고시」에 따라 반드시 규명해야 하는 핵종을 14개 핵종으로 명시하고 있다(표 11.1). 이들 핵종들은 기본적으로 방사능이 높아 선량 관리를 위해 감시가 필요하거나 장기간 관리가 필요한 장반감기 핵종들이다.

표 11.1 국내 법령상 감시 필수 핵종 목록

국내 법령상 감시 필수 핵종 (14개)	^{3}H, ^{14}C, ^{55}Fe, ^{58}Co, ^{60}Co, ^{59}Ni, ^{63}Ni, ^{90}Sr, ^{94}Nb, ^{99}Tc, ^{129}I, ^{137}Cs, ^{144}Ce, 전 알파선 방출 핵종
참고: 알파 핵종	^{238}Pu, ^{239}Pu, ^{240}Pu, ^{241}Pu, ^{241}Am, ^{242}Cm, ^{244}Cm (단 전 알파 핵종의 경우 10 Bq/g을 초과한 경우 감시)

핵종 벡터 도출 방법은 모든 핵종을 정밀 측정하는 측정 방법과 ORIGEN이나 SCALE 같은 코드 기반 계산 방법 등이 있으나 IAEA가 권고하는 감마선 방출 핵종 (^{60}Co, ^{137}Cs 등)을 기준으로 한 핵종 벡터 평가 방법이 가장 일반적인 방법이다.

11.3.2 척도 인자 (Scaling Factor)

표 11.1에 등장하는 주요 방사성 핵종 14개를 포함해, 방사성폐기물의 기원과 형태에 따라 정확한 분석이 요구되는 방사성 핵종은 다양할 수 있다. 실제 원전 해체 방사성폐기물에는 수십 종 이상의 다양한 방사성 핵종들이 포함될 수 있는데, 생각보다 많은 핵종들이 직접 측정이 어렵거나 측정 분석에 많은 시간과 비용이 든다. 좀더 구체적으로 얘기하면, 높은 에너지의 γ 선을 방출하는 일부 방사성 핵종은 비파괴 분석 등을 사용하여 쉽게 측정 분석될 수 있지만, 순수 β선 방출 핵종과 α선 방출 핵종들은 측정 분석이 매우 어렵다. 이처럼 쉽게 측정 분석이 가능한 전자의 핵종들을 순분석 (ETM, Easy-To-Measure) 핵종이라 부르고, 후자의 핵종들은 난분석 (DTM, Difficult-To-Measure) 핵종이라 한다. 후자의 경우 실험실에서 파괴 분석이 필요하거나 특수 코드 (예: 순수 베타 방출체)를 사용한 보조 계산이 필요하며, 그 중 일부는 실험실에서조차 측정이 어려운 경우도 있다.

그러므로 만약 난분석 핵종들을 쉽게 측정할 수 있는 핵종을 기준으로 한 신뢰성 높은 비례 관계를 이용해 추정할 수 있다면 측정 분석에 드는 시간과 비용을 절감할 수 있을 뿐만 아니라 방사능 측정 평가의 효율성과 신뢰성을 높일 수 있을 것이다. 이러한 상관관계 도출 방법을 척도인자 (SF, Scaling Factor) 방법론이라 한다. 이 때 척도인자는 다음과 같이 정의된다:

$$척도인자 = 추정\ 대상\ 핵종\ 농도 \div 기준\ 핵종\ 농도$$

즉, 척도인자 방법론은 쉽게 측정할 수 있는 ETM 핵종의 방사능 측정 결과에 실측 경험 자료 또는 적절한 방사화학적 분석 또는 모델링 코드 계산을 통해 도출된 척도 인자를 곱해 DTM 핵종의 방사능 세기를 추정하는 방법론이다. 이때 사용되는 대표적 지표 핵종으로는 원전에서 많이 발생하며 실측이 용이하고 다른 핵종과 상관성이 높은 ^{60}Co와 ^{137}Cs 등이 많이 사용된다. 미국 NRC는 DTM 핵종의 척도인자를 구할 때 기준이 되는 지표 핵종을 핵종의 생성 기원에 따라 표 11.2와 같이 사용할 것을 권고하고 있다.

표 11.2　미국 NRC 핵종별 지표 핵종 권고 목록

구분	DTM 핵종	지표 핵종
방사화 생성 핵종	^{3}H, ^{14}C, ^{55}Fe, ^{59}Ni, ^{63}Ni, ^{94}Nb	^{60}Co
핵분열 생성 핵종	^{90}Sr, ^{99}Tc, ^{129}I	^{137}Cs
초우라늄 핵종	전 알파	^{60}Co

국제적으로는 이미 척도인자 방법론이 많이 사용되고 있는데 최근 국내에서도 향후 대량으로 발생하는 원전 해체 방사성폐기물의 효율적 관리 차원에서 이 방법론에 대한 관심이 크게 고조되고 있다. 아래의 표 11.3에는 참고를 위해 국제적으로 인정되어 많이 사용되고 있는 주요 척도인자 값을 정리하였다.

표 11.3　자주 인용되는 주요 척도 인자값과 기술적 근거

대상 핵종	기준 핵종	척도 인자	설명 / 비고
^{63}Ni	^{60}Co	0.15–0.20	금속 구조물 폐기둘 (평균 0.15 정도)
^{55}Fe	^{60}Co	0.20–0.25	금속 계통에서 ^{63}Ni보다 약간 높은 값
^{54}Mn	^{60}Co	0.05–0.06	구조물 계통
^{65}Zn	^{60}Co	약 0.02	구조물 계통
^{94}Nb	^{60}Co	약 0.01	내부 구조물 분석에서 사용
^{90}Sr	^{137}Cs	약 0.01	수지, 콘크리트, 슬러지 등 비금속 계통

그럼에도 척도인자 사용에는 함정이 많아 잘못 판단하기 쉬운 문제들이 존재한다는 사실을 인식해야 한다. 신뢰성 높은 척도인자 개발을 즈도하고 있는 IAEA는 척도인자 방법론 적용 시 다음과 같은 점을 주의해야 한다고 강조하고 있다.

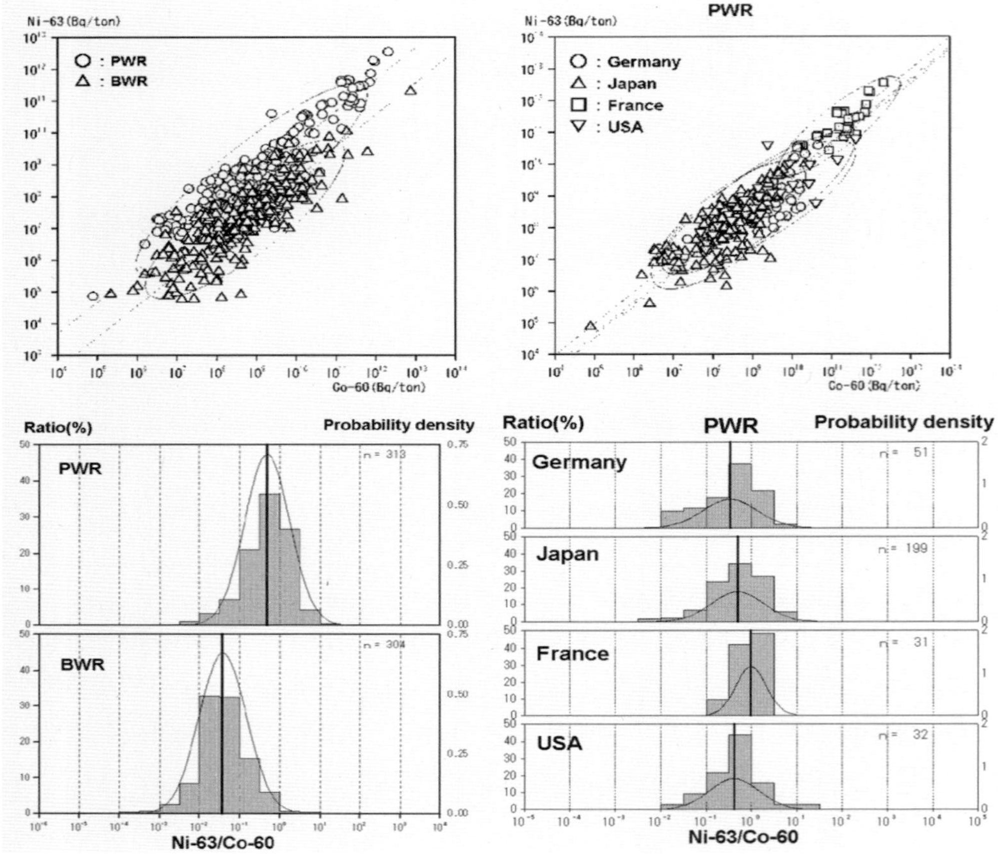

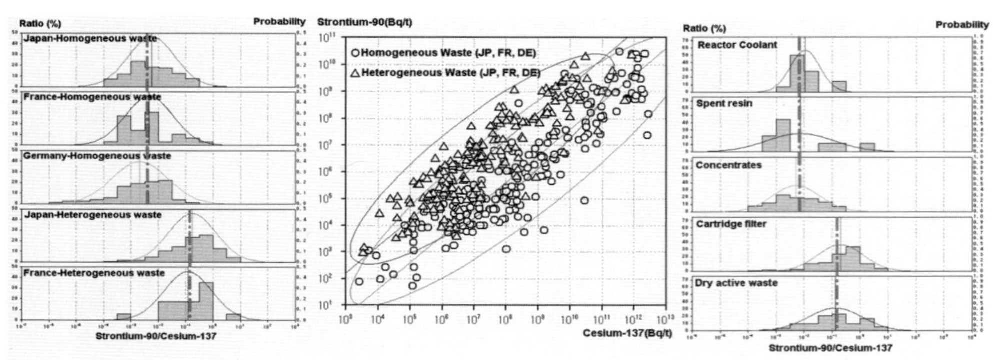

그림 11.2 원자로 유형별, 각 국가별 ^{63}Ni / ^{60}Co 상관관계의 차이

그림 11.3 폐기물 발생 스트림에 따른 ^{90}Sr / ^{137}Cs 상관관계 변화

먼저 척도인자는 원자로 유형별로, 또는 같은 원자로 형태라도 출력 운전 이력에 따라 다르지만 가장 중요한 것은 폐기물의 흐름이며 이 흐름에 따라 척도인자는 큰 차이가 날 수 있다는 점에 유념해야 한다. 따라서 일반적인 척도 인자값이 사용되는 경우, 항상 소수의 특정 핵종 쌍에만 적용되어야 하며 불확실성에 대한 평가가 이루어져야 한다. 그림 11.2와 11.3은 이런 차이를 분명하게 보여 주고 있다.

먼저 그림 11.2는 원자로 형태에 따른 ^{63}Ni/^{60}Co 상관관계의 차이를 보여 주고 있다. PWR 원전의 경우 이 비율이 BWR의 비율보다 10배 정도 큰데 이것은 그림 11.1에서의 결과와도 잘 일치한다는 것을 알 수 있다. 또한 큰 차이는 아니지만, 같은 PWR 원전이라도 나라별 운전 특성에 따라 차이가 있을 수 있음을 보여 주고 있다.

그림 11.3은 원자로 노심에서 생성된 핵분열 생성 핵종 ^{90}Sr과 지표 핵종 ^{137}Cs와의 상관관계가 폐기물 흐름에 따라 다르게 나타나는 것을 보여 주고 있다. 특히 두 핵종이 반감기가 거의 같음에도 (^{90}Sr: 28.7년, ^{137}Cs: 30년) ^{90}Sr/^{137}Cs 비율이 동종 폐기물이 아닌 이종 폐기물과 혼합되어 있을 때 그리고 폐기물의 흐름이 원래 생성지인 원자로 노심에서 멀어질수록, 즉 화학계통 내, 수지, 여과 필터 등의 흐름에 따라 커진다는 것을 보여 주고 있다.

따라서 척도인자를 결정할 때에는 과학기술적 근거 혹은 신뢰성 있는 근거 자료의 제시가 필수적이다. 아울러 유사한 여러 값이 존재할 경우 척도 인자로 이들의 평균값을 사용할 것인지 아니면 보수적인 값을 사용할 것인지 결정하여야 한다. 일부 규제기관에서는 핵종 농도를 과소 평가하는 것이 허용되지 않아 보수적인 값을 요구할 수 있다.

참고로 미국 NRC는 지표 핵종과의 척도인자를 바탕으로 추정된 농도가 실제보다 작을 가능성이 있을 경우 최대 10배까지 보수적으로 상한값을 적용하도록 하는 '10 인자 원칙 (a factor of 10)'을 권고하고 있다. 예를 들어 어떤 폐기물에서 ^{60}Co이 1,000 Bq/g이고, 과거 측정된 척도인자에 따르면 ^{239}Pu의 비율이 0.001이라면, 기본 추정 농도는 1,000 × 0.001 = 1 Bq/g이지만 보수적 10인자 원칙 상한을 적용해 최대 10 Bq/g으로 간주할 수 있다는 것이다.

<table><tr><td>11.4</td><td>해체 발생 방사성폐기물 최소화 원칙</td></tr></table>

대형 원자력 시설 해체에서 발생하는 방사성폐기물은 안전한 처리와 처분 등 특별한 관리가 필요하기 때문에 비방사성폐기물에 비해 처리 기간이 길어짐은 물론 관리 비용도 수십에서 수백 배 이상 들어가게 된다. 또한 처분시설의 확장이 어려운 상황에서, 불필요한 폐기물 발생은 처분 공간을 고갈시킬 수 있으며 방사능 농도가 규제 기준 이하인 기기나 자재를 방사성폐기물로 잘못 분류할 경우 불필요한 자원이 낭비될 수 있다. 따라서 원자력 시설 해체 시 발생하는 방사성폐기물 부피의 최소화는 국내에서 뿐만 아니라 지속가능한 글로벌 해체 전략의 필수 과제이자 핵심 요소이다. 이러한 이유로 IAEA와 OECD/NEA와 같은 국제기구뿐만아니라 미국, 유럽연합 (EU) 등은 각종 지침과 기준을 통해 방사성폐기물 발생 최소화를 의무에 가까운 국가 표준으로 요구하고 있다.

궁극적으로 방사성폐기물 발생 최소화의 목적은 방사능 오염의 발생과 확산을 제한하고 저장과 처분을 위한 폐기물의 양을 저감시킴으로써 오염 물질 관리와 관련된 소요 시간과 총 비용을 줄이는 한편 그로 인한 환경적 영향을 제한하는 것이다. 이후 절들에서는 이러한 해체 발생 방사성폐기물 최소화 원칙과 그에 따른 실행 방안 등에 관해 논의한다.

11.4.1. 최소화 기본 원칙

해체 발생 방사성폐기물 발생 최소화 기본 원칙은 다음의 4가지이다.

- 오염과 비오염의 신속한 분류와 분리 (Segregation and Separation)
  가능한 한 방사성폐기물은 발생 현장에서 즉시 오염 폐기물과 비오염 폐기물을 분리·분류하고 필요하다면 오염 부위만을 해체 혹은 절단 분리해야 한다.
- 확산 방지 (Prevention of Spread)
  오염 폐기물이 비오염 폐기물과의 혼합되지 않도록 주의해야 하며 액체 혹은 기체 폐기물의 비오염 지역 확산을 방지해야 한다.
- 재활용과 재사용의 확대 (Recycle and Reuse)
  적절한 제염 등을 통해 오염 자재나 기기를 규제 해제한 후 재활용과 재사용해야 한다

• 부피 저감 (Volume Reduction)
　적절한 저감 및 처리 기술 적용을 통해 방사성폐기물 양과 부피를 줄여야 한다.

가. 오염과 비오염 분류와 분리를 통한 발생 제어

　해체 작업 중 발생하는 자재나 기기 폐기물의 경우, 현장 스캔 측정조사를 통해 가능한 한 빨리 오염과 비오염을 분류하고 오염 폐기물도 가능한 범위에서 준위별로 분류 및 분리하는 것이 발생 최소화에 매우 중요하다. 만약 크기가 어느 정도 이상인 기기가 국부적으로 일부분만 오염되었을 경우, 가능하다면 그 부위만 분리 혹은 절단해 방사성폐기물로 분리한 후 나머지 부위는 비오염으로 취급할 수 있다.

　해체 작업을 위해 장비를 배치 혹은 기기를 설치할 때도 발생 최소화 요건을 준수해야 한다. 예를 들어, 배관이나 기기는 배수가 용이해야 하며 쉽게 접근이 가능하여야 하며 방사성 액체를 흐르는 배관의 경우 굽힘이나 접힘 상태와 같이 크러드가 침착될 수 있는 조건을 피해야 한다. 취급 장비, 전기 소모품, 환기 시스템, 방사선 감시 기기 등은 오염되지 않도록 적절히 보수 유지되어야 한다. 또한 이들의 교체가 필요한 경우, 장비를 신중하게 선택하면 방사성 물질의 발생을 크게 저감시킬 수 있다.

나. 오염 확산 방지

　다음으로 중요한 원칙이 방사능 오염의 확산을 방지하고, 2차 폐기물의 발생도 최대한 줄이는 것이다. 따라서 해체 작업 때 추가적인 위험성과 복잡성으로 이어지지 않는 한 오염 확산을 예방하기 위한 모든 수단을 강구해야 한다. 특히 적절한 작업 조직과 적합한 도구, 기구와 재료의 선택을 통해 효율적인 작업 계획을 준비하면 교차 오염 가능성을 줄이고 작업 시간을 최소화하며 2차 폐기물 발생도 크게 줄일 수 있다. 물론 이때 작업자는 자신이 맡은 작업에서 발생 폐기물 최소화의 필요성과 중요성을 이해해야 한다.

　일반적으로 오염 방지 텐트 설치, 유출 방지 경고, 작업 후 장비와 작업 현장의 청소와 정리 등도 매우 중요한 요소이다. 예를 들어, 절삭 또는 연삭 작업과 같이 공기 중으로 오염 확산 가능성이 있는 곳이라면 반드시 오염 통제 텐트를 설치해야 한다. 이 텐트에는 프리필터와 고효율 미립자 공기 (HEPA) 필터가 장착되어야 한다. 또한 모든 배관 절단부 아래에는 만약을 대비해 누출된 액체를 흡수할 수 있는 접착

플라스틱 시트를 사용해야 한다. 작업에 사용되는 기기와 공구도 가능하면 건식 세척 등이 손쉬운 간단한 기하학적 구조와 매끄러운 표면을 가진 것을 선택해야 한다.

다. 재활용 및 재사용 확대

원전 해체의 최종 목표 중 하나가 규제 해제를 통한 (무)조건적인 방출 또는 재활용과 재사용이라는 점을 상기하며 재료의 방출 또는 재활용과 재사용 기회를 극대화해야 한다. 국제적 경험에 의하면 원전 해체 현장에서 발생하는 방사성폐기물 중 60% 이상이 극저준위 방사성폐기물이며 또한 이들 대부분이 표면 오염 폐기물이다. 따라서 이렇게 낮은 수준으로 표면만 오염되었다면 적당한 크기와 형태의 절단 전략과 함께 적절한 제염을 통해 규제 해제가 충분히 가능해진다. 실로 10만 드럼 이상 발생할 것으로 예상하는 고리 1호기 해체 방사성폐기물을 1/6 이하인 14,500 드럼으로 줄여야 하는 우리로서는 이러한 제염 후 재활용/재사용의 확대는 아무리 강조해도 지나치지 않을 것이다.

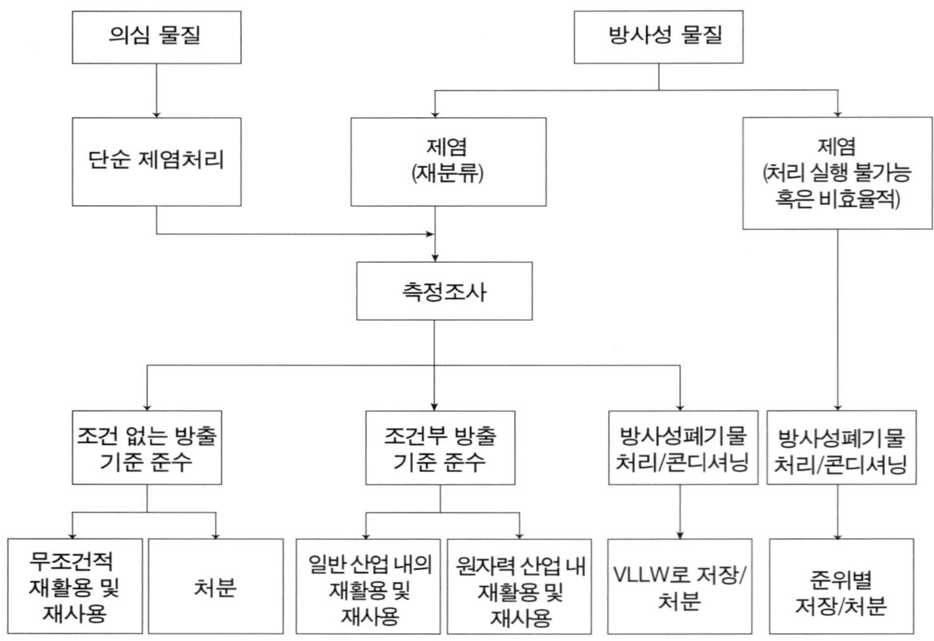

그림 11.4 방사성폐기물 특성평가와 방출 흐름도

최근 US NRC와 IAEA, OECD/NEA 등은 해체 발생 극저준위 방사성폐기물을 제염한 후 적절한 규제 해제 기준과 측정 방법론 개발을 통해, 규제 해제를 통한 재활용과 재사용할 것을 매우 적극적으로 권고하고 있다. 앞의 그림 11.4는 국제적으로 정립된 방사성폐기물 특성평가와 재활용과 재사용 흐름도이다. 이 다이아그램에서 보듯, 제염 처리가 불가능하거나 투입 시간과 비용 등이 비효율적인 경우를 제외하고, 규제 해제된 기기나 자재를 최소한 원자력 산업 내에서 재활용하거나 재사용하는 것을 국제적으로 적극 권고하고 있다. 이러한 국제적 흐름에 발맞추어, 국내에서도 원전 해체 과정에서 방출되는 규제 해제 폐기물을 국내 원자력 산업계에서 재활용 혹은 재사용할 수 있는 다양한 방안과 정책들이 개발되어야 한다. 다음 장인 12장에선 이러한 규제 해제 기술에 대해 상세히 논의한다.

재활용 방안으로는, 철, 구리, 알루미늄 등 금속은 제염 후 용해해 잉곳 형태로 일반 금속 시장에서 유통하고 제염된 콘크리트 또는 금속은 잘게 부수어 콘크리트 골재로 활용하거나 원자력 산업 내에서 차폐재로 사용하는 것을 고려할 수 있다. 또한 규제 해제 기준에 미치지 못하는 일부는 원자력 환경 내에서 사용이 가능한 내부 장비 부품, 보관용 용기, 임시 차폐물 등으로 재활용이 가능할 것이다.

라. 부피 저감

해체 작업으로 인해 발생한 방사성폐기물은 압축, 소각, 여과, 증발과 같은 부피 저감 공정을 통해 부피 감축이 가능하다. 해체 방사성폐기물 최소화 최종 목표 중 하나는 최종 처분이 불가피한 방사성 물질의 양을 가능한 한 줄이는 것이다. 이러한 조치는 방사성폐기물 중간 저장시설의 용량을 극대화할 수 있으며 최종 처분되는 폐기물의 양을 크게 줄일 수 있다. 부피 감용 기술에 대한 일반적인 내용은 많은 책자와 보고서에서 잘 다루고 있으므로, 여기서는 이 정도로 간략하게 정리한다.

11.4.2 방사성폐기물 형상에 따른 최소화 전략

가. 고체 폐기물

고체 방사성폐기물은 일반적으로 가연성과 비가연성, 압축성과 비압축성 폐기물로 분류된다. 가연성 폐기물을 소각할 경우 전체적인 부피를 크게 감소시키고 안정적인 생성물을 생산하며 콘크리트 고화 등 다양한 방법을 사용하여 쉽게 고정화시킬 수 있다. 이러한 이유로 국제적으로 많은 유형의 소각로가 방사성폐기물의 처리를 위해 사용 중이거나 개발 중에 있다. 그럼에도 국내에서는 소각 처리가 매우 민감한 환경 사안으로 분류되어 적극적으로 도입되지 못하고 있으나 고리 1호기 해체를 시작으로 본격적인 논의가 시작될 것으로 예상된다.

압축 저감은 비교적 손쉽게 적용할 수 있는 부피 저감 기술이다. 특히 저력 압축은 고력 압축보다 비용이 적게 들고 부피 저감 과정을 조작하기 쉬우며 운전 효율과 방사선 방호를 개선할 수 있는 자동화에도 적합하다. 한편 비가연성 또는 비압축성 고체 폐기물의 처리를 위해서는 필요시 일부 (절단) 분리 혹은 분할하는 것이 바람직하다. 분할의 방법과 범위는 방사능 특성평가 결과에 따라 방사능 준위별 분리 혹은 운송 가능 용량과 처분 현장의 크기/무게 제한 등에 따른 달라진다. 금속 폐기물의 용융 처리는 부피를 상당히 줄이는 수단으로 간주되고 있으며 용융 성형 후 차폐물로 재활용할 수 있다면 부피 감용 뿐만 아니라 비용 효율도 개선할 수 있다.

한편 방사화된 대형 금속 폐기물인 원자로 압력용기와 같은 대형 기기나 구조물의 경우 여러 조각으로 절단 해체하지 않고 전체를 1개의 조각으로 그대로 들어내어 일괄 처분 (one-piece removal) 하는 것이 부피 저감 효율을 극대화할 수 있는 방안으로 알려져 있다. 실제 적지 않은 미국의 상용 원전 해체에서는 원자로 압력용기를 절단하지 않고 저준위 방사성폐기물의 대형 저장 및 처분 용기로 활용하였다.

나. 액체 폐기물

작업의 특성상 원자력 시설 해체 작업 때 많이 발생하는 것이 액체 폐기물이다. 물론 제염 중에 사용되는 특정 액체 (예: 농축 산)는 특별한 처리 과정을 필요로 할 수 있지만, 액체 방사성폐기물의 부피를 감소시키는 일반적인 공정으로 여과, 응집, 침전, 이온 교환, 증발 등의 다양한 방법이 개발되어 있다. 이러한 공정에 사용되는 이온 교환 수지와 필터 혹은 액체 저장조 바닥에 응축된 방사성 잔류물들은 처리 후 고화되어야 한다.

11.4.3　최소화 달성을 위한 안전 문화

방사성폐기물의 발생 최소화는 이처럼 기술적 또는 절차적 통제를 통해 폐기물이 생성되고 확산하는 기회를 줄임으로써 달성될 수 있다. 그러나 더 중요한 것은 이를 달성하기 위한 적절한 정책과 작업 문화의 확립이다. 경영진은 본부 운영팀과 현장 실행팀 간 소통 환경 조성을 통해 이러한 문화를 조성해야 한다. 여기에는 관리적 절차만 있는 것이 아니라 적절한 이해와 함께 태도와 행동 패턴을 심어주기 위한 교육도 포함된다. 또한 작업자 스스로 오염 물질을 최소화할 수 있도록 안전한 작업 관행과 해체 작업자를 지원할 수 있는 관련 규정도 마련되어야 한다. .

최소화 전략의 구현은 작업자 피폭선량, 해체 작업 경로, 각 부문에서 발생된 방사성폐기물의 유형과 수량, 중간 저장 기간, 회수된 재료의 자산 가치와 같은 요소를 고려하는 최적화 과정이다. 안전 문화와 함께 적절한 행정 통제와 최적화된 관리는 적절한 폐기물 최소화 전략에 크게 기여할 수 있다. 이러한 목표를 달성하기 위해 취할 수 있는 몇 가지 예는 다음과 같다.

- 오염된 자재나 기기 관리에 대한 책임을 정의하고 보장하는 조직 구조의 확립과 폐기물 최소화에 대한 모범 사례의 장려
- 해체 작업 수행에 필요한 모든 정보의 수집과 운용 전산 데이터베이스 구축
- 오염된 자재나 기기의 출처, 유형, 양, 임시 저장, 최종 처분 등 정량화된 추적 시스템의 구축
- 서로 다른 범주의 폐기물 혼합 방지를 위한 관리와 관행, 폐기물 발생 원인별 분류, 이들 정보와 경험의 교환
- 최소화 전략 도입 과정과 정기적인 '반복' 과정을 통한 작업자 교육

11.5　방사성폐기물 발생 최소화 영향 요소

방사성폐기물 발생 최소화에 영향을 미치는 요소는 실로 다양하다. 예를 들어, 다음에 논의하고 있는 기술적 타당성, 경제성, 규제 요건뿐만 아니라 사회적 수용성과 국제적 흐름도 무시할 수 없는 중요한 요소이다. 특히 국내의 경우 최소화 목표를 달성하기 위해 매우 긴요한 재활용과 재사용에 대한 국민들 혹은 지역 주민들의

수용성 증진 문제는 곧 본격적으로 진행될 국내 원전 해체에 앞서 선제적으로 풀어내야 할 과제임이 분명하다. 그러나 이 수용성의 문제는 이 장의 논의 범위를 넘어섬으로 이 장에서는 다루지 않는다.

11.5.1   기술적 타당성 및 가용성

모든 해체 작업, 즉 오염 기기와 자재의 해체, 절단 분할, 제염, 측정 분석, 제염 공정 등에는 기술적으로 입증된 기법의 사용이 필수적으로 요구된다. 또한 해당 기술의 성공적 적용뿐만 아니라 작업에 따른 2차 폐기물 발생도 최소화해야 한다는 점을 잊어서는 아니 된다. 실제 일부의 예이지만, 기술적 성능은 뛰어남에도 2차 폐기물의 발생과 부수적인 문제 발생으로 해체 현장 적용 순위에서 밀려난 기술들이 여럿 존재한다. 또한 신기술 적용이 무조건적으로 배제되어서는 아니 되지만 제대로 준비되지 않은 기술을 섣불리 현장에 적용하다 실패할 경우 더 많은 문제를 초래할 수 있으므로 새로운 시도를 위해서는 목업 (mock-up) 시연 등 사전에 철저한 준비를 하는 것이 필요하다. 이같이 입증된 기술의 적용은 원활하고 효율적인 해체 작업을 위해 필요한 것 뿐만아니라 발생 폐기물의 최소화에도 직결되는 문제이다.

규제 해제를 통해 폐기물을 재활용과 재사용하기 위해서는 적당한 크기의 절단과 적절한 제염이 필요한데 이들 공정은 구성 재료의 특성, 오염 유형과 준위 (오염 핵종 종류, 고착성 혹은 비고착성 오염, 침투 깊이 등), 측정조사와 제염을 위한 표면 접근성, 공정과 재료와의 호환성 (예: 폭발 또는 연소 가능성) 등에 따라 크게 좌우된다. 따라서 재활용과 재사용을 목적으로 철거와 해체를 진행할 경우 이들 해체 절단 기법과 제염 공정 등의 선정에 주의를 기울여야 할 것이다.

11.5.2   방사선학적 규제 요건과 지침

앞에서 논의한 바와 같이, 방사성 오염이 제거된 후 적극적으로 재활용과 재사용되기 위해서는 제염된 기기와 자재들에 대한 규제 해제 제한값 지침이 분명하게 제시되고 이 가이드라인 따라 규제 해제 활동이 기술적으로 보장되는 것이 매우 긴요하다. 많은 경우 이러한 기준은 각 국가의 법적 규정에 기반하고 있지만 일부에서는 프로젝트 수행 사례에 기초하기도 한다. IAEA 보고에 따르면 실제로 규제 해제 관행에 적용되는 기준은 회원국마다 다르다. 그러나 원전 해체 경험이 풍부하거나 현재 한창 해체를 진행하고 있는 나라들은 단위 질량당 방사능 농도값이 아닌 단위 면적당 방사능 농도값을 규재 해제 기준 값으로 사용하고 있다. 표 11.4에는 이들 국가들이 무제한적 재활용과 재사용을 위해 채택한 표면 오염 방출 기준을 정리하였다.

표 11.4　β와 γ 방출체에 대한 무제한 재사용 표면 오염 제한값 (Bq/cm²) 국가별 사례

제한값	국가명	추가 정보
0.37	독일	평균 100 cm² 이상의 고착성 혹은 제거 가능한 오염에 대해 적용. 원자력 시설로부터 발생되는 금속 고철에 적용
0.50		원자력 시설로부터 발생되는 금속 고철과 콘크리트에 적용
0.40	핀란드	0.1 m² 이상의 제거 가능한 표면 오염에 적용
0.40	벨기에	300 cm² 이상의 제거 가능한 표면 오염에 적용
0.83	미국	오염된 지역이 100 m² 초과하지 않는 경우, 1 m² 이하 지역의 자연방사능 수치보다 최대 2.5 Bq/cm² 이상의 표면 오염
1.00	이탈리아	해체로부터 제한된 양의 자재에 대한 사례별 결정
1.00	캐나다	평균 100 cm² 이상, 모든 표면에 대한 100% 조사
3.70	프랑스	해체 발생 기기나 자재. 100% 직접 표면 측정
4.00	스웨덴	오염된 지역이 10 cm² 초과하지 않는 경우, 최대 40 Bq/cm²로 100 m² 이상의 제거 가능한 표면 오염에 대한 평균값.
4.00	인도	슬래그 내의 우라늄 농도가 4 ppm 이하인 경우 자유 방출

　물론 표 11.4의 제한값들이 무조건적으로 적용되는 것은 아니며 방사성폐기물의 오염 형태에 따라 전문가들에 의한 적절한 특성평가가 뒤따라야 한다. 예를 들어 미국과 스웨덴은 '핫 스팟' 오염의 경우 통상 일반 제한값보다 3 ~ 10배 높은 값을 기준으로 설정하고 있다. 또한, 일부 국가에서는 α와 β-γ 방출체에 대해 별도의 제한값을 지정하는 반면, 미국과 영국은 핵종별 제한값을 유지하고 있다. 이러한 국제적인 흐름에도 불구하고 국내는 아직 재활용과 재사용을 위한 표면 오염 방출 제한값에 대한 분명한 규제 요건이나 지침 없이 IAEA가 제시하고 있는 단위 질량당 핵종별 오염 농도 자체처분 값을 그대로 사용하고 있다. 이제라도 고리 1호기의 성공적 해체를 위해서는 규제 해제 표면 오염 값에 대한 본격적인 논의를 시작해야 할 것이다.

11.5.3 경제적 고려사항

방사성폐기물 발생 최소화를 위한 분리, 방출, 재활용과 재사용 전략 등의 선택은 당연히 비용-편익 분석에 기초하여야 정당화된다. 물론 이러한 재정적 수익 요인은 재활용과 재사용을 적극 장려하는 국가적 정책에 의해 촉진될 수 있다. 이때 고려할 수 있는 몇 가지 측면으로 다음과 같은 것들을 들 수 있다.

- 철거, 특성평가, 제염, 금속 용융, 인허가 등을 포함한 재료의 회수와 처리 비용
- 예기치 않은 사건 (기술적 실패와 제약, 법률적 측면 등)으로 인한 재정적 위험을 상쇄하기 위한 비상 자금
- 방사성폐기물 처리, 중간 저장, 처분 비용 대비 재활용과 재사용 이득 비교 평가 (특히 국내에서 전혀 생산이 되지 않는 니켈과 같은 고가 금속의 회수와 활용 등)

주요 참고 문헌

- IAEA No. RS-G-1.7, 'Application of the Concepts of Exclusion, Exemption and Clearance' (2004)
- IAEA TECDOC-855, 'Clearance Levels for Radionuclides in Solid Materials: Application of Exemption Principles' (1996)
- IAEA Technical Report Series 389, 'Radiological Characterization of Shut Down Nuclear Reactors for Decommissioning Purposes' (1998)
- IAEA TECDOC-1537, 'Strategy and Methodology for Radioactive Waste Characterization' (2007)
- OECD/NEA No. 7373, 'Radiological Characterization from a Waste and Materials End-State Perspective' (2017)
- OECD/RWM/WPDD, 'Radiological Characterization for Decommissioning of Nuclear Installations' (2013)
- IAEA No. NW-T-1.18, 'Determination and Use of Scaling Factors for Waste Characterization in Nuclear Power Plants' (2009)
- IAEA Technical Report Series 401, 'Methods for the Minimization of Radioactive Waste from Decontamination and Decommissioning of Nuclear Facilities' (2001)
- Regulatory Guide 4.21, 'Minimization of Contamination and Radioactive Waste Generation: Life-Cycle Planning', US NRC (2008)

제12장 자체 처분 측정조사와 평가 기술

12.1 MARSAME 방법론

앞에서 이미 강조한 바와 같이, 원전 해체 계획 단계에서 가장 중요한 것은, 방사선학적 특성 평가를 통해 해체 중 발생한 오염 폐기물들의 방사성 핵종 조성과 세기를 확인하고 그에 따른 최적의 관리 방안을 마련하는 것이다. 특히 대형 원전의 경우, 대량으로 발생하는 폐기물을 짧은 기간 동안 처리해야 하기 때문에, 발생 초기 빠른 방사선학적 평가와 함께 규제 해제 가능성 여부의 판단이 원전 해체 프로젝트 방사성폐기물 최적 관리의 매우 중요한 요소이다.

따라서 이 장에서는, 7~9장에서 살펴본 해체 원전 내 부지와 건물의 규제 해제 방법론에 이어, 해체 과정 중 발생하는 기기들과 금속, 콘크리트, 공구, 장비, 배관, 도관, 가구와 잔해, 슬러지 등의 분산성 벌크 재료를 포함한 자재들의 규제 해제를 다룬다. 국내의 경우 방사능 오염 물질과 장비의 규제 해제를 '자체 처분'이라 정의하고 있지만 그 의미가 다소 협소하므로 이 장 본문에서는 다양한 논의를 위해 원래 의미대로 규제 해제라 기술한다.

현재 국제적으로 가장 많이 통용되고 있는 원자력 시설 부지와 건물의 규제 해제 방법론은 미국 NRC가 개발한 MARSSIM 방법론이지만, 원전 해체 과정 중 발생하는 방사능 오염 기기나 자재들에 대한 본격적인 규제 해제 검증 방법론은 따로 없었다. 그러나 최근 NRC가 MARSSIM의 부록으로 개발했으나 현장 적용을 미루어 왔던 MARSAME (Multi-Agency Radiation Survey and Assessment of Materials and Equipment) 방법론을, 미국 Humboldt 발전소 해체에 적용해 검증한 이후 적극적으로 활용하기 시작하였다. 따라서 이 장에서는 논의 중 많은 부분을 MARSAME 방법론에 대해 설명하는데 할애한다. 다시 정리한다면 MARSSIM이 원전 해체 후 부지나 시설의 규제 해제를 평가하는 지침서라면, MARSAME은 해체 과정에서 발생한 방사능 오염 자재와 기기의 규제 해제 혹은 자체 처분 평가를 다루는 지침서이다.

<table>
<tr><td style="background:#888">**12.2**</td><td>## 규제 해제 측정 조사 단계</td></tr>
</table>

12.2 규제 해제 측정 조사 단계

    당연히 처분 대상 오염 폐기물인 자재와 기기의 규제 해제 기준 만족 여부 판정은 방사선 측정조사 결과에 기반해야 한다. 특히 MARSAME에선 100% 측정조사를 요구하고 있다. 그럼에도 측정조사 결과에는 늘 불확실성이 내포되어 있으므로 이 불확실성에 따른 결정의 오류 가능성을 최소화해야 한다. 이것이 규제 해제를 위한 처분 측정조사도, MARSSIM에서 제시하고 있는 바와 같이 4단계 자료 수명 주기 (7.3절 참조)에 따르도록 요구하는 이유이다 (그림 12.1).

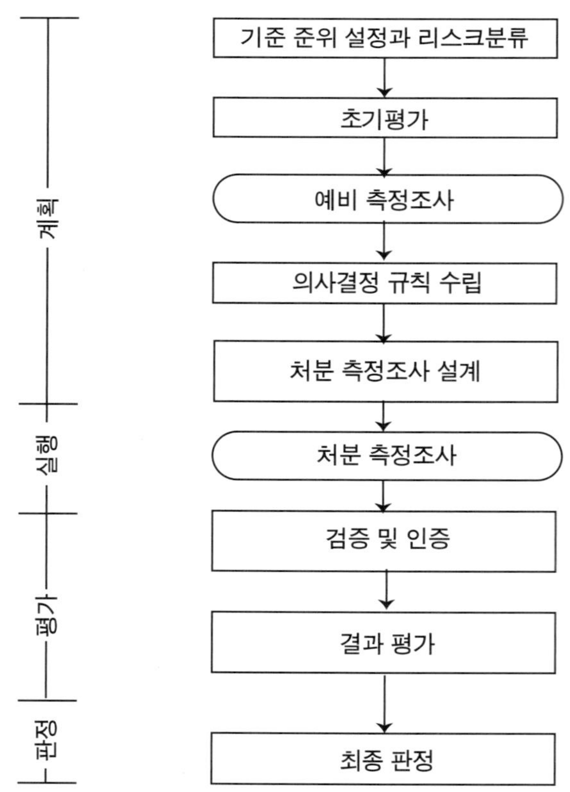

그림 12.1 규제 해제 측정조사와 평가 기술 적용 흐름도

이후 상세한 설명이 이루어지겠지만 위의 그림 12.1에서 보듯 4단계 규제 해제 측정조사와 평가 기술의 각 단계별 주요 작업들은 다음과 같다.

- 계획 단계: 초기평가, 판정 원칙 수립, 처분 측정조사 설계 등
- 실행 단계: 본격적인 처분 측정조사 수행
- 평가 단계: 자료 검증과 측정조사 결과 평가
- 의사결정 단계: 규제 해제 가능성 최종 판정

12.2.1　계획 단계

계획 단계에서는 자료 품질 목표를 설정하고 이를 기준으로 측정조사 설계를 개발하고 문서화한다 (DQO. 7.3절 참조). 이 설계에서는 처분 결정을 뒷받침하는데 필요한 측정 횟수, 유형과 위치뿐만 아니라 의사결정 규칙도 문서화해야 한다. 계획 단계 초기에 규제 기관으로부터 의견을 구하는 것도 큰 도움이 될 것이다.

처분 측정조사 설계는 대상 자재와 기기에 대한 초기평가에서 시작된다. 이 초기평가는 일반적으로 자재와 기기가 사용되었던 공정과 이력의 검토뿐만 아니라 육안검사도 함께 이루어지는데, 이 결과는 물리적 특성과 잠재적 방사능에 대한 정보를 제공하는 개념 모델 개발에 사용된다. 물리적 특성 설명에는 크기, 형태, 복잡성 (예: 분해하거나 다른 물질 혹은 기기와 결합 여부), 접근성 (예: 측정 조사 수행을 위한 물리적 접근 가능성), 고유 가치 (예: 재사용, 재활용, 수리, 정화 복원 조치, 교체와 관련된 자원 및 처분)에 대한 정보가 포함되어야 한다. 방사능에 대한 정보는 잠재적 방사성 핵종, 예상 방사능 준위, 여러 핵종이 존재할 경우 핵종 벡터, 방사능 분포 (예: 균일성 여부), 방사능 위치 (예: 표면 또는 체적) 등을 포함해야 한다. 초기평가는 다음 절에서 상세히 논의된다.

다음으로 조사 대상 자재와 기기의 처분에 대한 의사결정 규칙을 정해야 한다. 의사결정 규칙은 다음과 같은 3가지 내용이 포함된 선언적 문장이다.

- 기준준위
- 관심 매개 변수
- 대체 조치

의사결정 규칙의 예는 "만약 평균 표면 방사능 농도가 규제 해제 기준보다 작으면 해당 자재와 기기는 규제 해제할 수 있으며, 그렇지 않으면 규제 해제할 수 없다" 등이다. 물론 이때 규제 해제 기준은 다음 절에서 상세히 설명될 처분 기준준위를 의미한다.

의사결정 규칙 수립 후 본격적인 측정조사 설계가 이루어진다. 측정조사 설계는 의사결정 규칙에 언급된 처분 결정을 뒷받침하는 데 필요한 측정 횟수를 예비 결정한다. 물론 이 처분 측정조사 설계에서도 등급별 접근법을 적용해야 한다. 즉 일정 수준 이상으로 오염되었던 이력을 가진 자재와 기기는 동일 면적 대비 더 촘촘한 배열에 따라 더 많은 측정조사를 수행해야 하며, 오염이 미약했다면 덜 촘촘한 배열 혹은 임의 선택에 따라 요구되는 적은 횟수의 측정만으로 규제 해제 기준 만족을 입증할 수 있다. 측정조사 설계, 의사결정 오류의 정의와 결과 입증은 귀무가설의 선택에 의해 결정된다.

측정조사 설계는 관련 기관 (예: 규제기관)이 검토하고 승인한 품질 문서 (예: 표준 운영 절차, SOP)로 문서화해야 한다. 자주 반복되는 측정조사 설계는 계측기 성능과 직원 교육에 대한 보조 기록과 함께 표준 운영 절차에 기록될 수 있다.

12.2.2 실행 단계

측정조사 실행 단계에서 가장 중요한 것은 측정 기법이 측정조사 계획에 정의된 측정 품질 목표 (Measurement Quality Objectives, MQO)에 따라 이루어져야 한다는 것이다. 즉 측정 횟수와 유형은 측정조사 설계에 명시된 대로 수행되어야 한다. 만약 명시된 측정 방법을 수행할 수 없는 경우 (예: 계측기를 사용할 수 없거나 측정 방법이 측정 품질 목표를 충족하지 못하는 경우), 이 측정 품질 목표를 맞출 수 있는 다른 측정 방법을 선택해야 한다. 변경된 측정 방법의 선택 과정은 당연히 측정조사 설계와 결과 보고서에 기록되어야 한다.

MQO는 기본적으로 다음과 같이 기술된다.
- 측정 방법은 측정의 불확실도를 표준편차로 제시하여야 한다
- 측정 방법은 검출 가능한 최소 농도를 제시하여야 한다.

- 측정 방법은 측정 가능한 최소 농도 양을 제시하여야 한다.
- 측정 방법은 해당 방사성 핵종 또는 방사선을 특정 농도나 방사능 범위 내에서 측정할 수 있어야 한다.
- 측정 방법은 간섭 물질이 존재하는 상황에서도 해당 방사성 핵종 또는 방사선을 측정할 수 있는 효율적 능력을 갖추어야 한다.
- 측정 방법은 측정 조건의 작은 변화에도 측정 성능이 상대적으로 안정적으로 유지될 정도로 견고해야 한다.

만약 기준준위가 현장 측정값과 동일한 단위이면 측정자는 현장에서 측정 결과에 따라 기준준위와 비교해 바로 처분 결정을 내릴 수 있다. 이것을 '현장 즉시 조치'(clean as you go)라 하는데 이 조치를 활용하면, 현장에서 오염되지 않은 자재나 기기를 바로 측정조사 대상에서 제외해 처분 측정조사 완료 후 추가 검토가 필요한 오염 자재와 기기의 물량을 크게 줄일 수 있다. 물론 이 현장 즉시 조치는 오염 가능성이 높아 체계적 관리가 필요하고 측정조사 품질과 정확도에 대한 신뢰도가 높아야 하는 등급 1 측정조사에도 적용된다. 실행 단계에서 측정조사 결과의 불확실도를 추정하기 위해 품질관리 (QC) 자료도 당연히 수집 분석해야 한다.

12.2.3　평가 단계

평가 단계는 측정조사 결과의 확인 (verification)과 검증 (validation)으로 시작된다. 자료 확인은 측정조사가 문서화된 요건과 규정대로 이행되었는지 확인하는 것이며 자료 검증은 자료 수집 활동 결과가 측정조사 MQO를 만족시키는지 평가하는 작업이다. 이와 함께 예비 자료 검토도 수행되는데 이 검토는 자료의 구조 (예: 패턴, 관계 또는 잠재적 이상 여부 등)를 파악하기 위해 수행된다. 이때 자료 분포를 시각화하기 위해 통계와 컴퓨터를 이용한 시각화 기술을 사용할 수 있다.

측정조사 자료의 평가는 측정조사 방법에 따라 달라지는데, 측정 결과 자료들이 기준준위와 유사해 최종 결정의 불확실성이 클 경우 MARSSIM에서와 같이 Sign 검정과 WRS 검정과 같은 비모수 통계 검정시험을 통해 평가해야 한다. 이들 비모수 통계 검정시험에 대해서는 후속 절에서 상세히 논의한다.

12.2.4   의사결정 단계

평가 단계 후 최종적으로 대상 자재와 기기에 대한 규제 해제 요건 만족 여부에 대한 최종 처분 결정이 내려진다. 통계적 검정시험이나 자료 비교를 통해 관심 매개 변수가 기준준위를 초과하는지 판단하며, 그 결과에 근거해 최종 처분 결정을 내린다. 만약 이 측정조사 설계에 여러 의사결정 규칙이 정의된 경우 어느 한 측정 결과라도 의사 결정 규칙을 만족시키지 못하면 추가 조사를 해야 한다. 때때로 측정조사 실행 단계 중에도 의사 결정이 이루어질 수 있는데 앞 절에서 논의한 현장 즉시 조치가 그 예들 중 하나이다.

12.3   규제 해제 계획 수립

처분 측정조사 자료 수명 주기의 첫 단계인 규제 해제 계획 수립은 그림 12.1에서 보듯 규제 해제를 만족시킬 수 있는 방사선학적 조건인 기준준위 (action level) 설정과 이에 따른 해당 오염 자재와 기기의 리스크 분류로부터 시작된다.

12.3.1   기준준위 (AL, Action Level) 설정

기준준위란 최종 의사 결정자가 여러 설정 가능한 방사능 준위들 중 하나를 선택해 규제 해제의 목표값으로 선정한 기준 방사능 값이다. 일반적으로 방사능 단위 혹은 농도 단위로 기술되나 방사성 핵종 또는 방사선 별로 다를 수 있다 (예: Bq, Bq/kg, Bq/㎡). 실제 이 장에서 논의하고 있는 오염 자재나 기기에 대한 규제 해제 평가 방법론은 일반론이기 때문에 기준준위는 응용에 따라 다양하게 적용할 수 있다. 즉 선량 또는 리스크 기반 규제 값이 될 수도 있고 특정 측정 기술 관련해 편리한 단위로 변환된 값이 될 수 있다. 만약 이 방법론을 오염 자재나 기기의 규제 해제가 아닌 최종 처분에 적용한다면 기준준위는 방사성폐기물 처분장의 방사선학적 인수 기준값이 될 것이다.

이와같이 이 방법론은 다양한 상황에 적용할 수 있지만 이 장에서의 논의는 원전 해체 과정에서 방출되는 방사능 오염 자재나 기기의 재사용과 재활용을 위한 규제 해제에만 집중하고자 한다. 이 경우 가장 대표적인 기준준위는 IAEA가 국제적 안전 기준으로 요구해 전 세계가 준용하고 있는 규제 해제 준위 (clearance level)가 될 것이다. 참고로 이 지침에서는 250여 개 핵종에 대한 규제 해제 준위를 Bq/g 단위로 제시하고 있는데 이 기준은 이 핵종이 일반에게 노출되었을 때 공중에게 미치는 연간 유효선량이 10 μSv 이하이어야 한다는 기준에 따라 핵종별로 유도된 값이다.

앞에서 이미 설명한 바와 같이 실제 원전 해체 현장에서 발생하는 방사성폐기물은 크게 체적 오염 폐기물과 표면 오염 폐기물로 나눌 수 있다, 체적 오염 폐기물은 중성자 조사에 의해 방사화된 폐기물로 핵분열이 일어나는 원자로 노심 근처의 구조재, 제어봉, 차폐 블록, 내부 삽입된 인서트 등에 국한된다, 반면 대부분은 표면 오염 폐기물로 방사성 물질 (기체, 액체, 분진 등)이 기기나 구조물의 표면에 침착된 자재나 기기들이다. 따라서 후자의 경우 IAEA가 제시하는 단위 질량 당 농도 기준을 해체 현장에 그대로 적용하기에는 상당한 무리가 따르게 된다. 이러한 이유로 원전 해체 경험이 많은 나라들은 표면 오염 방사성폐기물의 규제 해제에는 단위 면적 당 방사능 기준준위를 채택하고 있다. 이들 나라들이 채택하고 있는 표면 오염 규제 한계치의 예를 표 12.1에 정리하였다 (11장 표 11.4 참조).

표 12.1 주요 국가별 표면 오염 규제 해제 값

국가명	기준	근거
미국	^{226}Ra와 TRU 핵종: 0.017 Bq/cm^2 베타/감마 핵종: 0.83 Bq/cm^2	NRC Reg. Guide 1.86
유럽 국가 (독일, 벨기에, 스페인 등)	알파 핵종: 0.04 Bq/cm^2 베타와 감마 핵종: 0.4 Bq/cm^2	EU, RP 122 Part I:
프랑스	방폐물 관리에 있어 EU 지침을 기반으로 하지만, 표면 오염 해체 값은 EU의 일반적 해제 기준을 채택하지 않고 개별 사례 (case-by-case study)를 기반으로 평가함.	

위 표에서 알 수 있듯이 대부분의 유럽 국가들은 기본적으로 EU의 표면 오염 규제 안전 지침을 따르고 있으며 미국 NRC도 관련 지침을 발표한 바 있다. 이러한 국제적 추세에 따라 IAEA도 국제적 전문가들의 의견을 모아, 표 12.1의 값들보다는

다소 높지만 주요 핵종별 표면 오염 규제 해제 값을 발간하기도 하였다. 그러나 앞
장에서 설명한 바와 같이 국내에서는 아직 표면 오염 방사성폐기물의 규제 해제 값
에 대한 논의가 제대로 이루어지지 않고 있다.

가. 여러 핵종이 존재할 때 기준준위의 조정

　대상 자재와 기기가 여러 핵종에 의해 오염된 것으로 드러난 경우 개별 기준준위
를 결합해 총괄 기준준위를 조정해야 한다. 특히 다수의 방사성 핵종이 기준준위에
버금가는 농도로 존재할 경우, 모든 방사성 핵종에 대한 총 선량 또는 위험도는 처
분 기준준위를 초과할 수 있다. 이러한 경우 해당 방사성 핵종 간의 관계에 기초하
여 기준준위를 조정해야 한다. 예를 들어, 방사능 분율을 알고 있는 여러 방사성 핵
종이 오염 자재와 기기에 동시에 존재하는 경우, 총 방사능 기준준위는 다음의 식
(12-1)로 계산한다.

　　1. 방사성 핵종별로 총 방사능에 기여하는 각각의 상대적인 분률 f를 정한다.

　　2. 각 방사성 핵종별 기준준위를 구한다.

　　3. 다음 식에 분율 f 값과 기준준위 값을 대입해 총 기준준위 방사능을 구한다.

$$AL_{Gross\ Activity} = \cfrac{1}{\left(\cfrac{f_1}{AL_1} + \cfrac{f_2}{AL_2} + \cdots + \cfrac{f_n}{AL_n} \right)} \tag{12-1}$$

여기서 $AL_{Gross\ Activity}$ 는 총 기준준위 방사능, f_i는 핵종 i (i=1, 2, $\cdots$ n)가 총 방사

능에 기여하는 상대 분율, AL_i은 핵종 i 의 기준준위이다.

예제

　총 방사능의 40%는 기준준위가 1.4 Bq/cm^2 (8,400 dpm/100cm^2)인 방사성 핵
종에 기인하고, 또 다른 40%는 기준준위가 0.28 Bq/cm^2 (1,700 dpm/100cm^2)인
방사성 핵종에 의해, 나머지 20%는 기준준위가 0.14 Bq/cm^2 (840 dpm/100cm^2)
인 경우 총 방사능 기준준위는 다음과 같이 구할 수 있다.

$$AL_{Gross\ Activity} = \cfrac{1}{\left(\cfrac{0.4}{1.4} + \cfrac{0.4}{0.28} + \cfrac{0.2}{0.14}\right)} = 0.32\ Bq/cm^2\,(1{,}900\ dpm/100\ cm^2)$$

그러나 (12-1) 식은 이 비율을 알 수 없거나 변화가 많은 방사성 핵종 농도를 갖는 자재나 기기의 방사능 측정조사 단위에는 적합하지 않을 수 있다. 이러한 상황에서 최선의 방법은 존재하는 혼합 방사성 핵종 중에서 가장 제한적인 표면 방사능 기준준위 (위 예제의 경우 0.14 Bq/cm²)를 선택하는 것이 최선일 수 있다. 물론 혼합 방사성 핵종이 현장 측정조사 장비를 사용하여 측정할 수 없는 ^{3}H 또는 ^{55}Fe와 같은 방사성 핵종을 포함하는 경우 자재와 기기 시료의 실험실 분석이 필요할 수 있다.

나. 대체 측정을 통한 기준준위의 조정

대상 자재나 기기의 오염 방사성 핵종들 사이의 상관관계를 알 경우, 이 상관관계를 이용해 1개 방사성 핵종만 측정하고, 나머지 방사성 핵종은 대체 측정을 통해 규제 해제 기준 만족을 입증할 수 있다. 특히 서로 상관관계가 분명한 2개 오염 핵종의 경우, 예를 들어 ^{60}Co 측정 결과에 기초해 ^{55}Fe를 추정할 경우 기준준위는 아래 식 (12-2)을 통해 구할 수 있다. 참고로 이 식은 대체 측정을 통해 여러 핵종의 DCGL을 구하는 식 (7-1)과 같은 개념이다.

$$AL_{meas,mod} = AL_{meas}\left\{\cfrac{AL_{infer}}{\left(\cfrac{C_{infer}}{C_{meas}}\right)AL_{meas} + AL_{infer}}\right\} \qquad (12\text{-}2)$$

여기서 $AL_{meas,mod}$: 측정 방사성 핵종에 대한 조정 기준준위, AL_{meas}: 측정 방사성 핵종 기준준위, AL_{infer}: 추정 (즉 측정하지 않은) 방사성 핵종 기준준위, (C_{infer}/C_{meas}): 추정 대비 측정 방사성 핵종의 대체 비율이다.

만약 측정된 2개 방사성 핵종 이상을 대체 핵종으로 사용할 경우, 조정되는 기준준위 식은 아래 식 (12-3)와 같이 확장될 수 있다.

$$AL_{meas,\,\mathrm{mod}} = \cfrac{1}{\left(\cfrac{1}{AL_1} + \cfrac{R_2}{AL_2} + ... + \cfrac{R_n}{AL_n} \right)} \tag{12-3}$$

여기서 AL_1: 측정 방사성 핵종의 기준준위, AL_2: 측정 방사성 핵종에 의해 추정되는 두 번째 방사성 핵종 (즉, 첫 번째 추정 핵종)의 기준준위, R_2: 측정 방사성 핵종에 대한 두 번째 방사성 핵종의 농도 비율, AL_n: 측정 방사성 핵종에 의해 추정되는 n 번째 방사성 핵종의 기준준위, R_n: 측정 방사성 핵종에 대한 n 번째 방사성 핵종의 농도 비율이다.

사실 대체 핵종 방법을 사용할 때 측정 핵종과 대체 측정 방사성 핵종 간 일관된 비율을 찾는 것이 쉽지는 않지만, 이 방법은 개별 방사성 핵종에 대한 측정값을 얻는데 소요되는 비용과 시간을 많이 줄일 수 있다는 것이 큰 장점이다. 일반적으로 γ 선 측정은 어렵지 않으므로 측정이 쉽지 않은 α 혹은 β 방출 방사성 핵종의 대체 핵종으로 γ선 방출 핵종을 사용하는 예가 많다. 예를 들어, 모두 유사한 화학적 특성을 갖는 방사화 부식 생성물이기 때문에 ^{60}Co을 ^{55}Fe와 ^{63}Ni의 대체 핵종으로 사용할 수 있다. 마찬가지로 둘 다 핵분열 생성물이고 수용성 양이온이기 때문에 ^{137}Cs을 β 방출 ^{90}Sr의 대체 핵종으로 사용할 수 있다.

다. 단일성 규칙을 통한 기준준위의 조정

다수의 방사성 핵종이 존재할 때 사용되는 또 다른 방법은 단일성 규칙 (unity rule)을 사용하는 것이다. 예를 들어, 비록 기준준위를 넘지는 않지만 여러 방사성 핵종들이 기준준위와 유사한 농도 크기로 존재할 경우 단순히 모든 방사성 핵종들의 총 선량 혹은 리스크를 합칠 경우 처분 기준을 초과할 수 있다. 이때 적용하는 원칙이 다음 식 (12-4)로 표현되는 단일성 규칙이다, 이 규칙은 혼합 방사성 핵종의 분율 합이 1 이하의 농도 제한값을 가져야 한다는 규제 해제 기준이다.

$$\frac{C_1}{AL_1} + \frac{C_2}{AL_2} + ... + \frac{C_n}{AL_n} \leq 1 \tag{12-4}$$

여기서 C_i: 개별 핵종 i (i=1,2,···n)의 농도나 방사능 값, AL_i: 개별 핵종 i (i=1,2,···n)의 기준준위 값이다.

12.3.2   리스크 분류

잔류 방사능이 남아 있을 가능성이 있는 자재나 기기들이 규제 해제 대상인지 아닌지 판별하기 위해서는 기준준위를 기준으로 잔류 오염의 가능성을 평가해야 한다. 물론 뒤에서 상세히 설명하겠지만, 이때 가장 중요한 판단의 근거는 초기평가 자료이며 이 자료를 바탕으로 해당 오염 자재와 기기들에 의한 리스크 평가를 시작하게 된다. 국제적으로 리스크 분류는 다음과 같이 네 가지로 구분하고 있다.
- 오염 리스크 있음 (risk of contamination)
- 오염 리스크 낮음 (small risk of contamination)
- 오염 리스크 극히 낮으나 규제 해제 기준을 초과함 (extremely small risk of contamination but contaminated above the clearance limit)
- 규제 해제 기준 이하 (not contaminated or below the clearance limit)

MARSAME에서는 이러한 막연함을 피하기 위해 MARSSIM과 같은 방법론을 적용해 기준준위를 기준으로 리스크를 다음과 같이 구체적으로 분류하고 있다.
- 등급 1 (Class 1): 기준준위를 초과할 가능성이 있는 방사성 오염 자재와 기기
- 등급 2 (Class 2): 방사성 핵종 농도 또는 방사능 준위가 기준준위를 초과할 가능성이 낮으며 국부적으로 높은 방사성 핵종 농도 또는 방사능의 존재 가능성이 거의 없는 방사성 오염 자재와 기기
- 등급 3 (Class 3): 방사성 핵종 농도 또는 방사능 가능성이 거의 또는 전혀 없으나 비오염으로 분류할 증거가 충분하지 않는 방사성 오염 자재와 기기
- 비오염 자재나 기기 (non-impacted): 비오염으로 분류할 증거가 충분한 자재와 기기

이러한 리스크 등급 분류는, 처분 측정조사 작업을 수행할 때 규제 수준을 위험도에 따라 차등적으로 적용해야 한다는 등급별 접근법 (graded approach) 원칙에 따른 것이다. 즉 기준준위를 초과할 가능성이 높은 오염된 자재와 기기, 즉 등급

1 자재나 기기는 처분 측정조사 시 촘촘하게 측정조사를 수행할 수 있도록 측정 지점 수를 늘려야 하고, 기준준위을 초과할 가능성이 낮은 자재와 기기, 즉 등급 2 혹은 등급 3 자재와 기기는 측정 지점 수를 줄이며 그 위치 또한 전문가에게 맡기는 것이 허용된다. 물론 이러한 리스크 분류를 위해서는 사전에 방사성 핵종 농도에 대한 정보가 필요하다. 이들 정보 자료는, 뒤에서 상세히 설명하겠지만, 초기평가 혹은 예비 측정조사 동안 확보된 과거 이력 자료 혹은 공정 관련 자료 등에서 얻을 수 있다. 만약 이러한 정보가 없는 경우, 대상 오염 자재와 기기는 등급 1이라 가정해야 한다. 추가적인 정보가 필요할 경우 기본적으로 예비 측정조사를 수행해야 한다

가. 등급 1   오염 자재와 기기

(1) 추정이나 알려진 방사성 핵종 농도가 기준준위와 가깝거나 혹은 이보다 높거나 (2) 국부적으로 방사성 핵종 농도 또는 방사능이 높을 경우, 즉 핫 스폿이 존재할 가능성이 있거나 (3) class 2 혹은 3으로 분류하기 위한 충분한 증거가 없는 오염 자재와 기기들이 이 등급에 속한다. 대표적인 예가 방사화된 오염 자재나 기기들과 방사성 액체 혹은 기체와 직접 접촉한 공정 관련 기기, 구성품과 자재들이다. 기준준위 이상의 높은 잔류 방사능으로 오염되었던 자재와 기기는, 비록 측정하기 어려운 영역이 없고 잔류 방사능이 충분히 제염되었다 하더라도 등급 1로 간주되어야 한다.

나. 등급 2   오염 자재와 기기

(1) 방사성 핵종 농도 또는 방사능 준위가 기준준위를 초과할 가능성이 낮으며 (2) 국부적으로 높은 방사성 핵종 농도, 즉 핫 스폿의 존재 가능성이 거의 또는 전혀 없는 오염 자재와 기기들이다. 이러한 가능성은 과거 이력 정보, 공정 관련 정보 또는 예비 측정조사 등을 통해 확인할 수 있다. 대표적인 이 등급의 자재와 기기들은 전기 배전반, 유로 배관, 도관, 환기 덕트, 구조강과 방사성 물질과 접촉했을 가능성이 있는 기타 자재들이다.

다. 등급 3   오염 자재와 기기

(1) 자연방사능 이상의 방사성 핵종 농도 또는 방사능 오염 가능성이 거의 또는 전혀 없으나 (2) 비오염으로 분류할 증거가 충분하지 않는 자재와 기기들이다. 물론 3등급으로 분류된 오염 자재와 기기에서는 핫 스폿이 발견되어서는 아니 된다.

오염 자재와 기기의 부적절한 리스크 등급 분류 예를 들어 기준준위를 초과하는 오염 자재 혹은 기기를 잘못 규제 해제하는 것은 심각한 문제를 유발할 수 있다. 그 반대의 경우, 즉 오염되지 않았는데 오염된 것으로 잘못 분류되는 경우에는 오염 안 된 자재와 기기들을 불필요하게 측정조사 하게 됨으로써 상당한 시간과 비용을 낭비하게 된다. 또한 만약 적용되는 기준준위가 복수일 경우 (예: 평균 총 표면 방사능, 최대 총 표면 방사능, 최대 유리성 표면 방사능의 세 가지 표면 방사능 기준준위) 최종 분류는 가장 보수적인 기준 준위를 따라야 한다. 예를 들어 최대 유리성 표면 방사능은 등급 3인 반면 최대 총 표면 방사능이 등급 1이라면 등급 1로 분류되어야 한다.

참고로 만약 분류 대상 자재와 기기가 대형이며 복합적인 구조를 가진 개체 (예: 대형 금속 폐기물)의 경우, 더 작은 부분으로 절단해 나누고 절단물을 각각 개별적으로 분류하는 것이 바람직하다. 그렇지 않으면 오염 리스크가 극히 낮거나 규제해제 기준 이하인 영역이 많음에도 불구하고 일부 높은 부분 때문에 전체가 불필요하게 오염 리스크가 큰 폐기물로 취급될 수 있기 때문이다. 이러한 분리는 여러 가지 방법으로 수행될 수 있는데, 예를 들어 물리적 경계로 구분하거나 측정 결과를 이용해 오염 준위에 따라 분리할 수 있다.

라. 측정조사 단위 (survey unit)

측정조사 단위는 처분 결정을 위해 측정이 이루어지는 대상 자재와 기기의 측정조사 범위로서 특정 로트, 수량 또는 부품 등을 말한다. 이 측정조사 단위 설정은 기준준위, 자재와 기기의 물리적 특성, 해당 방사성 핵종의 특성과 사용가능한 측정 기법 등 많은 변수에 의해 영향을 받는다. 이같은 측정조사 단위 결정에 영향을 미치는 변수는 다음과 같다.

- 기준준위: 사용된 가정 (예: 표면 또는 체적 오염)과 모델링 등
- 자재와 기기의 물리적 특성
  - 제원 (예: 크기, 형태, 표면적)
  - 복잡성 (구성 부품의 갯수와 유형)
  - 접근성 (측정 가능성)
  - 내재하는 고유 가치

- 자재와 기기의 방사선학적 특성
  - 관심 방사성 핵종
  - 예상 방사능 준위 (예: 평균, 범위, 분산 등)
  - 분포 (균질 또는 비균질)
  - 표면 오염 (고착성 혹은 유리성) 또는 체적 오염
- 가용한 측정 방법
  - MQO
  - 측정 성능 특성

따라서 해체 계획팀은 측정조사 단위 설정을 통해 얼마나 많은 자재와 기기에 대해 측정조사를 수행해야 할지 명확히 결정할 수 있다. 측정조사 단위 크기를 줄이면 선량이나 위험도가 증가하지 않으므로 대부분의 경우 단위 축소는 쉽게 허용되나 반대로 단위의 크기를 늘리면 선량이나 위험도가 증가할 수 있으므로 이해관계자의 사전 승인이 필요하다.

이러한 측정조사 단위 경계는 기본적으로 하나의 주요 인자 혹은 가정을 기반으로 개발하는 것을 권장한다. 즉, 각 기준준위에는 제한적인 피폭 시나리오가 설정될 수 있으므로, 예를 들어 콘크리트 잔해 더미를 운반하는 트럭 운전자의 경우 하나의 트럭 적재 콘크리트 잔해 더미에 의해 피폭되므로 이때 측정조사 단위 경계는 트럭 한 대의 콘크리트 잔해 더미 적재량 22톤으로 정할 수 있다.

측정조사 단위는 종종 특정 측정 기법에 의해 영향을 받을 수 있다. 예를 들어 현장 γ 분광법을 사용할 경우 γ 에너지의 투과력과 계측기 효율 등에 의해 측정조사 단위 크기가 제한될 수 있다. 또한 박스 카운터나 포털 모니터를 사용하면 검출기 안쪽으로나 검출기를 통과할 수 있는 크기에 따라 측정조사 단위 크기가 제한된다.

12.3.3 초기평가 (IA, Initial Assessment)

초기평가는 측정조사 계획 수립의 첫 번째 단계로, MARSSIM의 부지 이력 평가 (HSA)와 유사하다. 이 평가의 가장 중요한 목적은 대상 자재와 기기에 대한 정보를 수집 평가하여 오염, 비오염 여부를 결정하는 것이다. 초기평가에는 다음의 활동들이 수행된다.

- 육안 검사, 이력 기록, 공정 지식, 감시 측정 결과 평가
- 대상 자재나 기기의 물리적, 방사선학적 특성 평가
- 수집 자료의 부족한 부분을 메우기 위한 예비 측정조사의 설계와 실행
- 적절한 처분 방안과 대체 조치의 설정

이러한 초기평가 활동을 통해 판단을 뒷받침할 수 있는 적절한 정보가 확보된다면, 의사결정자는 대상 자재와 기기의 오염 혹은 비오염 여부를 판정할 수 있다. 물론 확보된 정보가 방사능 오염이 자연방사능 준위나 설정된 기준준위를 초과할 가능성이 없다는 것을 입증한다면 '비오염'이라 판정할 수 있으나 합리적으로 존재 가능성이 있다고 의심된다면 '오염'으로 판정해야 한다. 만약 대상 기기가 크고 복잡하거나 그룹일 경우 기기 전체를 부분으로 나누어 평가할 수 있다. 예를 들어 프론트 로더 (front loader)의 경우, 버킷 (bucket)과 타이어는 '오염'으로 분류하지만 엔진과 운전석 내부는 '비오염'으로 분류할 수 있다.

가. 육안검사 수행

확보된 자료로는 분류 결정을 할 수 없을 때 육안검사를 수행한다. 이 검사는 MARSSIM의 현장 답사에 해당하는 활동으로 주 목적은 처분 측정조사 설계에 사용할 정보를 수집하는 것이지만 검사를 통해 물리적 특성 (예: 크기, 재료의 종류, 모양, 상태)을 확인해 문서화하는 것이다. 따라서 현장 방문이 어려울 경우 사진 또는 비디오 검토로 대체할 수 있다. 만약 해당 자재와 기기의 위험성에 대한 정보가 거의 또는 전혀 없는 경우, 육안검사를 주의 깊게 수행해야 한다. 이때에는 갖고 있는 정보에 따라 방사선학적, 화학적, 혹은 기타 위험에 대비한 방호가 필요할 수 있으며 필요할 경우 개인 보호 장비 (예: 장갑, 방호복, 호흡기)를 사용할 수도 있다. 이력이 알려지지 않은 자재와 기기에 대한 육안검사는 권장하지 않으며 특히 상세 육안검사 (예: 내부 표면 검사를 위한 오염 가능 장비의 분해)는 적절한 예방 조치 없이 수행해서는 아니 된다.

나. 추가 이력 기록 수집과 검토

물리적 특성 (예: 크기, 형태, 상태)과 방사선학적 특성 (예: 방사성 핵종들과 예상 농도) 확인을 위한 이력 기록의 수집과 검토는 필수적인 과정이다. 이력 기록 검토 대상은 다음과 같은 문서들이다.

- 시설 또는 부지의 방사성 물질 면허
- 방사성 물질 사용 허가서 또는 기타 문서
- 운영 기록 (예: 이전 측정조사 기록, 폐기물 처분 기록, 배출물 방출 기록)
- 부지 또는 시설의 설명 (예: 자재와 기기의 위치, 현장 사진 등)
- 규제 기관의 현재와 과거 검사 보고서, 사고 분석과 규제 준수 이력
- 관련 자재와 기기 관련 계약 문서들 (예: 구매 기록, 운송 기록 등)

이력 정보의 매우 중요한 출처로 반드시 진행해야 하는 것이 현재와 과거 직원들과의 인터뷰이다. 인터뷰는 자료 수집 과정 초기에 시작하는 것이 바람직하며 필요하다면 초기평가 종료 직전까지 계속 수행할 수 있다.

다. 공정 지식 활용 평가

자재와 기기의 오염 상황을 평가하려면 이들의 특성뿐만 아니라 사용된 이력과 관련한 고유 방사능 정보들이 매우 중요하다. 이 정보를 공정 지식이라 한다. 이 정보를 활용하면, 예를 들어 구조용 강철, 환기 덕트, 배관 등과 같은 기기가 방사성 물질과 직접 접촉했는지 또는 방사화되었는지 쉽게 평가할 수 있다. 한 예로, 탈염 보충수를 순환시키는 펌프의 경우, 운전 기록과 유지관리 기록에 방사능을 사용한 적이 없으며 채취된 시료에서도 방사능이 측정되지 않았다면 이러한 공정 지식에 근거해 펌프 내부는 오염되지 않은 것으로 분류할 수 있다.

라. 감시 측정 (sentinel measurement) 실행

감시 측정이란 초기평가 목적에 맞는 특정 정보를 얻기 위해 핵심 위치에 치중하여 수행하는 측정조사를 일컫는다. 명칭에서 알 수 있듯이 이 측정조사는 자재와 기기의 현재 상태에 대한 정보를 얻는 데 사용될 뿐 방사성 핵종 평가나 방사능 리스크 평가나 오염범위 측정조사 등과는 무관하다. 예를 들어, 문지름 측정과 같은 감시 측정 결과가 음성이라 해도 해당 자재나 기기가 오염되지 않았다는 것을 뒷받침

하는 증거의 일부가 될 뿐 결정적인 근거는 될 수 없다. 그러나 반대로 덕트 내부에서 채취된 문지름 측정조사 결과, 방사능이 높게 측정되었다면 이 정보는 환기 계통이 오염되었다고 판정할 수 있는 근거 중 하나가 된다. 감시 측정은 통상 측정이 어려운 영역에 적용되므로 일반적으로 분산성 대량 물질에는 적용하지 않는다.

마. 오염 여부 결정

의사 결정자는 앞에서 살펴 본 4가지 정보 (육안검사, 이력 기록 검토, 공정 지식, 감시 측정 결과)를 기반으로 대상 자재와 기기의 오염과 비오염 여부를 결정해야 한다. 이들 중 어느 한 가지 정보라도 합리적으로 오염을 의심하게 한다면 해당 자재와 기기는 오염되었다고 판정해야 한다. 또한 비오염 여부가 명확하지 않은 경우에도 오염으로 판정해야 한다.

12.3.4 예비 측정조사 설계

오염과 비오염 분류 판정 이후 최종 처분 측정조사 설계에 필요한 정보가 부족한 경우, 필요한 정보를 얻기 위해 예비 측정조사를 수행해야 한다. 이 측정조사는 MARSSIM의 오염범위 측정조사와 특성평가 측정조사와 유사한 개념으로, 수행의 목적은 대상 오염 자재와 기기의 물리적 및 방사선학적 특성 규명에 필요한 정보를 얻는 것이다. 예비 측정조사 설계의 첫 단계는 관련된 자료 격차를 확인하는 것이다. 필요한 정보가 없거나 불충분한 경우를 자료 격차라 하는데 계획 팀은 이 격차가 확인될 때마다 문서화해 필요한 자료의 전체 목록을 만들고, 보수적 가정을 바탕으로 자료 격차를 해소하기 위한 합리적 범위의 예비 측정조사를 설계해야 한다.

이 측정조사의 궁극적인 목표 중 하나는 조사 대상 자재와 기기의 방사능 오염 비균질성을 최소화하는 것이다. 따라서 이를 위해 이 예비 측정조사 결과를 선제적으로 활용할 수도 있다. 예를 들어, 대상 기기의 대부분은 상대적으로 측정이 쉽고 방사능 오염 정도가 낮아 규제 해제가 고려되는 반면 일부 부품만 측정이 어려울 경우, 그 일부 부품만을 분리해 기기 전체의 오염 비균질성을 없앨 수 있다. 즉 오염의 정도가 크게 다른 자재와 기기가 서로 섞여지 않도록 방사능 오염 정도에 따라 예비 처분을 하는 것이다. 비록 모든 유형의 예비 측정조사에 적용할 수 있는 왕도는 없지만 이런 작업이 해체 방사성폐기물 최적 관리의 첫 번째 원칙이기도 하다.

12.3.5 의사결정 규칙 개발

가. 의사결정 규칙 원칙

계획 팀은 설정한 기준준위에 따라 처분 측정조사 결과에 대한 최종 판정 의사결정 규칙을 정해야 한다. 물론 이 과정에서 신뢰성 높은 자료를 충분히 확보해야 하며 이 자료들을 활용하여 의사결정 과정에 불확실성이 없도록 해야 한다. 의사결정 규칙은 기본적으로 해당 매개변수와 기준준위를 결합한 "만약 ....라면 규제 해제할 수 있다" 문장으로 구성한다.

예를 들면, "20,000 kg (8.3 ㎥, 트럭 1대 적재량) 콘크리트 잔해 더미의 ^{226}Ra 평균 농도가 체적 방사능 규제 해제 기준준위인 0.34 Bq/g보다 낮으면 콘크리트 잔해 더미는 규제 해제할 수 있으며, 그렇지 않으면 콘크리트의 방사선 통제 관리가 계속된다"라고 정할 수 있다. 이때 2가지 이상의 의사결정 규칙을 개발할 수도 있다. 예를 들어, 앞의 의사 결정문에 더해 "... 그렇지 않으면 콘크리트는 저준위 방사성폐기물로 처분을 고려한다. 만약 이 잔해 더미가 저준위 방사성폐기물 처리 시설의 폐기물 인수기준 (예: 평균 및 총 방사능 준위, 화학적 및 물리적 형태, 독성 등)을 만족하면 콘크리트는 처분을 위해 포장 및 운송된다. 그렇지 않으면 콘크리트의 방사선 통제 관리가 계속된다"라 정할 수 있다.

나. 통계 검정에 의한 의사결정 규칙 개발

그러나 특별한 경우를 제외하고 측정조사 결과 자료에는 늘 통계적 불확실성이 내포되어 있다. 특히 해체 현장에서는 비용과 시간의 제약 때문에 요구되는 최소한의 측정조사만 이루어지는데, 만약 측정조사 결과가 기준준위와 근사한 값을 갖고 있을 경우에는 불확실성이 더 커질 수밖에 없다. 이럴 경우 계획팀은 통계적 검정시험 평가 체제를 수립하여 의사결정의 불확실성에 대비해야 한다. 이때 적용하는 통계 검정시험이 자료가 정규 분포를 갖지 않더라도 유연하고 실용적으로 검정을 수행할 수 있는 비모수 통계 검정이다.

• 귀무가설 선택

통계 검정시험에서는 해당 자재와 기기의 실제 방사능 준위에 대한 2가지 주장이 가능하다. 하나는 귀무가설이고 또 다른 하나는 대체가설이다. 귀무가설은 "측정조사 대상 자재와 기기는 방사능 기준준위를 초과하는 오염이 존재한다"는 것으로 해당 자재나 장비는 오염이 적절히 제거되지 않았다는 주장이며 대체가설은 "측정조사 대상은 잘 제염되어 방사능 기준 준위를 초과하지 않는다"로 해당 자재나 장비는 기준준위 이하이므로 재사용, 재활용 또는 무조건적 폐기가 가능하다는 주장이다. 어떤 가설을 받아들일지, 또는 어떤 가설을 기각할지 기각하지 않을지를 결정하기 위해 측정조사 자료에 대한 통계적 검정 평가가 실시되어야 한다. 물론 어떤 상황에서든 두 가설 중 하나만이 참이어야 한다. 따라서 가설의 선택에 따라 검정에 대한 입증 부담도 결정된다.

• 식별한계값

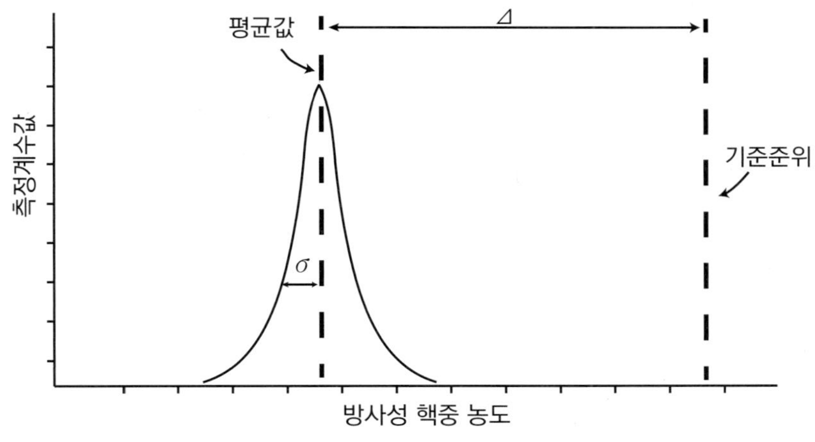

그림 12.2 회색영역이 충분히 넓어 상대변이가 큰 통계의 예

해체 계획팀은 측정조사를 통해 최종 판정을 확실하게 내릴 수 있도록 기준준위와 분명하게 구별될 수 있는 방사성 핵종 농도 또는 방사능 준위의 식별한계값 (discrimination limit)을 정해야 한다. 위 그림 12.2에서는 측정조사 결과 자료의 평균값이 식별한계값이다. 이 식별 한계와 기준준위 사이의 간격을 회색 영역 (grey region)이라 정의하며 이 폭을 변이 (shift, Δ로 표시)라 정의한다. 그러나 측정조사 결과의 신뢰도는 자료의 표준편차와도 밀접한 관계가 있으므로 추가로 회색영역의 폭을 측정 표준편차 (σ)로 나눈 상대변이 (relative shift, Δ/σ)를 정의하는데 이

값이 측정조사에 가장 큰 영향을 미치게 된다. 위 그림 12.2의 경우는 상대변이가 충분히 커서, 즉 측정조사 결과값들의 평균이 기준준위보다 충분히 낮아 이들 자료의 불확실성, 즉 편차가 의사결정에 영향을 미치지 않는다.

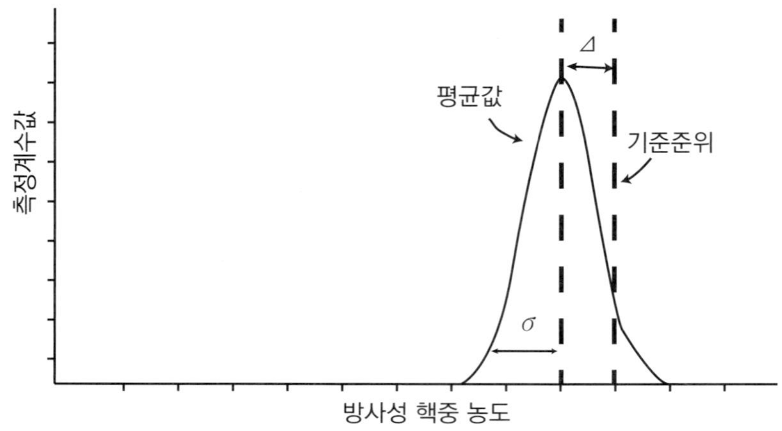

그림 12.3 회색영역이 좁아 상대변이가 작은 통계의 예

그러나 그림 12.3의 경우에는 비록 표준편차 (σ)가 크지 않아도 회색영역의 폭, 즉 변이도 작아 상대변이 (Δ/σ)가 작기 때문에 자료의 불확실성이 의사결정에 큰 영향을 미치게 된다. 따라서 이때에는 의사결정의 정확성을 높이기 위해 더 많은 시료를 분석해야 한다.

시나리오 A

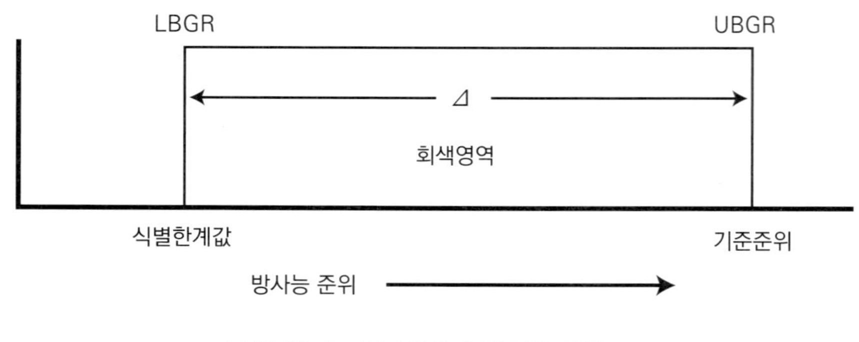

그림 12.4   시나리오 A 다이아그램

앞에서 설명한 바와 같이 원전 해체에서의 귀무가설은 '해당 자재나 기기의 방사성 핵종 농도 또는 방사능 준위가 기준준위와 같거나 초과하므로 규제 해제될 수 없다'는 것이다. 이때 그림 12.4의 경우, 즉 회색영역의 상한 (UBGR, Upper Boundary of the Gray Region)이 기준준위이고 회색영역의 하한 (LBGR, Lower Boundary of the Gray Region)이 식별한계값인 경우를 시나리오 A라 부른다. 이 시나리오를 적용하기 위한 일반적인 요건은, 측정조사 시 최소 측정 가능값이 예상 오염 측정값보다 작아야 하므로 식별한계값을 해당 자재나 기기의 예상 방사성 핵종 농도보다 높게 설정해서는 아니 된다는 것이다.

시나리오 B

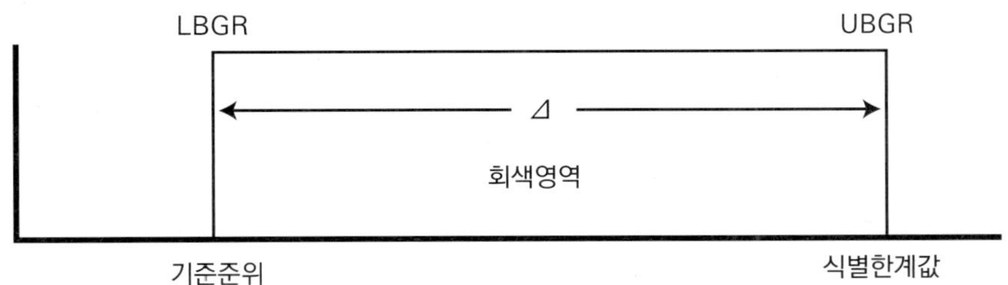

그림 12.5　시나리오 B 설명 다이어그램

반면 시나리오 B의 귀무가설은 "해당 자재나 기기의 방사성 핵종 농도 또는 방사능 준위가 기준준위 이하"라는 것이다. 이 경우, UBGR이 식별한계값이고 LBGR이 기준준위가 된다. 특히 시나리오 B는 기준준위가 0이거나 자연방사능 값과 같이 낮을 때 매우 유효한 검증 방법이다. 이럴 경우 허용되는 예상 방사능 핵종 농도나 방사능 준위가 자연방사능 값보다 얼마나 클 것인가 (즉 UBGR)를 결정해야 하는데 이것이 식별한계값이 되는 것이다. 그러므로 식별한계값은 기본적으로 규제 기관과 협의해 정해야 하는데 경우에 따라 규제 제한값과 같게 설정된다. 위 그림 12.5는 시나리오 B를 보여준다.

잠깐, 여기서 시나리오 B의 귀무가설은 마치 대체가설처럼 보이는데 통계학적 의미에서는 귀무가설이 맞다. 이러한 이유는 통계 기법의 차이가 아니라 의사 결정의 출발점이 다르기 때문이다. 즉 시나리오 A는 오염이 되었다는 가정 아래 오염이 제거되었음을 증명하는 것인 반면 시나리오 B는 오염이 없다는 가정 아래 오염이 제거되지 않았음을 증명하는 것이다.

• 의사결정 오류

측정조사 결과를 통계 처리할 때에는 항상 불확실성이 존재하므로 통계 검정 기반 의사결정에 오류가 발생할 가능성을 배제할 수 없다. 이미 앞에서 설명한 바와 같이 이 오류에는 두 가지 유형이 있다.

- 1종 오류 (α): 귀무가설이 참임에도 기각하는 오류.
- 2종 오류 (β): 귀무가설이 거짓임에도 기각하지 못하는 오류.

따라서 계획 팀은 방사성 핵종 농도 또는 방사능 준위가 기준준위 이상임에도 규제 해제를 허용하는 잘못된 판단을 내릴 수 있는 최대 1종 오류율 α를 정해야 한다. 이 최대값은 일반적으로 실제 방사성 핵종 농도 또는 방사능 준위가 기준준위와 정확히 같을 때 발생한다. 또한 잔류 오염이 존재하지 않음에도 규제 해제를 관철시키지 못하는 2종 오류율 β도 정해야 한다. 오류율 β는 방사성 핵종 농도 또는 방사능 준위가 식별 한계와 같을 때 발생한다.

12.3.6 처분 측정조사 설계

MARSAME은 최종 의사결정의 불확실성을 감소시키기 위해 가능하면 대상 자재와 기기를 처분하기 전 100% 측정조사하는 것을 요구한다. 특히 100% 스캔 측정조사 때에는 오염된 모든 표면이 측정되도록 주의를 기울여야 한다. 또한 비용과 리스크 감소 사이에서 합리적인 균형 달성을 위해 등급별 접근 방식을 사용해야 한다. 처분 측정조사에는 다음의 4가지 조사 방법이 있다.

- 스캔 전용 측정조사
- 현장 측정조사
- MARSSIM 유형 측정조사 (스캔과 현장 측정 결합 측정조사)
- 방법 기반 측정조사

가. 스캔 전용 측정조사 설계

스캔 전용 측정조사는 창 표면이 대상 기기나 자재의 표면을 훑어가며 측정하는 측정 기법을 말한다. 일반적으로 이 측정조사는 작은 개별 품목부터 대량의 물질,

복잡한 대형 기계에 이르기까지 모든 유형의 자재와 기기에 적용될 수 있다. 이 기법은 대상 자재와 기기가 고정된 위치에 설치된 검출기를 지나 이동하는 컨베이어 시스템뿐만 아니라 검출기 (예: GM 팬케이크 검출기)를 손에 들고 일정 거리를 유지하며 일정한 속도로 측정하는 것도 포함된다. 많은 경우, 기준준위에 해당하는 임계값을 초과하는 결과를 쉽게 식별할 수 있기 때문에 개별 스캔 측정 결과를 문서화할 필요는 없다.

스캔 전용 측정조사는 비교적 짧은 시간 동안 많은 양을 측정조사할 수 있다. 그럼에도 스캔 측정조사의 불확실성은 기본적으로 선원과 검출기 거리, 스캔 속도와 표면 효율 등에 기인한다. 그러므로 스캔 속도와 검출기 사이 거리의 변화로 인해 측정 불확실성이 증가한다면 기준준위가 자연방사능에 가까운 방사성 핵종의 경우 검출되거나 정량화되기 어렵다는 단점이 존재한다.

• 등급-1 스캔 전용 측정조사

등급-1 스캔 전용 측정조사는 대상 자재와 기기의 100%에 대해 수행한다. 개별 품목의 경우 평평한 품목 (예: 판금, 판자)의 양쪽을 스캔 측정하고 모든 부분 (예: 손잡이)을 확실히 측정조사하기 위해 측정자가 쥔 곳을 바꾸어야 할 수도 있다. 컨베이어 시스템의 경우에는 뒤집거나 회전하여 추가 측정을 할 수 있으며 컨베이어 벨트 위와 아래 공간에 배치된 검출기로 측정할 수 있다. 이 1등급 측정조사의 경우, 측정조사자는 현장에서 곧바로 임계값을 초과하는 기기와 장비를 추가 조사 대상으로 분리하는 "현장 즉시 판정 (clean as you go)"을 내릴 수 있다.

• 등급-2 스캔 전용 측정조사

등급-2 스캔 전용 측정조사는 등급별 접근방식에 따라 대상 자재와 기기에 대한 정보를 이용해 측정조사 면적을 줄일 수 있다. 측정조사 대상 자재와 기기의 면적과 양은 상대변이 (Δ/σ)를 근거로 계산하는데 전체의 10% 혹은 아래 식 (12-5) 계산 결과 중 더 큰 것을 적용한다.

$$\%\text{스캔} = \frac{(10 - (\Delta/\sigma))}{10} \times 100\% \tag{12-5}$$

위 식 계산 결과는 10% 단위로 올림하여야 한다. 예를 들어, 백분율이 51%으로 계산된 경우 60%를 측정조사해야 한다. 이것은 전체 양의 10~100%를 측정조사 한다는 것을 의미한다.

스캔 백분율이 정해지면 측정조사 단위 전체에 걸쳐 이 비율로 균일하게 스캔해야 한다. 예를 들어 책상을 30% 스캔한다는 것은 상부 표면, 다리, 서랍 내부 등 각 표면의 30%를 스캔하여 책상 전체의 30% 범위를 해야 한다는 것을 의미한다. 볼트 바구니의 경우라면 30% 스캔은 모든 볼트를 꺼내 그 중 30%를 스캔하는 것과 바구니 자체의 30%를 스캔하는 것을 의미한다. 물론 책상의 경우 다리 밑부분 혹은 서랍 손잡이가 오염 가능성이 높다면, 이러한 영역은 100% 스캔하고, 방사능 가능성이 적은 영역은 더 적은 양을 스캔하여 책상 전체에 대해 총 30%를 맞출 수도 있다. 측정조사 설계는 해당 자재와 기기의 물리적 특성에 따라 달라질 수 있다. 예를 들어, 철도 차량 내부의 40%를 측정조사 하는 것은 콘크리트 더미의 40%를 측정조사 하는 것과 다를 것이다.

• 등급-3 스캔 전용 측정조사

등급-3 스캔 전용 측정조사는 기본적으로 등급-2 스캔 전용 측정조사 설계와 동일하나 해당 자재와 기기의 10% 미만을 측정할 수 있다. 물론 이러한 결정은 처분 결정의 총 불확실성 평가 결과에 기초해야 한다. 이 3등급 측정조사 설계에서는 측정 위치의 무작위 선정이 가능하며 전문가의 판단에 따라 필요하다고 판단되는 부분을 집중적으로 조사할 수 있다.

나. 현장 측정조사 설계

현장 측정조사란 요구된 수만큼의 방사능 측정을 고정된 위치에서 일정 시간 수행하는 것을 일컫는다. 즉 MQO를 충족시키기 위해 정해진 측정 시간 동안 고정된 기하학적 형태를 유지한 채 측정이 이루어진다. 이때에는 다양한 현장 측정조사 기법을 사용할 수 있다. 예를 들어, 박스 카운터, 포털 모니터와 현장 γ 분광 시스템뿐만 아니라 휴대용 기기 (예: NaI(Tl), ZnS, GM 팬케이크 및 휴대용 가스 비례 검출기)도 사용할 수 있다. 현장 측정조사는 일반적으로 스캔 전용 측정조사의 불확실성이 커서 인정되지 않는 때에 적용된다. 그러므로 이 측정조사에서는 스캔 전용 측정조사에 비해 긴 계수 시간 동안 반복적인 측정이 이루어진다. 물론 이때 불확실성을 줄이기 위해 현장 측정 시스템의 교정에 특별한 주의를 기울여야 한다.

• 등급-1 현장 측정조사

　등급-1 현장 측정조사는 조사 대상 자재와 기기의 100%를 측정한다. 이때 대상 자재와 기기를 4π 측정 시스템 내에 배치하거나, 전체를 통합시킨 후 측정을 하거나, 검출기의 영역 내에서 회전시켜 가며 측정할 수 있다.

• 등급-2 현장 측정조사

　등급-2 현장 측정조사는 측정조사 할 총 면적을 줄이기 위해 등급별 접근방식을 사용한다. 스캔 전용 측정조사와 같이 대상 자재와 기기의 백분율은 10% 혹은 아래 식 (12-6) 계산 결과 중 더 큰 값을 적용한다.

$$\%측정 = \frac{(10-(\triangle/\sigma)}{10} \times 100\% \tag{12-6}$$

위 식 (12-6)의 결과도 10% 단위로 올림해 적용해야 하며 이것은 스캔 전용 측정조사와 같이 전체 양의 10~100%를 측정조사 한다는 것을 의미한다.

　이때 모든 대상 자재와 기기가 접근 가능하고, 방사성 핵종이 균일하게 분포했거나 방사능 준위가 유사할 것으로 예상되는 경우, 측정조사 대상을 무작위로 선택할 수 있다. 그러나 전문가의 판단에 의해, 오염 정도가 낮을 것으로 충분히 예상되는 위치에서의 측정은 줄이는 대신 복잡한 기하학적인 구조로 오염 가능성이 높다고 판단되는 위치에 대해 정밀 측정조사를 수행할 수 있다. 추가로 등급-2 측정조사 설계는 프로젝트별로 대상 자재와 기기별로 다를 수 있음을 인식해야 한다.

• 등급-3 현장 측정조사

　스캔 전용 측정조사와 같이, 등급-3 현장 측정조사는 등급-2 현장 측정조사 설계와 기본적으로 동일하며 대상 자재와 기기의 10% 미만 측정이 허용될 수 있다. 물론 이러한 등급-3 현장 측정조사 설계 결정은 공정 지식, 과거 이력 정보 및 예비 측정조사 등의 결과에 근거해야 한다.

다. MARSSIM 유형 측정조사 설계

　MARSSIM 유형 측정조사란 스캔 전용 측정조사와 현장 측정조사를 함께 실시하는 측정조사이다. 즉 대상 자재와 기기의 평균 방사성 핵종 농도 또는 방사능 준위를 결정하기 위해 특정 횟수의 현장 측정조사와 핫 스폿 식별을 위한 스캐닝 측정조사를 함께 수행하는 측정조사 방법이다. 이때 평균 방사능 추정치를 얻기 위한 측정 자료 수는 비모수 통계 검정 시험에 의해 결정된다. 따라서 이 측정조사는 측정조사 단위 크기 확인, 체계적 측정 그리드 결정, 대상 자재와 기기의 면적 인자 계산 등 상당한 노력이 필요하다. 이러한 이유로 이 측정조사 방법은 일반적으로 스캔 전용 또는 현장 측정조사에 사용되는 계측기의 감도가 충분하지 않거나 (예: MDC가 UBGR보다 크다) 스캔 전용 혹은 현장 측정조사가 어려운 크고 복잡한 형태의 자재와 기기에 대해서만 적용된다.

• 등급-1 MARSSIM 유형 측정조사

등급-1 측정조사는 MARSSIM 측정조사에서 논의한 것처럼 변이 (Δ), 방사성 핵종 농도 또는 방사능 준위의 변동성 (표준편차 σ), 1종 및 2종 의사결정 오류율 (α와 β)을 기준으로 비모수 통계 검정 시험을 통해 각 측정조사 단위에서 필요한 측정 횟수를 계산한다. 또한 조사 대상 자재와 기기의 100%를 스캔 측정한다.

면적 인자는 모든 방사성 핵종에 대해 면적 인자를 1.0으로 가정하는 것이 가장 보수적인 접근법이지만 대상 자재와 기기의 표면적을 고려해 총 표면 방사능에 대해 최대 3.0의 면적 인자를 사용할 수 있다. 그러나 1.0이 아닌 면적 인자를 사용해 처분 측정조사를 설계할 때에는 측정 위치 결정을 위해 체계적 격자를 사용해야 한다. 물론 체계적 격자는 요구되는 스캔 MDC 측정으로 놓칠 수 있는 가장 큰 영역으로 정해야 한다.

• 등급-2 MARSSIM 유형 측정조사

등급-2 측정조사의 경우 각 측정조사 단위의 측정 횟수는 등급-1 측정조사와 동일한 방식으로 결정된다. 이때 스캔 측정조사의 비율은 10~100%로 줄어든다.

• 등급-3 MARSSIM 유형 측정조사

등급-3 측정조사 역시 각 측정조사 단위의 측정 횟수는 등급-1 측정조사와 동일한 방식으로 결정되지만 측정 위치는 격자 패턴이 아닌 전문적 판단에 따라 임으로 설정할 수 있다. 스캔 측정조사 영역도 10% 미만으로 축소된다.

라. 방법 기반 측정조사 설계

경우에 따라 측정조사 단위를 기준준위에 맞추어 측정조사하기 위해서는 특정 측정기법 또는 측정기기의 사용이 요구될 수 있다. 이와 같이 측정 기법과 계측기의 조합을 기반으로 하는 측정조사를 설계할 수 있는데 이를 '방법 기반' 측정조사 설계라 한다. 이 방법 기반 측정조사 설계 역시 스캔 전용 혹은 현장 측정조사 혹은 MARSSIM 유형 측정조사 중 하나의 방법으로 설계할 수 있다.

12.4　MARSAME 측정조사 실행

12.4.1　측정조사 실행 준비

측정조사 실행을 위해 가장 먼저 고려해야 할 것은 처분 측정조사의 안전 문제이며 다음 대상 자재와 기기의 취급 준비 그리고 물리적 분리 등이다.

가. 안전 문제

처분 측정조사 실행 전 작업 안전을 위해 가장 먼저 수행해야 할 일은 작업 안전 분석이다. 이 분석을 통해 주어진 직무와 관련된 위험의 인식, 평가 그리고 통제 등 사고 예방의 기본 전략을 체계적으로 수립할 수 있으며 직무 수행 시 가장 안전하고 효율적인 방법을 찾을 수 있다. 이러한 통제의 예는 다음과 같다.

- 공학적 통제: 공정이나 기계의 물리적 변경 (예: 운전 중 구동 부품 접근 제한 보호대 설치), 저장 방식 변경 (예: 쌓아 올리는 대신 선반 사용) 등
- 행정적 통제: 작업 관행 및 조직의 변경 (예: 식사, 음주, 흡연 등 제한 지역 설정), 직원에게 위험을 경고하는 표지판 배치 등
- 개인 보호 장비: 위험으로부터 보호하기 위해 직원 개인 착용 의복 또는 장비 (예: 장갑, 호흡기, 전신 작업복) 등

나. 대상 자재와 기기 취급 현안

측정조사 설계시 적용된 가정에 따라, 측정조사 수행 대상 자재와 기기를 준비해야 한다. 먼저 MARSSIM 유형 측정조사를 수행하려면 측정이 수행될 위치를 결정해야 한다. 또한 2등급과 3등급 스캔 전용과 현장 측정조사는 해당 자재와 기기를 100% 측정할 필요가 없으므로 어떤 부분을 측정할 지에 대한 합당한 결정 논리가 필요하다.

MARSSIM 유형 측정조사는 시료 채취 위치를 체계적인 격자 (1등급과 2등급)위치 또는 무작위 (3등급) 선정을 권장하기 때문에 측정조사자가 적절한 방법을 통해 측정 위치를 결정해야 한다. 측정 위치의 체계적 위치 설정의 목적은 측정 위치를 균등하게 분배하는 것인 반면 무작위 설정은 측정조사 단위의 모든 부분이 동일한 측정 기회를 갖도록 하는 것이 목적이다. 그럼에도 비교적 수량이 적고 크기가 큰 불규칙한 형태의 자재와 기기는 측정 위치를 식별하는 것이 사실상 불가능하다. 이럴 경우 측정 위치를 찾기 위해 기준 격자를 추정하는 한 가지 방법으로, 측정조사 대상 자재와 기기 위에 그물을 깔거나, 자재와 기기 위에 로프를 깔아 격자를 형성하거나, 조명을 자재와 기기에 격자 형태로 비춰 측정 위치를 선정할 수 있다. 이렇게 측정 위치를 결정하면 이 위치를 방사선 측정에 방해되지 않도록 표시해야 한다. 예를 들어 알파 측정 위치를 표시하기 위해 페인트를 사용하면 알파 방사능 측정에 방해가 될 수 있다. 이럴 경우 화살표 사용, 경계 표시 또는 위치 표시에 분필 원 그리기 등을 적용할 수 있다.

대형 장비의 경우는 취급 시 특별한 고려사항이 필요하다. 특히 측정조사가 필요한 모든 영역에 작업자의 접근이 가능해야 하므로 대형 이동식 장비 (예: 프론트 로더, 불도저 또는 크레인) 측정조사에는 일반적으로 특별히 훈련된 작업자가 필요하다. 하나의 대안은 측정 가능성을 보장하기 위해 큰 장비의 일부를 부분적 또는 완전히 분해해야 할 수도 있다.

해당 자재와 기기 더미 측정조사에는 특수한 취급 주의사항이 있을 수 있다. 예를 들어 분산성 자재와 기기 더미 (예: 굴착된 토양 또는 콘크리트 잔해)는 계측기의 효율적 측정이 가능하도록 정리되어야 한다. 예를 들어, 굴착 토양 더미는 측정 가능성 보장을 위해 균일한 두께로 평편하게 준비되어야 하며 자재와 기기가 상당한 양의 먼지로 덮혀 있거나 먼지를 포함한 경우, 공기 중 확산과 같은 방사선 위험 발생에 대한 예방 조치가 필요하다. 고철 더미는 측정 가능성 고려와 함께 불안정하게 쌓은 더미나 날카로운 모서리 등 안전 보장 문제를 야기할 수도 있음도 유의해야 한다.

오염된 자재와 기기는 가능하면 오염 지역 내에서 측정조사 해야 한다. 그러나 방사능 준위가 높은 작업 지역에서는 측정조사의 MQO 충족이 어렵거나 소요 자원이 많이 들 수 있으므로 작업자의 방사선 피폭을 줄이고 측정조사 목표를 쉽게 달성할 수 있도록 방사능 준위가 낮은 지역으로 옮겨 측정조사를 수행할 수 있다. 이와 같이 오염 자재와 기기를 이송할 때는 비오염 지역으로 방사성 핵종이 확산되지 않도록 주의를 기울여야 한다.

다. 분리 (Segregation)

대량 자재나 대형 기기의 경우 효율적인 측정조사의 수행을 위해 측정 불확실성, 취급 용이성, 처분 옵션 등을 고려해 자재와 기기를 물리적으로 분리하는 것이 바람직하다. 물론 이때에는 방사성 핵종 농도나 방사선 준위뿐만 아니라 크기와 복잡성 등 물리적 속성도 고려해야 한다. 예를 들어 드럼 (실린더)이나 금속 평판과 같은 단순한 형상을 가진 기기는 복잡한 형상을 가진 기기와 분리되어야 한다. 방사선의 세기는 표면 효과 (예: 거칠거나 부드러움), 자재와 기기의 밀도, 방사선 유형과 에너지뿐만 아니라 방사능 오염 위치 (즉, 표면 또는 체적) 등에 영향을 받는다. 물론 이러한 자재와 기기의 물리적 분리는 명백한 근거 아래 보수적으로 수행되어야 한다.

한편 측정조사에서의 분리란 단순히 물리적 분리만을 의미하지 않는다. 예로 들어 빈 운송 컨테이너 또는 철도 차량과 같은 대형 상자형 기기의 경우, 평편한 면과 모서리는 서로 다른 측정조사 단위로 간주할 수 있다. 즉 처분 측정조사 수행 중 철도 차량 전체가 온전하게 유지되더라도 모서리와 측면에 대해서는 별도의 측정조사 방법을 설계하는 것이 바람직하다. 또는 국부적으로 결함이 있거나 부식 또는 손상된 영역은 양호한 상태의 영역과 달리 철저히 측정조사 해야 한다.

12.4.2 측정 품질 목표 (MQO)와 정량화 가능성 확보

처분 측정조사에서는 MQO와 함께 측정 검출 가능성과 정량화 가능 농도 (MQC, minimum quantifiable concentration)를 충족할 수 있는 계측 기술 또는 측정 방법의 조합이 선택되어야 한다. 물론 측정 기법은 측정조사 설계와는 별개라는 점에 유의해야 한다.

가. MQO 설정

측정조사로부터 얻어지는 측정 결과에는 늘 불확실성이 내재하고 있기 때문에 부분적으로 결정 오류가 발생할 수 있다. 그런데 DQO는 시료 채취 활동을 포함한 모든 측정 활동에 적용되기 때문에 측정조사 관점에서 측정 방법만에 대한 목표 설정이 필요하다. 이것이 바로 MQO이다. 즉 MQO는 전체 프로젝트 자료 품질 목표 중 측정 방법의 불확실성과 검출 능력과 같은 측정 성능 목표에 대한 요구사항이라 볼 수 있다. 따라서 MQO에는 다음 사항들이 포함되지만 이에 한정되는 것은 아니다.

- 표준편차로 표현되는 특정 농도의 측정 방법 불확실성
- MDC로 표시되는 측정 방법의 검출 능력.
- 최소 정량화 농도로 표시되는 측정 방법의 정량화 능력
- 특정 농도 또는 방사능 범위를 측정할 수 있는 측정 방법의 능력
- 간섭이 존재하는 경우에도 해당 방사성 핵종이나 방사선을 측정할 수 있는 측정 방법의 특정화 능력
- 매개 변수 값의 작은 변동에 대한 측정 방법의 견고성

측정 방법 불확실성이란 특정 농도 시료에 대한 측정값의 불확실성을 의미한다. 표준편차 σ_M으로 표시하는 이 불확실성은 측정 방법과 측정 과정의 특성이며 예를 들어 시료 채취 불확실성과는 다른 개별 측정 특성이다. 측정 방법의 참 표준편차는 알 수 없으나, 불확실성을 최소화하기 위해 요구되는 측정 방법 불확실성 σ_{MR}을 σ_M에 대한 상한으로써 설정할 수 있다. 따라서 σ_{MR}은 "요구 측정 방법 불확실성"이다. 참고로 개별 측정 결과에 대한 결정을 내릴 때 σ_{MR}은 보통 약 $0.3\varDelta$이어야 하며, 여러 측정 결과의 평균에 대한 결정을 내릴 때 σ_{MR}은 보통 약 $0.1\varDelta$을 요구하고 있다. 물론 이때 $\varDelta = (UBGR - LBGR)$인 변이이다.

나. 최소 검출 가능성

규제 해제를 전제로 측정조사를 수행할 경우, 측정되는 방사능 준위가 상대적으로 매우 낮으므로 방사능 검출 가능성 결정을 내릴 때 사용되는 방법 중 하나가 통계적 가설 검정이다. 이 가설 검증을 위해서는 귀무가설 혹은 대체가설 중 하나를 선택하고 결정 여부를 판정하는 임계값 (S_C)을 도출해야 한다. 측정 결과가 이 임계값보다 낮으면 귀무가설이 기각되고 방사선 또는 방사능이 존재하지 않는다고 판정된다. 이때 귀무가설이 참인데 기각될 가능성이 존재하는데, 이러한 판단 오류를 1종 오류라 하고 그 비율은 α로 표시한다. 참고로 임계값 (S_C)와 최소 검출 가능 신호 (S_D)는 MARSSIM 논의에 등장한 임계 준위 (L_C)와 측정 한계 (L_D)와 같은 개념이다.

순 계측기 신호 (또는 계수)의 임계값 (S_C)과 최소 검출 가능한 순 계측기 신호 (S_D) 사이의 관계는 아래 그림 12.6에 나와 있다. 방사능이 없는 참조 시료의 계측 결과는 다음 그림에서 보듯 편차는 있지만 평균값은 0이다. 이때 S_D 즉 MDC는 S_C보다 충분히 커야 하며 기본적으로 오염 시편 방사능의 실지 농도 평균 추정치이다.

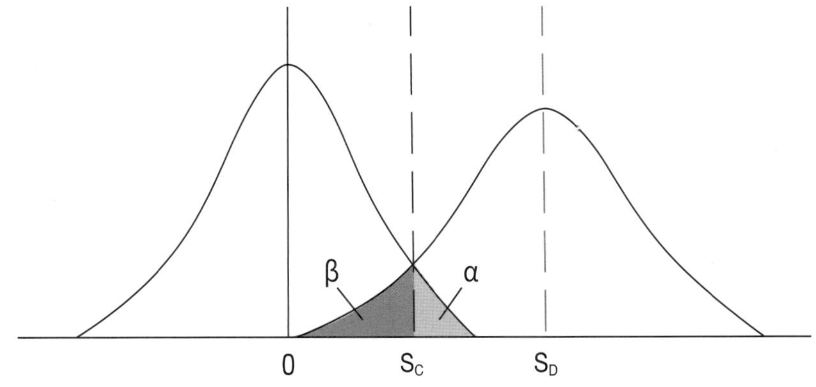

그림 12.6 임계값 (S_C)과 순 측정값의 최소 검출 가능값 (S_D) 관계

기본적으로 S_C보다 큰 순 계측기 신호가 우연히 검출될 경우 이 신호가 방사능이 없는 시료에 의해 측정된 값인지 실제 오염된 시편의 측정값인지 확인하는 것은 자료들의 편차 때문에 불가능하다. 이런 문제가 발생할 확률은 1종 오류율인 α값에 의해 제어된다. α값이 작게 설정된다면 S_C 값이 커지며, 그 반대로 α값이 클수록 S_C 값

이 작아진다. 최소 검출 가능한 순 계측기 신호 (S_D)의 값은 ($1-\beta$) 확률로 검출되는 평균 순 계측기 신호의 값이다. 즉, 이 그림에서 보듯, 더 어두운 음영 영역으로 표시된 2종 오류율인 β는 검출된 계측기 신호가 S_C보다 작을 확률이다. β값이 작을수록 S_D 값이 커진다. 측정 조사 계획 팀은 허용 가능한 β값이 얼마이어야 하는지, 즉 오염 방사능에 의해 신호가 잡혔음에도 이 신호를 자연방사능의 신호로 판단하는 것을 허용하는 비율에 대해 결정해야 한다. 이때 ($1-\beta$)을 통계 검정시험의 '검정력' 이라 부른다. 이와 같이 S_D는 α와 β의 값에 의존한다. 따라서 최소 검출 가능 값은 원하는 검출력 ($1-\beta$)가 유지될 수 있도록 신중하게 보수적인 값을 사용해야 한다.

다. 측정 정량화 가능성과 최소 정량화 가능 농도 (MQC)

기준준위의 만족 여부를 입증하기 위해서는 측정 방법의 정량화 능력, 다시 말하면 정확한 측정 능력을 알아야 한다. 이러한 정량화 능력은 상대 측정 표준편차에 대한 방사능의 최소 농도로 표현되는데 이를 최소 정량화 가능 농도 (MQC, minimum quantifiable concentration)라고 정의한다. 좀더 상세히 설명하면, MQC는 측정조사 결과 상대 표준편차의 $1/k_Q$의 농도로 정의되며, 여기서 k_Q는 비교 가능성을 위해 일반적으로 10으로 선택된다. 따라서 MQC는 일반적으로 상대 측정 불확실도의 10%인 농도이다. MQC를 MDC와 연계해 설명한다면, MDC는 σ_M의 약 3~5배임 고려할 때 MDC가 기준준위의 10%~50%인 요건은, σ_M는 기준준위의 0.02~0.17라는 요건과 같다.

역사적으로 측정조사를 실행할 때 방사능 측정조사의 검출 능력에는 관심이 많았지만 측정 정량화 능력에는 관심이 덜했다. 그러나 일부 프로젝트의 경우 정량화 능력이 더 중요한 현안이 될 수 있다. 예를 들어, 해체 현장 물질의 ^{226}Ra 농도가 기준준위보다 낮은지 여부를 확인하고자 할 때 ^{226}Ra는 거의 모든 유형의 자연 발생 물질에서 발견될 수 있기 때문에 검출 결정 가능성 자체는 우려가 되지 않으나 MQC가 기준준위보다 작다는 것을 입증해야 한다.

12.4.3 측정 기법의 선택

측정 기법이란 측정을 수행하는 방법을 말한다. 이 기법들은 크게 세 가지로, 검출기가 해당 자재와 기기 위를 훑으며 이동 측정하는 스캔 측정 방법, 위치를 고정한 채 측정하는 현장 직접 측정 방법, 시료 일부분을 채취해 실험실에서 분석하는 실험실 측정 방법으로 나눌 수 있다. 보조적으로 사용하는 문지름 측정 (smear test)은 여과지를 이용해 표면으로부터 채취가 가능한 방사능의 일부를 채취하는 방법이다.

가. 스캔 측정 방법

스캐닝 기법은 현장에서 가장 많이 사용되는 일차 측정 기법으로 휴대용 방사선 검출기를 측정 대상 자재와 기기에서 일정 거리를 두고 표면 위를 일정한 속도로 이동하며 측정하는 방법이다. 또는 자재와 기기가 일정한 거리와 속도 (예: 컨베이어 시스템 또는 특정 포털 모니터)로 정지된 계측기를 지나 이동할 수도 있다. 이 기법은 처분 측정조사를 수행할 수 있는 가장 간단하고 실용적인 접근 방식으로 측정조사 단위 전체 범위를 보다 쉽게 측정할 수 있을 뿐만 아니라 비교적 적은 비용으로 빠르게 측정조사를 수행할 수 있는 장점이 있다. 스캐닝 기법은 처분 기준 만족 여부 입증을 위해 단독으로 사용하거나 MARSSIM 유형의 측정조사와 결합해 사용될 수도 있다. MARSSIM 유형 측정조사와 결합해 적용할 경우 스캐닝 방법은 국부적 오염 핫 스폿을 찾는 것이 목적이다.

측정 대상 자재와 기기가 불규칙한 형태를 가졌을 경우 휴대용 기기를 사용해 일정 거리와 속도를 유지하며 스캐닝하는 것이 어려울 수 있다. 이같은 선원과 검출기 간 거리와 스캔 속도의 잦은 변동은 측정 방법의 불확실성을 증가시킬 수 있음을 유념해야 한다.

나. 현장 측정 방법

현장 측정은 계측기를 해당 자재와 기기 표면 위 측정 위치에 고정 배치한 후 일정 거리를 두고 미리 결정된 시간 동안 개별 측정을 수행하는 것이다. 이러한 현장 측정은 개별 물품, 자재와 기기의 그룹 혹은 묶음, 동일 자재와 기기의 다른 면 혹은 특정 부분에 대해 수행할 수 있다. MARSSIM 유형의 측정조사를 수행할 경우에는 무작위 또는 체계적인 격자 위치에서 수행해야 한다. 현장 측정은 일반적으로 측정조사 단위의 평균 방사성 핵종 농도 또는 방사능 준위의 추정치를 얻는데 사용된다.

그러나 대상 자재와 기기가 평면이나 원형 또는 원기둥과 같이 규칙적 형태가 아닌 경우 측정 방법의 불확실성이 증가할 수 있다.

다. 실험실 분석 방법

실험실 분석을 위한 시료 채취는 해당 자재와 기기의 일부를 채취하는 것으로 특정 면적 또는 부피에 대한 평균 방사성 핵종 농도 또는 방사능 준위의 추정치를 얻는데 사용된다. 이 측정 기법을 통해 복잡한 방사성 동위원소 혼합물이나 측정하기 어려운 방사성 핵종 그리고 매우 낮은 농도의 잔류 방사능 분석 등이 용이해진다. 또한 표준 방법이 아닌 다른 측정 기술을 사용하여 수집된 자료를 검증하기 위해 사용될 수도 있다. 이 기법은 실험실 분석이 뒤따라야 하기 때문에 여러 측정 방법 중 자료를 얻는데 가장 많은 시간과 비용이 드는 측정 기법이다. MARSSIM 유형 측정 조사의 경우 시료 채취 위치는 측정조사의 목적에 따라 무작위 또는 체계적인 격자를 사용하여 지정할 수 있다.

라. 문지름 측정 (Smear)

이 측정기법은 측정 대상 자재와 기기 표면의 특정 영역을 여과지로 문질러 여과지에 묻어 나오는 표면 방사능의 추정치를 얻는데 사용된다. 그러나 손으로 채취한 개별 문지름 결과는 표면 오염 상태 (고착성 혹은 유리성)에 따라 여과지에 묻어 나오는 표면 방사능의 분율이 가변적이기 때문에 불확실성이 높다. 또한 결과는 환경적 요인이나 표면과의 상호작용으로 인해 일관되지 않을 수 있다. 이러한 이유로 문지름 측정 결과는 규제 해제 여부 판정에는 사용될 수 없다. 이러한 이유로 문지름 측정 결과는 규제 해제 여부 판정에는 사용할 수 없다. 참고로 미국 연방 수송성 (DOT, Department of Transportation)의 표면 오염 측정 지침은 적당한 압력을 가하면서 마른 필터나 부드러운 흡수지로 $100\ cm^2$의 영역을 닦도록 명시하고 있으며 이때 표면 방사능의 10%가 단일 문지름으로 전이된다고 가정하고 있다.

12.4.4   계측기 선택

계측기 자체 측정 원리와 주요 성능 등에 대한 상세한 내용은 다른 전문 자료에서 쉽게 찾을 수 있으므로 이 절에서는 처분 측정조사 시 사용할 수 있는 일반적인 계측기 종류들을 설명하고 그 계측기들의 기본 성능만을 논의한다.

가. 휴대용 (Hand-Held) 계측기

휴대용 계측기는 일반적으로 계측기 (단일 검출기 사용)와 계측 자료를 해석하여 측정 표시 창으로 제공하는 전자 기기로 구성되는데 스캐닝 측정조사 또는 현장 측정을 수행하는데 사용한다. 휴대용 계측기의 장점은 고정 장치로는 측정하기 어려운 부분을 손을 이용해 자유롭게 거리와 위치를 변화시켜 측정할 수 있다는 점이다.

나. 체적 측정 계수기 (드럼, 상자, 배럴, 4π 계수기)

상자형 계수 시스템은 통상 챔버나 4π 기하학적 구조로 된 검출기와 측정 자료를 수집 분석하는 마이크로프로세서 제어 전자 장치로 구성된다. 일반적으로 이 체적 측정 카운터는 작은 자재와 기기 전체에 대한 현장 측정에 사용된다.

다. 컨베이어형 측정조사 감시 시스템

컨베이어형 측정조사 감시 시스템은 자재와 기기를 반복적으로 스캔하는 자동화 시스템이다. 이 시스템은 컨베이어 벨트를 통해 자재와 기기를 검출기 통로로 이동시키며 스캐닝 측정조사를 수행한다. 물론 검출 효율을 향상시키기 위해 컨베이어를 정지시킨 후 이 시스템을 이용해 측정하는 방식의 현장 측정에도 사용할 수 있다.

라. 현장 감마 핵종 분석

현장 감마 핵종 분석 (ISGS ; In-Situ Gamma Spectroscopy) 시스템은 반도체 검출기, 냉각장치, 다중채널분석기 (MCA, Multi Channel Analyzer)와 데이터 수집과 분석을 위한 컴퓨터 시스템으로 구성되어 있다. 이 분석 방법을 이용하면 단순 계측이 아닌, 방사성 핵종의 특성 에너지 스펙트럼을 이용해 핵종 분석이 가능하다. 이 시스템은 일반적으로 현장 측정을 위해 사용하지만, 스캐닝 측정조사를 수행하기 위해 혁신적인 검출 장비와 통합될 수 있다.

마. 포털 모니터 시스템

포털 모니터 시스템은 고정형 스캐닝 측정조사 방식처럼 검출기에 자재와 기기를 통과시켜 가며 측정을 수행한다. 물론 대상 자재와 기기를 검출기 공간 내 정지시킨 후 현장 측정을 수행할 수도 있다. 포털 모니터 시스템은 일반적으로 차량의 스캐닝 측정조사를 수행하는데 사용된다.

바. 실험실 분석

실험실 분석은 자재와 기기 일부의 시료를 채취해 분석하는 것이다. 물론 분석 실험실은 방사성 핵종이나 방사선에 대해 분석할 수 있는 표본의 양과 종류에 관한 요건을 갖추고 있어야 한다. 실험실은 부지 내부 또는 외부에 위치할 수 있다. 일반적으로 실험실 측정 분석은 측정 방법 불확실성의 원인을 더 잘 통제할 수 있기 때문에 측정 자료의 품질은 현장에서 수집된 자료보다 뛰어나다.

12.4.5 측정 방법 및 측정기 조합 선택

아래 표 12.2와 표 12.3에는 국제적 경험을 바탕으로, 앞 절들에서 논의된 계측기와 측정 기법 조합에 대한 기본적인 평가를 담았다. 실험실 분석에 따른 시료 채취는 이 표에 포함되지 않지만 모든 경우 "적합"으로 간주된다. 표 12.2는 대부분의 측정기법이 거의 모든 자재와 기기 및 방사능 종류에 적용될 수 있음을 보여 주고 있지만 각 측정 기법마다 장단점을 가지고 있다는 것을 보여주고 있다. 참고로 방사선 측정 자체의 기술적 혹은 절차적인 내용은 MARSAME 지침서나 방사능 측정 관련 전문 서적에서 쉽게 확인할 수 있으므로 이 절에서는 다루지 않는다.

표 12.3에는 검출기와 측정 방법 선정의 주요 요소인 측정 조사 대상 자재와 기기의 수량 혹은 측정조사 단위 수를 정리하였다. 예를 들어, 보건물리 담당자가 방사선 통제 구역에서 대량 자재나 대형 기기를 휴대용 계측기를 사용하여 측정조사하는 것은 상자형 체적 계수 시스템을 사용하는 것보다 훨씬 더 많은 시간을 필요로 할 것이다. 또한 자동화 시스템을 사용하면 휴대용 검출기를 사용하는 것보다 반복적인 측정조사 작업에 따른 방사선 피폭을 줄일 수 있을 것이다. 또 다른 예로 소량의 공구와 공구 상자의 경우 휴대용 측정이 더 경제적인 선택이지만, 그 양이 증가하면 상자형 체적 계수 시스템을 사용하는 비용이 더 저렴할 수 있다.

표 12.2　측정기법과 측정기 조합의 적용성 평가

방사선 종류	휴대용 계측기	체적 계측기	포털 감시기	현장 감마 분석기	콘베이어 측정시스템
현장 측정 조사					
알파선	보통	보통	부적합	해당 없음	보통
베타선	양호	보통	보통	해당 없음	양호
감마선	양호	양호	양호	양호	양호
중성자	양호	보통	양호	해당 없음	양호
스캔 측정조사					
알파선	부적합	해당 없음	부적합	해당 없음	부적합
베타선	양호	해당 없음	보통	해당 없음	보통
감마선	양호	해당 없음	양호	양호	양호
중성자	보통	해당 없음	보통	해당 없음	보통

표 12.3　측정 기법과 측정기 조합에 따른 측정조사 단위 크기와 수

측정 대상 크기	측정 단위 수	휴대용 계측기	체적 계측기	포털 감시기	현장 감마 분석기	콘베이어 측정시스템
현장 측정 조사						
$> 10\ m^3$	약간	양호	해당없음	보통	양호	부적합
	많음	부적합	해당없음	보통	양호	부적합
$1 \sim 10\ m^3$	약간	양호	보통	보통	양호	보통
	많음	부적합	보통	보통	양호	보통
$< 1\ m^3$	약간	양호	양호	부적합	양호	양호
	많음	보통	양호	부적합	양호	양호
스캔 측정조사						
$> 10\ m^3$	약간	양호	해당없음	양호	보통	부적합
	많음	보통	해당없음	양호	보통	부적합
$1 \sim 10\ m^3$	약간	양호	해당없음	보통	보통	보통
	많음	보통	해당없음	보통	보통	보통
$< 1\ m^3$	약간	양호	해당없음	부적합	보통	양호
	많음	양호	해당없음	부적합	보통	양호

12.5   측정조사 결과 평가

본격적인 결과 평가에 앞서, 위치별 측정 위치도, 빈도 그래프, 분위수 그래프 등의 시각적 평가를 통해, 수치로만 작성된 자료에서는 눈에 띄지 않는 자료의 경향, 예컨데 자료의 비균질성, 자료의 편향성, 높은 방사성 핵종 농도 군집 등을 확인해야 한다. 또한 기본 통계량에 대한 평가도 이루어져야 한다. 예를 들어 평균값과 중앙값 사이의 차이가 크면 자료가 정규 분포에서 벗어나 편향되어 있음을 의미한다. 이러한 편향은 자료의 히스토그램에서도 명확하게 드러나게 된다.

측정조사 자료 평가 단계에서 가장 먼저 수행해야 하는 것은 측정조사 결과의 해석이다. 물론 모든 측정조사 결과 자료가 기준준위보다 작거나 클 때에는 자료 해석이 거의 불필요하며 따라서 자재나 기기의 처분에 관한 올바른 결정을 확실히 내릴 수 있다. 그러나 측정조사 결과가 기준준위보다 확실히 크거나 완전히 작지 않을 때는 최종 판정을 위해서는 통계적 검증이 필요하다. 이러한 통계적 검증을 사용할 경우 측정 자료의 양과 품질이 DQO와 MQO를 모두 충족해야 한다. 이러한 측정조사 결과 평가는 크게 스캔 전용 혹은 현장 측정조사 경우와 MARSSIM 유형 측정조사의 경우로 나눌 수 있다.

현장 측정 조사의 경우에는, 이후 상세히 설명하겠지만, MDC 검출 가능성이 최소 95% 이상의 신뢰도를 가질 수 있어야 한다. 그리고 MDC 값은 회색영역 상한값(UBGR)으로 예상되는 방사성 핵종 농도 혹은 방사능 준위를 확실하게 검출할 수 있도록 충분히 낮아야 한다. 물론 개별 항목에 대한 검출 결정을 내릴 때도 MDC는 UBGR보다 작거나 같아야 한다.

반면 앞에서 설명한 바와 같이 MARSSIM 유형 측정조사는 스캔 전용 또는 현장 측정조사에 사용하는 계측기가 충분한 감도를 제공하지 않을 때 사용된다 (예: MDC가 UBGR보다 크다). 이 측정조사에서는 측정조사 단위 내 평균 방사능 농도 추정치를 얻기 위해 통계에서 요구하는 최소 측정 횟수만큼의 측정조사가 이루어져야 하며 시료에 국부적인 핫 스폿이 존재하는지 확인하기 위해 스캔 측정조사도 수행하게 된다. 실제로 이 측정조사에서는 처분 결정을 뒷받침할 수 있도록 충분한 수의 자료를 수집하는 것이 중요하다. 특히 방사성 핵종 농도가 기준준위에 근접한 경우에는 더욱 중요하다. 다음 절에서 설명되겠지만, 이 경우 기본적으로 비모수 통계 검정 시험인 Sign 검정 혹은 WRS (Wilcoxon Rank Sum) 검정을 실시하게 되는데 예상 검정력의 정확도는 자료 변동성 추정치와 계획된 측정 횟수에 따라 달라진다.

12.5.1　스캔 측정조사와 현장 측정조사 결과 평가

가. 통계 검정 평가: UCL과 임계값(S_c)

스캔 전용 측정조사에서는 많은 양의 자료가 생성될 수 있다. 특히 Class 1 측정조사는 모든 자재나 기기를 100% 측정한다. 측정이 100% 미만으로 이루어지는 Class 2 또는 Class 3 측정조사에서도 확보된 자료들이 전체 영역을 대표한다고 가정한다. 개별 품목에 대해 또는 개별 측정 결과에 따라 처분 결정을 내릴 경우, 이들 측정 자료의 평균값을 구하고 이 평균값의 신뢰상한 (UCL, Upper Confidence Level)을 구해 UBGR과 비교한다. 비록 자료 중 일부 결과가 UBGR을 초과하더라도 UCL이 UBGR보다 낮다면 처분기준을 만족시켰음을 입증할 수 있다. 측정조사 결과를 지속적으로 기록하는 컨베이어식 측정조사 방법도 많은 양의 자료를 생성할 수 있으므로 동일한 방식으로 자료를 평가할 수 있다.

현장 측정조사 역시 자재 혹은 기기의 전부 또는 일부를 측정조사해야 하며 개별 항목이나 개별 측정 결과에 따라 처분 결정을 내리려면 모든 결과를 기준준위와 비교해야 한다. 다만 스캔 전용 측정조사와 달리 현장 측정조사는 제한된 개수의 자료를 기반으로 한다. 이때에는 대상 자재나 기기의 전체 방사능 분포에 대한 가정을 세우고 현장 측정조사 시스템의 교정에 반영해야 한다. MDC의 평가에 이 가정의 불확실성을 반영해야 하는 등 설정한 가정의 타당성이 측정의 유효성을 결정하게 된다.

다음 그림 12.7은 스캔 측정조사와 현장 측정조사 결과 평가 방법의 흐름도이다. 시나리오 A의 경우, 모든 결과가 설정된 기준준위보다 작으면 평균과 최대 방사능은 기준준위보다 반드시 낮다. 따라서 처분 기준 만족이 입증된다. 한편 만약 규제 해제를 위한 기준준위가 0 또는 자연방사능 준위로 설정된 경우, 반드시 시나리오 B를 사용해야 한다. 이때 MDC 값과 함께 설정되는 임계값 (S_c)을 초과하는 측정조사 결과는 자연방사능 준위보다 높은 방사성 핵종의 잠재적 존재를 의미하므로 귀무가설이 기각된다 (그림 12.7의 왼쪽 흐름도). 기준준위가 0 또는 자연방사능 준위가 아닌 시나리오 B의 경우, 귀무가설이 기각되지 않으려면 모든 결과는 측정 자료 평균값에 대한 UCL 혹은 개별 측정 결과가 설정된 UBGR 미만 혹은 임계값 미만이어야 한다. 이러한 검정 평가 논리는 그림 12.7의 가운데와 오른쪽 흐름도에 각각 도식되어 있다.

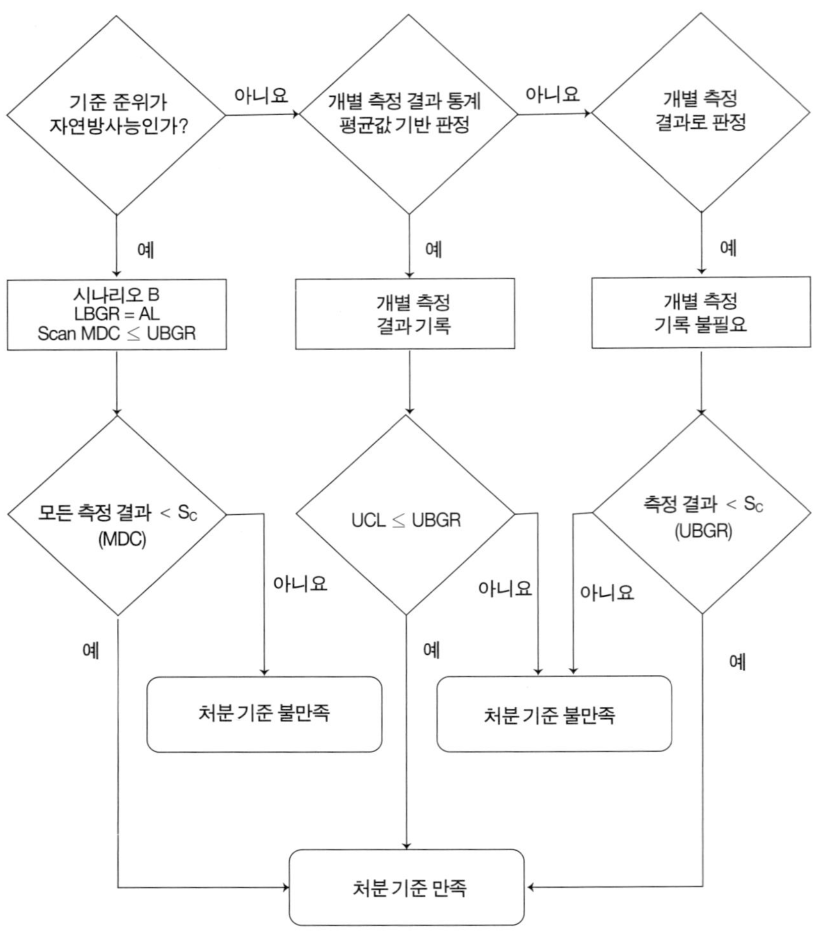

그림 12.7 스캔 측정조사와 현장 측정조사 결과 평가 방법의 흐름도

나. 신뢰 상한값 (UCL) 이용 검정

UCL은 측정값의 평균이 일정 수준의 신뢰도 (예: 95% 신뢰도)를 갖고 그 평균이 초과하지 않을 것이라 예상되는 상한값이다. 이 개념은 개별 측정 결과를 기록하는 스캔 전용 또는 현장 측정조사의 시나리오 A와 B 모두에 적용될 수 있다. 이 방법은 표본 모집단의 추정 평균을 기반으로 처분 결정을 내리는 것이므로, 측정조사 결과 자료 평균에 대한 UCL을 UBGR과 비교하여 판정한다.

UCL을 계산하는 방법은 여러 가지가 있지만 MARSAME에서는 Chebyshev 부등식 사용을 권고하고 있다. 이 부등식은 자료 측정값의 분포를 모를 때에도 적용할 수 있는 보수적인 방법으로 UCL이 크게 나오는 경향이 있음에 유념해야 한다. 즉 Chebyshev 부등식은 알려지지 않은 자료 집합의 평균과 자료 집합의 난수 차이 절대값이 작아도 최대 신뢰상한값을 계산한다. 계산은 자료 집합(r)에서 지정된 양수 (n), 평균 (μ), 난수 (r)가 주어졌을 때 $|\mu\text{-r}|$이 n보다 크거나 같을 확률을 α라 할 때 아래의 순서에 따라 UCL을 구한다.

1. 자료 집합의 측정 결과 개수 (n)의 평균 (μ)과 표준편차 (σ)를 구한다.
2. 시나리오 A의 경우 측정조사 설계에 사용된 1종 오류율 (α)을 검색한다.
3. Chebyshev 부등식을 이용하여 다음 식 (12-7)의 최대 UCL을 계산한다.

$$UCL = \mu + \sqrt{\frac{\sigma^2}{n\alpha} - \frac{\sigma^2}{n}} \tag{12.7}$$

4. 시나리오 B의 경우, 위 식의 α 대신 2종 오류율 β를 대입한다.
5. 최대 UCL이 UBGR보다 작은 경우, 측정조사는 처분기준 준수 (즉, 시나리오 A에 대한 귀무가설을 기각하거나 시나리오 B에 대한 귀무가설을 기각하지 않음)를 입증한다.

Chebyshev 공식의 경우 모집단 평균과 표준 편차가 표본 평균과 표본 표준 편차에 의해 추정되기 때문에 자료 개수가 매우 적은 경우 Chebyshev 부등식 사용에 주의를 기울여야 한다. 예를 들어 자료 집합이 한쪽으로 많이 치우친 분포를 가질 경우 표본 평균과 표본 표준편차가 과소평가될 수 있다.

예제: Class 1 콘크리트 잔해

컨베이어식 측정조사 시스템에 장착된 3 in × 3 in NaI (Tl) 검출기를 사용해 콘크리트 잔해의 ^{137}Cs에 대한 측정조사 설계의 예를 살펴본다. 콘크리트 잔해 더미가 컨베이어에 실려 미리 정해진 속도로 탐지기 아래로 지나가고 검출기에 의해 기록된 각 1초 측정은 약 9,800 cm³의 콘크리트 잔해 (즉, 50 cm 직경의 5 cm 두께 원통형)의 대표 측정값이다. 측정조사를 설계하기 위해 다음의 가정들과 정보가 사용되었다.

- 선택한 처분 옵션은 시나리오 A를 사용한 자체 처분임 (귀무가설: 잔류 방사능이 기준준위를 초과함).
- 초기평가 결과 콘크리트가 잔해로 바뀌기 전에 체적 오염되었을 가능성이 있음.
- 콘크리트 잔해는 최대 입자 크기가 0.5 cm 미만임.
- 평균 자연방사능 계수율은 비오염 콘크리트의 예비 측정조사를 근거로 38,000 cpm으로 추정되었으며 이 값을 LBGR으로 사용함.
- 기준준위는 평균 자연방사능 계수율보다 20,000 cpm 높게 설정하였으므로 UBGR은 58,000 cpm.
- 예비 측정조사 자료를 바탕으로 추정된 자연방사능 계수율 표준편차는 2,500 cpm.
- 1종 오류율은 0.10 또는 10%임.

측정조사는 자료 기록 장치를 사용하여 기록된 9,616개의 독립적인 1초 측정 자료로 구성되었다. 측정조사의 평균 계수율은 39,252 cpm이며, 표준 편차 (σ)는 5,465 cpm이다. 평균의 표준 편차 (σ_N)는 다음 방정식을 사용하여 계산된다.

$$\sigma_N = \frac{\sigma}{\sqrt{N}} = \frac{5,465\,cpm}{\sqrt{9,616}} = 55.7\,cpm$$

앞서 언급한 바와 같이, 이렇게 큰 자료 집합에서는 표본 평균과 표준편차가 모집단 값에 상당히 가깝다고 예상할 수 있다.

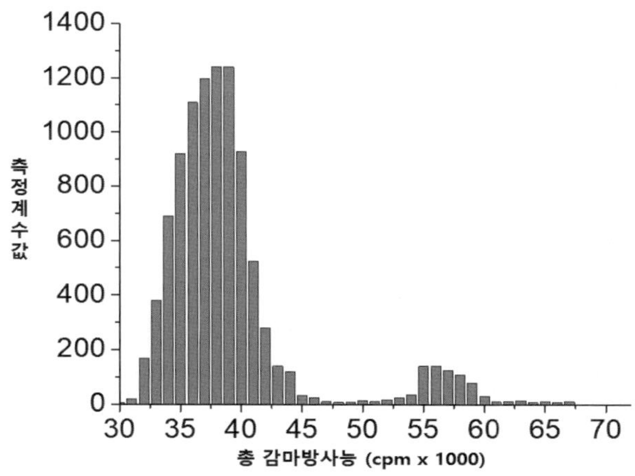

그림 12.8 Class 1 콘크리트 잔해 측정 계수값 분포도

그림 12.8은 측정조사 결과의 빈도 분포도이다. 이 다이아그램에서 보듯 최소 계수율은 30,080 cpm, 최대 계수율은 72,805 cpm이었다. 즉 평균 농도는 기준준위보다 훨씬 낮지만 기준준위를 초과하는 측정 자료도 있다. 따라서 개별 측정 자료가 충분히 수집되어 있으므로 평균에 대한 UCL 검정이 가능하다. 이 경우 표본 크기가 9,616인 UCL은 식 (12.7)을 사용하여 계산된다.

$$UCL = 39,252 + \sqrt{\frac{(5,465)^2}{(0.10)(9,616)} + \frac{(5,465)^2}{(9,616)}} = 39,474\,cpm$$

UCL 39,474 cpm은 기준준위 58,000 cpm보다 훨씬 적다. 따라서 방사능 준위가 처분 기준을 초과한다는 귀무가설은 기각된다.

다. 임계값 (S_C)와 최소 측정 가능 농도 (MDC) 이용 검정

• 임계값 (S_C)

순 신호가 계수이고 평균 N_B가 포아송 분포를 따를 경우, 분산 또한 N_B에 비례한다는 사실로부터 자연방사능 측정값의 불확실성은 $\sqrt{N_B}$로 추정되며, 임계값도 종종 $\sqrt{N_B}$ 를 포함하는 수식으로 표현된다. 순 계측기 신호 S_C 의 임계값을 계산하기 위해 가장 일반적으로 사용되는 계산식은 다음의 식 (12-8)과 같다.

$$S_C = z_{1-\alpha} \sqrt{N_B \frac{t_s}{t_B}\left(1 + \frac{t_s}{t_B}\right)} \qquad (12\text{-}8)$$

여기서 N_B = 자연방사능 계수, t_S = 시료 계수 시간, t_B = 자연방사능 계수 시간, $z_{1-\alpha}$ = $(1-\alpha)$ 표준 정규 분포의 분위 수이다. 위 식 (12-8)에서 α = 0.05이고 t_B = t_S 인 경우 잘 알려진 큐리 (Currie)의 임계 순 계수식 $S_C = 2.33\sqrt{N_B}$ 이 된다.

- 최소 검출 가능 농도 (S_D)와 최소 측정 가능 농도 (MDC)

S_D 라 표시되는 최소 검출 가능 농도는, 그림 12.6에서 알 수 있듯이, 임계값 S_C 보다 큰 β 값에 의해 결정되는 순 측정값들의 평균값으로 정의된다. 순 계측기 신호의 임계값 S_C 와 검출 가능한 최소 순 신호 S_D 사이의 관계는 이 그림에 잘 나와 있다. 다시 말하면, 최소 검출 가능 농도는 방사능을 검출할 특정 확률 $(1-\beta)$ 를 얻기 위해 시료에 존재해야 하는 방사선이나 방사능의 최소 측정 가능 농도인데 이 그림에서 보듯 그 값이 순 측정값의 평균값이 되는 것이다. 따라서 이 측정값보다 큰 값이 측정된다면 방사선 또는 방사능이 존재한다고 $(1-\beta)$ 신뢰도로 결론을 내릴 수 있다. 이처럼 $(1-\beta)$ 는 귀무가설을 기각할 확률로 정의되므로 이를 통계 검정의 검정력이라 한다. 방사선 또는 방사능 검출의 맥락에서 설명한다면 검정력이란 측정값이 임계값을 넘어 측정될 때 방사능을 정확하게 검출할 확률, 즉 방사능이 있다고 결론 내릴 확률이다. β 값은 95% 신뢰도를 확보하기 위해 일반적으로 0.05로 선택된다. 참고로 최소 측정 가능 농도 (MDC)는 최소 검출 가능 농도 (S_D)로부터 유도된다. 즉 기본적으로 MDC = $S_D / \varepsilon t_s$, 여기서 ε 는 측정기 효율이며 t_s 는 초당 측정 시간이다.

예제: 임계값 계산

비례계수기를 이용해 6,000초 동안 자연방사능을 측정하였는데 측정값이 108 이었다. 만약 α = 0.05으로 설정하고 시료를 3,000초 동안 계수한다면, 순 계수의 임계값은 식 (12-8)에 따라 다음과 같이 구할 수 있다.

$$S_C = 1.645 \sqrt{108 \frac{3000}{6000} \left(1 + \frac{3000}{6000}\right)} = 14.8$$

12.5.2　MARSSIM 유형 측정조사 결과 평가

가. 통계 검정시험의 선정: Sign 검정시험과 WRS 검정시험

MARSSIM 유형 측정조사는 일반적으로 MDC가 UBGR보다 크거나 스캔 전용 또는 현장 측정조사를 위한 계측기가 충분한 감도를 제공하지 않을 때 사용된다.

사실 품질 높은 방사선 측정 결과 자료를 얻기 위해서는 많은 시간과 경비를 투입해야 하기 때문에 원전 해체 현장에서는 규제 해제를 위해 요구되는 최소한의 수만큼의 측정 결과만 확보하려는 것이 경향이 크다. 이미 앞에서 설명한 바와 같이, 이러한 현장의 요구에 부응해 측정조사 자료의 수가 많지 않아 자료가 정규 분포를 갖지 않더라도 실용적으로 검정을 수행할 수 있는 대표적인 비모수 통계 분석 검정 시험이 Sign 검정시험과 WRS 검정시험이다.

Sign 검정 시험은 측정 중인 방사성 핵종이 자연방사능에 존재하지 않거나 측정 중인 방사성 핵종에 비해 미미할 정도로 그 준위가 낮은 경우에 사용한다. 그러나, 측정조사 대상 방사성 핵종이 자연방사능에 존재하고 그 세기를 무시할 수 없을 경우 WRS 검정 시험을 적용해야 한다. 이 두 검정시험은 시나리오A와 B에 모두 적용할 수 있다. 그림 12.9에 Sign 검정과 WRS 검정 시험 방법의 흐름도를 도식화하였다.

나. Sign 검정 시험에 의한 통계 검정 평가

Sign 검정 시험은 해당 자재나 기기에 잔류하는 측정 대상 방사성 핵종이 자연방사능에 존재하지 않아 측정 결과에 영향을 미칠 수 없을 때 측정조사 결과를 기준 준위와 직접 비교해 규제 해제 만족 여부를 판정한다. 즉 측정조사 결과 자료 수가 기준준위 만족을 입증하는 임계값보다 큰지 작은지 즉 이 차이가 양인지 혹은 음인지의 부호로 결정된다.

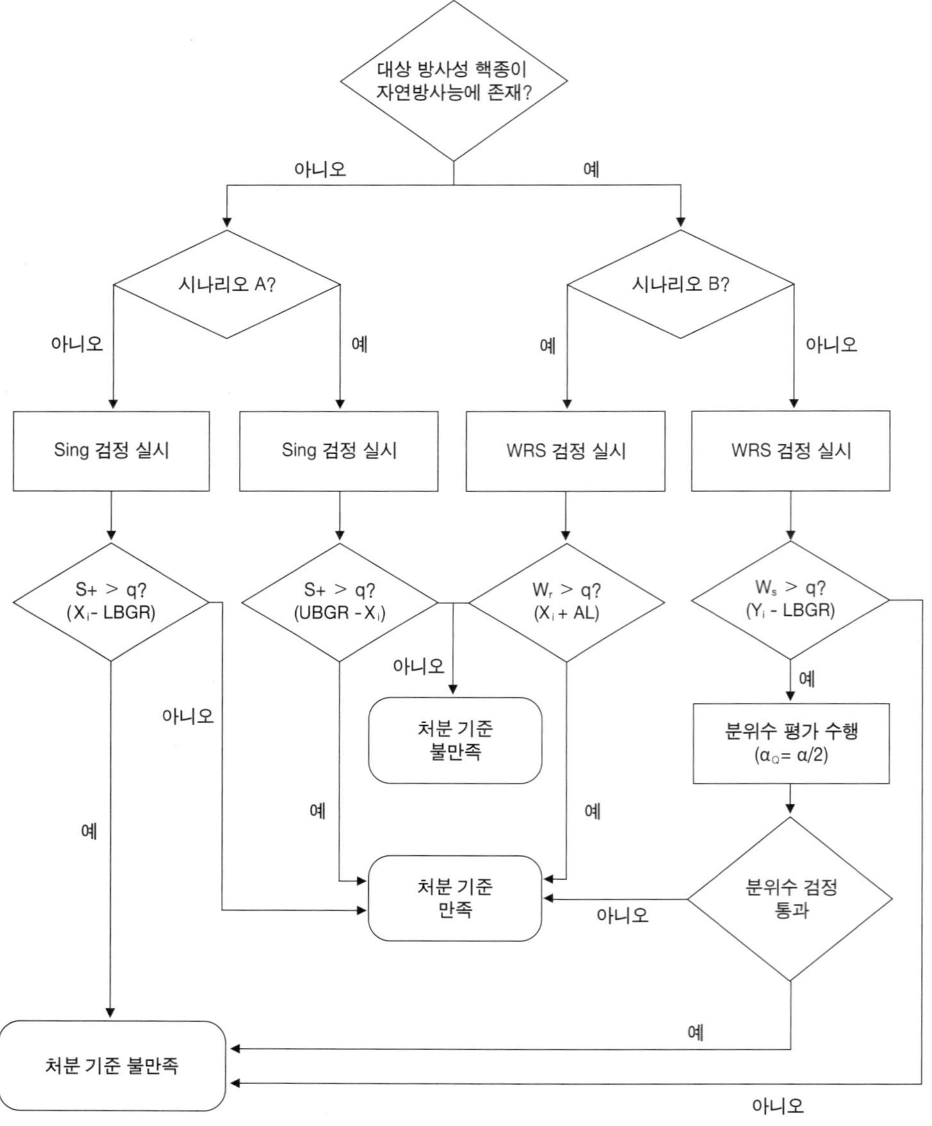

그림 12.9　MARSSIM 유형 측정조사 결과 평가 통계 검정 흐름도 (q=임계값)

• 시나리오 A 적용

　시나리오 A 부호 검정 시험은 자재나 기기의 측정조사 단위에서 측정된 값 (X_i)을 기준준위 (AL, 즉 UBGR)에서 뺀 후 이 $(AL - X_i)$ 값이 양의 값, 즉 그 부호가 +인 자료의 수를 계산하여 판정하는 방식이다. 즉 측정값이 기준준위보다 작은 수를 구하는데 이 수를 검정 통계량 S^+라고 한다. 우연히 그러나 정확히 기준준위와 동일하게 측정된 값이 존재할 경우 이 측정값들은 폐기해 표본 크기 N을 그만큼 줄인다. S^+의 값이 부록 표 1.3의 임계값 보다 크면, 즉 기준준위보다 작은 측정값의 수가 규제 해제에 요구되는 수 이상이므로 귀무가설은 기각된다.

• 시나리오 B 적용

　시나리오 B 부호 검정은 시나리오 A와 같은 개념이지만 계산 방식은 반대이다. 즉 시나리오 B 부호 검정에서는 각 측정 결과 (X_i)에서 기준준위 (AL, 즉 LBGR)을 뺀 $(X_i - AL)$ 값이 +인 개수를 구한다. 이 결과도 검정 통계량 S^+이라고 하며 시나리오 B에서도 기준준위와 정확히 동일한 측정값은 폐기해 표본 크기 N을 줄인다. 역시 S^+가 표의 임계값보다 크면 귀무가설은 기각된다.

예제: Class 1 구리 배관 Sign 검정시험

　구리 배관의 처분 측정조사를 위해 가스 유입형 비례계수기를 사용해 ^{239}Pu를 측정하는 예를 살펴본다. 구리 배관의 경우 ^{239}Pu은 자연에 존재하지 않으므로 자연방사능 값은 0이기 때문에, 처분 기준 충족 여부를 결정하기 위해 Sign 검정을 사용한다. 측정조사 설계를 위해 다음과 같은 입력값이 사용되었다.

- 선택한 처분 옵션은 자체처분이며 시나리오 A 사용.
- 초기평가 결과 배관 내부 표면이 ^{239}Pu가 함유된 액체와 접촉할 가능성이 있지만 외부 표면은 오염되지 않았다고 판단됨.
- 총 방사능 기준준위는 100 dpm/100cm^{2}이며 cpm으로 환산했을 때 10 cpm임 (즉, 총 효율 = 붕괴당 0.1 계수).
- LBGR은 예상 방사능 준위로 설정됨 (총 α선 자연방사능 평균값 5 cpm).
- 측정값에 대한 표준편차는 2 cpm으로 추정됨.

- 상대 변이는 (10-5)/2 = 2.5로 계산됨.
- 1종과 2종 의사결정 오류율은 모두 0.05로 설정됨.

이 경우 부록 표 1.2에 따라 Sign 검정에 필요한 측정 횟수 N은 15 (α=0.05, β=0.05, Δ/σ=2.5)이므로 구리 배관 내부 표면의 15개 위치에서 표면 방사능 값을 측정하였고 측정조사 결과를 위 표 12.4에 수록하였다. 표면 방사능 측정값도 기준 준위와 같이 총 효율 0.1로 나누어 cpm으로 변환하였다.

표 12.4 구리 배관 시나리오A Sign 검정시험 측정 결과 표

표면 방사능 농도 (cpm)	표면 방사능 농도 (dpm)	기준 준위보다 낮은가?
4	40	예
3	30	예
11	110	아니오
1	10	예
1	10	예
4	40	예
6	60	예
3	30	예
9	90	예
6	60	예
14	140	아니오
1	10	예
4	40	예
10	100	아니오
2	20	예

기준 준위보다 낮은 측정결과 수 (S^+) = 12

LBGR에 사용된 추정 평균값 5 cpm과 비교하여 측정된 평균 계수율은 4.6 cpm이며, 중앙값은 4 cpm으로 나타났다. 또한 설계와는 달리 실제 측정값들의 표준편차는 4 cpm으로 측정조사 설계 개발에 사용된 값 2보다 높아 상대변이 실제값이 (10-5)/4 = 1.2가 되므로 이대로라면 23개의 측정값을 수집해야 한다. 만약 그냥 15개의 측정값으로 부호 검정을 진행하려면 β가 0.05가 아닌 0.10과 0.25 사이 값이 되어야 하므로 검정력 (1-β)가 계획보다 낮아지게 된다. 부록 표 1.2에서 보듯,

Δ/σ=1.2일 경우 15에 가장 가까운 값은 α=0.05, β=0.10일 때 N=18과, α=0.05, β=0.25일 때 N=12이다). 그런데 부록 표 1.3에 따르면 α=0.05일 때 N=15이면 임계값이 11인데, 이 예제의 S^+ 값은 12이므로 임계값을 초과하지 않아 귀무가설을 기각할 수 있다. 이 경우 표준편차의 과소 평가로 인한 검정력 감소가 최종 판정 결과에 영향을 미치지 않았다.

다. WRS (Wilcoxon Rank Sum) 검정시험에 의한 통계 검정 평가

　WRS 검정은 해당 자재나 기기에 잔류하는 측정 대상 방사성 핵종이 자연방사능에 존재해 측정 결과에 영향을 미칠 수 있을 때 적절히 선택된 참조 자재나 기기의 측정값과 비교해 기준준위 만족 여부를 판정한다. 이때 사용되는 참조 물질은 대상 자재나 기기와 유사한 화학적, 물리적, 방사선학적 특성을 가진 오염되지 않은 자재나 기기이어야 한다.

• 시나리오 A

시나리오 A에 적용한 WRS 검정은 다음과 같은 단계로 요약된다.
1. 각 참조물질 측정값 (X_i)에 기준준위 (AL)를 더해 조정된 참조물질 측정값인 Z_i를 구한다. 즉 $Z_i = X_i + AL$.
2. 참조물질 측정조사에서 확보된 m개의 시료 측정값 Z_i와 해당 자재나 기기 측정 조사 단위에서 측정된 n개의 시료 측정값 Y_i를 정리하여 크기가 1에서 N까지 증가하는 순서대로 순위를 매긴다. 여기서 N = m + n 이다.
3. 여러 측정값이 동일하다면 해당 측정값들의 평균 순위를 기록한다.
4. t "미만" 값이 있으면 모두 1부터 t까지의 순위 평균이 주어진다. 따라서 이들은 모두 첫 번째 t 정수의 평균인 $t(t+1)/(2t) = (t+1)/2$의 순위가 주어진다. 2개 이상의 MDC가 있는 경우, 가장 큰 MDC 보다 작은 모든 측정값은 "미만" 값으로 취급되어야 한다. 그러나 참조물질 또는 측정조사 단위의 자료 중 40% 이상의 측정값이 '미만'이라면 WRS 검정은 사용할 수 없다.
5. N개인 모든 순위의 합은 N(N+1)/2이며, 이는 조정된 참조물질 측정값의 순위 합 (W_r)과 측정조사 단위 측정값의 순위 합 (W_s)의 총합이다.
6. W_r 값을 부록 표 1.4에 주어진 n, m, α의 해당하는 임계값과 비교한다. W_r이 임계값보다 크면 측정조사 단위가 처분기준을 초과한다는 귀무가설은 기각된다.

즉 기준준위보다 각 측정조사 단위 중앙값이 작다는 것을 의미한다.

• 시나리오 B

시나리오 B에 적용된 WRS 검정은 다음과 같은 단계로 진행한다.

1. 각 측정조사 단위 측정값 (Y_i)에서 LBGR을 뺀 조정된 측정조사 단위 측정값 (Z_i)를 구한다. 즉 $Z_i = Y_i - LBGR$.

2. 참조물질 측정조사에서 확보된 m개의 시료 측정값 Z_i와 해당 자재나 기기 측정조사 단위에서 측정된 n개의 시료 측정값 Y_i를 정리하여 크기가 1에서 N까지 증가하는 순서대로 순위를 매긴다. 여기서 N = m + n 이다.

3. 여러 측정값이 동일하다면 해당 측정값들의 평균 순위를 기록한다.

4. t "미만"값이 있으면 모두 1부터 t까지의 순위 평균이 주어진다. 따라서 첫 번째 t 정수의 평균인 t(t+1)/(2t) = (t+1)/2의 순위가 할당된다. 둘 이상의 MDC가 있는 경우 가장 큰 MDC 아래의 모든 측정값은 "미만" 값으로 취급해야 한다. 시나리오 B에서도 참조물질 또는 측정조사 단위 측정 자료 중 40% 이상이 '미만'이라면 WRS 시험을 사용할 수 없다.

5. N개인 모든 순위의 합은 N(N+1)/2이며, 이는 조정된 참조물질 측정값의 순위 합 (W_r)과 측정조사 단위 측정값의 순위 합 (W_s)의 총합이다.

6. W_s 값을 표 1.4에 주어진 n, m, α의 해당하는 임계값과 비교한다. W_s가 임계값보다 크면 측정조사 단위와 참조영역 사이의 중앙값 농도 차이가 LBGR보다 작다. 따라서 귀무가설은 기각된다.

예제: Class 2 금속 덕트 WRS 검정시험 (시나리오 A)

Class 2 금속 덕트를 규제 해제하기 위한 WRS 검정의 예시를 살펴본다. 총 표면 방사능 오염 핵종 측정을 위해 가스 유입형 비례계수기를 사용한다고 가정한다.

• 1종과 2종 오류 확률, 즉 α와 β를 모두 0.05를 설정하였으며 총 cpm 단위로 환산한 기준준위 (UBGR)은 2,300 cpm임. 측정된 자연방사능 준위는 2,100 cpm이며 표준편차 σ는 375 cpm임. 측정된 측정조사 단위에서 방사능 준위는 800 cpm임. 이 값이 LBGR으로 설정되며 식별한계값이기도 함. 따라서 상대변이 (Δ/σ)는 (기준준위−LBGR)/σ = (2,300−800)/375 = 4로 계산됨.

WRS 검정에 필요한 표본 크기는 부록 표 1.2에서 확인할 수 있는데, α = 0.05, β = 0.05, Δ/σ = 4이므로 측정조사 단위에서 9개의 측정값과 참조물질에서 9개의 측정값을 확보해야 한다. 따라서 해당되는 자재와 기기의 측정조사를 위해 준비된 격자 위에 덕트를 평평하게 깔고 무작위로 시작하는 삼각 격자 패턴을 사용하여 요구되는 9개의 자료를 얻기 위해 측정조사를 수행하였다. 참조물질의 경우 유사한 이력을 가진 비오염 덕트를 선택해 무작위로 선택한 측정 위치에서 측정을 수행하였다. 표 12.5에 수집된 총 계수율 자료를 수록하였다.

표 12.5　금속 덕트 시나리오 A WRS 검정시험 측정 결과 표

측정값	측정 위치	조정값	순위	참조 물질 순위
2180	참조기기	4480	15	15
2398	참조기기	4698	16	16
2779	참조기기	5079	18	18
1427	참조기기	3727	10	10
2738	참조기기	5038	17	17
2024	참조기기	4324	13	13
1561	참조기기	3861	11	11
1991	참조기기	4291	12	12
2073	참조기기	4373	14	14
2039	대상기기	2039	3	0
3061	대상기기	3061	8	0
3243	대상기기	3243	9	0
2456	대상기기	2456	7	0
2115	대상기기	2115	4	0
1874	대상기기	1874	2	0
1703	대상기기	1703	1	0
2388	대상기기	2388	6	0
2159	대상기기	2159	5	0
	합계		171	126

조정값은 참조기기 측정값에 기준준위 2300 cpm을 더한 값이다. 측정값의 갯수는 총 18이므로 자료 순위는 1부터 18까지로 정리하였다. 모든 순위의 합은

18(18+1)/2 = 171이다. 이 중 참조물질 측정에 속하는 순위의 합계는 126이다. 이는 부록 표 1.4의 α= 0.05와 n= 9, m = 9 일 때 임계값 104와 비교하면 참조물질 순위의 합 126이 임계값 104보다 크기 때문에 귀무가설은 기각되고 덕트는 규제 해제 된다. 이 결론은 가장 큰 측정조사 단위 측정치 3,243 cpm과 가장 작은 참조물질 측정치 1,427 cpm 차이가 1,816 cpm이므로 기준준위 (2,300 cpm)보다 작아 당연히 평균값과의 차이도 기준준위보다 작으므로 충분히 예상할 수 있었다.

예제: Class 2 금속 덕트 WRS 검정시험 (시나리오 B)

이 예제는 앞 예제와 동일한 자료를 사용한 WRS 검정 시나리오 B의 예이다. 잘 이해하고 있듯이 시나리오 B 귀무가설은 대상 자재나 기기의 경우 자연방사능 준위를 초과하는 방사능이 없다는 것이다.

앞의 예제에서와 같이 기준준위는 자연방사능 준위 2,100 cpm으로 LBGR은 기준준위와 동일하며 따라서 0이다. 규제기관은 식별한계값으로 측정조사 시 평균 1,500 cpm의 방사능을 감지할 수 있어야 한다고 명시했다. 그래서 UBGR은 β = 0.025일 때 식별한계값 1,500 cpm과 동일하게 설정된다. 이 덕트 소유자는 잔류 방사능이 없을 것이라 판단해 α = 0.20 로 설정한다고 가정한다. 측정값의 표준편차 σ는 375 cpm이므로 상대변이 (Δ/σ) = (UBGR − LBGR) / σ = (1,500 − 0) / 375 = 4이다.

WRS 검정에 필요한 표본 크기는 부록 표 1.1에서 확인할 수 있다. $\alpha/2$ = 0.10, β = 0.025, Δ/σ = 4 일 때 측정조사 단위는 9개, 참조물질도 9개의 측정이 필요하다.

시나리오 B를 사용하여 재분석한 결과를 다음 표 12.6에 수록하였다. 조정값은 측정조사 단위 측정값에서 LBGR을 빼서 얻을 수 있지만 이 경우 LBGR이 0이기 때문에 조정이 필요하지 않다. 측정값이 총 9 + 9 개이므로 조정된 자료의 순위는 1부터 18까지이다. 모든 순위의 합은 18(18+1)/2 = 171이다. 측정조사 단위 측정값에 속하는 순위의 합계는 94이다. 이 값은 부록 표 1.4에서 확인할 수 있는데 α = 0.10, n = 9, m = 9이므로 임계값은 100이다. 결론적으로 측정조사 단위 순위의 합이 임

계값보다 작기 때문에 Class 2 금속 덕트에 잔류 방사능이 없다는 귀무가설은 기각
되지 않으며, 분위수 검정을 통과하면 덕트가 규제 해제될 수 있다.

표 12.6　금속 덕트 시나리오 B WRS 검정시험 측정 결과 표

측정값	측정 위치	조정값	순위	참조 물질 순위
2180	참조기기	2180	11	0
2398	참조기기	2398	13	0
2779	참조기기	2779	16	0
1427	참조기기	1427	1	0
2738	참조기기	2738	15	0
2024	참조기기	2024	6	0
1561	참조기기	1561	2	0
1991	참조기기	1991	5	0
2073	참조기기	2073	8	0
2039	대상 기기	2039	7	7
3061	대상 기기	3061	17	17
3243	대상 기기	3243	18	18
2456	대상 기기	2456	14	14
2115	대상 기기	2115	9	9
1874	대상 기기	1874	4	4
1703	대상 기기	1703	3	3
2388	대상 기기	2388	12	12
2159	대상 기기	2159	10	10
합계			171	94

　　분위수 검정은 위의 예에서처럼, WRS 검정 시나리오 B에 의한 귀무가설이 기각
되지 않은 경우에만 수행된다. 이 검정은 측정조사된 자재나 기기의 측정값과 참조
기기 측정값의 차이를 평가해, 높은 측정값이 측정조사된 자재나 기기에서만 존재
할 경우 검정력을 높이기 위해 실시한다. 상세한 것은 생략하지만 이 예제에서는 가
장 큰 두 개의 측정값은 측정조사 단위에서 나온 것이지만 세 번째 큰 측정값은 참
조영역에서 나온 것이기 때문에 분위수 검정을 통과하였다.

12.6 최종 평가와 의사 결정

자료 평가 또는 통계 검정 결과 해석은 귀무가설을 기각할지 여부를 결정하는 것이다. 이 결정이 간혹 간단한 경우도 있지만 일반적으로 측정조사 결과 자체보다 해석이 더 복잡하다. 일단 측정 자료와 검정 결과를 얻으면, 처분 결정을 내리는 구체적인 단계는 규제 기관이 승인한 절차에 따라 달라진다. 처분 기준과 관련하여 검정 결과 해석에 따른 가정과 논점들을 아래 표 12.7에 정리하였다.

표 12.7   평가 결과 판정에 대한 가정과 논점

평가 방법	논점	검증 방법	측정조사 형태
개별 측정 결과 비교	MDC와 측정 불확실성 검증	MDC, QA/QC, 초기 평가, DQO 등 검토	스캔 전용과 현장 측정 조사
자료 평균 UCL 비교	MQC와 측정 불확실성 검증	측정 불확실성, QA/QC, 초기 평가, DQO 등 검토	스캔 전용과 현장 측정 조사
통계 검정 수행	통계 검정 가정 검증 (공간 분포, 대칭성, 변동성, 검정력 등)	예비 자료 검토 (측정 위치도, 히스토그램, 통계 자료, 검정력 곡선 등)	MARSSIM 유형 측정조사

12.6.1   측정 조사 결과와 UBGR과 비교

UBGR과의 비교 결과 해석 과정은 측정조사 설계 개발에 사용되는 기준준위에 따라 아래와 같이 달라진다. 이러한 의사 결정 흐름은 그림 12.7에 잘 도식되어 있다.

- 기준준위가 0 또는 자연방사능 준위인 경우 시나리오 B를 사용한다.
  - 모든 측정 결과를 스캔 MDC에 해당하는 임계값 (S_c)과 비교
  - 모든 결과가 임계값 이하일 경우 자재나 기기는 규제 해제 처분 기준 만족
  - 임계값을 초과하는 경우 규제 해제 처분 기준 준수 불만족

- 기준준위가 0 또는 자연방사능 준위가 아닌 경우
  - 모든 측정 결과를 UBGR과 비교
  - 모든 결과가 UBGR 이하일 경우 자재나 기기는 규제 해제 처분 기준 만족

- 임계값을 초과하는 경우 규제 해제 처분 기준 준수 불만족

스캔 전용 측정조사의 경우 측정조사를 진행하면서 실시간으로 결과를 얻을 수 있기 때문에 측정조사 현장에서 바로 결정을 내릴 수 있다. 즉, 실시간 측정값이 기준준위를 넘지 않으면 그 자리에서 해당 자료나 장비를 오염되지 않은 것으로 간주하고 통과시킬 수 있다. 반대로 기준준위를 초과하는 경우 '현장 즉시 판정' (clean as you go)을 통해 바로 선별하여 추가 조사 또는 처리 대상으로 분류하게 된다. 물론 현장 결정은 초기평가 결과, 공정 지식, MDC, MQC의 검증 자료 등에 기반해야 한다.

12.6.2　신뢰도 상한을 사용한 결과 비교

앞 절과는 달리 측정조사 자료 표본 모집단의 평균에 기초하여 결정을 내릴 경우, 측정조사 결과를 UCL과 비교하여 평가해야 한다. (그림 12.7 참조)

- 모든 측정 결과를 UBGR에 해당하는 임계값과 비교
  - 모든 결과가 UBGR 이하일 경우 자재나 기기는 규제 해제 처분 기준 만족
- UBGR을 초과하는 결과가 있을 경우 UCL을 계산
  - UCL이 UBGR보다 작으면 자재나 기기는 규제 해제 처분 기준 만족
  - UCL이 UBGR을 초과할 경우 자재나 기기는 규제해제 처분 기준 준수 불만족

12.6.3　MARSSIM 유형 측정조사의 결과 비교

MARSSIM 유형의 측정조사 결과를 평가하는 과정은 다소 복잡하다. 이 과정을 간략히 정리하면 다음과 같다 (그림 12.9 참조).

- 통계 검정 계산 (Sign 검정시험 혹은 WRS 검정 시험)
  - 해당 검정 시험 통계표에서 임계값 확인
  - 통계 검정 결과 평가
  - 규제 해제 기준 준수를 입증하기 위해서는 통계 검정과 핫 스폿 EMC를 통과해야 한다.

- 시나리오 A에 따라 귀무가설이 기각될 경우 방사성 핵종 농도 또는 방사선 준위 중앙값이 처분 기준 미달을 나타내는 증거로 충분하다는 의미이다. 시나리오 B를 기각시키지 못했다는 것은 시나리오 B의 최초 가정을 뒤집을 증거가 충분하지 못하다는 의미이다. 만약 반대의 경우라면 추가 조사가 필요하다.

12.6.4   측정조사 단위의 실패 원인 조사

해당 자재나 기기가 처분 기준 준수 여부를 입증하지 못할 경우, 필요한 조치의 첫 번째 단계는 의사결정을 이끌어낸 자료를 검토하고 확인하는 것이다. 이 작업이 완료되면 DQO를 이용하여 실패로 이어질 수 있는 잠재적인 문제 영역을 평가할 수 있다. 일부 Class 1 자재나 기기의 방사능 준위가 UBGR을 초과하는 경우, 가장 간단한 해결책은 '현장 즉시 결정'을 통해 해당 품목을 물리적으로 분리하는 것일 수 있다. 물론 방사능을 제거하거나 정화 복원한 후 재평가 또는 재조사를 수행할 수 있다.

해당 방사성 핵종의 반감기가 짧은 경우, 방사성 핵종이 허용 가능한 준위로 붕괴할 때까지 자재나 기기를 별도의 장소에 혹은 현장에서 저장하는 것도 옵션이 될 수 있다. 기획팀은 이 옵션을 고려할 때 저장과 처분 비용과 함께 자재나 기기의 본질적 가치를 고려해야 한다. 여러 방사성 핵종이 서로 다른 반감기 (예: 10의 몇 승 차이 정도)로 존재할 경우 이 옵션의 수용성을 완벽히 평가하려면 방사성 핵종별 측정이 필요할 수 있다.

주요 참고 문헌

- NUREG-1575, Supplement 1, MARSAME (Multi-Agency Radiation Survey and Assessment of Materials and Equipment), US NRC (2009)
- NUREG-1575 Rev. 1, 'Multi-Agency Radiation Survey and Site Investigation Manual (MARSSIM)' (EPA 402-R-97-016, Rev. 1 / DOE/EH-0624, Rev. 1), US NRC (2000)
- NUREG-1507 Rev. 1, 'Minimum Detectable Concentrations with Typical Radiation Survey Instruments for Various Contaminants and Field Conditions', US NRC (2020)

부록 I

Sign 검정시험과 WRS 검정시험 통계표

부록 1.1 Sign 검정시험 측정 횟수 N 값

Δ/σ	α=0.01					α=0.025					α=0.05					α=0.10					α=0.25				
	β					β					β					β					β				
	0.01	.025	0.05	0.10	0.25	0.01	.025	0.05	0.10	0.25	0.01	.025	0.05	0.10	0.25	0.01	.025	0.05	0.10	0.25	0.01	.025	0.05	0.10	0.25
0.5	227	193	166	137	95	193	162	137	111	73	166	137	114	90	57	137	111	90	69	41	95	73	57	41	20
0.6	161	137	117	97	67	137	114	97	78	52	117	97	81	64	40	97	78	64	49	29	67	52	40	29	14
0.7	121	103	88	73	51	103	86	73	59	39	88	73	61	48	30	73	59	48	37	22	51	39	30	22	11
0.8	95	81	69	57	40	81	68	57	46	31	69	57	48	38	24	57	46	38	29	17	40	31	24	17	8
0.9	77	66	56	47	32	66	55	46	38	25	56	46	39	31	20	47	38	31	24	14	32	25	20	14	7
1.0	64	55	47	39	27	55	46	39	32	21	47	39	32	26	16	39	32	26	20	12	27	21	16	12	6
1.1	55	47	40	33	23	47	39	33	27	18	40	33	28	22	14	33	27	22	17	10	23	18	14	10	5
1.2	48	41	35	29	20	41	34	29	24	16	35	29	24	19	12	29	24	19	15	9	20	16	12	9	4
1.3	43	36	31	26	18	36	30	26	21	14	31	26	22	17	11	26	21	17	13	8	18	14	11	8	4
1.4	38	32	28	23	16	32	27	23	19	13	28	23	19	15	10	23	19	15	12	7	16	13	10	7	4
1.5	35	30	25	21	15	30	25	21	17	11	25	21	18	14	9	21	17	14	11	7	15	11	9	7	3
1.6	32	27	23	19	14	27	23	19	16	11	23	19	16	13	8	19	16	13	10	6	14	11	8	6	3
1.7	30	25	22	18	13	25	21	18	15	10	22	18	15	12	8	18	15	12	9	6	13	10	8	6	3
1.8	28	24	20	17	12	24	20	17	14	9	20	17	14	11	7	17	14	11	9	5	12	9	7	5	3
1.9	26	22	19	16	11	22	19	16	13	9	19	16	13	11	7	16	13	11	8	5	11	9	7	5	3
2.0	25	21	18	15	11	21	18	15	12	8	18	15	13	10	7	15	12	10	8	5	11	8	7	5	3
2.25	22	19	16	14	10	19	16	14	11	8	16	14	11	9	6	14	11	9	7	4	10	8	6	4	2
2.5	21	18	15	13	9	18	15	13	10	7	15	13	11	9	6	13	10	9	7	4	9	7	6	4	2
2.75	20	17	15	12	9	17	14	12	10	7	15	12	10	8	5	12	10	8	6	4	9	7	5	4	2
3.0	19	16	14	12	8	16	14	12	10	6	14	12	10	8	5	12	10	8	6	4	8	6	5	4	2
3.5	18	16	13	11	8	16	13	11	9	6	13	11	9	8	5	11	9	8	6	4	8	6	5	4	2
4.0	18	15	13	11	8	15	13	11	9	6	13	11	9	7	5	11	9	7	6	4	8	6	5	4	2

부록 1.2   WRS 검정시험 측정 횟수 N/2 값

Δ/σ	α=0.01					α=0.025					α=0.05					α=0.10					α=0.25				
	β					β					β					β					β				
	0.01	.025	0.05	0.10	0.25	0.01	.025	0.05	0.10	0.25	0.01	.025	0.05	0.10	0.25	0.01	.025	0.05	0.10	0.25	0.01	.025	0.05	0.10	0.25
0.2	999	879	754	623	431	879	735	622	503	333	754	622	518	410	258	623	503	410	315	184	431	333	258	184	88
0.3	468	398	341	282	195	398	333	281	227	150	341	281	234	185	117	282	227	185	143	83	195	150	117	83	40
0.4	270	230	197	162	113	230	1921	162	131	87	197	162	136	107	68	162	131	107	82	48	113	87	68	48	23
0.5	178	152	130	107	75	152	126	107	87	58	130	107	89	71	45	107	87	71	54	33	75	58	45	33	16
0.6	129	110	94	77	54	110	92	77	63	42	94	77	65	52	33	77	63	52	40	23	54	42	33	23	11
0.7	99	83	72	59	41	83	70	59	48	33	72	59	50	40	26	59	48	40	30	18	41	33	26	18	9
0.8	80	68	58	48	34	68	57	48	39	26	58	48	40	32	21	48	39	32	24	15	34	26	21	15	8
0.9	66	57	48	40	28	57	47	40	33	22	48	40	34	27	17	40	33	27	21	12	28	22	17	12	6
1.0	57	48	41	34	24	48	40	34	28	18	41	34	29	23	15	34	28	23	18	11	24	18	15	11	5
1.1	50	42	36	30	21	42	35	30	24	17	36	30	26	21	14	30	24	21	16	10	21	17	14	10	5
1.2	45	38	33	27	20	38	32	27	22	15	33	27	23	18	12	27	22	18	15	9	20	15	12	9	5
1.3	41	35	30	26	17	35	29	24	21	14	30	24	21	17	11	26	21	17	14	8	17	14	11	8	4
1.4	38	33	28	23	16	33	27	23	18	12	28	23	20	16	10	23	18	16	12	8	16	12	10	8	4
1.5	35	30	27	22	15	30	26	22	17	12	27	22	18	15	10	22	17	15	11	8	15	12	10	8	4
1.6	34	29	24	21	15	29	24	21	17	11	24	21	17	14	9	21	17	14	11	6	15	11	9	6	4
1.7	33	28	24	20	14	28	23	20	16	11	24	20	17	14	9	20	16	14	10	6	14	11	9	6	4
1.8	32	27	23	20	14	27	22	20	16	11	23	20	16	12	9	20	16	12	10	6	14	11	9	6	4
1.9	30	26	22	18	14	26	22	18	15	10	22	18	16	12	9	18	15	12	10	6	14	10	9	6	4
2.0	29	26	22	18	12	26	21	18	15	10	22	18	15	12	8	18	15	12	10	6	12	10	8	6	3
2.5	28	23	21	17	12	23	20	17	14	10	21	17	15	11	8	17	14	11	9	5	12	10	8	5	3
3.0	27	23	20	17	12	23	20	17	14	9	20	17	14	11	8	17	14	11	9	5	12	9	8	5	3

부록 1.3 Sign 검정시험 임계값 S+

N	α								
	0.005	0.01	0.025	0.05	0.1	0.2	0.3	0.4	0.5
6	6	6	5	5	5	4	4	3	3
7	7	6	6	6	5	5	4	4	3
8	7	7	7	6	6	5	5	4	4
9	8	8	7	7	6	6	5	5	4
10	9	9	8	8	7	6	6	5	5
11	10	9	9	8	8	7	6	6	5
12	10	10	9	9	8	7	7	6	6
13	11	11	10	9	9	8	7	7	6
14	12	11	11	10	9	9	8	7	7
15	12	12	11	11	10	9	9	8	7
16	13	13	12	11	11	10	9	9	8
17	14	13	12	12	11	10	10	9	8
18	14	14	13	12	12	11	10	10	9
19	15	14	14	13	12	11	11	10	9
20	16	15	14	14	13	12	11	11	10
21	16	16	15	14	13	12	12	11	10
22	17	16	16	15	14	13	12	12	11
23	18	17	16	15	15	14	13	12	11
24	18	18	17	16	15	14	13	13	12
25	19	18	17	17	16	15	14	13	12
26	19	19	18	17	16	15	14	14	13
27	20	19	19	18	17	16	15	14	13
28	21	20	19	18	17	16	15	15	14
29	21	21	20	19	18	17	16	15	14
30	22	21	20	19	19	17	16	16	15
31	23	22	21	20	19	18	17	16	15
32	23	23	22	21	20	18	17	17	16
33	24	23	22	21	20	19	18	17	16
34	24	24	23	22	21	19	19	18	17
35	25	24	23	22	21	20	19	18	17
36	26	25	24	23	22	21	20	19	18
37	26	26	24	23	22	21	20	19	18
38	27	26	25	24	23	22	21	20	19
39	27	27	26	25	23	22	21	20	19
40	28	27	26	25	24	23	22	21	20
41	29	28	27	26	25	23	22	21	20
42	29	28	27	26	25	24	23	22	21
43	30	29	28	27	26	24	23	22	21
44	30	30	28	27	26	25	24	23	22
45	31	30	29	28	27	25	24	23	22
46	32	31	30	29	27	26	25	24	23
48	33	32	31	30	28	27	26	25	24
50	34	33	32	31	30	28	27	26	25

부록 1.4 WRS 검정시험 임계값
(m은 참조 영역 표본 수이고 n은 측정조사 단위 표본 수)

	n=	2	3	4	5	6	7	8	9	10	11	12	13	14	15	16	17	18	19	20
m=8	α=0.001	52	60	68	75	82	89	95	102	109	115	122	128	135	141	148	154	161	167	174
	α=0.005	52	60	66	73	79	85	92	98	104	110	116	122	129	135	141	147	153	159	165
	α=0.01	52	59	65	71	77	84	90	96	102	108	114	120	125	131	137	143	149	155	161
	α=0.025	51	57	63	69	75	81	86	92	98	104	109	115	121	126	132	137	143	149	154
	α=0.05	50	56	62	67	73	78	84	89	95	100	105	111	116	122	127	132	138	143	148
	α=0.1	49	54	60	65	70	75	80	85	91	96	101	106	111	116	121	126	131	136	141
m=9	α=0.001	63	72	81	88	96	104	111	118	126	133	140	147	155	162	169	176	183	190	198
	α=0.005	63	71	79	86	93	100	107	114	121	127	134	141	148	155	161	168	175	182	188
	α=0.01	63	70	77	84	91	98	105	111	118	125	131	138	144	151	157	164	170	177	184
	α=0.025	62	69	76	82	88	95	101	108	114	120	126	133	139	145	151	158	164	170	176
	α=0.05	61	67	74	80	86	92	98	104	110	116	122	128	134	140	146	152	158	164	170
	α=0.1	60	66	71	77	83	89	94	100	106	112	117	123	129	134	140	145	151	157	162
m=10	α=0.001	75	85	94	103	111	119	128	136	144	152	160	167	175	183	191	199	207	215	222
	α=0.005	75	84	92	100	108	115	123	131	138	146	153	160	168	175	183	190	197	205	212
	α=0.01	75	83	91	98	106	113	121	128	135	142	150	157	164	171	178	186	193	200	207
	α=0.025	74	81	89	96	103	110	117	124	131	138	145	151	158	165	172	179	186	192	199
	α=0.05	73	80	87	93	100	107	114	120	127	133	140	147	153	160	166	173	179	186	192
	α=0.1	71	78	84	91	97	103	110	116	122	128	135	141	147	153	160	166	172	178	184
m=11	α=0.001	88	99	109	118	127	136	145	154	163	171	180	188	197	206	214	223	231	240	248
	α=0.005	88	98	107	115	124	132	140	148	157	165	173	181	189	197	205	213	221	229	237
	α=0.01	88	97	105	113	122	130	138	146	153	161	169	177	185	193	200	208	216	224	232
	α=0.025	87	95	103	111	118	126	134	141	149	156	164	171	179	186	194	201	208	216	223
	α=0.05	86	93	101	108	115	123	130	137	144	152	159	166	173	180	187	195	202	209	216
	α=0.1	84	91	98	105	112	119	126	133	139	146	153	160	167	173	180	187	194	201	207
m=12	α=0.001	102	114	125	135	145	154	164	173	183	192	202	210	220	230	238	247	256	266	275
	α=0.005	102	112	122	131	140	149	158	167	176	185	194	202	211	220	228	237	246	254	263
	α=0.01	102	111	120	129	138	147	156	164	173	181	190	198	207	215	223	232	240	249	257
	α=0.025	100	109	118	126	135	143	151	159	168	176	184	192	200	208	216	224	232	240	248
	α=0.05	99	108	116	124	132	140	147	155	165	171	179	186	194	202	209	217	225	233	240
	α=0.1	97	105	113	120	128	135	143	150	158	165	172	180	187	194	202	209	216	224	231
m=13	α=0.001	117	130	141	152	163	173	183	193	203	213	223	233	243	253	263	273	282	292	302
	α=0.005	117	128	139	148	158	168	177	187	196	206	215	225	234	243	253	262	271	280	290
	α=0.01	116	127	137	146	156	165	174	184	193	202	211	220	229	238	247	256	265	274	283
	α=0.025	115	125	134	143	152	161	170	179	187	196	205	214	222	231	239	248	257	265	274
	α=0.05	114	123	132	140	149	157	166	174	183	191	199	208	216	224	233	241	249	257	266
	α=0.1	112	120	129	137	145	153	161	169	177	185	193	201	209	217	224	232	240	248	256

m	α																			
m=14	α=0.001	133	147	159	171	182	193	204	215	225	236	247	257	268	278	289	299	310	320	330
	α=0.005	133	145	156	167	177	187	198	208	218	228	238	248	258	268	278	288	298	307	317
	α=0.01	132	144	154	164	175	185	194	204	214	224	234	243	253	263	272	282	291	301	311
	α=0.025	131	141	151	161	171	180	190	199	208	218	227	236	245	255	264	273	282	292	301
	α=0.05	129	139	149	158	167	176	185	194	203	212	221	230	239	248	257	265	274	283	292
	α=0.1	128	136	145	154	163	171	180	189	197	206	214	223	231	240	248	257	265	273	282
m=15	α=0.001	150	165	178	190	202	212	225	237	248	260	271	282	293	304	316	327	338	349	360
	α=0.005	150	162	174	186	197	208	219	230	240	251	262	272	283	293	304	314	325	335	346
	α=0.01	149	161	172	183	194	205	215	226	236	247	257	267	278	288	298	308	319	329	339
	α=0.025	148	159	169	180	190	200	210	220	230	240	250	260	270	280	289	299	309	319	329
	α=0.05	146	157	167	176	186	196	206	215	225	234	244	253	263	272	282	291	301	310	319
	α=0.1	144	154	163	172	182	191	200	209	218	227	236	246	255	264	273	282	291	300	309
m=16	α=0.001	168	184	197	210	223	236	248	260	272	284	296	308	320	332	343	355	367	379	390
	α=0.005	168	181	194	206	218	229	241	252	264	275	286	298	309	320	331	342	353	365	376
	α=0.01	167	180	192	203	215	226	237	248	259	270	281	292	303	314	325	336	347	357	368
	α=0.025	166	177	188	200	210	221	232	242	253	264	274	284	295	305	316	326	337	347	357
	α=0.05	164	175	185	196	206	217	227	237	247	257	267	278	288	298	308	318	328	338	348
	α=0.1	162	172	182	192	202	211	221	231	241	250	260	269	279	289	298	308	317	327	336
m=17	α=0.001	187	203	218	232	245	258	271	284	297	310	322	335	347	360	372	384	397	409	422
	α=0.005	187	201	214	227	239	252	264	276	288	300	312	324	336	347	359	371	383	394	406
	α=0.01	186	199	212	224	236	248	260	272	284	295	307	318	330	341	353	364	376	387	399
	α=0.025	184	197	209	220	232	243	254	266	277	288	299	310	321	332	343	354	365	376	387
	α=0.05	183	194	205	217	228	238	249	260	271	282	292	303	313	324	335	345	356	366	377
	α=0.1	180	191	202	212	223	233	243	253	264	274	284	294	305	315	325	335	345	355	365
m=18	α=0.001	207	224	239	254	268	282	296	309	323	336	349	362	376	389	402	415	428	441	454
	α=0.005	207	222	236	249	262	275	288	301	313	326	339	351	364	376	388	401	413	425	438
	α=0.01	206	220	233	246	259	272	284	296	309	321	333	345	357	370	382	394	406	418	430
	α=0.025	204	217	230	242	254	266	278	290	302	313	325	337	348	360	372	383	395	406	418
	α=0.05	202	215	226	238	250	261	273	284	295	307	318	329	340	352	363	374	385	396	407
	α=0.1	200	211	222	233	244	255	266	277	288	299	309	320	331	342	352	363	374	384	395
m=19	α=0.001	228	246	262	277	292	307	321	335	350	364	377	391	405	419	433	446	460	473	487
	α=0.005	227	243	258	272	286	300	313	327	340	353	366	379	392	405	419	431	444	457	470
	α=0.01	226	242	256	269	283	296	309	322	335	348	361	373	386	399	411	424	437	449	462
	α=0.025	225	239	252	265	278	290	303	315	327	340	352	364	377	389	401	413	425	437	450
	α=0.05	223	236	248	261	273	285	297	309	321	333	345	356	368	380	392	403	415	427	439
	α=0.1	220	232	244	256	267	279	290	302	313	325	336	347	358	370	381	392	403	415	426
m=20	α=0.001	250	269	286	302	317	333	348	363	377	392	407	421	435	450	464	479	493	507	521
	α=0.005	249	266	281	296	311	325	339	353	367	381	395	409	422	436	450	463	477	490	504
	α=0.01	248	264	279	293	307	321	335	349	362	376	389	402	416	429	442	456	469	482	495
	α=0.025	247	261	275	289	302	315	329	341	354	367	380	393	406	419	431	444	457	470	482
	α=0.05	245	258	271	284	297	310	322	335	347	360	372	385	397	409	422	434	446	459	471
	α=0.1	242	254	267	279	291	303	315	327	339	351	363	375	387	399	410	422	434	446	458

부록 Ⅱ

원전 해체 공학 용어집

ALARA (As Low As Reasonably Achievable): 방사선 방호 기본 개념. 방사성 물질에서 방출되는 전리 방사선에 의한 집단 피폭 선량을 경제적, 기술적, 사회적 요인을 고려해 합리적으로 달성할 수 있는 규제 한계 이하로 감소시켜야 한다는 원칙. 따라서 ALARA의 결정은 접근 방법이나 상황이 기관마다 다를 수 있으므로 다양한 해석과 이해가 가능한 현장 고유 분석 방법임. 따라서 ALARA 권장 사항을 설정된 한계 준위로 해석해서는 안 됨.

N: $N = (m + n)$은 참조 영역과 측정조사 단위에서 필요한 총 측정 횟수.

m: 통계 검정 시험을 수행하는 데 사용되는 참조 영역 내 측정 횟수.

n: 통계 검정시험을 수행하는 데 사용된 측정조사 단위 내 측정 횟수.

Sign 검정시험 (Sign test): 주요 방사성 핵종이 자연에 존재하지 않거나 자연방사능 준위가 측정조사 단위 측정값에 비해 매우 낮을 때 규제 해제 기준 준수 여부를 입증하기 위해 사용되는 단일 표본 비모수 통계 검정시험.

WRS 검정 시험 (Wilcoxon Rank Sum test): 관심 방사성 핵종이 자연에 존재할 때 규제 해제 기준 준수 여부를 결정하는데 사용되는 2개 표본 비모수 통계 검정시험.

1종 오류 (type I decision error): 귀무가설이 참임에도 기각하여 발생하는 결정 오류. 이 1종 결정 오류를 범할 확률은 α라고 함.

2종 오류 (type II decision error): 귀무가설이 거짓임에도 기각시키지 못해 발생하는 결정 오류. 이 2종 유형 결정 오류를 범할 확률은 β라고 함.

가설 (hypothesis): 측정 조사 중인 자료들의 특징 또는 특성에 대한 가정 이론. 통계적 추론의 목적은 2개의 상호 보완 가설 중 어느 것이 참인지를 결정하는 것임. 즉 귀무가설은 실제 예상되는 상황을 그대로 진실이라고 가정하는 것이고 대체가설은 반대의 상황을 가정함.

검정력 (power of test, 1−β): 귀무가설이 거짓이므로 기각할 확률.

격자 (grid): 정확한 위치를 확인할 수 있도록 해당 측정조사 단위의 지도 위에 반복되는 정사각형 혹은 정삼각형 패턴을 투사시킨 격자점 면적 네트워크.

격자 블록 (grid block): 격자 패턴의 단위 영역.

결정 집단 (critical group): 해체 완료 상황에서 합리적 근거에 의해 잔류 방사능에 가장 많이 노출될 것으로 예상되는 주민 집단.

귀무가설 (null hypothesis): '가설' 참조. 원자력 시설 해체 규제 해제에 적용하는 귀무가설은 '규제 해제 기준을 만족시키지 못한다'이다. 따라서 해제 사업자는 해당 시설의 해체를 완료하기 위해서 이 귀무가설을 기각시킬 수 있는 측정조사 증거 자료를 제시하여야 함.

국부 오염 증가 영역 (area of elevated activity): 잔류 방사능이 지정된 값 $DCGL_w$를 초과하는 영역. 핫 스폿을 의미함. 'DCGL: 유도농도지침준위' 참조

규제 해제 기준 (release criterion): 원자력 시설이 제한적 혹은 무제한적으로 규제 해제된 부지를 주민이 이용할 때 잔류 방사능에 의해 피폭될 선량 또는 리스크 규제 한계. 예로 미국의 경우 0.25 mSv/yr이며 한국은 0.1 mSv/yr임.

기준 준위 (AL, Action Level): 최종 의사결정자가 여러 설정 가능한 방사능 준위들 중 하나를 선택해 규제 해제의 목표값으로 선정한 기준 방사능 값. 일반적으로 농도 혹은 단위 면적당 방사능으로 기술되나 방사성 핵종 또는 방사선 별로 다를 수 있음 (예: ^{60}Co Bq, ^{137}Cs Bq/kg, α 방사선 Bq/m^2).

누락 혹은 사용 불가 자료 (missing or unusable data): 표식이 잘못 지정 혹은 손실되는 등의 이유로 품질 관리 표준을 충족하지 못하는 자료. 그러나 '미만' 값 자료는 누락되거나 사용할 수 없는 자료로 간주되지 않음 ('미만'값 자료 참조).

단일성 규칙 (unity rule): 측정조사 단위 내 여러 핵종이 존재할 때 존재하는 모든 방사성 핵종의 허용 농도에 대한 비율의 합계가 1을 초과하지 않아야 한다는 원칙. 단일성 규칙을 수식으로 표현하면,

$$\sum_i \frac{C_i}{L_i} \le 1 .$$

여기서 C_i는 핵종의 측정된 농도 (Bq/g 또는 Bq/cm^2 등)이고 L_i는 핵종의 허용 기준 농도 (규제 기관에서 설정한 해제 기준). 이 단일성 규칙은 부지 측정조사, 예를 들어 한 측정조사 부지에서 핫 스팟이 여러 곳에서 발견되었을 때 규제 해제 기준 만족 여부를 평가할 때도 응용될 수 있음.

대체가설 (alternative hypothesis): '가설' 참조. 원자력 시설 해체 규제 해제에 적용하는 대체 가설은 귀무가설과는 반대로 '규제 해제 기준을 만족시킨다'임.

등가 선량 (dose equivalent): 유효 흡수 선량을 계산하기 위해 모든 방사선을 공통의 척도로 표현하는 수치값. 등가 선량은 흡수 선량(rad)에 방사선 가중 계수 혹은 기타 수정 인자를 곱해 계산하며 S_v 단위로 표현됨.

등급 분류 (classification): 영역 또는 측정조사 단위를 방사능 오염 가능 정도에 따라 세 개의 등급 중 하나로 분류하거나 또는 분류된 결과: 등급 1, 등급 2, 등급 3 영역.
  • 등급 1 (Class 1) 영역: 등급 1 측정조사가 필요할 것으로 예상되는 영역.
  • 등급 2 (Class 2) 영역: 등급 2 측정조사가 필요할 것으로 예상되는 영역.
  • 등급 3 (Class 3) 영역: 등급 3 측정조사가 필요할 것으로 예상되는 영역.

등급 1 측정조사 (class 1 survey): 오염 가능성이 가장 높은 등급 1 (Class 1) 영역에 적용되는 최종상태 측정조사. 등급1 영역은 (i) 규제 해제 기준 이상의 선량 가능성, (ii) 국부적 오염 상승 지역 존재 가능성, (iii) 등급 2 또는 등급 3으로 재분류할 수 있는 근거가 불충분한 영역임.

등급 2 측정조사 (class 2 survey): (i) 규제 해제 기준 이상 선량 가능성이 낮고 (ii) 국부 오염 상승 지역 존재 가능성이 거의 없는 등급 2 (Class 2) 방사능 오염 영역에 적용되는 최종상태 측정조사.

등급 3 측정조사 (class 3 survey): (i) 방사능 오염 지역이지만 (ii) 규제 해제 기준 이상 선량 가능성이 거의 없거나 전혀 없으며, (iii) 국부 오염 상승 지역 존재 가능성도 거의 없거나 전혀 없는 등급 3 (Class 3) 영역에 적용되는 최종상태 측정조사.

등급별 접근 방식 (graded approach): 규제 혹은 안전 시스템 적용 방법이나 적용 규제 수준을 그 위험 수준에 상응하도록 하는 접근 방식. 즉 잔류 오염 가능성이 높으면 높은 수준의 규제 요건이나 조치를 요구하는 반면 낮으면 규제 요건이나 조치도 낮게 적용하는 방식.

등치선 (isopleth): 측정조사 단위 내 측정값이 동일한 값을 가지거나 동일한 빈도로 발생한 점을 연결해 그린 선.

리스크 (risk): '위험 요소 (hazard)의 발생 확률 (빈도)'과 '그로 인한 결과 (영향)의 심각성'을 곱한 개념. 따라서 이 리스크는 단순히 사고의 가능성만이 아니라, 그 결과가 얼마나 치명적일 수 있는가에 대한 종합적인 평가임.

면적인자 (AF, Aarea Factor): $DCGL_w$를 조정하여 $DCGL_{EMC}$를 추정하는 데 사용되는 인자이며 Class 1 측정조사 단위에서 스캔 측정조사를 수행할 때 사용하는 측정기의 측정 가능 최소 농도 ($DCGL_{EMC} = DCGL_w \times AF$)를 계산하는 데 사용. 'DCGL: 유도농도지침준위' 참조

무작위적 오류 (random error): 참값과 측정값의 차이를 측정 오차라고 하는데 이 측정 오차가 일정한 패턴 없이 무작위로 관찰되는 경우 이를 무작위적 오류라고 함. '체계적 오류' 참조.

무제한적 규제 해제 (unrestricted release): '방사선 제한'에 대한 요구 사항 없이 부지를 규제 통제에서 완전히 해제하는 것. 무제한적 이용이라고도 함.

'미만' 값 자료 ('less-than' data): 측정 결과값이 측정 가능한 최소 농도보다 작으나 수치로 평가하기 어려운 측정값.

변이 (shift, Δ): $DCGL_W$와 회색 영역 하한과의 차이인 회색 영역의 너비 ($\Delta = DCGL_W - LBGR$)를 일컬음. '회색 영역 하한 (LBGR)' 참조.

방사화 폐기물: 원전 운전 기간 동안 핵분열에 의해 발생한 고속 중성자에 의한 지속적으로 조사되어 스스로 방사능을 띄게 된 방사성폐기물. 원자로 노심 내부 및 그 주변에 설치되었던 기기나 자재들이 이 폐기물에 속하며 노심에 가장 가까운 원자로 압력용기 내부구조물이 가장 강하게 방사화된 폐기물임. 투과력이 매우 높은 중성자 조사의 특성상 구성 재료 내 전체에 걸쳐 오염이 발생한 체적 오염 폐기물임.

복원 (remedial action): 해체 이후 현재 또는 미래의 공중 보건이나 환경에 위험을 초래하지 않도록 잔류 방사능 물질 등 위험 물질의 제거 작업을 수행해 시설 건설 전 원래의 상태로 되돌리는 행위.

복원작업 통제 측정조사 (remediation control survey): 복원 작업의 효과 여부를 판단하거나 추가 제염 작업이 필요한지를 판단하기 위해 오염 제거 구역에 대한 실시간 측정을 통해 복원 조치 진행 상황을 모니터링하는 측정조사 유형.

부지 개념 모델 (conceptual site model): 존재하는 오염 물질과 오염 물질의 이동 경로 및 민감 수용체에 대한 잠재적 영향 등과 관련된 가설을 바탕으로 설정한 부지 현장 및 환경에 대한 모델.

부지 이력 평가 (HSA, Historical Site Assessment): 부지 현장과 주변 지역에 대한 기존 정보를 수집하기 위해 수행하는 상세 자료 수집 평가 및 면접 조사. 필요한 경우 간단한 측정조사를 수행할 수도 있음.

비모수 통계 검정시험 (nonparametric statstic test): 일반적으로 사용하는 정규 분포에 의한 검정시험이 아닌, 비교적 적은 수의 자료를 바탕으로 측정값들의 기본 확률 분포를 도출해 평가하는 검정시험. 따라서 상당히 광범위한 확률 분포에 적용이 가능함. 대표적인 예로 WRS (Wilcoxon Rank Sum) 검정시험과 Sign 검정시험이 있음.

비영향 영역 (non-impacted area): 합리적인 판단에 근거해 잔류 방사능이 없을 것으로 예상되는 비오염 지역. 비오염 영역은 일반적으로 부지 외곽에 위치하며 자연방사능 참조 영역으로 사용될 수 있음.

사용후핵연료 독립 저장 시설 (ISFSI, Independent Spent Fuel Storage Installation): 원자로에서 연소된 후 방출된 사용후핵연료를 원전 밖으로 꺼내어 지상에서 중간 저장하는 독립 저장 시설. 주로 건식 저장 방식을 사용하며 원전 부지 내 혹은 가까운 인근 지역에서 설치되어 최종 처분 전까지 고준위 방사성폐기물인 사용후 핵연료를 안전하게 보관하는 역할을 함.

산술 표준 편차 (arithmetic standard deviation): 자료 집합의 변동성을 정량화하는 데 사용되는 통계 변수.

$$SD = \sqrt{\frac{\sum_{x=1}^{n}(x_i - x)^2}{n-1}}$$

삼각 측정 격자 (triangular sampling grid): 정삼각형 모양으로 배열된 표본 추출 혹은 측정 위치 격자.

상대변이 (relative shift, Δ/σ): 변이 (Δ)로 정의되는 회색영역의 크기를 표준편차(σ)로 나눈 값. 즉 $\Delta/\sigma = (DCGL_W - LBGR) / \sigma$.

스캔 측정조사 (scan survey): 국부 오염 상승 지역 즉 핫 스폿 영역 존재 유무를 평가하기 위해 측정기의 측정 창을 물체 표면 위 일정 거리로 고정한 채 일정 속도로 이동시키면서 수행하는 방사능 측정 기법. 표면과 거리는 기본적으로 가능한 한 밀착시켜야 함.

식별한계값 (discrimination level): 측정된 방사선 값이 자연방사능 (background level)과 명확히 구별될 수 있는 최소한의 방사능 농도 계수값 . 즉, 어떤 대상이 '오염되지 않았다'고 판단할 수 있는 판별의 기준값임. 따라서 이 값보다 낮은 측정값은 오염되지 않은 것으로, 이 값보다 높은 측정값은 추가 조사를 요하거나 오염 가능성이 있는 것으로 간주됨.

신뢰상한값 (UCL, Upper Confidence Level): 규제 해제 측정조사 결과를 해석할 때 통계적 불확실성을 고려하여 어떤 측정값의 최대치를 추정한 값. 간단히 말해, 우리가 여러 번 측정한 값들의 평균이 실제 오염 수준의 "추정치"라면, UCL은 일정 수준의 신뢰도 (예: 95% 신뢰도)를 가지고 그 평균이 초과하지 않을 것이라고 예상되는 상한값임.

심층 처분: 지하 깊은 곳의 안정한 지층 구조에 천연 방벽 또는 공학적 방벽으로 방사성폐기물을 처분하는 방법. 사용후핵연료와 같은 고준위 방사성폐기물의 처분 방법임.

영향 영역 (impacted area): 잔류 방사능이 존재할 것으로 예상되어 오염 지역으로 분류되는 영역으로 잔류 방사능이 자연방사선 또는 방사능 낙진 수준을 초과하는 영역. 이 영향 영역은 다시 등급 1, 등급 2, 등급 3 영역으로 세분화됨. 등급 1 영역이 가장 오염이 심한 지역임.

오염 폐기물: 원자로 운전 중 방사화된 1차 계통 부식 혹은 침식 생성물과 핵연료봉 피복관 파손으로 누출된 핵분열생성물 등이 냉각수를 따라 이동 확산하면서 주변 기기나 자재의 표면에 침착해 오염이 발생된 방사성폐기물. 오염 발생 특성 상 표면 오염 방사성폐기물임.

오염 범위 측정조사 (scoping survey): i) 오염 방사성 핵종, ii) 방사성 핵종들의 상대비, iii) 일반적인 오염 수준과 범위 등을 확인하기 위해 수행되는 측정조사. 일반적으로 부지 복원을 위한 규제 해제 활동 중 초기에 수행함.

유도 농도 지침 준위 (DCGL, Derived Concentration Guideline Level): 해당 부지의 규제 해제 기준에 따라 다양한 피폭 경로 시나리오를 바탕으로 유도된 핵종별 허용 방사능 농도 준위. DCGL에는 $DCGL_W$와 $DCGL_{EMC}$의 두 가지가 있음.

- $DCGL_W$: 오염 물질의 분포가 측정조사 단위 전체에 걸쳐 균일하다는 가정을 기반으로 도출하는 유도 농도 지침 준위.

- $DCGL_{EMC}$: 규제 해제 기준을 만족하는 범위 내에서 핫 스폿 오염이 $DCGL_W$를 초과할 수 있는 국부적 잔류 방사능 유도 농도 지침 준위.

임계값 (critical value): 규제 해제를 전제로 측정조사를 수행할 때, 측정되는 방사능 준위가 상대적으로 매우 낮으므로 실제 측정값이 실제 오염원에 의한 것인지 자연 방사능 측정값인지 구별하기 위해 비모수 통계 검정을 실시하는데 이때 1종과 2종 오류 신뢰 구간을 고려해 정해지는 판단값임. 측정 결과가 이 임계값보다 작으면 설정된 신뢰도 아래 자연방사능에 의한 측정값이라고 판단함.

자료 품질 목표 (DQO, Data Quality Objectives): 적절한 측정조사 자료의 품질을 확보하기 위해 7단계 절차를 통해 명확히 설정한 측정 조사 자료의 내용과 요건.

자료 품질 목표 절차 (Data Quality Objectives process): 특정 목적을 위해 사용되는 자료가 그 용도를 충족시키기 위해 갖추어야 할 자료의 유형, 품질, 양을 확인하고 정의하는 과학적 체계적 방법. 이 절차의 주요 요소는 다음과 같음.
- 문제의 간결한 정의
- 결정 사항 확인
- 해당 결정의 입력값 확인
- 해당 영역 경계 정의
- 의사 결정 규칙 개발
- 잠재적 의사 결정 오류에 대한 허용 한계 지정
- 가장 효율적인 자료 수집 설계 선택

자료 품질 평가 (DQA, Data Quality Assessment): 측정 결과 자료가 사용자의 의도를 뒷받침하기 위해 적합한 양, 유형, 품질인지를 결정하기 위한 자료의 통계학적 평가.

자연방사능 참조 영역 (background reference area): '참조 영역' 참조

자연방사선 (background radiation): 우주로부터의 방사선과 라돈 등 자연에 존재하는 방사성 물질. 핵실험이나 체르노빌과 같은 원자력 사고에서 야기된 방사성 낙진도 포함됨.

잔류 방사능 (residual radioactivity): 부지 복원 활동 이후에 남게 되는 현장 구조물, 재료, 토양, 지하수, 기타 매체 등에 잔류하는 방사능. 여기에는 집행 기관이 사용하는 모든 선원으로부터의 방사능이 포함되지만, 해당 규정 또는 표준에 명시된 자연방사선은 제외됨.

잘못된 긍정 결정 오류 (false positive decision error): 귀무가설이 참임에도 이를 기각하여 발생하는 오류. 통계학에서는 잘못된 긍정 오류를 1종 결정 오류라고 하며 이 오류의 크기를 α라 함. 규제기관은 이 1종 결정오류를 최소화하려는 경향이 있음.

잘못된 부정 결정 오류 (false negative decision error): 귀무가설이 틀렸음에도 이를 기각하지 않고 받아들이는 오류. 통계학에서는 잘못된 부정 오류를 2종 오류라고 함. 이 오차의 크기를 β라고 하며$(1-\beta)$를 가설 검정의 검정력이라 함.

제염 (decontamination): 방사능 오염 물질을 규제 기관이 설정한 수준 이하로 제거하거나 중화시키는 행위. 제염은 때때로 정화와 상호 교환적으로 사용됨.

지표층 아래 토양 표본 (subsurface soil sample): 토양 표면 아래 15 cm보다 더 깊은 곳에서 채취한 토양.

직접 측정 (direct measurement): 표본 추출을 수행하지 않고 측정조사 대상 표면 또는 근처에 측정기를 근접 고정 배치하여 일정 시간동안 방사능 측정을 수행하는 측정방법. 측정되는 방사능 준위는 현장에서 직접 판독 가능.

참조 영역 (reference area or region): 특정 측정조사 단위에서 수행되는 방사능 측정값과의 비교를 위해 참조 기준이 될 측정을 수행할 수 있는 영역. 이 영역은 물리적, 화학적, 방사선학적 및 생물학적 특성이 부지 복원 대상 현장 영역과 물리적, 화학적, 방사선학적 및 생물학적 특성이 유사하지만 오염되지 않아 자연 방사능만 측정되는 영역임. 작업 현장이 상당한 물리적, 화학적, 방사선학적 또는 생물학적 변동성을 보이는 경우 유효한 비교를 위해 둘 이상의 참조 영역이 필요할 수 있음.

척도 인자 (SF, Scaling Factor): 방사성폐기물 특성평가에서 광범위하게 활용되고 있는 개념으로 상관관계를 이용해 쉽게 측정 가능한 핵종 (ETM핵종)의 측정값으로부터 측정이 어려운 방사성 핵종 (DTM 핵종) 값을 추정해 내는 비례 계수. (정의: 척도인자 = 추정 대상 핵종 농도 ÷ 기준 핵종 농도)

천층 처분: 심층 처분과 대비된 개념으로 심지층으로 내려 가지 않고 방사성폐기물을 지층 표면에 처분하는 방법. 다음 세 가지로 분류함.

- 표층 처분: 지표면과 가까이 설치한 천연 방벽 또는 공학적 방벽 내 처분 (저준위 방사성폐기물 처분 방법)
- 매립형 처분: 지표면과 가까이에 천연 방벽으로 방사성폐기물을 매립 처분 (극저준위 방사성폐기물 처분 방법)
- 동굴 처분: 지하의 동굴 또는 암반 내에 설치한 천연 방벽 또는 공학적 방벽 내 처분 (중준위 방사성폐기물 처분 방법)

체계적 오류 (systematic error): 시스템적 결함 때문에 자료의 편향이 발생하는 오류. 예를 들어, 일부 값들이 다른 값보다 더 크게 혹은 더 작게 치우치는 경향이 이러한 오류에 해당됨.

초과값 측정 (elevated measurement): 지정된 $DCGL_{EMC}$ 값 초과 여부를 측정하는 행위.

총 유효 선량 당량 (TEDE, Total Effective Dose Equivalent): 외부 피폭 유효 선량 당량과 내부 피폭인 예탁 유효 선량 당량을 모두 포함하는 총 피폭선량. 단위는 S_v로 표현됨.

최소 검출 가능 농도 (S_D, minimum detectable net instrument signal): 계측기가 자연방사능 신호를 제외하고 통계적으로 유의미하게 오염을 검출할 수 있는 최소 순 신호 주순을 의미함. 이 값에 검출 효율, 기하학, 측정시간, 환산 계수를 적용해 측정기의 최소 측정 가능 농도 (MDC)가 계산됨.

최소 측정 가능 농도 (MDC, Minimum Detectable Concentration): 특정 방사선 측정 기기와 기법을 사용해 방사선의 95%를 측정할 것으로 예상할 수 있는 측정기의 측정 능력. MDC는 측정 한계인 L_D와 방사능 단위를 제공할 수 있는 적절한 변환 계수의 곱임.

최소 측정 계수율 (MDCR, Minimum Detectable Count Rate): 특정 방사선 측정 기기와 기법이 스캔 측정을 통해 방사능을 탐지할 것으로 예상할 수 있는 선행 계수율.

최종상태 측정조사 (FSS, Final Status Survey): 규제 해제를 위한 제염 활동 완료 후 현장의 잔류 방사능이 해제 기준을 만족하는지 여부를 최종 확인하기 위해 수행하는 잔류 방사능 측정조사와 표본 추출 활동.

추가 조사 등급 (investigation level): 규제 해제 기준을 근거로 판단할 때 방사능 오염 준위가 높아 추가 조사 또는 추가 복원 작업 등의 대응을 필요로 하는 매체 특성별 혹은 방사성 핵종 특성별 농도 또는 방사능 준위.

측정조사 (survey): 설정된 목표 혹은 목적에 맞게 필요한 감도를 충족하면서 올바르게 교정된 측정기를 사용하여 오염 지역의 방사선 측정을 체계적으로 수행하는 행위.

측정조사 단위 (survey unit): 복원을 통해 부지 혹은 구조물이 규제 해제 기준을 만족하는지 여부를 판단하기 위해 나눈 지리학적 영역 단위. 실제 복원 대상 부지는 수십에서 수백 개의 측정조사 단위로 나뉘어지고 이 단위별로 규제 해제 통계 검정시험이 이루어짐. 이 측정조사 단위는 측정조사 과정과 자료의 통계 분석을 용이하게 하기 위해 유사한 사용 이력과 동일한 오염 잠재력을 가진 인접 현장 영역을 세분화한 것임. 해체 진행 중에는 변경이 가능하나 최종상태 측정조사 때에는 확정되어야 함.

측정 정량화 가능 농도 (MQC, Minimum Quantifiable Concentration): 불확실도를 고려했을 때, 측정값이 의미 있는 값으로 간주될 수 있는 가장 낮은 농도 수준. 즉, MQC보다 낮은 값은 수치적으로는 존재할 수 있지만 신뢰성 있는 정량값으로는 간주되지 않음.

측정 품질 목표 (MQO, Measurement Quality Objectives): 규제 해제를 보장하기 위한 측정 조사 활동이 충분히 신뢰할 수 있는 품질의 데이터를 제공할 수 있도록 사전에 설정하는 기술적 기준과 성능 요구사항. 다시 말해, "측정 자료를 통해 규제 해제 여부를 판단할 수 있는가?"라는 질문에 대해 '그렇다'고 말할 수 있게 해 주는 과학적 기준. 참고로 DQO는 시료 채취 활동과 측정 활동 모두에 적용되기 때문에 측정조사 관점에서 측정 방법만에 대한 목표 설정이 필요한데 이것이 MQO임.

콘디셔닝 (conditioning): 방사성폐기물을 안전하게 저장하거나 처분하기 위해 물리적·화학적으로 안정화시키는 일련의 처리 단계. 단순한 '폐기물 고화' 이상의 개념으로, 폐기물의 성상에 맞는 적절한 처리와 포장 조치를 통해 방사선 방출, 누출, 부피 팽창, 기계적 손상 등의 위험을 최소화하고, 규제기관의 인수기준에 적합하도록 하는 과정.

특성평가 측정조사 (characterization survey): 오염 핵종의 규명, 방사선 준위, 오염의 범위 등을 판단하기 위해 해체 대상 시설 또는 현장에서 표본 추출 혹은 직접 측정을 수행하는 측정조사. 이 측정조사는 적절한 정화와 복원 기술을 적용, 분석, 선택하는 데 필요한 기술적 정보를 제공하는 필수적 측정조사임.

판단 측정 (judgement measurement): 비정상적 외관 혹은잔류 방사능 오염 가능성이 높거나 높음을 암시하는 추가 정보 등을 바탕으로 전문가가 판단하여 수행하는 측정. 측정 위치가 무작위로 선택되어야 하는 독립 선택의 원칙에 위반되기 때문에 측정조사 단위 평가를 위한 통계 검정시험 자료에는 포함되지 않고 개별적으로 $DCGL_W$와 비교함.

편향 (bias): 자료 측정 결과가 한 방향으로 오류를 일으키는 측정조사 자료의 체계적 또는 지속적인 왜곡.

표면 오염 (surface contamination): 건물 혹은 구조물 또는 기기와 장비 표면에 잔류 방사능이 남아 있는 상태. 단위는 Bq/m^2 또는 $dpm/100cm^2$ 임.

표토 표본 (surface soil sample): DCGL 개발 모델링에서 요구되는 지표면 아래 15 cm 이내에서 채취한 토양 표본.

피폭 경로 (exposure pathway): 방사선이 환경과 매개물을 통해 궁극적으로 사람 개인이나 결정 집단에 내·외부 방사선 피폭을 일으키는 경로.

핫 스폿 (hot spot): 국부 오염 지역을 일컫는 용어.

핵종 벡터 (nuclides vector): 특정 대표 핵종의 농도 (단위 질량 또는 부피당 방사능, Bq/g 혹은 Bq/cm^3)를 기준으로 방사성폐기물 내에 존재하는 방사성 핵종들의 분포 또는 상대적 구성 비율을 수치적으로 표현한 것. 일반적으로 사용하는 방사성 핵종 재고량 (radionuclide inventory) 혹은 방사성 핵종 성분 (radionuclide composition)을 방사성 폐기물에 특화해 도입한 개념.

현장 즉시 판정 (clean as you go): 오염 방지와 제염 최소화를 위해 원전 해체 현장에서 사용되는 비오염과 오염의 현장 판단 방법. 이는 해체 작업 중 발생하는 방사성 오염 물질이나 분진, 이물질 등이 주변 지역이나 장비로 확산되기 전에 현장에서 판정해 즉시 처리하는 것을 의미함.

확인 측정조사 (confirmatory survey): 독립적 제3자 혹은 규제기관이 표본 추출 분석 등을 통해 최종 상태 측정조사의 결과를 확인하기 위해 수행하는 측정조사 유형.

회색 영역 (gray region): 회색 영역 상한값과 하한값의 차이. 최종상태 측정조사 시 등장하는 변수 값의 하나로 규제 해제 기준 만족 여부 평가를 위한 최소 측정 수를 결정하는 주요 변수값임.

회색영역 상한값 (UBGR, Upper Bound of the Gray Region): 회색 영역의 너비를 정의하는 상한값. 통계 검정시험의 주요 변수로 이 값을 어떻게 정하느냐에 따라 측정조사 단위에서 요구되는 최소 측정 자료 수가 결정됨. MARSSIM에서 회색 영역의 상한은 $DCGL_W$와 동일하게 설정됨.

회색영역 하한값 (LBGR, Lower Bound of the Gray Region): 회색 영역의 너비를 정의하는 하한값. 이 값은 부지 특성과 최종 상태 잔류 방사능 추정치 등에 따라 결정됨.

저자 김용수

한양대학교 원자력공학과 명예교수
한양대학교 원전해체연구센터 센터장
미국 U.C.Berkeley 공학박사 (원자력공학)
미국 국립LBL연구소 포스트닥터 연구원

주요 경력:
　　전) 한양대학교 공과대학 학장/공학대학원장
　　전) 한국원자력학회 부회장
　　전) (사)국경없는과학기술자회 회장
주요 수상:
　　대한민국 정부 교육부문 근정포장 (2022년)
　　세계인명사전 Marquis Who's Who 앨버트 넬슨 평생공로상 (2016년)
　　한국원자력학회 하나기술상 (2020)
　　대한민국 녹색기술대상 지식경제부 장관상 (2010년)
저서: '전 세계 원전 해체 현황 분석 보고서' 외 4권 (2018년)
역서: '신의 마지막 제안' (ED Ayres 저), 문예당(2005)
논문: 원자로 재료/원전 해체 분야 주요 국제 저명학술지 논문 80여편 발표

원전 해체 공학 원론

발행일　2026년 1월 1일

지은이　김 용 수
발행인　김복환
펴낸곳　도서출판 지식나무

등　록　제301-2014-078호
주　소　서울시 중구 수표로 12길 24
전　화　02-2264-2305
이메일　booksesang@hanmail.net

ⓒ김용수 2025

값 36,000원
ISBN 979-11-993870-0-5